펜타곤 전쟁

The PENTAGON WARS

제임스 버튼(James G. Burton) 지음

강호석 옮김

바치는 글

나는 세상일에 전혀 아랑곳하지 않는 정말 멋졌던 전처 故 낸시 리에게 이 책을 바친다. 내가 기존 체제와 싸워야 할지를 고민하고 있을 때 그녀는 나에게 결과에 연연하지 말고 내가 믿는 것을 하는 것이 옳다고 말해 주었다. 그녀는 "우리는 항상 같이 갈 거예요."라고 말하곤 했다. 그녀는 이 이야기가 우리 역사의 한 페이지를 장식하게 될 것이며 기록해야 할 필요가 있다고 믿기 때문에 내가 이 책을 써야 한다고 우겼다.

내가 루비콘 강을 건너 어려운 시간을 보내고 있을 때 그녀는 항상 어둠을 밝혀 주고 모든 사람의 마음을 어루만져주는 웃음을 지으면서 늘 내 곁을 지켜 주었다. 나는 하느님께 우리가 함께 한 시간과 그녀가 생전에 이 책의 초안을 볼 수 있게 허락하심에 감사드린다.

역자 후기

버튼 대령은 27년간 공군 장교로 복무하면서 펜타곤에 세 번, 기간으로는 총 14년을 근무했는데 처음 두 번은 다른 사람들과 똑같이 좀 더 확실하게 상급자들의 눈에 들고, 다음 진급위원회에서 두각을 나타낼 수 있는 근무 평정을 받기 위해 노력했다. 그때까지 버튼 대령은 '체제'를 신봉하며 뛰어난 업무 수행의 결과로 진급 경쟁에서 동기생들보다 5년이나 앞섰었다. 그러나 펜타곤에 세 번째 근무를 하게 되면서 보이드를 만났고, 그때부터 그의 생애와 세상을 보는 눈이 변하여 신봉하던 '체제'에 대항하게 되었으며 그 결과로 체제의 살생부에 오르게 된다.

그가 체제에 대항했던 이유는 고위 공무원과 군인들의 정신적, 도덕적 부패와 해이, 그리고 그에 따른 직무유기를 직접 목격했기 때문이었다. 신무기체계개발 과정에서 발생하는 기술 결정주의에 빠진 개념 없는 설계, 엉터리 성능 시험, 업체를 봐주기 위한 작전요구성능ROC 변경 등은 비싸고 유지비용이 엄청 드는 너무 복잡한 무기를 만들어 냈다. 그러다 보니 조종사들의 비행훈련은 모의장비 훈련으로 대체되어 비행시간은 감소하고 대비태세는 낮아졌다.

그렇다면 버튼 대령이 앞서 언급한 문제들이 1990년대 이후에는 개선되었을까? 1983년에 "펜타곤이 점점 비싸지지만 파괴력은 떨어지는 무기들을 구입하고 있다."라고 폭로한 디나 라솔은 2011년에 "과거의 병폐가 지금도 만연하고 있다."라는 글을 썼다. 또한 RAND의 로라 발드윈과 신시아 쿡은 2015년의 *Lessons from a Long History of Acquisition Reform* 이라는 글에서 "많은 무기체계들은 예상했던 것보다 비싸고, 계획보다 오래 걸렸으며, 성능은 항상 기대에 못 미친다."라고 했다. 상당한 무기체계를 미국에서 구입하는 대한민국으로서는 버튼 대령의 내부 고발을 귀담아 들을 필요가 있다. 아무쪼록 획득 업무와 관련되어 있는 사람들에게 도움이 되었으면 한다. 번역 텍스트는 James G. Burton의 저서 *Pentagon Wars*: Reformers Challenge the Old Guard을 사용했다. 그리고 독자들의 이해를 돕기 위해 본문 중에 역자 주를 추가했다.

이 책을 번역하고 출판하는 데 공군대학의 교환교관으로 근무했던 보사드 예비역 미공군 중령, 한국 공군대학 정규과정을 졸업한 매튜 시몬스 미공군 중령, 공군대학 교환 교관이었던 리오 바우스찬 중령의 도움이 정말 컸다. 그리고 흔쾌히 출판에 응해주신 연경문화사의 이정수 대표께 감사드린다.

목차
CONTENTS

프롤로그

걸프전에서 승리했다는 초기의 자아도취감은 사라졌지만 전쟁이 끝나고 2년이 지난 지금까지도 전쟁을 잘 치렀다는 자부심은 사라지지 않았다. 거의 반세기만에 미국은 전쟁에서 승리했다. 아니 당시에는 그렇게 보였다. 승리 그 자체도 칭찬받을 일이지만 그보다는 신속·과감하고, 믿기 어려울 정도로 적은 희생자를 내면서 승리한 바로 그 방법을 칭찬하는 것이 마땅하다. 그것은 많은 미군 전략가들과 전술가들의 사고에 큰 변화가 일어났었다는 것을 시사했다.

1960년대와 70년대의 '공룡'들이 무대에서 서서히 사라지고 있다. 완전히 다른 작전 개념으로 무장한 新군사사상가들이 등장하고 있다. 공룡들이 멸종되면 적과의 정면대결을 위해 돌격하고 끝까지 맹렬하게 싸워야 한다는 생각도 사라질 것이다. 정면대결로 승리를 얻을 수는 있겠지만 양쪽 모두에게 엄청난 사상자를 낸다. 정면대결은 화력이 가장 중요하고 사망자 수가 승리의 척도가 되는 소모전 사상이다. 이러한 소모전은 베트남전쟁과 그 직후의 군사사상을 지배했다.

육군은 1976년 7월에 발간한 야전교범 100-5 「작전」에 지휘관들이 그들의 군사력을 어떻게 사용해야 하는가와 관련된 교리를 소개했다. 그 지침은 베트남전 중에 승승장구한 장교들의 생각을 적나라하게 보여주었다.

> 군사력의 주요 임무는 충분한 힘과 끈기를 가지고 적이 자신의 규모와 주공 방향
> 을 노출시키도록 하는 것이며, **적의 주공 정면에 수비 병력을 집결**시키기 위해 시
> 간을 버는 것이다. … 기갑전에서 장갑 및 기계화 부대(전차와 장갑차)는 **적의 돌격
> 로 상의** 전투 위치로 이동해야 한다.[1](원본 강조)

 이 지침에 내재된 원리는 이 시기의 군사사상가들에게는 너무 중요했기
때문에 문단 전체에 박스를 쳐서 강조했다. 반면 신사상가들은 양동, 기
만, 다축 돌파, 적을 우회하여 후방으로 기동하는 동안 화력을 사용하여
적을 묶어놓고 포위하는 것을 생각했다. 혼란, 혼돈, 공포, 항복, 적의 결
심 주기 안으로, 붕괴, 포위, 적 후방으로 우회 등이 신사상가들이 사용하
는 언어였다.
 걸프전의 육군과 해병대의 전투계획에 신사고가 잘 스며들어 있었다. 그
러나 공룡의 피가 흐르고 있던 고급 지휘관들이 이라크의 정예부대인 공화
국 수비대가 잘 파놓은 함정을 빠져나가 후세인이 권좌를 유지하는 데 꼭
필요한 핵심세력으로 활동할 수 있도록 방임함으로써 훌륭했던 계획은 엉
망이 되어 버렸다(이 점에 대한 자세한 내용은 맺음말 참조).
 걸프전 계획을 위한 개념 구조와 그 계획을 준비했던 신사상가들을 위한
이론은 책표지 색깔 때문에 『그린북Green Book』이라 불린 책에 잘 나타나
있다. 비공식적으로 발간된 이 그린북의 원래 제목은 "승리와 패배에 대한
담론"으로 여기에는 존 보이드 공군 예비역 대령의 독특한 이론이 담겨있
었다. 지난 15년 동안 보이드는 미국에서 가장 뛰어난 군사이론가 중의 한
사람으로 입지를 굳혀 왔다.[2]

---

1) Field Manual 100-5 Operation (Washington, D.C.: Headquarters U.S.Army, 1976), 3-6.
2) Col. John Boyd, USAF(Ret.), "A Discourse on Winning and Losing," 전쟁뿐만 아니라 모

1987년부터 걸프전이 발발한 1991년 1월까지 버지니아의 콴티코에 있는 해병대 상륙전 학교에서는 그린북 1천 부를 복사하여 배포했다.[3] 그보다 더 중요한 것은 해병대가 그들의 교리에 보이드의 이론을 반영한 것이었다. 해병대가 1989년 3월에 발간한 해병대 교범 1은 그린북만큼 포괄적이지는 않았지만, 이 교범의 이론적 뼈대는 분명히 보이드의 작품에 기반을 두고 있었다. 육군도 마찬가지였다.

보이드는 1970년대 말부터 1980년대 초 사이에 육군의 1976년판 야전 교범 100-5「작전」과 이 교범이 채택한 사상을 무자비하게 공격했다. 국방부 내에서의 브리핑과 강의 때마다 그는 공공연하게 해당 교범을 '쓰레기'라고 불렀다. 그는 소모전 대신 기동전에 기반을 둔 대체 사상과 개념을 제시했다. 육군은 상당한 내부 토론 끝에 1982년과 1986년에 교범을 개정했다. 이 개정판에서 육군은 공룡들의 사상을 대부분 버리고 보이드가 제안한 사상을 수용했다.

보이드는 거의 혼자서 그리고 눈에 띄지 않게 우리 군사 지도자가 생각하고 있는 전쟁 수행 방식을 변화시켜 왔다. 해병대 사령관 알프레드 그레이 장군은 걸프전이 발생하기 1주일 전에 가졌던 「월스트리트 저널」과의 인터뷰에서 그 점을 인정했다.[4] 그레이 장군은 보이드의 마라톤 브리핑(총 13시간 소요)을 모두 들었다. 리처드 체니도 1989년 3월에 국방장관이 되기 전까지 이미 여러 차례 보이드의 이론을 그로부터 직접 들었고 그린북을

든 갈등의 본질에 대한 미발간 강연자료. 최신판은 1987년 8월에 미 해병대가 발간해 배포한 것이며 그린북이라고 부른다. 강연자료는 여섯 절로 이루어져 있다: 요약, 갈등 유형, 지휘통제를 위한 조직설계, 전략게임, 파괴와 창조, 계시. 이 그린북은 보이드의 13시간짜리 갈등 강의의 브리핑 차트를 재발간한 것이다. 여기에는 갈등의 인간적 측면에 대한 독특한 이론과 통찰이 담겨있다.

3) 1991년 1월에 저자와 버지니아 콴티코에 있는 해병대학의 교관이면서 부교장인 마이크 윌리 해병 대령과의 인터뷰.

4) John J. Fialka, "A Very Old General May Hit the Beaches with the Marine," *Wall Street Journal*, 9 January 1991, 1.

갖고 있었다. 그리고 걸프만에 위기가 고조되기 훨씬 전에 백악관에도 그 린북이 두 권 있었다.[5]

사우디아라비아에서 텔레비전 브리퍼로 수백만 미국인들에게 친숙한 리처드 닐 준장은 보이드의 이론을 연구했다.[6] 나는 닐이 한 방송에서 "우리는 적의 결심 주기 안에 있다."라고 하는 말을 듣고 의자에서 떨어질 뻔했었다. 그 말은 그린북에서 그대로 인용한 것이었다. 나는 보이드가 그동안 힘들게 지내왔던 시간을 마침내 보상받고 있다는 생각이 들었다. 그는 걸프전에 관여했던 많은 사람들의 마음속에 있었고 그가 영향력을 발휘하고 있음을 알 수 있는 징조가 도처에 있었다.

심지어 노먼 슈워츠코프 장군도 닐이 언급했던 보이드의 독특한 개념을 포함하여 보이드의 어휘를 사용했다. 슈워츠코프가 그의 작전을 기획하는 모든 권한을 주었던 작전기획팀 '제다이 기사들'도 보이드의 이론을 연구했다. 그들은 캔자스의 포트 레번워스에서 공부를 하는 동안 반드시 (가능한 일찍) 보이드의 글을 읽어야 했다.[7]

보이드가 군에 기여한 것은 그린북만이 아니었다. 걸프전에 사용되었던 대부분의 전투기의 설계와 생산은 전적으로 보이드와 그의 동료인 피에르 스프레이의 공로였다. 두 사람은 공군의 F-15, F-16, 그리고 A-10과 해군의 F/A-18의 아버지로 인정받고 있다.[8] 보이드의 또 다른 친구인 척 마이어스 2세는 1970년대 중반에 '하비 프로젝트'에 참여했었는데 그것은

5) 1991년 3월, 저자와 존 보이드 미공군 예비역 대령과의 인터뷰.

6) 마이크 윌리와의 인터뷰.

7) 보이드와의 인터뷰. Peter Cary, "The Fight to Change How America Fights," *U.S. News & World Report*, 6 May 1991, 30; Fred Kaplan, "The Force Was with Them," *Boston Globe*, 17 March 1991, A21.

8) 1장에서 자세하게 언급된다. 더 나은 참고자료는 Lt. Col. Jerauld Gentry, USAF, "The Evolution of the F-16 Multi-National Fighter Program"(미발간 학생장교 연구보고서, no. 163, 국방산업대학, 워싱턴 D.C., 1976).

F-117 스텔스 전투기의 원조였다.

보이드와 스프레이는 10명이 채 안 되는 독불장군과 반항아들이 모인 작은 모임의 지도자였으며, 그들은 1970년대 말에 군의 개혁을 주도했다. 그들의 목표는 1) 인간, 전술, 전략에 대한 군대의 생각, 2) 국방부가 구매하는 무기의 종류, 3) 이 무기들을 시험하는 방식과 구매·배치 관련 예산을 둘러싼 의사결정과정을 개혁하는 것이었다.

이 책의 전반부는 '개혁운동'과 관련하여 개혁세력은 누구였고, 그들이 왜 기존 체제와 싸우기로 결심했는지, 그리고 그들의 비판에 대하여 그 체제가 어떻게 대응했는지를 다룬다. 후반부는 철저한 개혁세력의 한 사람으로서 내가 미군 장비들을 실제 전투와 똑같은 환경에서 시험하게 만들려고 노력했던 경험을 다룬다.

간단히 말해서 나는 브래들리 전투차량이 실제 전투에서 실제로 예상되는 무기에 의해 피격당했을 때 그 전투차량과 탑승자들에게 어떤 상황이 발생하는지를 파악하기 위해 실제와 같은 시험을 원했다. 우리는 2년 넘도록 지독하게 싸웠고 가끔 기사화되어 국민들의 관심사가 되기도 했다. 마침내 육군은 브래들리 시험을 했고 그 결과를 토대로 전투에서 더욱 안전한 장갑차를 만들기 위해 생산 가동 중에 있는 브래들리의 디자인을 수정했다. 육군은 그 다음에 M-1과 M-1A1 전차를 생산할 때도 같은 시험을 했고, 그 결과 나는 걸프전에서 많은 사람들의 목숨을 구할 수 있었다고 생각한다.

걸프전을 통해 애국심, 군에 대한 찬미와 존경이 되살아났다. 참전했던 군대는 존경과 찬미를 받을 자격이 있다. 그러나 그 이전에는 10년 넘게 펜타곤 내에서 악취가 나는 지저분한 싸움이 벌어졌었다. 이 책은 1970년대 말부터 1980년대 말까지 군에 엄청난 변화를 가져온 개혁세력과 기존 체제 사이의 게릴라 전쟁과 관련된 추악한 진실을 고발한다.

앞으로 몇 년간 군사전문가들은 걸프전을 분석할 것이다. 이 분석 중 일부는 군에 대한 개혁세력의 영향력뿐만 아니라 그들이 제기했던 문제점들의 타당성을 다룰 것이다. 군사전문가들은 아마 개혁세력이 상당 부분 옳았다는 것과 어떤 부문에서는 틀렸다는 것을 보여주겠지만, 유능한 분석가라면 개혁운동의 결과로 군의 다방면에 중대하고 의미 있는 변화가 있었다는 것을 밝혀줄 것이다. 나는 개인적으로 지난 20년 동안 보이드가 어느 누구보다도 많은 영향을 미쳤음을 역사가 증명해 줄 것이라 믿는다.

나는 이 책의 대부분을 걸프전이 발발하기 전에 썼다. 나중에 걸프전에 대한 논평을 삽입했고 전쟁 직전, 전쟁 중, 그리고 전쟁 후에 발생했던 사건들을 맺음말에 추가했다. 안타깝게도 전투에 관한 많은 세부적인 사항들은 비밀로 분류되어 접근할 수 없었다. 또한 여느 때와 마찬가지로 각 군은 타군보다 자기들이 더 많은 기여를 했다는 것을 부각시키기 위해 전사를 새로 쓰느라고 바쁠 것이다. 자신의 공로가 훨씬 컸다고 주장함으로써 탈냉전시대에 상당한 예산 삭감을 피할 수 있기를 희망할 것이다. 이런 관행들을 보면 아직도 펜타곤에는 바꾸어야 할 것들이 많다.

독자들은 펜타곤에서 상상도 못할 일과 파렴치한 행동이 벌어지고 있다는 것을 알게 될 것이다. 나는 이런 상황들을 기록하기 위해 최선을 다했지만 독자들은 국민들의 신뢰를 받는 위치에 있는 사람들이 어떻게 그런 행동을 할 수 있는지 도저히 믿을 수 없다고 할지도 모르겠다. 그러나 그렇게 행동하는 여러 가지 이유가 있다. 가끔 그러한 행동은 최선의 방책에 대한 솔직한 의견충돌 때문에 일어나고, 이러한 의견충돌은 오래된 권력다툼으로 발전한다. 그러나 많은 경우 내가 소개한 기이한 행위와 부정행위는 사람들의 무능력이나 부패, 맹목적인 야망 또는 이 세 가지 모두 때문에 발생한다.

출세제일주의는 펜타곤 내에 만연해 있다. 그 증상은 때로는 눈에 잘 띄지 않는다. 나는 독자들에게 각종 사건들에 연루된 사람들의 동기를 생각해 볼 것을 주문한다. 그들은 왜 그러한 행동을 할까? 이야기의 일부이기 때문에 나는 각 사건의 원인을 밝히려고 노력할 것이고 독자들은 그 원인을 발견할 수 있을 것이다. 상당 부분은 정신적·도덕적 부패, 무능력, 그리고 맹목적 야망이 주요한 원인이다.

1. 전투기 마피아

미국 국민들은 1980년대에 사상 유례 없는 엄청난 예산을 펜타곤에 배정했을 뿐만 아니라 펜타곤이 이 예산을 강력한 국가 방위를 위하여 현명하게 사용할 것이라고 믿었다. 그러나 이 국민의 세금과 믿음은 모두 허투루 쓰였다. 이 책에서 독자들은 실제로 펜타곤에서 어떤 일이 벌어지고 있는지를 보기 위해 오각형의 미로를 여행하게 될 것이다. 이 여행이 즐겁지는 않다. 무기를 사는 일은 지저분하고 위에서부터 아래까지 부패했다. 무기 구입 절차를 개선하지 않는다면 이러한 상황은 결코 바뀌지 않을 것이다.

세계에서 가장 큰 업무용 빌딩인 펜타곤은 건평이 6백 5십만 평방피트가 넘는다. 동남아시아에서 전쟁이 최고조에 달했던 당시 펜타곤에는 3만 명 이상이 근무했다. 복도와 통로가 16마일이 넘는 펜타곤 건물은 차갑고 무미건조하며 위압적이다.[1] 끝이 없고 단조로우며 비슷해 보이는 복도 때문에 실제로 실내에서 길을 잃기 쉽고 자기가 무슨 행동을 하고 있는지조차 잊기 쉽다.

---

1) "Welcome to the Pentagon," Department of Defense brochure, 30 July 1981.

펜타곤에 근무하고 있는 대부분의 직업군인들은 이곳을 싫어한다. 그들은 세계에서 가장 거대한 관료사회에서 일어나는 일들에 영향을 미치기에는 자신들이 부족하다고 느낀다. 그들은 엄청난 양의 문제와 토론, 그리고 관료적 싸움에 정신적으로 압도된다. 근무시간은 길고 생활비는 많이 들고 교통은 최악이지만 보상은 거의 없다. 그러나 승진을 위한 경쟁력을 갖추기 위해서는 일정 시기 동안 이곳에 있어야만 한다. 그들은 하루 속히 승진할 만한 팀원이라는 인정을 받아야 한다. 많은 장교들에게 행복이란 한 손에는 전출 명령서, 다른 한 손에는 뛰어난 인사기록부를 가지고 펜타곤을 무사히 벗어나는 것이었다.

나는 공군 장교로 27년을 복무하면서 펜타곤에 세 번, 기간으로는 총 14년을 근무했다. 처음 두 번은 다른 사람들과 똑같이 좀 더 확실하게 상급자들의 눈에 들고, 다음 진급위원회에서 두각을 나타낼 수 있는 근무 평점을 받는 희망을 가졌다. 내가 세 번째로 펜타곤에 근무하게 되었을 때는 이미 중견장교가 되어 있었고 이번만큼은 펜타곤의 일하는 방식을 바꿀 수 있을 것이라는 희망이 있었다. 나는 지금까지 고위 공무원과 군인들의 정신적, 도덕적 부패를 직접 목격해 왔다. 그리고 그것들은 정말 역겨웠다.

확실히 변해야 할 시기라고 생각한 것은 나뿐만이 아니었다. 1970년대 말부터 1980년대 중반까지 8년 동안 같은 생각을 가진 소수의 개혁가들이 펜타곤을 뿌리째 흔들어댔다. 이들은 '군의 개혁가'로 알려졌다. 기존 지배계층은 이들을 배신자, 러다이트, 멍텅구리, 그리고 국가 군사 지도자들을 당혹스럽게 만드는 공모자라고 불렀다. 심지어 공군참모차장은 아주 진지하게 그들을 '어둡고 사악한 세력'이라고 했다.

이 8년 동안 개혁가와 국방 조직, 펜타곤의 공무원과 군인, 의회, 그리고 방위산업체들은 목숨을 건 사투를 벌였다. 더럽고 추잡한 게릴라 전쟁이 의회와 펜타곤, 전국의 신문 헤드라인에서 벌어졌다. 상당히 지저분한 싸움과 언쟁이 계속해서 일어났다. 개혁가들은 몇몇 싸움에서만 승리했다(나는 개인적으로 이 승리 중 하나에 관여했다). 일반 양심으로서 개혁가들은 고위 공무원과 군인들이 미군의 미래를 좌우할 주요 결심을 위해 좀 더 열심히 일하도록 만들었다.

개혁운동은 제임스 펠로우스가 1979년 10월의 월간지 「애틀랜틱」에 '근육 위주의 초강대국'을 기고하면서 갑자기 부각되기 시작했다.[2] 그 요지는 미국이 너무 복잡하고 고가의 무기체계에 투자를 하고 있으며 승리를 위한 '군사술'과 능력을 잃어버렸다는 것이었다. 개혁가들은 고대했던 기존 지배계층과의 싸움에 불을 붙일 사람으로 펠로우스를 선택했다. 그는 존 보이드, 피에르 스프레이, 척 스피니로부터 많은 도움을 받았다.

동부 해안의 신문들은 곧바로 국방부를 옹호하며 펠로우스와 그의 정보원, 그리고 그의 기본 테마를 공격하기 시작했다. 몇 개월 후 개혁가들의 도움을 받은 잭 에드워드 하원의원은 공군 정비사들이 전투기 가동률을 유지하기 위해 라디오 섀크에서 자기 돈으로 전자 부품을 사야만 한다고 폭로했다. 그리고 1980년 4월에 장비 고장으로 '이란 인질구출작전'이 실패로 돌아간 사건이 발생했다. 그때부터 언론은 개혁가들과 그들의 생각을 호의적으로 받아들이기 시작했다.

개혁운동은 정부 안팎에 있는 소수의 사람들로부터 시작되었는데 그들은 펜타곤에 무엇인가 심각한 문제가 있다는 것을 감지했다. 베트남에서의 패배, 이란 인질구출작전의 재앙, 고삐 풀린 야망, 모든 장교들에게 팽배해 있는 맹렬한 출세제일주의, 방위산업체 임원과 펜타곤 간부 사이의 수평 이동, 그리고 연이어 600불짜리 변기 시트, 400불짜리 망치와 같은 황당한 이야기들의 폭로, 부적절한 시험 혹은 형편없는 시험 결과와 무관하게 무기체계들이 꾸준하게 군으로 납품되고 있다는 이야기, 고급 군인들과

---

2) James Fallows, "Muscle-Bound Super Power: The State of America's Defense," *The Atlantic Monthly*, October 1979, 59-78.

공무원들의 일상적인 사실 은폐 등은 개혁이 절실히 필요한 부패 현상의 극히 일부에 불과했다.

개혁가들은 틀에 박힌 무기구매 절차의 개선뿐만 아니라 군과 공무원 리더들이 마음가짐을 바로 할 것을 촉구했다. 그들은 펜타곤이 정신을 차릴 때까지 그리고 전투를 치를 수 있고 전투에서 실제 작동하는 무기를 어떻게 구매하는지를 배울 때까지 펜타곤 전체를 발칵 뒤집어 놓는 것이 필요하다고 판단했다.

개혁운동의 원동력은 존 보이드와 피에르 스프레이였다. 그들은 밤과 낮, 좌뇌와 우뇌처럼 달라도 너무 달랐다.

스프레이는 분석의 천재였다. 그는 15세 나이에 예일대학에 입학했고, 특이하게도 프랑스 문학과 기계공학을 복수 전공했다. 그리고 21세 때는 코넬대학에서 통계학과 산업공학 석사학위를 취득했다. 프랑스 니스에서 태어난 스프레이는 불어와 독일어에 능통했고, 개혁세력들은 그를 '앨세이션'[3]이라고 불렀다. 그는 잘생겼고 늠름했다. 프랑스풍에 중간 정도의 신장, 은회색 머리, 목에는 항상 스카프를 두르고 다니며 날이 선 말투의 소유자였다.

스프레이에게 세상은 흑백이었던 반면 직관적이고 창의적인 보이드에게는 여러 가지 톤의 회색이었다. 스프레이는 절대적으로 사고했고, 보이드는 상대적으로 생각했다. 그들은 매우 달랐지만 관료주의와 무능력, 그리고 기득권층과의 싸움을 즐기는 미치광이였다는 점에서는 매우 닮았다.

1966년부터 1970년까지 스프레이는 국방장관실의 특별보좌관으로 근무했고, 로버트 맥나마라의 '신동' 중 한 명이었다. 그는 사람들이 생각했던 무기의 용도와 실제 용도를 알아보기 위해 전투를 연구했다. 그의 연구는 실제 전투에서 유용한 무기체계의 특성에 대한 통찰력을 제공했다.

---

3) 독일종 셰퍼드. 한 번 물면 절대 놓지 않는다는 의미. 역자 주.

스프레이의 전투결과 분석은 서서히 그러나 확실하게 국방부의 요직을 차지하는 하이테크 지지자들의 주장과는 정반대되는 결과를 제시하곤 했다. 예를 들어 스프레이가 1968년에 동남아시아에서 정밀 유도무기를 발사했던 조종사들이 재래식 폭탄을 투하했던 조종사들보다 적의 지상사격을 2~3배 많이 받았다고 발표했다. 점점 증가하고 있는 하이테크 유도 무기에 매료된 공직자들에게 이러한 사실은 정말 달갑지 않은 결론이었다.

보이드는 분쟁에서 인간의 행동에 영향을 미치는 전술과 전략의 근본에 대한 통찰을 제공하기 위해 전투와 모든 형태의 분쟁을 연구했다. 그의 '승리와 패배에 관한 담론'은 20세기 군사술에 대한 가장 독창적인 사고로 역사에 기록될 것이다. 심지어 칼 폰 클라우제비츠, 헨리 조미니, 손무, 혹은 그 어떤 과거 군사이론의 대가들도 보이드만큼 분쟁의 정신과 사기 측면을 부각시키지 못했다. 그리고 그는 개혁운동을 하면서 그의 이론을 시험했다. 보이드와 스프레이 두 사람은 펜타곤의 많은 고위 관료들에게 버거운 무적의 조합이었다.

보이드는 국가의 보물이었지만 국민들은 그를 잘 몰랐다. 공군 전투 조종사로서 그는 공군, 해군, 해병대 조종사들이 베트남에서 사용했던 기초 전술을 고안해냈다. 그의 '에너지-기동 이론Energy-Maneuverability Theories'은 전투기 디자인을 근본적으로 바꾸어 놓았다. 보이드는 고도와 에너지의 관계를 기동 능력이라는 일반 용어로 정립했다. 그는 각 항공기별 기동성능을 도표화했다. '에너지-기동 도표'로 알려진 이 도표는 조종사들에게 한 비행기가 다른 비행기에 대해 기동성의 우위를 점하기 위해 속도와 고도를 어떻게 결합시켜야 할지를 쉽게 보여주었다. 에너지-기동 이론은 미 공군과 해군의 공중 우세 전술, 교리, 장비를 개발하는 핵심 요소가 되었다.

보이드의 '상반관계trade-off 기법'은 공군의 최첨단 전투기인 F-15, F-16과 같은 우수한 성능의 비행기를 만드는 데 엄청난 기여를 했다. 사실 두 전투기의 존재 자체가 순전히 보이드 덕분이었다. 보이드는 1975년에 공군에서 전역한 후 기원전 400년부터 현재까지의 분쟁 역사, 그리고 수학 논리, 물리학, 열역학, 생물학, 심리학, 고고학을 연구했다. 그는 연구를 통해 경쟁적·적대적인 세계에서 '분쟁, 생존, 정복의 특징을 발견'할 지식의 단서를 기대했다. 보이드의 가장 위대한 재능은 겉으로는 아무 관련이 없어 보이는 아이디어와 견해를 종합하는 것이었지만 그는 그 천재성 때문에 큰 대가를 치러야 했다.

보이드는 유별났다. 그의 행동은 다른 이에게는 때론 미친 사람처럼 비이성적으로 보였다. 하지만 이런 행동조차 그에게는 계산된 행동이었다. 그의 적들은 그가 미친 사람인지 아니면 천재인지 절대 알 수 없었을 것이다. 6피트가 살짝 넘는 신장과 운동선수 같은 외모 덕분에 보이드는 강렬함을 풍겼다. 그는 사람들을 불안하게 만드는 것을 즐겼고, 그것이 그에게 유리하게 작용했다.

보이드는 그동안 여러 가지 별명을 얻었다. '미친 대령', '아야톨라', '징기스 존' 그리고 가끔은 보이드의 도움을 받아 문제를 해결한 장군이 혼잣말처럼 중얼거리는 '우라질 보이드'였다.

그가 무슨 생각을 하고 있는지는 아무도 몰랐다. 그의 마음이 열려 있지 않으면 그와 대화를 할 수가 없었지만, 그의 마음이 열려 있는지는 알 길이 없었다. 사람들은 그에게 이야기할 수 있고, 그는 그들에게 대답을 한다. 20분 후 사람들은 그의 마음의 창이 이미 닫혔다는 것과 그에게 아무것도 전달한 것이 없다는 것을 알게 된다.

보이드는 그의 생각을 전파해 줄 사람들이 필요했다. 나는 척 스피니, 레이 레오폴드, 피에르 스프레이, 그리고 몇몇 소수의 인원들과 함께 이 전도사들 중의 한 사람이 되는 행운을 얻었다. 우리의 대화는 제한이 없었고 즉흥적이었다. 주로 그가 주제와 토론 방향을 정했다. 보통 전화 벨소리는 저녁 늦게 울렸고, 보이드는 "내가 읽는 것 좀 들어보게"라는 말로 말문을 열었다. 한두 시간 동안 그는 양자물리학, 수학 논리, 군사軍史 혹은 다수의 이론 서적을 읽어댔다. 그런 후 우리는 그가 읽은 것의 의미 혹은 분쟁에 이 이론들이 어떻게 적용될 수 있는지를 토의했다.

이런 전화는 10년 이상 계속되면서 내 일상이 되었고, 통화가 길어지면서 내 아내는 전화번호부에 없는 별도의 전화기를 마련해 주었다. '보이드 전화기'라고 불린 이 전화기는 다른 개혁가들의 부러움의 대상이었다. 나는 대학원 때보다 더 열심히 책을 읽고 공부를 해야만 했다. 보이드 클럽에 가입하기 위해 치러야 하는 대가는 컸지만 그만큼 가치 있는 일이었다 (부록 B는 보이드가 요구하는 독서 목록이다).

군에 대한 그의 공헌은 지대했지만 그 대가는 형편없었다. 사람들이 틀에 박히지 않은 생각과 행동으로 기존 체제에 도전을 하면, 특히 그들이 기존 체제가 옳지 않다는 것을 증명하고 변화할 것을 요구하면 보통 그 체제는 맹렬하게 반격한다. 보이드는 이 점을 귀에 못이 박힐 정도로 여러 번 얘기했다. 이것이 앞으로 전개될 개혁운동에 대한 이야기를 통해 내가 독자들에게 전달하고자 하는 줄거리의 핵심이다. 핵심 개혁세력들은 이 점을 잘 알고 있었지만 그 결과에 아랑곳하지 않고 기존 체제를 상대하는 것을 선택했다. 기존 체제는 그들이 예상했던 대로 반응했다.

내 재주로 보이드를 제대로 묘사하는 것은 불가능에 가깝지만 보이드에 대한 이야기만으로도 책을 쓸 가치가 있다. 그는 1950년대 공군 전투기 조종사로 한국전에 참전했다.[4] 그 당시 전투기 조종사들은 살아남기 위해 거칠고 불손하며 공격적이었고, 독립심이 강해야만 했다. 훈련은 정말 공격적이고 실전과 같아 훈련 도중 많은 조종사들이 사망했다.

한국전 이후 보이드는 네바다에 있는 전투기 무기학교의 교관으로 근무했고 그곳에서 '40초 보이드'라는 별명을 얻었다.[5] 그는 '공중에서 누가

---

4) 1990년 8월, 저자와 존 보이드 공군 예비역 대령과의 인터뷰.

5) 앞의 인터뷰.

최고인지 겨뤄보자'는 도전을 모두 받아들였고, 40초 이내에 상대방의 전
투기를 제압하지 못하면 40달러를 주겠다고 했다.

보이드는 1960년에 『공중전 연구Aerial Attack Study』를 발표했는데 잘 알려
진 전투기 전술(일부는 아직 알려지지 않은[6])을 기동과 대응 기동 측면에서 알
기 쉽고 논리적으로 설명했다. 기존의 전술 교범에는 기동과 대응 기동에
대한 원리는 없이 오직 요령만 가득했다. 보이드는 어떤 기동에 대해 특정
기동이 우월하다고 주장하지 않고 적의 기동에 대응하기 위해 조종사가 활
용할 수 있는 대안(대응 기동을 선택하는 원리)을 제시했다. 그 연구는 최초로
2차원이 아닌 3차원 전투기 전술 기동을 묘사했다.

이 연구에 묘사된 기동과 대응 기동은 동남아시아의 공군, 해군, 해병
대 전투기 조종사들이 사용하는 모든 전투기 전술의 기초가 되었다. 그것
은 아직도 모든 제트 전투기 조종사들이 사용하는 교리의 토대를 제공하
고 있다. 이러한 기동과 대응 기동의 가시화는 그의 직관에 의존한 것이었
고, 이것이 그가 생각하는 방식이었다. 미해군 전투기 무기학교의 간행물
인 「톱 건Top Gun」은 보이드의 1960년 논문 이후로 '새롭게 밝혀진 것이 하
나도 없다'고 했다.[7]

공군은 1962년에 보이드를 조지아텍에 보내 공학사를 취득하도록 했다.
그곳에서 그는 '에너지-기동 이론'을 완성했고, 그것이 전투기 설계를 혁
신적으로 바꾸어 놓았다. 그는 일련의 방정식을 개발하여 최초로 전투기
전술에 요구되는 비틀림, 선회, 가속 기동 세 가지를 하나로 묶었고, 그것
들을 항공역학 설계의 매개변수인 추력, 중력, 양력, 항력과 연결시켰다.
보이드는 그 업적으로 해롤드 브라운 상을 받았는데 그것은 공군 엔지니어

---

6) 이 글 중 'AIM-9 미사일 회피기동'과 관련된 내용은 비밀로 분류되어 공식 교범으로 발간될
   때 이 부분은 생략되었는데 그것을 말하는 것으로 추정됨. 역자 주.

7) Maj. Barry Watts, USAF, "Fire, Movement and Tactics," *Top Gun* (Navy Fighter
   Weapons School Journal), Winter 1979/1980, 9.

에게 수여되는 가장 높은 과학상이다.

보이드는 조지아텍을 졸업한 후 플로리다에 있는 에글린 공군기지에 부임했다. 그는 그곳에서 민간 수학자인 토마스 크리스티를 만나 친구가 되었다. 크리스티의 도움으로 보이드의 '에너지-기동 이론'은 더 나은 전술을 개발하기 위해 기존 미군 전투기와 적의 전투기를 비교하는 컴퓨터 프로그램으로 만들어졌다.[8] 나중에 보이드가 F-15를 재설계할 때, 크리스티와 보이드는 엔지니어들이 항공기 설계의 상반관계 연구를 빠르고 쉽게 할 수 있도록 새로운 컴퓨터 프로그램을 만들었다(보이드는 크리스티와 함께 그 이후로도 많은 펜타곤 관료들을 계속 괴롭혔다).

엔지니어들은 이 컴퓨터 프로그램을 가지고 마음대로 설계를 변경할 수 있었고, 설계 변경이 전투기의 비틀기와 선회 기동을 수행하는 전투기의 성능에 어떤 영향을 미치는지 곧바로 알 수 있었다. 그래서 그들은 용도에 부합한 전술을 구사할 수 있는 항공기를 설계할 수 있었다. 또한 이 프로그램은 피아 전투기 조종사들에게 엎치락뒤치락하는 공중전에서 어떤 기동을 하는 것이 유리한가를 제시했다. 이 프로그램이 새로운 전투기 전술 개발, 전투 조종사 훈련은 물론 항공기 설계에 미친 영향은 실제로 엄청났다.

1960년대 중반, 공군은 해군에서 물려받은 F-4처럼 기동도 못하는 요격기 혹은 비싸고 느려터진 F-111과는 다른 진정한 공대공 기동을 할 수 있는 신형 전투기를 개발하기로 했다. 공군은 기술적으로 까다로운 장비들이 복잡하게 뒤얽힌 F-111을 옹호해야만 했던 유쾌하지 않은 기억에서 겨우 빠져나온 시기였다. 전투기를 가장한 8만 파운드의 기체 무게, 쌍발 엔진, 가변익 레이더 폭격기인 F-111은 대당 가격과 운용비용도 비쌌다.

공군의 신형 전투기는 F-X라고 명명되었다. 이 항공기의 초기 디자인은 놀라울 정도로 F-111, 그리고 해군의 F-14와 닮았다. 공군이 처음에

---

8) 1991년 8월에 저자와 크리스티와의 인터뷰.

제시한 디자인은 다목적 전투기로 무게는 6만 파운드, 쌍발 엔진과 가변익 등 F-111과 비슷한 여러 가지 특징을 갖고 있었다.[9] 국방장관과 하원이 F-111과 비슷한 신형 항공기 개발에 수십억 달러를 투자할 리 만무했다.

이때 마침 보이드 소령과 그의 이론이 공군 고위 관리들에게 알려졌고, 전투기 전술에 대한 강연 후 더욱 널리 알려졌다. 플로리다에 있던 보이드는 펜타곤으로 자리를 옮겨 표류하고 있던 전투기 사업의 정상화 임무를 담당하게 되었다. 새로운 상관인 뎀스터 장군은 보이드에게 2주의 시간을 주며 F-X 디자인을 구상해보라고 했고, 2주 후에 사무실로 불렀다.

뎀스터는 "소령! 우리의 F-X 디자인에 대해서 어떻게 생각하나?"라고 물었다. 보이드는 자신 특유의 방식으로 "항공기를 한 번도 설계해 본 적이 없는 나도 이것보다는 잘할 것 같습니다."라고 말했다. 그는 곧바로 항공기를 설계하게 되었다.

뎀스터는 보이드에게 상당한 자유를 주었다. 그러나 보이드는 그것만으로는 충분하지 않다는 것을 곧 깨달았다. 보이드는 기존 F-X 설계를 바꾸기 전에 먼저 공군 그리고 관련 산업 전문가들의 생각부터 바꾸어야만 했다. 그들과 그들이 몸담고 있는 기관들은 자신들이 애지중지하는 기술들을 F-X 설계에 교묘하게 추가해 왔다. 그들은 납품되는 무기체계에 그들의 기술이 실제로 사용되어 왔다는 것을 이용해 자신들의 존재 이유와 공군 예산 배정을 정당화했다. 그들은 설계를 그대로 유지하기 위해 필사적이었다.

보이드는 F-X 설계를 처음부터 다시 하는 어려운 작업을 시작했고 그 과정에서 어떤 원칙을 부여해야 했다. 이를 위해 보이드는 실제 성능으로 나타나지 않으면 아무 의미가 없다는 것을 사람들이 받아들이게 만들거나,

---

9) Lt. Col. Jerauld Gentry, USAF, "The Evolution of the F-16 Multi-National Fighter Program" (unpublished student research report, no. 163. Industrial College of the Armed Forces, Washington, D.C., 1976).

그들이 애지중지하는 특성들이 전체 체계에 아무 소용이 없다는 것을 증명함으로써 그 특성들을 말끔히 제거해야만 했다. 뒤이은 관료 싸움에서 많은 사람들이 보이드의 생각을 받아들였지만 그렇지 않은 더 많은 사람들은 하나하나 제거되었다. 마침내 그 모습이 드러난 F-X는 F-111처럼 생긴 6만 파운드의 가변익 항공기가 아니라 보이드의 에너지-기동 이론에 입각한 4만 파운드의 고정익, 쌍발 엔진의 민첩한 전투기로 다시 태어났다.[10] 역사상 최초로 일정 수준의 기동성능을 갖춘 공군 전투기가 탄생했다.

기득권과는 생각이 항상 반대로 흐르는 미친 사람, 비정상적인 사상가라는 보이드의 명성이 확고해지면서 관료조직과의 접근전에 대가라는 명성도 확고해졌다. F-X 재설계 도중 보이드는 일반적인 사람들이라면 이해할 수 없는 행동으로 야망이 큰 직속상관인 대령을 자극하여 보직 해임되었다.[11]

그러나 장군들은 해당 업무를 완수할 수 있을 정도로 설계 개념을 잘 이해하고 있는 사람은 보이드 밖에 없다는 것을 금방 깨달았다. 그들은 F-X를 구하기 위해서 보이드를 복직시켜야만 했다. 보이드도 그것을 잘 알고 있었다. 보이드를 파면한 그 대령에게는 정말 가혹한 요구였지만 보이드는 평상시 해왔던 방식으로 그 대령이 직접 격식을 갖춰 복직시키기 전에는 돌아가지 않겠다고 버텼다.

1967년 봄, 보이드는 스프레이에게 상반관계 분석기법과 새로운 F-X 설계를 설명했다. 보이드의 원래 임무는 스프레이를 설득하는 것이었다.

---

10) 앞의 책, 10.

11) 그 대령은 보이드에게 FX 관련 자료를 주며 2주 안에 검토 결과를 보고하라고 했다. 2주 후 보이드는 검토를 마쳤지만 브리핑 차트도 없고 보고서도 작성하지 않았다. 그러자 대령은 브리핑도 없고 보고서도 없다면 준비가 안 된 것이라고 말하자, 보이드는 검토하라고 했지 브리핑이나 보고서를 준비하라는 지시를 받은 적이 없다고 대들다 보직 해임되었다. 출처 : Robert Coram, *Byod - The Fighter Pilot Who Changed the Art of War*, (New York: Back Bay Books, 2002), pp.193-194. 역자 주.

국방장관실의 스프레이는 공군의 적이면서 공군의 신형 전투기 사업의 장애물로 간주되고 있었다.[12] 스프레이는 이미 과도한 비용, 복잡성, 불충분한 효과성에 불평을 하고 있었다.

스프레이는 곧바로 보이드 이론과 기법의 힘을 간파했다. 스프레이는 그 안에서 더욱더 실제 전투와 같은 상황에서 전투기 효과성을 분석할 수 있고 단순하면서 고성능 전투기를 설계할 수 있는 가능성을 발견했다. 단순하다는 것은 같은 비용으로 더 훌륭하고 더 효과적이며 더 많은 전투기를 배치할 수 있다는 것을 의미했다. 스프레이는 더 적은 비용으로 고효율을 낼 수 있는 더 많은 무기를 강력하게 주장했다. 그에게 효과성과 수량은 기술적으로 복잡한 것보다 중요했다. 보이드와 스프레이는 서로 같은 생각을 하고 있다는 것을 확인한 순간 서로에게 푹 빠져버렸다. 그 이후 그들의 끈끈한 우정은 계속되었다. 또한 이것이 '전투기 마피아'의 시작이었다.

그 다음 해인 1968년에 국방장관은 보이드의 4만 파운드짜리 F-X 설계를 공식적으로 승인했다. F-X라는 명칭은 F-15로 변경되었고, 공군은 F-4E를 F-15로 대체하기로 했다.[13] 공군이 자체 모델을 갖게 되었고 더욱이 해군의 경쟁 기종인 VFX/F-14보다 성능이 더 좋을 것으로 판단한 공군의 고급 지휘관들은 행복감에 도취되었다. 공군에게만 맡겨 놓았더라면 공군은 아마 공대공 전투를 위한 기동능력과 가속능력이 떨어지는 더 무거운 가변익 항공기를 제작했을 것이다.

그러나 보이드와 스프레이는 4만 파운드짜리 설계에 만족하지 않았다. 그들은 이 설계가 승인받기 전부터 전투와 상관없는 것들을 빼버리면 4만 파운드가 아니라 3만 3천 파운드로 줄일 수 있다고 강력하게 주장했다.[14]

---

12) 보이드와의 인터뷰.

13) Gentry, "Evolution of F-16," 11.

14) 1991년 8월 27일, Pierre M. Sprey와의 인터뷰. 또한 Gentry, "Evolution of F-16," 16.

예를 들어, 항공기의 최고속도가 굳이 마하 2.5일 필요가 있는가? 대부분의 공중전은 아음속에서 벌어졌으며, 마하 1.5 이상에서는 절대 일어나지 않았다. 최고속도 마하 2.5를 내기 위해서는 엔진에 필요한 양의 공기를 흡입하기 위해 수시로 크기를 조절할 수 있는 공기 흡입구가 필요한 것처럼 상당한 설계상의 문제를 야기했다. 보이드는 그 공기 흡입구를 마치 사람이 말할 때 입술을 움직이는 것 같다고 해서 '말하는 흡입구'라고 불렀고, 최고속도를 낮추면 고정형 흡입구로 충분할 것이며 그렇게 되면 항공기는 저렴해지고 단순해질 것이라고 판단했다. 스프레이는 고정형 흡입구가 실제로 아음속 부근에서의 가속 성능을 높여 줄 것이라고 판단했다. 보이드와 스프레이는 다른 비슷한 장치들도 공중전 성능과는 아무 상관이 없고 오히려 해가 될 것이라고 믿었다.

공군의 중요한 사업을 막 성사시킨 일반적인 공군 장교라면 총애를 받고 장군들로부터 엄청난 찬사를 받았겠지만 보이드는 일반적인 장교가 아니었다. 그는 본인이 만든 설계를 비판해 평지풍파를 일으켰다.

보이드와 스프레이는 아직 공군의 욕을 먹고 있었지만 4만 파운드 설계는 승인되었다.[15] 만일 공군이 이 두 사람의 말을 경청하고 F-15 설계를 3만 3천 파운드로 변경했더라면 오늘날 F-16은 아마 존재하지 않았을 것이다.

이 두 사람은 비난을 받고 있었기 때문에 더 노력하기로 뜻을 모았다. 일부 설계만 변경했는데도 중량이 4만 파운드에서 3만 3천 파운드로 가벼워졌는데 설계를 완전히 바꾸면 어떤 일이 일어날까? 그들은 함께 답을 찾기 시작했다. 스프레이는 보이드의 이론을 이용하여 제로베이스에서 시작했고 완전히 새로운 설계를 내 놓았다.

이 설계는 단일 엔진, 고정익 전투기로 중량은 2만 5천 파운드이고 추력

15) Gentry, "Evolution of F-16," 20.

은 3만 5천 파운드인 유례 없는 기동 성능을 갖춘 전투기였다. 스프레이는 F-X를 노골적으로 비아냥거리기 위해 이것을 F-XX라고 불렀다. 그는 객관적인 검증을 위해 그 설계를 계약사인 제너럴 다이나믹과 노드롭의 설계팀에 보냈다. 두 회사의 설계사들은 스프레이가 산출한 수치들을 대부분 인정했다.

1970년 3월, 미국 항공우주공학협회AIAA는 F-15 계약업체가 있는 세인트루이스에서 항공기 설계사들의 대규모 콘퍼런스를 주최했다. 의도는 항공기 설계사들을 모아 놓고 공군의 신예 전투기인 F-15를 띄워주기 위해서였다. 스프레이는 기조연설자로 초청되었다. 그는 F-15를 칭찬하는 대신 '우리는 더 잘할 수 있다'고 하면서 2만 5천 파운드의 F-XX 개념을 제시하면서 두 계약사가 각각 두 대의 시제기를 만들어 공중전을 치러볼 것을 요구했다.[16] 말할 필요도 없이 그 발표는 상당한 물의를 일으켰다.

그 와중에 세 번째 공군 저격수가 보이드와 스프레이에게 힘을 보탰다. 에베레스트 리치오니 대령[17]은 전투기 조종사였고 공군본부의 항공공학 엔지니어로 근무했었다. 그는 보이드 이론의 힘을 간파했고 경량이면서 저비용 전투기를 선호했다. 보이드와 리치오니는 1950년대부터 서로 알고 지낸 사이였다. 그들은 함께 보이드의 '전투 과업 지향 상반관계combat task oriented trade-off process'를 정리하여 전통적인 전투기 임무 수행에 꼭 필요한 6개의 특정 과업 혹은 기동을 제시했다.

리치오니는 보이드의 이론과 이미 F-15용으로 개발되어 있는 엔진을 이용하여 1만 7천 내지 2만 파운드의 우수한 전투기를 설계할 수 있을 것이라고 믿었다.[18] 스프레이의 F-XX는 새 전투기 엔진을 생산한다는 것에 기

---

16) Gentry, "Evolution of F-16," 25.
17) 이탈리아 혈통의 리치오니는 1930년대 폭격기 마피아에서 힌트를 얻어 전투기 마피아라는 별명을 붙였고, 자신이 이 전투기 마피아의 대부라고 생각했다. 역자 주.
18) 앞의 책, 27.

초를 두고 있었기 때문에 기존의 엔진을 이용한다는 것은 실질적으로 중요한 발전이었다.

그런 경량 전투기를 만들 수 있다는 것을 증명하기 위해 리치오니는 1971년 2월에 제너럴 다이나믹 및 노드롭과 연구계약을 체결했다.[19] 연구를 비밀리에 진행하기 위해 연구 제목은 '고급 에너지-기동 이론과 상반 관계 분석 통합 검증 연구'라고 했지만 실제로는 예비 설계이면서 세 종류의 경량 전투기 외형을 분석하는 것이었다.

리치오니는 해군이 F-14를 대체할 경량 전투기 설계를 비밀리에 진행하고 있다는 것을 알고 있었기 때문에 그의 연구 계약은 어느 정도 절박했다.[20] 전투기 마피아가 기선을 제압하지 못하면 공군은 또다시 해군 항공기를 운용해야 할 수도 있었다. 그러나 전투기 마피아의 아이디어는 F-15 사업에도 위협이었기 때문에 이 모든 일들을 아주 조용히 진행해야만 했다. 상식적으로 공군이 동시에 두 개의 전투기를 생산할 리가 없었다. F-15는 승인된 사업이었고, 공군은 F-15의 예산과 지원을 빨아들일지도 모르는 새로운 사업을 받아들이지 않을 것이다.

게릴라전에 골몰하고 있는 사람이라면 전투기 마피아의 작전을 연구해 볼 가치가 있다. 전투기 마피아는 조용히 그리고 비밀리에 펜타곤과 항공기 제작업체의 복도, 뒷문, 뒷골목에서 작업을 했다. 마피아들은 도처에서 기존 체제를 시험했고, F-15의 절반 가격으로 더 좋은 전투기를 만든다는 그들의 주장에 동조하는 아주 작은 신호도 찾아냈다. 그들은 천천히 그러나 확실하게 자신들에게 동조하는 공군본부와 국방장관실의 핵심 인물들로 네트워크를 조직했는데, 이 네트워크는 봉기할 때가 되었을 때 매우 큰 도움이 될 자산이었다. 그러나 그런 상황이 되기도 전에 전투기 마피아 한

---

19) 같은 책.
20) 같은 책.

명이 희생되었다.

리치오니는 부끄러움을 타거나 숫기가 없는 사람이 아니었다. 그는 말하는 것을 좋아했고 이야기를 각색하는 그만의 방법이 있었다. 많은 고급 장교들이 참석한 칵테일파티에서 리치오니는 전투기 마피아의 생각을 전파하면서 목소리가 너무 커 시선을 끌었다. 공군참모차장인 존 메이어 장군은 리치오니의 말이 귀에 거슬렸다. 그는 리치오니를 막 싹트고 있는 F-15 사업의 심각한 위협으로 보았다.

메이어 장군은 대부분의 고급 장교들이 취하는 방법을 그대로 이용했다. 즉 그들과 토론을 벌이기보다는 이의를 제기하는 사람을 그냥 제거했다. 칵테일파티가 있은 지 10일 후 리치오니는 전투기 설계에 대한 그의 새로운 생각을 마음대로 전파할 수 있는 한국으로 전출 명령을 받았다.[21]

전통적 사고에 의문을 제기하고 상관에게 대들며 상관이 얘기할 때 자동으로 "예, 예, 지당하신 말씀입니다."라고 하지 않는 '다루기 어려운' 부하들을 제거하는 관행은 그동안 격식에는 능숙하고 실속은 없는 고급 장교 군단을 양산해 왔다. 오랫동안 새로운 생각을 용납하지 않고 방해한 반면 기존 관념을 받아들이는 사람들에게는 보상을 해 준 결과로 사상이 부족하고 정체되고 예측이 가능한 장교 군단이 탄생했다. 동조자는 진급시키되 독불장군은 응징하는 것은 동종교배나 다름없다. 우리 모두는 정신박약, 허약, 정신이상과 같은 장기적 동종교배의 결과를 잘 알고 있다.

펜타곤 스토리의 또 다른 측면은 '완성품 일괄 조달total package procurement' 개념과 관련된 것이다. 1971년까지 펜타곤은 주로 서류에 근거한 비용과 성능 분석을 토대로 무기를 구입하는 엉터리 무기체계 구입방법 때문에 상당한 공격을 받아 왔다. 무기 공급자는 엄청난 돈을 받으면서도 정부의 검

---

21) Bill Minutaglio, "Tales of the Fighter Mafia," *Dallas Life Magazine*, 3 May 1987, 14. 또한 나는 스프레이의 집에서 한 잔 하면서 에베레스트 리치오니가 그 이야기를 여러 번 하는 것을 들었다.

사, 통제 혹은 시험 없이 단독으로 설계하고 제작하여 무기체계를 인도했다. 무기 공급자가 전체 공정을 책임졌다. 1969년에는 이런 방식으로 인도된 공군의 C-5 수송기 비용이 20억 달러나 초과되어 한동안 시끄러웠다.[22] 결국 의회와 많은 국방 관료들이 무기를 구입하는 다른 방법을 찾게 되었다.

스프레이는 시제기를 먼저 만들어 공중전과 같은 시험평가 비행을 통해 더 우수한 항공기를 선정하는 방법을 강력하게 주장했다. 이는 시험평가가 서류에 의해 이루어지는 완성품 일괄 조달과는 정반대였다. 많은 사람들이 스프레이의 말에 귀 기울이기 시작했다.

국방부에서 연구 개발을 총괄하고 있던 엘런 시몬 박사가 그 중 한 명이었다. 1971년 7월, 시몬 박사는 국방부 부장관 데이비드 패커드를 설득하여 2억 달러의 공동기금을 만들어 경쟁업체들이 시제기를 만드는 비용으로 내놓았다.[23] 갑자기 모든 것이 전투기 마피아가 생각했던 방향으로 전개되기 시작했다. 리치오니의 비밀 종자돈이 결실을 맺을 준비가 되었고, 패커드는 시제기가 가능한지 알고 싶어 했다. 물론 모든 것이 순조롭게 진행되도록 전투기 마피아들의 할 일도 많아졌다.

보이드와 스프레이는 공군이 패커드의 2억 달러 중에서 상당 부분을 거머쥘 수 있는 사업들을 구상했고 그 중에서 경량 전투기 사업을 제안했다. 그들은 리치오니의 연구 덕분에 공군을 포함한 모든 팀들보다 빨리 움직일 수 있었다. 게임이 새로운 단계로 접어들었고 이야기가 점점 복잡해졌다.

보이드는 공군의 지휘계통을 밟아 그의 경량 전투기 계획을 브리핑하기 시작했고, 고급 지휘관들은 순간적으로 이 제안이 F-15 사업에 심각한 위협이 될 수 있다는 것을 깨달았다. F-15의 비용이 증가함에 따라 걱정은

---

22) 1990년 12월, 저자와 A. Ernest Fitzgerald와의 인터뷰.

23) 스프레이와의 인터뷰.

점점 커졌고, 어떤 지휘관들은 보이드가 어떤 제안을 하더라도 부결시켜야 한다고 했을 것이다.

보이드는 지하세계의 동조자들로부터 정보를 얻었다. 보이드가 참모부장에게 보고할 때까지 고급 지휘관들은 긍정적인 평가를 하지만 궁극적으로 3성 장군들이 경량 전투기 사업계획을 부결시킬 계획이었다. 말하자면 겉으로는 보이드의 제안을 심도 있게 검토했다는 인상을 주면서 마지막 관문을 통과하지 못했을 뿐인 것처럼 보이게 할 계획이었다.

그들의 계획대로 보이드의 브리핑이 2성 장군까지는 순탄하게 진행되었다. 보이드는 3성 장군과 참모차장에게 브리핑하기 전에 국방부 부장관에게 직접 보고를 할 수 있는 동조자에게 전화를 걸었다. 보이드의 제안은 패커드의 지침에 꼭 들어맞았다. 부장관의 보고를 받은 국방부 장관은 곧바로 경량 전투기 사업을 지지했다.[24] 그 후 보이드는 참모차장과 3성 장군을 대상으로 브리핑을 했다. 그들은 브리핑을 학수고대하고 있었다. 보이드도 마찬가지였지만 그 이유는 서로 달랐다. 보이드의 첫 마디가 그들을 경악하게 만들었다.

"여러분, 이번 브리핑은 결정을 위한 자리는 아닙니다. 국방부 장관이 이미 승인했기 때문에 오늘 브리핑은 단지 참고보고일 뿐입니다."[25]

장군들은 까무러쳤다. 그들은 보이드에게 일격을 가할 생각만 하고 있었는데 보이드가 그 허를 찔렀다. 그들이 할 수 있는 일은 하나도 없었다. 누군가 말했다.

"망할 놈의 보이드, 또 한 방 먹었어!"

나머지 이야기는 실제 역사다. 6가지 중 두 기종이 선정되었다. 그 후 2년 6개월 동안 총 8천 6백만 달러로 두 기종의 시제기가 각각 두 대씩 제

---

24) 보이드와의 인터뷰. 이 사안에 대한 장관의 결정문서는 Gentry, "Evolution of F-16," 46.에서 인용.

25) 보이드와의 인터뷰.

작되었고 성능비교비행으로 비행 시험을 했다. 정말 대단한 성공이었다.[26] 정부가 기업체에게 원하는 것이 무엇인가를 개관한 '사업보고서' 역시 짧고 단순해야 한다는 전투기 마피아의 생각이 반영되었다. 이 사업보고서는 겨우 25쪽이었고, 이에 대한 기업의 답변 역시 50쪽을 넘지 못하게 했다. 가히 혁명적이었다.[27] 이 일들을 현 제도에서 이루려면 아마 10년이 소요될 것이며, 비용은 수십억 달러, 계약 서류는 25피트나 쌓일 것이다. 혹시 이 일들에 의심이 가는 사람이 있다면 다른 것보다 B-1B, B-2 폭격기 사업을 보면 금방 확인할 수 있을 것이다.

YF-16과 YF-17로 명명된 두 시제기는 각각 제너럴 다이나믹과 노스롭에서 제작했다. 두 시제기 모두 우수한 공중전 항공기였지만 YF-16이 Y-17보다 항상 조금 빨라 YF-16이 최종승자로 선정되어 공군의 F-16이 되었다.[28] 해군은 YF-17을 선택해 설계 변경을 하여 상당한 무게와 비용이 추가된 F-18을 생산했다.

제임스 슐레진저가 국방장관에 취임하자마자 전투기 마피아는 그의 신임을 얻었다. 슐레진저는 전투기 마피아의 조언을 토대로 경량 전투기를 가장 우선순위가 높은 사업으로 선정하여 공군이 F-16을 수용하도록 설득했다. 그는 내키지 않는 동의에 대한 반대급부로 공군의 전술 공군을 22개 전대에서 26개 전대로 증가시켜 주기로 했다(1개 전대는 대략 100대의 항공기로 이루어진다).[29] 공군은 결코 F-16을 원하지는 않았지만 항공기 400대를 더 가질 수 있는 좋은 기회를 포기할 수는 없었다. 동시에 미국은 슐레진

26) Gentry, "Evolution of F-16," 58. 패커드 부장관의 1971년 8월 25일 결정문서는 1974년 1월의 첫 비행으로 이어졌다.

27) 스프레이와의 인터뷰. 몇 년 전 나는 믿지 않는 사람들에게 보여주기 위해 서류가방에 그 사본을 넣고 다녔다.

28) Minutaglio, "Tales of the Fighter Mafia," 28.

29) Fred Kaplan, "The Little Airplane That Could Fly, if the Air Force Would Let It," *Boston Globe*, 14 March 1982.

저의 적극적인 권고로 벨기에, 덴마크, 네덜란드, 노르웨이와 컨소시엄을 만들어 F-16을 공동생산하기로 했다. 이 협약으로 미국이 650대, 유럽 국가들이 348대를 구매하기로 했다.

이 거대한 국제적 사업을 관리할 조정위원회가 구성되었고 미국이 상임위원장을 맡기로 하고, 공군 연구·개발·군수차관보가 상임위원장이 되었다.[30] 위원장은 F-16 생산과 관련된 모든 사항을 국방부 장관에게 직접 보고했다. 비록 그는 공군 차관보였지만 결재권한이 있었고, F-16과 관련해서는 공군과 반대 입장을 취할 수도 있었다. 그는 공군을 통하지 않고 국방부 장관에게 직접 자신의 견해를 말할 수 있었다. 이러한 독특한 협정은 몇 년 후 진급을 해서 고급 지휘관 자리에 오른 F-15 패거리가 더 많은 F-15를 생산하기 위해 F-16 생산라인을 폐쇄하려고 온갖 방법을 동원하기 시작했을 때 매우 중요했던 것으로 판명되었다.

독자들은 여기서 F-15와 F-16의 차이점을 아는 것이 유용할 것 같다. 이 차이점이 전투기 마피아와 공군의 고급 지휘관들 사이의 주요 쟁점이었고 곧바로 개혁운동으로 이어졌다. F-16은 과거 전투기보다 저렴한 처음이자 마지막 전투기였다. 두 전투기는 동일한 엔진을 사용했고 F-15는 쌍발, F-16은 단발 엔진이었다. 단발 엔진을 장착한 F-16은 크기와 무게, 그리고 가격이 F-15의 절반 밖에 안 되었다. F-15의 최고 속도는 마하 2.5였지만 지금까지 공중전이 이 속도에서 일어난 적이 없었다. F-16의 최고 속도는 마하 1.9로 가속성능이 훨씬 좋았다.

두 전투기는 원래 공중전을 위해 설계되었다. F-16은 9G[31]까지 견뎠고,

---

30) 나는 컨소시엄의 1대부터 3대 조정위원회 위원장의 군사보좌관으로 근무했다. 잭 마틴(Jack Martin) 박사, 로버트 헤르만(Robert Hermann) 박사, 알톤 킬(Alton Keel) Jr. 박사.

31) 1G란 우리가 평상시 받는 중력(gravity)이다. 따라서 9G란 우리가 평상시 받는 중력의 9배를 받는 것을 의미하며, 훈련을 받지 않은 일반 사람들이 견딜 수 있는 중력은 대략 7G가 한계이다. 이 정도가 되면, 머리의 피가 몸의 아래쪽으로 몰려 눈앞이 캄캄해지는 Blackout 현상이 일어난다. 그리고 항공기 기체가 견디는 중력이 클수록 작은 반경으로 선회가 가능하여 공중

F-15는 7.33G까지 견뎠다. 비록 F-16이 더 작았지만 순항거리는 F-15
보다 길었다. 이 모든 것이 확실해지자 F-15는 날개를 더 두껍게 하고 더
많은 연료를 주입하기 위해 몇 가지 설계를 수정했다. 무게가 증가하면서
F-15의 기동성은 더 떨어졌다.

F-15는 비가시거리에서 발사할 수 있는 레이더 유도 공대공 미사일을
장착했고, 가시거리에서의 공중전을 대비해 적외선 추적 미사일과 기관총
을 장착했다. 걸프전 전까지의 역사를 보면 비가시거리에서의 격추는 거
의 없었고 가시거리 내에서의 공중전이 압도적으로 많았다. 1958년부터
1982년 사이에 있었던 5개 전쟁의 공대공 전투에서 전투기 조종사들이 방
아쇠를 당긴 2,014번 중 비가시거리 격추는 겨우 4번밖에 없었다.[32] 그래
서 F-16은 걸프전 이전에 옹호자들이 약속했던 것과는 반대로, 장거리에
서 효과적이지도 않으면서 비싸기만 하고 상대적으로 신뢰할 수도 없고 치
명적이지도 않은 레이더 유도 미사일을 장착하지 않았다.[33]

전에 유리하다. 한편, 항공기가 견딜 수 있는 G를 초과하는 기동을 했을 경우, 착륙 후 기체에
균열이 생기지 않았는지 X-레이 검사를 해야 한다. 역자 주.

32) Col. James G. Burton, USAF, "Letting Combat Results Shape the Next Air-to-Air
Missile," 1986(공대공 전투가 벌어졌던 모든 전쟁의 기록된 미사일 발사 연구). 최초이면서
유일하게 알려진 모든 미사일 전투 자료를 집대성한 이 연구는 James P. "Jim" Stevenson
이라는 저술가가 요청한 정보의 자유(Freedom of Information)에 응하여 국방부가 1987년
1월 7일에 일반문서로 분류하여 일반에 공개했다. 찰스 베넷(플로리다) 하원의원의 요청으로,
나는 1987년 6월 22일에 의회 군개혁위원회의 특정 국방 이슈에 대한 창립 공개포럼에서 이
연구를 브리핑했다.

33) 걸프전에서 처음으로 모든 국가들의 항공력이 상당한 비가시거리 전투 격추를 기록했다.
1991년 3월에 공개된 공군 브리핑 자료에 따르면, 연합군 조종사들이 격추한 35대의 이라크
전투기 중 16대가 공군의 F-15가 발사한 비가시거리 레이더 유도 미사일에 의한 것이었다(명
중시키지 못한 숫자와 발사 실패 수는 알려지지 않았다). 조종사들은 미사일을 발사하기 전에
표적을 적으로 식별하기 위해 각기 다른 두 종류의 정보가 필요하다. 대규모 혼전을 벌이는
것과는 달리 주로 이란으로 도피하는 이라크 비행기를 매복하여 공격하는 항공전의 특성상
미 공군 조종사들은 사격 전에 두 종류의 정보를 얻는 것은 수월했다. 해군 조종사들은 중요
한 식별 정보를 받는 주 원천 중의 하나인 공군의 조기경보레이더 항공기와 교신을 할 수 없
었기 때문에 정보를 제대로 받을 수 없었다. 결과적으로 걸프전에서 해군의 비가시거리 격추
는 없었다.

F-15와 F-16은 둘 다 뛰어난 전투기이지만 F-16이 약간 더 나았다. 크기가 작기 때문에 발견하기 어렵고 기동성이 뛰어나며 가격이 싸기 때문에 더 많은 대수를 구입할 수 있었다. 두 전투기 모두 1982년의 중동전에 투입되었다. 이스라엘 공군은 공중 우세를 획득하고 유지하기 위해 F-15를 오로지 공대공 전투에만 투입했다. 반면 F-16은 주로 지상 표적에 폭탄을 투하하는 임무를 수행했다. 그런데도 F-16이 F-15보다 더 많은 전투기를 격추시켰다. 또한 적으로부터 피격도 적었으며 정비가 필요한 전투피해도 적었다.[34]

전투기 마피아는 F-16과 함께 공군이 또 다른 전투 항공기인 A-10을 도입하게 만들었다. F-16과 같이 A-10도 시제기 성능비교비행의 산물이었다. A-10은 경쟁 기종인 A-9, 그리고 나중에 있었던 성능비교비행에서 재래식 고속 공격 제트기인 A-7을 모두 물리쳤다.

미국 항공 역사를 통틀어 A-10은 지상 표적을 공격하고 지상군을 지원하기 위해 설계된 최초이자 유일한 전투기였다. 이것은 미군 병력과 근접해 있거나 때로는 서로 엉켜있는 적을 폭격하고 기관총을 발사하는 것을 의미했다. 간단하며 치명적이고, 생존능력이 뛰어나고 하이테크 부속물도 없는 상대적으로 저렴한 전투기인 A-10은 오로지 전투기 마피아식으로 설계되었다.

1947년의 국가안보법에 의해 육군 항공단은 육군으로부터 분리되어 미 공군으로 독립했다. 키웨스트 협정(국군 재조직의 핵심이었던 전쟁성과 해군성을 국방부로 통합시킨 회의가 플로리다의 키웨스트에서 개최되었기 때문에 얻은 이름)에 분리 조건이 명확히 기술되어 있다. 신생 공군에 배정된 임무 중 하나는 지상군 전력을 위한 근접항공지원을 제공한다는 것이었다. 한편 육군은 중량이 1만 파운드를 넘는 근접항공지원용 고정익 항공기를 구입하지

---

34) Burton, "Combat Results Shape."

못하도록 규정했다.

키웨스트 협정 이후 공군은 근접항공지원 임무에 낮은 우선순위를 부여했고 많은 예산을 배정하는 것을 꺼려했다. 1970년대 초반에 설계되어 더이상 생산되지 않는 A-10은 공군이 이 임무를 위해 특별히 개발한 유일한전투기였다. 보통 이 임무는 공대공 전투와 조종사 기본 훈련 또는 믿을지모르지만 포를 장착한 30년 된 수송기 등과 같은 애초에 다른 임무를 위해개발된 항공기가 수행했다.

1950년부터 1990년 사이에 공군은 총 15,600대의 전투기를 생산했다.그 중 겨우 707대만이 근접항공지원용으로 설계되었다. 이것이 바로 우선순위를 가늠하는 확실한 지표이다.[35] 보통 육군의 지상 사령관이 근접항공지원의 형태, 성격, 시기를 결정했다. 공중 지원은 육군의 요구에 부응해야 했고 지상 기동 계획의 핵심 부분이었다. 공군 장군들은 육군의 요구를따를 수밖에 없는 상황이 썩 달갑지 않았다. 그들은 스스로 표적을 정하기를 원했다.

내가 생각하기에 공군 지휘관들은 조만간 근접항공지원 임무가 육군에게 되돌아갈지도 모른다는 생각을 하고 있었던 것 같다. 만약 그러한 상황이 벌어지더라도 공군 지휘관들은 상당한 수의 특수 목적 항공기, 인원,자원마저 포기할 생각은 없었을 것이다. 육군은 근접항공지원의 공백을 메우기 위해 키웨스트 협약에 정확히 부합하는 상당한 양의 무장공격 헬기를개발하려고 노력해 왔다.

공군이 근접지원보다 더 선호하는 차단Interdiction에는 적진 깊숙한 곳에있는 지상 표적을 공격하는 것이 포함된다. 이것은 적 병력과 보급품이 전선에 도달하는 것을 막기 위하여 철도 조차장, 교량과 같은 목진지를 폭격

---

35) 1990년 8월에 저자와 국방부 분석가인 Franklin C. Spinney와의 인터뷰, 그리고 공개된 항공기 생산과 예산 기록.

하고 기총 소사하는 것을 의미한다. 공군은 항공력을 사용하는 가장 좋은 방법은 적의 증강을 차단하여 적이 전선에 도달하지 못하게 만들거나 도달하되 아군 전력을 압도하지 못하는 수준으로 만드는 것이라고 주장했다.

차단 표적은 근접항공지원과는 달리 육군 지상 사령관과 많은 협의 없이 공군이 선정할 수 있다. 공군이 근접항공지원보다 차단을 강조하는 진짜 이유가 바로 여기에 있다. 차단은 공군이 독립을 유지하는 데 도움이 되며, 결국 공군에게 차단은 근접항공지원보다 더 중요하다. 그러나 불행하게도 차단은 대부분 효과가 없었다. 만약 누군가 이것이 의심스럽다면 마약이나 불법 이민자들이 미국으로 유입되는 것을 차단하려는 정부의 시도를 조사해볼 것을 권한다.

차단은 대부분의 주요 전투, 전역, 전쟁에서도 중요한 요인이 되지 못해왔다. 차단은 2차 세계대전 당시 이탈리아와 프랑스, 한국, 베트남에서도 효과가 없었다. 베트남에서는 단지 네 곳의 통로를 통하여 병력과 보급품이 북쪽에서 남쪽으로 이동했다. 잘 알려져 있던 통로는 공군이 지속적으로 폭격을 했지만 보급품과 병력은 계속 이동했다. 물론 적은 강력한 폭격으로 상당한 피해를 입었지만 그 이동은 결코 '차단' 되지 않았다.

최근 걸프전에서도 연합군은 이라크 공화국 수비대가 익히 알려진 도로를 이용해 탈출하는 것을 차단하지 못했다. 우리가 제공권을 완전히 장악하고 있었는데 이라크군은 어떻게 덫을 빠져나갈 수 있었을까?

적 후방에 있는 지상 표적을 공격하기 위해 전투기는 적 방공망을 돌파해야만 한다. 적 방공망을 뚫기 위해서는 통과할 수 있는 길을 열거나 탐지되지 않고 몰래 잠입하거나(가능성이 거의 없지만) 모든 전자 재밍 장비를 동원하여 적의 레이더를 속이거나 장님을 만들어야 한다. 방공망을 통과하고 표적까지 도달(때로는 나무를 스칠 듯한 고도와 야간 혹은 기상 악화에서 비행)하여 정밀유도무기를 투하하기 위해서는 매우 비싸고 유지비용도 엄청 드는 복잡하고 정교하며 전자적으로 상호의존적인 장비를 전투기에 탑재해야 한다. 이 모든 것이 지금까지 전역이나 전쟁의 결과에 별로 혹은 아무 영향을 못 미쳤지만 육군 사령관이 통제하지 않을 것 같은 임무를 위한 것이다.

불행하게도 적 후방에 약간의 피해만 줄 수 있는 차단 전투기는 너무 비싸 아무리 예산이 많아도 상대적으로 적은 수의 전투기를 구입하고 유지할 수밖에 없다. 2차 세계대전의 조종사였으며 전투기 마피아인 척 마이어스는 이 점을 잘 묘사했다. "항공력은 격렬한 폭풍우가 되어야 하며 잔잔한 비 같아서는 안 된다." 맥나마라의 F-111과 같은 차단 항공기가 A-10과 같은 근접항공지원 항공기보다 10~15배 정도 비싼 상황에서 공군이 보슬비만 내릴 수 있어도 다행이었다.

육군이 상당한 공군의 예산과 함께 근접항공지원 임무를 인수할 새로운 공격 헬기를 만들지도 모른다는 걱정에 공군은 처음이자 마지막으로 지상부대만을 위한 항공기를 만들었다. 1960년대 중반에 육군은 자신의 첫 번째 공격 헬기인 샤이엔을 개발하기 시작했다. 이것의 가격과 복잡성은 고정익 제트기와 거의 맞먹었다. 유드킨 장군이 이끄는 소수의 공군 고급 지휘관들은 재앙이 닥칠 수 있다는 것을 알아차리고 사실상 육군이 이 임무를 인수하는 것을 막기 위해 마지못해 새로운 특수목적기인 근접항공지원 항공기를 강조하기 시작했다.[36]

---

36) Morton Mintz, "The Maverick Missile: If at First You don't Succeed …" in Dina Rasor, editor, *More Bucks, Less Bang: How the Pentagon Buys Ineffective Weapons* (Washington, D.C.: Fund for Constitutional Government, 1983), 135. 민츠의 이 책은 그가 워싱턴 포스트에 연재했던 기사들을 정리한 것이다. 첫 번째 기사는 1982년 2월 23일에 포스트에 실렸는데, 이 시기는 국방부 고위 관리들이 모여 매버릭을 생산할 것인가를 결정하기 위해 모임을 갖기 1주일 전이었다. 연재를 준비하면서 민츠는 6명 중 4명의 고위 관리와 합동인터뷰를 가졌다. 매버릭 지지자로 알려진 4명의 고위 관리들은 인터뷰 30분 전에 모여 매버릭의 테스트 결과, 가격, 성능 등에 대해 민츠에게 허위 정보를 주기로 했다. 이 4명의 관리들은 몰랐지만 측근 한 명이 그들의 모의를 우연치 않게 녹음을 했다. 그 측근이 표준 절차에 따라 모의 후에 실시된 인터뷰를 모두 녹음했다. 민츠가 인터뷰를 마칠 때쯤 녹음이 되고 있다는 것을 알고 그 측근에게 한 부 복사해 달라고 부탁했다. 무슨 내용이 녹음되었는지 확

유드킨 입장에서는 매우 용기 있는 행동이었다. 공군의 거의 모든 3성 장군은 그 아이디어에 반대했지만 유드킨은 존 맥코넬 공군참모총장의 지원을 받았다. 참모총장의 승인을 받은 유드킨은 새로운 비행기의 디자인 컨셉트를 잡기 위해 전문가 팀을 구성했다. 비록 피에르 스프레이는 당시 국방장관의 참모였지만 공군은 디자인 구체화를 위해 그를 초청했다. 그때까지만 해도 스프레이는 공군 살생부의 맨 위에 있지는 않았었다.

1970년, 존 맥루카스 공군성 차관은 두 경쟁업체의 시제기 성능비교비행의 결과에 따라 최종 디자인을 선정하자는 스프레이의 새로운 제안을 받아들였다. 최초의 '구매 전' 시제기 경쟁은 노드롭의 A-9과 페어차일드 산업의 A-10 사이에 벌어졌다.[37] 1973년 1월에 A-10이 승자로 결정되었다.

스프레이는 실제 전투 결과가 무기체계의 디자인을 결정해야 한다고 믿었다. 이것이 논리적이겠지만 펜타곤에서는 처음 있는 일이었다. 스프레이는 A-10을 디자인하기 위해 베트남 전쟁으로부터 필요한 여러 가지 통찰력을 얻었다. 한스 루델 대령도 스프레이에게 많은 도움을 주었다.

루델은 2차 세계대전 중, 동부 전선에서 2,500회의 근접항공지원을 수행한 독일의 슈투카 조종사였다. 그는 17번 격추되었으며, 다른 어떤 조종사보다 많은 519대의 러시아 전차를 파괴했다.[38] 슈투카의 주 무장은 37㎜ 캐넌이었고 양쪽 날개에 1문씩 장착되었다. 캐넌은 한 번 지나갈 때

인도 안하고 그 측근은 복사본을 민츠에게 건네주었다. 이것을 증거로 민츠는 매버릭 사업의 모든 측면에 상처를 주는 비판적인 기사를 연재했다. 1982년 3월 2일에 계획되어 있던 생산 결정 회의는 열기가 가라앉을 때까지 6개월 연기되었다.

37) 같은 책.

38) Hans Ulrich Rudel, *Stuka Pilot*, New York: Ballantine Books, 1958. 루델은 대전차 항공 세미나(the Air Anti-Tank Seminar)에서 그의 2차 세계대전 경험에 대해 더 많은 의견을 제시했는데 피에르 스프레이가 그것을 영어로 옮겼다. 세미나는 캘리포니아 몬터레이에 있는 Naval Post Graduate School에서 1977년 3월 16, 17일 이틀간 열렸다.

한 대의 전차에 단 한 발만 발사할 수 있었는데 오늘날의 기준으로 보면 원시적이긴 했지만 효과적이었다. 스프레이는 마침내 루델을 찾아내어 폭넓은 인터뷰를 했다. 또한 그는 헤르만 발크 대장과 하인즈 게트케 중장 등 독일의 가장 뛰어난 야전 사령관들도 인터뷰했다.

베트남에서 미국은 5,148대의 고정익 전투기와 헬기를 잃었다.[39] 고정익 전투기의 83.3%, 헬기의 92%가 지상 사격과 각종 포에 의해 격추당했다.[40] 매우 치열한 전투가 벌어지고 있는 장소에서 지상 병력 지원 작전을 하는 전투기는 반드시 지상사격으로부터 상당한 공격을 받는다는 것을 염두에 두고 동체의 아래 면을 강화해야 한다. 걸프전 A-10 조종사가 동체는 온통 총알자국이고 오른쪽 날개에는 이라크의 미사일에 의해 구멍이 크게 뚫린 전투기를 착륙시키는 저녁 뉴스의 생생한 장면을 어떻게 잊을 수 있겠는가? 그는 전투기에서 내려와 전투기에 키스를 한 후 이런 전투기를 디자인해준 사람에게 고마움을 전했다. 주 방위군 소속의 한 조종사는 300개의 총알구멍이 뚫린 그의 전투기로 중동에서 뉴올리언스까지 비행했다.

근접항공지원 항공기가 효과적이기 위해서는 저고도 비행이 가능해야 조종사가 아군과 적군을 구별할 수 있고 전차와 같은 특정 표적을 발견할 수 있다. 특별히 이러한 환경에서 살아남을 수 있는 항공기는 공중 우세 전투기와 분명히 다른 특성을 가져야 한다.

슈투카와 마찬가지로 A-10의 주 무장은 캐넌이었다. 캐넌은 가틀링 포와 마찬가지로 신속하게 회전하는 총열이 일곱 개이고, 30㎜ 열화우라늄탄을 발사한다. 우라늄은 지금까지 사용해 본 적이 없었고 총포관련 관료들은 모두 반대했지만 스프레이는 이것이 30㎜ 구경으로 충분히 치명적일

---

39) 오하이오의 라이트 패터슨 기지에 있는 공군 전투정보센터의 공개된 자료를 Gary Streets(Air Force aerospace engineer)가 저자에게 1983년 8월 18일과 26일에 보내주었다.

40) 같은 책.

수 있는 유일한 방법이라고 주장했다. 이 탄알은 전차, 트럭, 벙커, 그리고 전장에 있는 대부분의 관심 표적을 파괴하는 데 매우 효과적이다. 그리고 한 발에 10만 달러나 하는 매버릭 미사일에 비해 열화우라늄탄은 한 발에 13달러에 불과했다.[41] A-10 조종사들은 육안으로 표적을 확인할 수 있고 연속적인 회피기동을 할 수 있기 때문에 적의 방공무기들이 추적하기가 쉽지 않다. 조종사는 표적을 향해 항공기 기수를 정렬하고 캐넌을 발사한다. 간단하고, 신속하며, 효과적이다.

로버트 딜거 대령의 노력으로 30mm 캐넌과 효과적이고 저렴한 무장이 개발되었고 대량으로 생산되었다.[42] 딜거는 동남아시아에서 적기 한 대를 격추시킨 조종사였다.[43] 독자들이 짐작할 수 있듯이 딜거는 전투기 마피아였다. 그는 공격적이며 불손했고 기득권층과는 항상 한 발 떨어져 있었다. 그는 공군에 가장 효과적이고 가장 저렴한 대전차 무기를 제공했지만 전투기 마피아라는 이유 때문에 리치오니와 같은 운명이 되었다(6장 참고).

A-10은 오로지 지상군을 위한 근접항공지원을 위해 설계된 공군의 처음이자 마지막 비행기였다. 이 A-10에는 온통 스프레이의 손때가 묻어 있었다. 가격과 운영비가 가장 저렴한 A-10은 세계에서 가장 효과적인 지상 지원 비행기이다. A-10은 생김새가 비공식 이름인 '혹멧돼지Warthog'와 잘 어울렸고 뒤에서 날아오는 새가 부딪힌다는 농담을 할 정도로 느리지만, 가장 중요한 것은 공군 고급 지휘관들이 한 번도 달갑게 생각한 적이 없는 근접지원임무를 수행했다는 것이다. A-10은 더 이상 생산되지 않고 있으

41) Frank Greve, "A Career Cut Mission by a Job Well Done," Knight-Ridder Newspapers(wire service), 15 November 1982; "Cost Cutter," *Time Magazine*, 7 March 1983, 27.

42) 같은 책.

43) Office of Air Force History, "Aces and Aerial Victories: The United States Air Force in South East Asia, 1965-1973," in USAF Historian(Washington, D.C.: HQs U.S. Air Force, 1976), 51-52.

며 공군은 후속기를 개발하는 것을 주저하고 있다.[44]

지금까지 A-10의 특징을 장황하게 설명했는데, 그래야 독자들이 1970년대 말부터 1980년 초까지 개혁가들과 기존 체제 사이의 격렬했던 토론을 더 잘 이해할 수 있을 것 같았기 때문이다. 개혁가들은 항공력의 올바른 활용으로 근접항공지원을 선호했고 기득권자들은 차단을 선호했다. 개혁가들은 전차를 찾는 주 감지기로 눈을, 그리고 그것을 파괴하는 무기로는 저렴한 캐넌을 선호했다. 기득권자들은 감지기로 레이더와 적외선 감지기를, 무기로는 메버릭과 같은 유도 무기를 선호했다. 그러나 기득권자들의 접근방법은 자주 그랬던 것처럼 조작을 하지 않으면 테스트를 통과하지 못했다.

1970년대 중반까지 전투기 마피아는 항공기 모델과 특성, 전술공군의 구성에 지대한 영향을 미쳤다. 그들의 생각을 한 마디로 정리하면, 기술이 더 단순하게, 더 저렴한 무기를 만드는 것을 가능하게 해주며, 저렴한 무기는 더 많은 수의 무기를 배치하게 한다는 것을 의미한다. 전투기 마피아는 공군의 새로운 전투기 F-15, F-16, A-10과 해군의 F-18을 만들었다. F-16과 A-10은 둘 다 공군 기득권자들의 주류로부터 강하게 저항을 받은 상대적으로 저렴하며 고성능 전투기였다. 슐레진저 국방장관은 전투기 비행전대 4개(항공기 400대)를 증가 편성해 주기로 하고 그 저항을 극복했다. 비록 고위 장교들은 이 두 항공기를 수용하고 싶지 않았지만(설계에 반영된 전투기 마피아의 생각을 포용하고 싶지 않았지만) 슐레진저의 제안을 뿌리칠 수는 없었다.

기득권자들은 결국 여러 가지 하이테크 장비를 추가하여 원래의 F-16 모델을 망쳐 놓았는데 이로 인해 무게와 비용은 증가하고 성능은 현저히 떨어졌다. 공군성 장관 에드워드 알드리지는 1987년에 이러한 당혹스런

---

44) 최근 미국은 A-10을 F-35로 대체한다고 발표했다. 역자 주.

사실을 언론에 알렸다.[45] 그리고 공군은 대부분의 A-10을 너무 빨리 퇴역시키거나 주방위군에 인계했다.

A-10을 운용하는 주방위군과 예비군은 걸프전에 동원되었고 사막의 폭풍 작전에 투입된 전투기의 20%를 차지했다. 걸프전에서 연합 공군구성군사령관이었던 찰스 호너 중장은 걸프 지역에 A-10을 배치하는 것을 처음에는 반대했다. 호너 장군은 전쟁이 시작된 지 나흘 뒤인 1991년 1월 20일에 있었던 전투 참모회의에서 "내가 전에 A-10에 대해 한 말은 모두 취소한다. 나는 A-10을 사랑한다. A-10이 우리를 구했어!"라고 말했다. A-10은 다른 어떤 전투기보다 많은 출격 회수를 소화했고, 이라크 전차 1천 대, 포 1천 2백 문을 파괴한 것으로 공식 집계되었으며 이것은 이라크 전체 병기 중 거의 25%에 해당하는 수준이었다. 불행하게도 공군은 전후에 A-10의 업적을 공개하지 않고 대신 '스텔스' 전투기만 강조했다. A-10은 계속 퇴역하고 있지만 공군은 A-10을 대체할 계획이 없었다.

전투기 마피아와 공군 고급 지휘관 사이에 깊이 뿌리박힌 생각의 차이는 분열을 초래했다. 전투기 마피아는 공군을 도와 모든 새로운 비행기를 개발하고 구매했지만, 고급 장교들은 고마워하지 않았다. 오히려 그들은 전투기 마피아들이 어떻게 해서든지 책략으로 그들을 이기려 하고, 싸고 열등한 특수 목적 비행기를 자기들의 목에 쑤셔 넣으려 한다고 생각했다. 그들은 자신들이 선정한 기술적으로 더 복잡한 전투기를 구매하는 것을 선호했다. 그들은 전투기 마피아와의 쟁점을 하이테크와 저급 기술 사이의 논쟁으로 몰아갔지만 그것은 사실이 아니다. 개혁가들은 하이테크와 저급 기술이 아니라 복잡성, 비용, 전투 효율을 걱정했다.

전투기 마피아의 관심과 영향은 펜타곤 업무의 다른 분야까지 확산되기

---

45) Vernon A. Guidry, "Air Force May Restore Zip in 'Improved,' Less Agile F-16," Baltimore Sun, 24 July 1987, 3.

시작했다. 현대에 걸맞은 하이테크 무기체계를 선호하지 않는 전투기 마피아들이 영향력을 발휘하자 국방부의 리더들에게 비상이 걸렸다. 그들은 오로지 전투기 마피아의 철학이 다른 분야로 확산되지 않게 할 생각뿐이었다. 모든 문제를 복잡한 기술로 해결하려는 하이테크 전도사들이 펜타곤의 요직을 차지하고 있었다. 그들에게 전투기 마피아의 철학은 어울리지 않았다.

그럼에도 불구하고 전투기 마피아 동조세력은 조용히 그리고 은밀하게 늘어나기 시작했다. 1960년대 말의 전투기 마피아가 1970년대 말의 개혁세력의 주축을 이루었고 기득권자들과의 싸움은 지저분하고 추잡해졌으며, 침투, 스파이, 이중스파이 작전이 판을 쳤다. 나는 이 시기에 음모의 늪에 휘말리게 되었다.

2. 기로에 서다

내가 존 보이드를 처음 만난 것은 그의 대리로 펜타곤에 부임한 1974년이었다. 나는 촉망받는 최고의 장교들을 위한 고급 병과학교인 국방산업대학을 막 졸업한 후였다. 나는 중령까지 항상 선두를 달렸다.

나는 공군사관학교를 우수한 성적으로 졸업한 후 각기 다른 두 분야의 대학원을 다녔다. 나는 예정보다 빨리 소령과 중령으로 진급했고 공군사관학교 졸업생으로서는 처음으로 세 군사전문학교인 초급지휘관과정SOC, 고급지휘관과정ACSC, 국방산업대학을 졸업했다.

나는 '체제'를 신봉하는 체제의 산물로써 일을 매우 잘했다. 진급 경쟁에서 동기생들보다 5년이나 앞섰고 그것이 나의 목적이었다. 체제가 나에게 요구하는 모든 일을 해내고 내 동료들보다 더 잘하면 그 목적을 달성할 수 있을 것이라고 믿었다. 나는 야망이 컸지만 맹목적인 야망은 아니었다. 나의 외모, 배경, 경험, 교육, 인사기록부는 체제 내에서 정직하고 열심히 일하면 최고의 자리에 앉게 될 것이라는 믿음을 반영했다. 나는 최고의 자리에 있는 사람들은 모두 정직하고 체제가 나와 같은 믿음을 갖고 있는 사람들에게 보상을 해 주리라는 것을 굳게 믿었다. 바로 그때 보이드를 만났고 그때부터 내 삶과 세상을 보는 눈이 완전히 바뀌었다.

　나는 처음에는 보이드가 미쳤다고 생각했다. 내가 사관학교에 입학한 이후부터 지금까지 배워 온 바에 의하면, 그는 옳은 일은 하나도 하지 않았다. 그의 군복은 지저분했고 제시간에 출근하는 적도 없었으며, 작업 기한을 무시했고 심지어 작업 자체를 무시했다. 장군들이 그에게 어떤 일을 시키면 그는 다른 일을 하곤 했다. 그는 통제 불능이었다. 그는 많은 장군들을 부패하거나 무능하거나 아니면 두 가지 모두라고 대놓고 욕을 했다. 그는 심지어 리처드 닉슨 대통령을 사기꾼이라고 했다. 나에게 그러한 것들은 바로 불경 그 자체였다. 주류에서 벗어나 있는 것처럼 보이는 이 사람이 어떻게 공군을 위해 많은 기여를 했다는 평가를 받고 있을까? 나는 이 의문에 대한 답을 얻었고 그러한 과정에서 내 '경력'에서 정말 중요한 것은 무엇인가에 대한 생각도 달라졌다.

　공군본부의 작은 부서의 장이었던 보이드 대령은 계획, 아니 장기 기획을 실제 의사결정과정으로 전환하는 방법을 개발하는 임무를 부여받았다. 그때도 지금처럼 장기 기획은 순수 학문에 가까웠지 실용 학문은 아니었다.

　출입문에 '계획'이라는 단어가 들어가 있는 사무실도 있었고, 제목에 계획이라는 단어가 들어가 있는 문서들이 많이 있었지만 그것들이 미래 공군의 모습을 결정지을 실제 의사결정과는 아무런 관계가 없었다. 대신 이러한 활동들은 미래의 개념과 무기체계의 무분별한 희망 목록을 양산해 냈을 뿐이다. 그것은 만약 2, 30년 후까지 예산 제약을 받지 않고 과학과 기술 발전의 한계도 없다면 공군은 어떤 모습일지와 관련된 비전이었다.

　이러한 비전을 예산 결정과 연결시키는 체계적인 과정이 아직 없었다. 이 비전들은 예산 제약을 받지 않았고, 예산 결정에는 비전이 포함되지 않았다. 기획 체계와 예산 결정 체계는 서로 영향을 미치지 않는 별개의 영역이었다.

예산 결정은 특정 프로그램에 대한 정치적 지지와 같은 현실적이면서 단기적인 고려사항을 근거로 이루어졌다. 의회, 방산업체, 동맹국 혹은 국방장관과 그의 참모들로부터 강력한 지원을 받지 못하는 프로그램은 단칼에 날아갔다. 간단히 말하면 미래 공군을 결정하는 것은 세심하게 평가된 비전이 아니라 정치적 수완, 숨은 의도, 지분 챙기기의 결과였다.

보이드와 영리하고 젊은 척 스피니, 레이 레오폴드 대위가 예산과 기획의 세계를 연결하는 접근방법을 연구했다. 이 방법은 보이드가 우수한 전투기를 생산하는 데 이용한 접근방법과 이론적으로 비슷했다. 이 접근방법의 핵심은 수뇌부들이 예산우발계획을 체계적으로 생각해 보게 만드는 것으로, 쉽게 말하면 여러 가지 예산안의 미래 결과를 예측해보는 것이었다. 나는 수뇌부들이 그것을 원하지 않는다는 것을 곧 깨달았다. 조직 리더들의 주요 결정에 상당한 투명성과 객관성을 가져다 줄 체계적 절차는 결정의 실질적 기준이 되는 지저분한 게임과 숨은 의도를 만천하에 드러낼 수 있기 때문이었다.

경량 전투기 성능비교비행이 막 완료되면서 보이드는 승자를 결정하는 과정에 그의 시간과 관심을 모두 쏟았다. 그는 1974년 후반기를 라이트 페터슨 공군기지에서 시험결과를 꼼꼼히 읽으면서 보냈다. 공군본부 참모들에게 공군의 의사결정 과정을 완전히 바꾸어야 할 필요성을 설득하는 작업은 나에게 맡겨졌다.

척 스피니와 레이 레오폴드는 나와 함께 이 프로젝트를 하게 된 것을 달갑지 않게 생각했다. 보이드의 충실한 문하생인 그들은 내가 기존 체제에 너무 물들어 있어서 공군본부 참모들을 변화시키기 위한 의미 있는 일을 할 수 없을 것으로 생각했다. 심지어 스피니는 보이드에게 내가 전혀 가망이 없으니 다른 부서로 보내야 한다고 했지만 보이드는 스피니가 보지 못한 무엇인가를 발견했는지 그 말을 무시했다.

레이는 전자공학 박사학위를 가지고 있었고, 척은 경제학 박사 과정을 밟고 있었다. 레이보다 영리한 사람은 별로 없었다. 그에게는 모든 것이 쉬웠다. 나는 어떤 장군이 다른 장군에게 그를 '공군본부 참모부를 움직이는 대위'로 소개했던 것을 기억한다. 척은 약간 내성적이었지만 역시 똑똑했고 조금 더 경쟁심이 강했다. 그들은 그들이 태어나기 전부터 있었던 펜타곤의 관료주의적 작업방식을 잘 알고 있었다.

우리는 그들의 작업방식이 심각하게 잘못되었다는 것을 증명하지 못한다면 그들을 설득할 수 없었다. 우리의 스승인 보이드, 그리고 두 대위와 나는 소책자에 아주 잘 정리된 공식적인 설명과는 달리 공군본부 참모들이 실제로 어떻게 의사결정을 하느냐는 주제에 몰두했다. 그 과정에서 우리는 특정 프로그램에 대한 개별적 의사결정, 그리고 미래 공군이 가야 할 방향을 결정하는 거시적 차원의 집단 의사결정의 질에 대한 조사와 평가를 하지 않을 수 없었다.

우리 세 명은 그 조사 결과에 놀랐다. 나는 보이드가 그 결과를 예상하고 있었다는 것과 내가 결과를 보면 생각이 바뀔 것을 알고 다른 곳으로 보내지 않았다는 것을 깨달았다.

레이의 분석에 의하면 공군이 최근 시작한 모든 사업들을 감당할 수 없다는 것은 의심의 여지가 없었다. 레이는 앞으로 5년간 지불해야 할 획득 비용과 의회가 공군에 배정할 예산의 가장 낙관적인 예측치 사이의 엄청난 차이를 표현하기 위해 '조달 충격파procurement bow wave'라는 신조어를 만들어 냈다. 해가 갈수록 부도 어음이 점점 더 쌓인다는 의미에서 충격파였다.

한 개인이 돈을 갚을 수 없을 때까지 신용카드를 사용하게 되면 모든 문제가 한꺼번에 표면화되고 그 사람의 세계는 허물어지게 될 것이다. 공군도 마찬가지였다. 우리는 파산, 재정적 혼돈, 일련의 심각한 문제를 예상했다. 그러한 문제들은 기준이 없는 의사결정과정과 공군참모들이 재정 소요와 예상되는 재정적 자원을 일치시키지 못했거나 그럴 의지가 없었던 결과였다. 소비 계획과 의회로부터 예상되는 자금 간의 차이는 수백억 달러에 달했다(몇 년 후 척 스피니는 국방부 전체의 차이를 조사했다. 척은 로널드 레이건 행정부가 출범하게 되면 이 차이가 5,000억 달러에 이를 것이라고 발표했다[1]).

너무 많은 신무기 사업들이 시작되었다. 각 사업 지지자들은 해당 사업이 승인 받기 쉽도록 비용을 의도적으로 저평가 했다. 실제 비용은 사업이 시작된 이후에 드러났고 일반적으로 항상 높았다. 실제 일정 역시 계약했던 것보다 지연되는 것이 일반적이었다. 마지막으로 실제 성능도 예상했던 것보다 훨씬 떨어졌다.

우리가 살펴본 것은 빙산의 일각이었지만 이것만으로도 우리 세 명은 정신이 번쩍 들었고 나는 특히 더 그랬다. 척 스피니는 내년에 공군을 떠날 계획이었고 몇 년 후에는 국방부 장관의 군무원 분석가로 해당 문제를 더욱 상세하게 조사하게 된다. 많이 알려진 '국방의 현주소'와 '계획/실제의 불일치 그리고 왜 우리는 실질적인 예산업무가 필요한가?'와 같은 그의 분석들은 나중에 개혁운동의 핵심이 되었다. 또한 그 분석들로 인해 스피니와 레이건 행정부가 격렬하게 충돌했고, 의회 청문회, TV, 타임지 표지에 그의 사진이 등장하는 등 일반 대중에게 널리 알려졌다.

갚을 수 없는 채무와 유지비용의 증가로 발생한 재정 파탄은 1974년 12월에 확실해졌다. 라이트 페터슨에 있던 B-1 사업 사무실에서 신형 폭격기의 가격이 통제할 수 없을 정도로 비싸지고 있다는 말이 밖으로 새어 나왔다. 의회와 펜타곤이 알고 있는 공식 가격은 대당 2천 5백만 달러였다.[2] 이 가격만 해도 1974년에는 엄청난 액수였다. 당시 F-16은 대당 6백

1) Franklin C. Spinney, "The Plans/Reality Mismatch and Why We Need Realistic Budgeting," 레이건 행정부가 제시한 방위력 증강에 포함된 150개가 넘는 무기체계의 예상 비용에 대한 국방부의 연구(공개자료). 또한 "The Winds of Reform," Time Magazine, 7 March 1983, 13.

2) Nick Kotz, Wild Blue Yonder: Politics and B-1 Bomber (New York: Pantheon Books, 1988), 119-121.

만 달러, A-10은 3백만 달러였다. 우리의 '충격파' 분석(우리는 지금까지 거의 모든 공군참모들에게 브리핑을 해왔다)에 의하면, B-1의 공식 가격을 2천 5백만 달러로 고정하더라도 공군은 B-1, 세 종류의 신형 전투기, 그리고 다른 사업들을 감당할 수 없었다. 만일 B-1의 가격이 상승한다면 정치적 지원은 끊길 것이며 슐레진저 장관이나 의회가 B-1을 취소할 것이 분명했다.

당시 공군에는 12명의 4성 장군들이 있었다. 그들이 모두 모이는 일은 드물었고 심각한 문제가 발생했을 때에만 모였다. B-1 폭격기사업의 운명이 그런 문제 중의 하나였다. 4성 장군들의 회의를 '코로나'라고 불렀다. 공군참모총장 데이비드 존스 대장이 12월에 회의를 소집했다.

레이, 척, 그리고 나는 코로나 회의를 위해 실제 B-1 비용에 대한 자료를 준비하라는 임무를 부여받았다. 원하는 모든 무기체계를 구입할 수는 없었기 때문에 B-1을 구입하기 위해서 무엇을 포기해야 할 것인가를 분석했다. 우리는 이것이 공군참모들에게 전파해 왔던 우발 기획 원칙을 사용할 수 있는 절호의 기회라고 생각했다. 연구·개발 참모부장 윌리엄 에반스 중장(우리의 보스인 그는 훤칠하고 검었으며 잘생겨서 별명이 '헐리우드 빌'이었다)이 그 분석을 우리에게 배정했고 코로나 회의에서 그가 직접 발표할 계획이었다.

B-1 사업을 파고들면서 우리는 그 비용이 정말 통제할 수 없을 정도로 증가했고 그 실제 비용이 얼마나 될 지도 상당히 불확실하다는 것을 발견했다. 사업 부관리자도 1억 달러 정도 될 것이라는 우리의 생각에 동의했고, 라이트 페터슨은 아직 1대도 만들지 못한 상태였다. 우리는 B-1의 가격을 2천 5백만 달러에서 1억 달러 사이로 설정했다. 이것은 공군이 향후 5년간 구입할 계획이 있는 모든 무기체계의 연간 비용을 합한 것보다 많은 액수였다. 그 충격파는 에베레스트산처럼 보였다.

그다음으로 우리는 앞으로 5년 동안 필요한 금액과 의회가 공군에게 줄 예산을 비교해 보았는데 그 차이는 상상도 못 할 정도였다. 공군은 B-1 사업을 추진하기 위해서는 다른 많은 무기체계는 물론 새로운 전투기 사업을 모두 취소해야 했다.

우리들은 여러 가지 사업 취소 방안을 제시하여 4성 장군들이 B-1의 실제 비용을 명확하게 볼 수 있게 만들었다. 만약 수뇌부들이 정기적으로 이런 정보들을 확인할 수만 있었어도 그들은 이런 어려움을 겪지 않았을 것이다.

우리는 에반스 중장에게 연구결과를 보고하기 전에 그의 바로 밑에 있는 소장에게 보고해야 했다. 우리들은 그의 사무실로 호출을 받았고, 그 사무실에는 그와 우리 밖에 없었다.

펜타곤의 모든 고위 관리들과 마찬가지로 장군들도 매우 호화스럽고 넓은 사무실을 갖고 있었다. 대부분의 사무실에는 비싼 양탄자가 깔려 있고 회의용 책상과 어울리는 커다란 목재 책상이 있었으며, 책상 뒤로는 여러 가지 깃발이 걸려 있었다(성조기, 공군기, 그의 계급이나 직책을 나타내는 깃발). 벽에는 공군이 수집한 그림과 더 높은 사람들과 찍은 사진이 걸려 있었으며, 창문이 있었다(지위가 높을수록 전망이 좋은 사무실을 썼다). 이러한 분위기는 매우 위압적이며, 젊은 장교들을 주눅 들게 만들었다. 그들은 양탄자도 없고 편의시설도 거의 없으며 행정적 지원도 거의 받지 못하며 가끔은 냉난방도 안 되는 좁은 공간에서 많은 인원이 함께 근무했다.

우리의 브리핑 차트를 보면서 소장은 입을 꽉 다물고 있었다. 그는 곧바로 의회가 앞으로 배정할 예산을 수십억 달러 이상 늘리라고 우리에게 지시했다. 그렇게 하면 공군이 모든 것을 구입할 수 있는 것처럼 보이게 될 터였다. 우리는 그 소장으로부터 더 많은 사업을 살릴 수 있도록 수를 부풀리라는 지시를 직접 받았다.

내가 이 같은 상황을 접한 것은 이번이 처음이었고 척과 레이도 처음이 아니었을까 싶다. 보이드는 우리들에게 이런 행동이 고위급 수준에서 자주 일어난다고 입이 달토록 말했지만 내가 경험하기 전까지는 그의 말을 믿지 않았었다. 나는 고위 인사들과 일을 하게 되는 횟수가 늘면서 이런 딜레마(소장의 지시를 따를 것인가 아니면 옳다고 생각하는 일을 하고 철저히 그의 응징을 받을 것인가?)를 점점 자주 겪게 되었다.

우리는 단 한순간도 표를 조작해야 할지도 모른다는 생각을 해 본적이 없었기 때문에 그 자리에서 소장과 토론할 준비가 되어 있지 않았었다. 그가 주로 말을 했고 우리는 그저 듣기만 했다. 우리는 사무실로 돌아와 그가 지시한 대로 표를 수정했다. 아무도 우리가 하는 일에 토를 달지 않았고 단지 이 난감한 상황을 어떻게 벗어날 것인가 만을 생각했다.

우리는 최종 결과를 보고하기 위해 에반스 중장과 약속을 잡았다. 우리는 B-1 한 대당 1억 달러짜리 가격표를 보여 주었다. 그는 놀라는 것 같지도 않았고 "우수리도 없어 아주 외우기 쉽군!"이라고 말했다.

그때 전화벨이 울렸다. 라이트 페터슨에 있는 B-1 사업관리자의 전화였다. 그는 모친이 돌아가셔서 1주일 동안 자리를 비웠었다고 했다. 그는 복귀하자마자 그의 참모들이 1억 달러라는 말을 했다는 것을 알게 되었다. 그 숫자는 그가 우리에게 숨겨왔던 것이었다. 아닌 밤중에 홍두깨라고 그의 명성과 경력이 한순간에 물거품이 되는 것 같았다. 그는 자포자기하는 심정으로 에반스 중장에게 전화를 걸어 1억 달러라는 숫자를 부정했다. 그는 그의 참모들이 자신에게 알리지도 않고 승인받지도 않고 행동했다고 했다. 과연 에반스 장군이 그가 이미 들은 숫자를 쉽게 잊을까? 에반스 장군은 전화주어 고맙다고 말하며 전화를 끊고 우리에게 "브리핑에서 1억 달러라는 숫자를 계속 유지한다."라고 했다.

그 후에 우리는 예상되는 의회로부터의 지원금에 대해 토의했다. 척은 시작하기 전에 에반스 장군에게 이런 종류의 분석에는 상당한 불확실성이 존재한다고 말했다. 모든 것을 가정에 기초했기 때문에 그는 가정의 범위를 제시했다. 물론 이것에는 소장의 가정은 물론 우리들이 원하는 가정이 포함되어 있었다.

에반스는 "내가 참모총장에게 이 모든 가정을 다 보고할 수는 없네. 자네는 어떤 것을 택하겠나?"라고 물었다.

척은 우리의 차트를 가리켰다. 소장은 폭발 직전이었다. 그는 억지를 부리기 시작했고, 에반스는 소장이 우리들에게 압력을 가하고 있다는 것을 눈치챈 것 같았다.

에반스 장군은 소장을 보면서 설명을 해보라고 했다. 나는 소장이 그렇게 쩔쩔매는 것을 처음 봤다. 정말 볼 만한 광경이었다. 그의 설명은 곧 명확해졌고 그의 실제 동기가 표면화되기 시작했다. 즉, 사업을 구하기 위해서라면 무슨 짓이라도 해야 한다는 것이었다.

에반스 장군은 조용히 "대위의 숫자로 보고한다."라고 했다. 그는 차트를 주워 모아 코로나 회의에 참석했다. 흥미로운 사실은 그 소장은 3성 장군이 되지 못했지만 에반스는 4성 장군이 되었다.

공군성 장관과 참모총장은 펜타곤 4층 동쪽 E링(가장 바깥쪽 링)에 서로 붙어 있고 접견실이 딸린 사무실을 갖고 있었다. 서쪽과는 달리 저녁 햇빛이 사무실을 달구지 않았다. 이 정도 위치에 있는 사람들의 사무실에는 여러 개의 창문이 있었고, 이 창문을 통해 포토맥 강과 그 뒤쪽으로 워싱턴의 스카이라인, 그리고 모든 기념물이 한 눈에 들어오는 장관을 볼 수 있었다.

이 사무실의 바로 맞은편에 장관 회의실이 있었다. 커다란 목재 테이블들이 말굽 모양으로 배치되어 있었다. 두 번째 줄의 책상도 말굽 모양으로 배치되어 있었고, 각 책상의 좌장은 뒤에 보좌관을 앉힐 수 있었다. 이 회의실을 같이 쓰는 장관과 참모총장은 상석에 앉았다. 이곳은 수뇌부들이 아주 중요한 모임을 갖는 곳이었다. 이 회의실은 35~40명 정도가 겨우 들어갈 수 있을 정도였다. 이 회의실에 들어갈 수 있다는 것 자체가 고위 장교들의 위상을 판단할 수 있는 진정한 척도였다. 자신들이 출입자 명단에 없다는 것을 발견할 때 그들의 자존심은 구겨졌다. 또한 이곳은 장관이 정무직 공무원과 참모차장을 필두로 하는 최고위 장성들이 참석하는 일일 참모회의를 하는 곳이기도 하다(몇 년 후 나는 이 회의실에서 매일 몇 시간씩 있으면서 수뇌부들의 행동을 하나도 빠짐없이 볼 수 있었다).

에반스 장군이 브리핑을 마치자 4성 장군들은 그에게 차트는 그대로 두고 나가보라고 했다. 그리고 그들은 이틀 동안 은밀하게 B-1의 운명을 숙고했다. 이틀 후 우리는 손때로 얼룩진 차트를 돌려받았다. 4성 장군들은 공식적으로 B-1을 지지하기로 결정했다. 그 후 2년 동안 공식적인 예상가격은 놀랍게도 대당 2천 5백만 달러로 꾸준히 유지되었다. 우리는 이것이 사실이 아님을 잘 알고 있었다. 모종의 게임이 진행되고 있었다.

비록 증거는 없지만 장군들은 그 회의에서 그들을 위해 지저분한 일을 해 줄, 다시 말해서 장군들의 형식적인 반대를 무릅쓰고 B-1 사업을 아예 취소해 줄 누군가를 찾기로 했을 것이다. 2년 후 지미 카터 대통령이 취임하자마자 첫 번째로 한 일이 바로 그 일이었다. 카터 대통령이 B-1 사업을 취소했을 때 4성 장군들은 조용했다. 공군 장군들 중에 항의 표시로 전역한 사람은 하나도 없었다. 그러나 4년 후 레이건 대통령은 B-1 사업을 다시 부활시켜 대당 2억 8천만 달러에 구입했으며, 수락 검사도 없이 군에 인도되었는데 나중에 전자계통이 작동되지 않는다는 것을 발견했다.

이 에피소드는 기존 체제에 대한 나의 믿음을 송두리째 흔들어놓은 사건들 중의 하나일 뿐이었고, 이같은 일이 1년에 서너 번씩은 일어났다. 나는 군대 정치의 실제와 이것이 펜타곤에 있는 많은 사람들을 지배하고 있다는 것을 알게 되었다. 나는 내가 보고 있는 것을 혐오했지만, 보이드는 내가 고개를 돌리지 못하도록 했고, 사관학교를 졸업하면서 떠난 순진하고 이상적인 세계로 되돌아가지 못하게 했다.

앞서 언급했듯이 나는 예산을 절약할 수 있도록 의사결정 방법을 바꿀 필요가 있다고 공군본부 참모들을 설득하는 임무를 맡았다. 나와 두 대위는 엄청난 충격파에 대해 브리핑을 했고, 마침내 무엇인가 해야 한다는 공감대가 형성되기 시작했다.

우리 팀에 공군본부 참모 전체의 기획 활동을 이행할 세부사항을 논의하도록 중령 한 명이 보강되었다. 그는 나와 개인적으로 친분이 있었고, 우리는 같은 목적을 공유하고 있는 것처럼 보였다. 몇 개월이 지났지만 아무런 변화가 없었고 나 역시 아무 성과가 없었다. 그와 나는 여러 면에서 같은 생각을 했지만 실질적인 진전은 하나도 없었다.

하루는 보이드가 나를 자신의 사무실 흑판 앞으로 데려가 지난 몇 달간 일어났던 일련의 사건들을 설명했다. 그는 내가 속고 있고 친분 관계 때문에 사실을 제대로 못보고 있다고 했다. 보이드는 공군참모부 운영자들이 확실히 현재의 의사결정 절차와 방법을 바꾸고 싶어 하지 않는다고 지적했다. 그들은 과거의 방식을 좋아했다. 만약 변화가 일어나면 운영 장교들은 힘과 영향력을 잃을 수도 있다. 그들은 입으로만 변화가 필요하다고 하면서 고의로 변화하려는 시도를 방해했다.

나는 그동안 제대로 된 이야기를 듣지 못했고 심지어 속고 있었는데도 그 사실을 모르고 있었다. 보이드는 "그 친구는 자네의 진짜 친구가 아니네. 그는 자네를 이용했네."라고 했다. 그가 옳았다. 어렵게 터득했지만 펜타곤에 있는 사람들을 어떻게 다루어야 할지를 알게 된 값진 교훈이었다. 아무도 믿지 말고 오로지 말이 아닌 행동으로 사람을 판단해야 한다는 것이었다.

그러던 중 나는 맹목적인 야망의 화신과 맞닥뜨렸다. 우리는 내가 '인퍼머스_{악명 높은} 장군'이라고 부른 소장의 직접 통제를 받았다. 보이드는 그를 '멍청한 놈'이라고 했는데 아마 그 표현이 더 적합한 것 같았다.

인퍼머스 장군에게 진실이란 단어는 외계어였다. 거짓말을 밥 먹듯 해서 아마 거짓말 탐지기도 소용없을 사람이었다. 그는 자신이 담당하고 있는 업무에 대해서는 모든 것을 알고 있으며 자신이 확실하게 장악하고 있다는 인상을 상사들에게 심어주기 위해 노심초사했다. 인퍼머스 장군이 원했던 대로 모든 것은 정상 궤도에 있었다. 그의 부하들은 그의 손 안에 있었다. 그는 자신의 참모들과 부하들을 함부로 다루었다. 그들이 존재하는 유일한 이유는 그의 상사들에게 그를 훌륭하게 보이게끔 만드는 것이었다. 그가 부하들에게 보낸 메모로부터 발췌한 아래의 글은 그 점을 잘 보여주고 있다.

> 최근 여러 번 나는 체제나 진행 중인 사업 그리고/혹은 시험과 관련된 정보를 나중에 듣게 되어 매우 당혹스러웠다. 나중이라는 것이 몇 시간으로부터 며칠에 이르기도 한다. 그것은 나만이 아니라 참모총장, 국방장관의 특별한 관심사이기도 했다. … 정보 유통경로 상에서 어디가 병목지점인지 발견하려고 노력하던 중 나는 결국 두 가지 이유를 찾아냈다.
> a. 정보가 들어온 시간대에 '책임자'가 자리에 없었고, 그 어느 누구도 그 업무를 대신 처리할 능력도 없었으며 할 생각도 안하거나 하는 것도 허용되지 않았다 (25%).
> b. 융통성 없는 경직된 '명령 계통'이 원활한 정보 흐름을 저해하고 있다(75%).

인퍼머스 장군은 참모총장과 장관이 알고 있는 것을 자신이 모를 때 항상 화를 냈다. 그가 모든 것을 통제하고 있다는 이미지가 손상되기 때문이었고 그것은 언제나 그의 참모들의 실수였다. 사실 그는 나쁜 소식을 듣는 것을 원치 않았기 때문에 참모들은 그에게 나쁜 소식을 절대 보고하지 않았다. 나쁜 소식을 보고할 때마다 그는 보고자를 질책했다. 문제의 원인은 장군이지 그의 참모들이 아니었다.

상관들 앞에서 좋게 보여야 한다는 강박증으로 인해 참모들은 상황을 통제하기 보다는 상황에 수동적으로 대응하는 데 95%의 시간을 소비해야 했다. 인퍼머스 장군은 그들을 매일 호되게 꾸짖고 그들에게 소리 지르고 불쾌감을 주었으며 심지어 물건도 집어 던졌다. 인퍼머스 장군이 그들의 미래를 결정했기 때문에 참모들은 장군 앞에서 무기력하게 움츠러들었다. 그가 누구를 진급시키고 누구를 진급시키지 않을 것인가를 결정했다. 참모들은 사실보다는 인퍼머스 장군이 참모총장과 장관에게 보고한 답변과 진술을 뒷받침하기 위해 자료와 정보를 밥 먹듯이 왜곡했다.

인퍼머스 장군이 4성 장군이 되었기 때문에 그와 같이 게임을 한 사람들은 진급으로 보상을 받았다. 그와 게임을 하지 않는 사람은 파면되었다. 나는 사람들이 진급을 위해 그에게 자신의 영혼을 야금야금 파는 것을 보았다. 그들은 항상 똑같은 변명을 했다. "내가 높은 자리에 오르면, 이런 잘못된 것을 바로 잡겠다." 그들은 그 자리에 오르기 위해 너무 자주 신념을 굽힘으로써 높은 자리에 오른 이후에도 똑같은 방식으로 행동하게끔 프로그램화 된다는 것을 인식하지 못했다.

이러는 와중에 보이드가 나에게 "살아남을 것인가 아니면 행동할 것인가to be or to do"라는 연설을 했는데, 이 연설은 그 이후 10년 동안 귀에 못이 박히도록 들어야만 했다. 주로 이런 식이었다. "짐, 자네는 자네의 일생 중 어떤 종류의 사람이 될 것인가를 선택해야 하는 기로에 서 있네. 자네 앞에는 두 갈래 길이 놓여 있네. 한쪽은 진급, 명성, 특별한 지위에 이르는 길이네. 성공을 하려면 기존 체제와 보조를 맞추어야 하며 자네의 경쟁자보다 더 확실한 팀 플레이어라는 것을 보여주어야만 하네. 다른 길은 공군에 정말로 중요한 일을 하는 것이네만 때때로 기존 방침에 위배되기 때문에 엄청난 불이익을 당하게 될 걸세. 두 길을 다 갈 수는 없고 하나를 선택해야 하네. 자네는 저명한 사람이 '되고' 싶은가 아니면 공군의 미래 모습에 영향을 미칠 수 있는 일을 '하고' 싶은가? 살아남을 것인가 아니면 행동할 것인가, 이것이 문제네."

나는 처음에는 보이드를 믿지 않았지만 시간이 흐르면서 그가 옳았다는 것이 분명해졌다. 보이드는 스스로 일을 하는 '실천가'였으며 장군들의 호의를 기대하지 않았다. 그는 이 점을 분명히 하려고 장군 한 명을 예로 들었다. 인퍼머스는 본질보다는 형식을 중요시했고 항상 속이 훤히 들여다보였다. 인퍼머스 장군이 지금까지 한 일이라곤 진급하는 것뿐이었다.

반면 보이드는 형식은 전혀 신경 쓰지 않고 본질을 중시했다. 그가 한 일은 공군에 지속적인 영향을 미치고 있지만 그 당시에는 자체가 논쟁거리였다. 보이드의 용기와 끈기는 그를 항상 소용돌이의 한 가운데로 몰아넣었다. 머지않아 그의 논쟁적인 아이디어는 체제에 수용되었고 그것이 체제가 되었다. 그러는 과정 중에 그는 구태의연한 사고를 하는 사람들의 화를 돋우었다. 그들이 힘을 갖고 있었기 때문에 보이드는 거의 인정을 받지 못했고 주요 업적에 따르는 보상도 받지 못했다.

인퍼머스 장군은 기여는 하지 않으면서 인정과 보상을 갈구했다. 보이드는 사람들을 변화시키는 데 엄청난 기여를 했지만 거의 보상을 받지 못했다. 이것이 펜타곤의 현실이었고 나는 그것을 받아들이는 데 많은 시간이 걸렸다.

보이드는 평상시 인퍼머스 장군을 무시하거나 참모들 앞에서 그를 업신여겼다. 두 사람은 수차례 부딪혔고 결국 인퍼머스 장군은 보이드를 그냥 내버려두는 것이 상책이라는 것을 터득했다. 인퍼머스 장군은 승진에 목을 매는 사람들과 같은 방법으로 보이드에게 겁을 줄 수가 없었다. 그러나 더욱 안타까운 일은 그런 사람이 4성 장군까지 승승장구했다는 것이다. 이것 자체가 기존 체제에 대해 무엇인가를 말해준다.

보이드는 1975년 9월 1일에 전역을 했다. 기존 체제는 그가 준장으로 진급하는 것을 원치 않았다. 지금까지와는 전혀 다른 세상이 그를 기다리고 있었다. 그는 전역 후 인간 갈등의 원리를 밝힌 승리와 패배에 대한 담론을 다듬고 전파했다.

보이드는 대부분의 전역자들과 달리 방위산업체에서 일하기를 꺼렸다. 그의 가족들은 그의 연금으로 생활을 할 수 있을지를 걱정했지만, 보이드는 그의 방식대로 가족들에게 다윈의 『종의 기원』을 구입하여 읽을 것을 권했다.

레이 레오폴드는 다른 곳으로 전속을 갔고, 공군에 환멸을 느낀 척 스피니는 제대를 하고 지역 싱크 탱크의 분석가로 변신했다. 몇 년 후 스피니는 국방장관실의 군무원 분석가로 복귀했다. 비록 나는 공군본부의 사업 방식을 바꾸어야 할 필요성을 계속 전파하고 다녔지만, 나의 주요 임무는 인퍼머스 장군을 위한 연설, 브리핑, 의회 청문회를 준비하는 것이었다. 인퍼머스 장군이 캄보디아의 불법 폭격에 깊이 연루되었다는 이유로 상원에서 그의 진급을 어정쩡하게 반대했지만 그는 지금 3성 장군으로 진급한 상태였다.

1976년에 나는 점점 더 '다루기 힘든' 부하로 변해갔다. 나의 환멸은 베트남에서의 실패 그리고 워터게이트 사건으로 더욱 깊어져만 갔고 비꼬는 버릇이 겉으로 드러나기 시작했다. 순진한 기존 제도의 신봉자에서 회의적이고 의문시되는 비신자로의 변신이 점점 완성되어 가고 있었다. 나는 공군본부의 절차에 기획과 기준이 부족하다는 것뿐만 아니라 이미 내려진 특정 결정에 대해서도 매우 비판적이었다. 그리고 더욱 위험했던 것은 고급 간부, 특히 나의 보스인 인퍼머스 장군의 행동과 성격을 비판하기 시작했다는 것이었다.

되풀이해서 나는 내 보스의 믿음이나 시각과 반대되는 사실적 정보가 담긴 연설이나 브리핑을 준비했다. 절차는 항상 똑같았다. 숫자를 바꾸라는 지시를 받았다. 즉 숫자를 뻥튀기 하라는 것이었다. 나는 거절했고 보스의 심복 중에 한 명이 그 숫자를 바꾸는 것을 지켜보아야 했다. 나는 원본의 복사본을 공군본부 전체에 돌렸고 결과적으로 그의 심복들이 한 일을 폭로했다.

나는 도널드 럼스펠드가 국방장관으로 취임한 직후인 1975년 12월에 내 보스가 브리핑을 준비하던 때가 기억난다. 그 브리핑은 공군의 모든 신무기체계가 얼마나 훌륭한지를 보여주기 위한 것이었다. 나는 신형 전투기,

구형 전투기 그리고 소련 비행기의 선회 능력을 비교하는 차트와 그래프를 준비했다. F-16은 350노트의 속도로 펜타곤 건물 상공에서 360° 선회를 할 수 있었다. F-15는 펜타곤 건물을 약간 벗어나 주차장을 약간 포함한 지역에서 360° 선회를 할 수 있었다. F-4와 소련 비행기는 불행 중 다행으로 알링턴 지역 상공에서 360° 선회를 할 수 있었다.

정확한 자료였지만 F-16이 F-15보다 약간 좋은 것으로 묘사되어서인지 수뇌부들의 표정이 좋지 않았다. 수뇌부들은 그때까지도 자신들이 F-16을 수용할 수밖에 없었던 것에 대해 매우 자존심이 상해 있던 상태였다. 나는 당연히 F-16과 F-15의 선회 역량이 같게 보이도록 만들라는 지시를 받았다. 나는 거절했지만 장군의 호의를 갈망하는 누군가가 도표를 수정했다.

이것 자체가 큰일은 아니지만 이런 일이 광범위하게 그리고 수시로 일어났다. 진실과 허구가 뒤섞여 있었다. 진실을 찾기 어려운 환경에서 건전한 판단이 이루어지기를 바라기는 어려웠다.

머지않아 나의 반항적 행동이 문제가 될 것임을 알고 있었다. 나는 전력구조위원회의 일원으로서 공군이 B-1을 유지할 여력도 없고 그 성능 또한 약속했던 수준에 도달하지 못할 것이기 때문에 B-1 사업을 취소해야 한다고 주장했다.[3] 이때 다른 위원들이 아무 말 없이 앉아있던 일이 떠올랐다. B-1은 그때까지 신성불가침 영역이었다. 이러한 발언은 대령으로 진급할 생각이 있는 젊은 중령이 할 말은 아니었다.

내가 막 대령으로 진급한 후에 일어난 일이었기 때문에 해임되었다. 군에서 '해임'이란 단어는 직책과 책임을 박탈당하고 다른 자리로 전보되어 진급할 기회가 적거나 없어지는 것을 의미했다. 이때 전역을 하거나 파면을 당하지 않으면 그래도 월급을 받는 현역으로 남게 된다.

---

3) 전력구조위원회는 공군본부에 설치된 몇 개의 상설위원회 중 하나였다. 이 위원회의 목적은 참모총장에게 공군을 구성할 전투기, 폭격기, 수송기, 미사일, 기타 무기체계의 적절한 조합을 추천하는 것이었다.

내 보스가 말했듯이 나는 골칫거리가 되어 가고 있었고 더 이상 '팀 플레이어'가 아니었다. 보이드의 영향이 나타나기 시작했다. 이런 말을 들은 사람이 나만은 아니었다.

당시 인퍼머스 장군 밑에는 준장과 소장을 합해서 장군만 여섯 명이 있었다. 그들 또한 인퍼머스 장군의 행동에 환멸을 느끼기 시작했다. 가장 직접적으로 표현한 사람은 존 투메이 소장으로, 그 위치에 있는 사람치고는 드물게 지적이고 성실하며 신념이 있는 인물이었다.[4]

1976년 봄, 이 여섯 명의 장군은 단체로 인퍼머스 장군에게 반기를 들기로 하고 그의 행동을 고쳐보려고 했다. 그들은 인퍼머스 장군 사무실 앞에서 만나기로 했는데 나타난 사람은 투메이 장군뿐이었다. 예상대로 다른 사람들은 겁을 먹고 나타나지 않았다. 아무튼 투메이는 사무실로 들어가 일장 연설을 했다. 그가 곧바로 해임되어 건물 밖으로 내쳐진 것을 보면 정말 훌륭한 연설이었음이 분명했다. 그는 몇 마일 떨어진 메릴랜드 주의 공군체계사령부로 전속을 갔다.

나는 비록 투메이 장군을 몇 번밖에 만난 적이 없지만 우리는 여러 가지 점에서 같은 생각을 하고 있다는 것을 곧 알게 되었다. 그 중에 하나가 공군본부에 기획이 부족하다는 것이었다. 우리는 같은 사람에게 같은 이유로 해임되었다. 그는 내가 전파하고 다녔던 기획의 강력한 지지자였었다. 그는 내 기획이 공군 내의 전반적인 상황을 파악하고 앞으로 나아가야 할 방향을 결정하는 데 없어서는 안 될 도구라고 했다.

비록 그는 3성 장군을 화나게 만들어 펜타곤에서 쫓겨났지만 전역할 생각은 없었다. 그는 앤드류로 전속을 가면서 나를 자기 밑으로 불렀다. 우

---

4) 인퍼머스 장군이 참모들과 회의를 하는 도중에 바로 아랫사람에게 서류들을 집어 던졌다. 투메이 장군이 한 손을 뻗어 공중에서 서류들을 낚아챘다. 그런 다음 투메이 장군은 인퍼머스 장군을 향해 "장군님, 잘 모르시겠지만 이번 주에 아홉 번 중에 일곱 번을 잡았습니다. 단 두 번만 놓쳤습니다."라고 비아냥거렸다. 투메이 장군은 이 이야기를 그의 참모들에게 가끔 말했고 그때마다 웃음을 자아냈다. 그리고 몇몇 사람은 익히 알고 있다는 의미로 고개를 끄덕였다.

리는 함께 공군본부를 변화시키는 작업에 착수했다. 그러면서 나는 '고집 세고 철저한 개혁가'가 되었다.

3. 개혁의 거센 바람

 무기를 개발하는 사람들은 기회만 있으면 간단한 것 대신 항상 복잡하고 정교한 해법을 추구했다. 한편 복잡성은 구입비용, 운용비용, 유지비용 등 곧바로 높은 비용으로 연결되었다. 그리고 높은 비용으로 인해 상대적으로 소량의 무기를 구입할 수밖에 없고 이것은 또다시 수적 열세의 복잡한 체계가 대량의 단순하고 덜 비싼 적의 무기보다 우월하다는 것을 증명하기 위해 무리한 시험과 분석을 하게 만들었다. 무기가 고가이고 수가 적을수록 중앙 통제가 더욱 심해진다. 중앙집권적 지휘를 위해 딸려오는 정교하고 자잘한 부품들은 그저 전체 체계의 복잡성만 증가시킬 뿐이었다.

 전체 체계가 점점 복잡해질수록 실전과 같은 상황에서 무기를 시험하는 것 역시 더 어려워졌다. 그러므로 우리들은 기술을 숭상하는 사람들을 그냥 믿을 수밖에 없고 실제 성능 역시 그들의 말을 수긍할 밖에 없었다. 나는 그러한 주장의 진위를 밝히려는 의지가 수뇌부에게는 없다는 것을 알았다.

 또한 나는 경이로운 최첨단 무기들이 정밀 시험을 번번이 통과하지 못한다는 것도 알았다. 그것들의 성능은 과장되었고 성능 시험은 오로지 개발자들의 주장을 정당화시키기 위한 데모에 불과했다. 실제 시험 결과는 무시되거나 이 문제를 해결하기 위해 오히려 더 복잡한 것이 필요하다는 쪽으로 해석되었다. 이러한 생각 때문에 점점 더 적은 수의 무기, 그리고 이 무기의 손실을 방지하기 위한 엄청난 통제의 악순환이 되풀이되었다. 전투는 '관리'가 가능하기 때문에 기술적으로 더 정교한 서구 자유민주주의의 무기가 수적으로 우세한 적을 물리칠 수 있다고 믿었던 것 같다.

전투를 관리하는 온갖 기술이 각광을 받았다. 공군의 한 설계에는 항공기의 모든 체계의 상태를 중앙 컴퓨터로 전송하는 센서와 데이터링크 체계를 탑재했다. 항공기의 위치, 고도, 기수, 연료상태, 레이더 스코프에 나타나는 모든 표적, 심지어 조종사의 오줌보 상태까지 말이다. 이 모든 것이 정말 필요했다기보다는 오로지 기술적으로 가능했기 때문이었다. 그러면 중앙 관리자가 어떤 표적을 어떻게 공격할 것인가를 지시한다. 육군도 이런 생각에 사로잡혔다. 육군은 마치 거대한 아타리의 게임처럼 모든 병사들의 등에 중앙 컴퓨터와 연결되는 비콘을 달 계획을 했다.

본부에 있는 지휘관들은 이 전자 촉수 끝의 조종사 혹은 보병이 임무를 제대로 수행하지 못한다고 생각했다. 그래서 그들은 효율이라는 미명 하에 철저히 통제를 했다. 내 생각으로는 전투를 하는 사람들을 못 믿거나 무능력하다는 가정에 기초한 설계는 애초부터 실패하게 되어 있었다.

이러한 생각이 70년대 중반부터 말까지 국방부의 수뇌부들을 지배했다. 과학자들과 기술자들이 이러한 생각을 신봉했는데 그들이 펜타곤의 높은 자리를 차지하는 일이 점점 많아졌다. 그 대표적 인물이 국방부의 연구·기술차관인 윌리엄 페리 박사였고, 그는 카터 행정부에서 펜타곤의 모든 무기 개발을 담당했다.

페리가 실권을 쥐고 있는 동안 전쟁의 인간적인 요소는 점점 더 배제되었고, 전쟁터에서 스스로 결정을 내릴 수 있을 것으로 기대되는 전자장비와 컴퓨터 칩으로 가득 찬 무기에 투자를 했다. 그것들은 '스마트 무기'라

고 불렸고, 어떤 것들은 심지어 '환상적인 무기'라고 불리었다.[1]

이러한 유물론적 관점에서 전쟁은 순전히 사이버 공간에서 기계 사이에 벌어지는 싸움이었다. 기술을 옹호하는 사람들의 주장대로라면 우수한 기술을 가진 쪽이 승리한다. 전쟁의 컴퓨터 분석은 양쪽이 보유하고 있는 기계들의 파괴력(주장일 뿐이며 결코 시험해 본적은 없다)을 비교하도록 설계되었다. 각종 무기 제안에 대한 토론, 논쟁, 그리고 결정은 모두 유물론적 시각에 의해 이루어졌고 무기는 점점 복잡해졌다.

많은 하이테크 옹호자들은 기술이 모든 문제를 해결할 수 있고 유일한 방법이라고 주장했다. 이러한 논쟁은 기술적으로 더욱 정교하고 복잡한 사업을 정당화하곤 했다.

나는 페리 박사에게 공평해야 한다. 그는 그저 그런 주장을 믿는 많은 고위 간부 중 한 명일 뿐이었다. 그러나 그의 재임 기간 중에 무늬만 무기인 하이테크 장치들이 상당히 많이 개발되기 시작했다. 1981년에 레이건 행정

---

1) "The New Defense Posture: Missiles, Missiles, Missiles," *Business Week*, 11 August 1980, 78.

2) 공군이 제안한 WASP라고 불린 대전차미사일은 페리 박사가 매료된 '환상적인 미사일'이었다. WASP는 전투폭격기에 많이 실을 수 있는 작고 저렴한(25,000달러) 미사일이라고 광고했다. 여러 발의 WASP를 적의 대규모 전차 진형에 한 번에 투하하면 그걸로 끝이었다. WASP의 전자장치들이 매우 정교하고 환상적이어서 같은 전차를 다시 공격할 필요가 없었다. 그것이 사실이라면 WASP는 매우 효율적인 미사일이었다.
   WASP 시제품의 최초 비행시험은 전차무리 중 한 대를 정확히 공격할 수 있는 환상적인 능력을 보여줄 계획이었다. 6대의 전차가 플로리다 애글린 기지의 시험장에 6열종대로 정렬되었다. WASP 미사일은 전차무리를 쫓아 비행을 하고 맨 뒤에 있는 6번째 전차를 공격하도록 프로그램 되었다. F-4에서 성공적으로 발사된 WASP는 전차무리를 따라 비행하면서 센서가 전차 수를 세었다. 불행하게도 WASP는 수를 잘못 세었다. 열의 맨 끝에 다다랐을 때 WASP는 다섯 대만을 탐지했다. WASP는 여섯 번째 전차를 공격하도록 프로그램 되었기 때문에 WASP는 방향을 바꾸어 시험장의 다른 구역에 있는 차량을 향했다. 다시 여섯 번째를 세는 데 실패한 미사일은 방향을 바꾸어 시험장 경계 바로 밖에 있는 고속도로를 달리고 있는 차량들을 향했다. 다행히 미사일 연료가 다 떨어져 시험장 경계를 벗어나기 전에 추락했다. 그렇지 않았더라면 신호등에 걸려 서 있던 여섯 번째로 판단되는 무고한 시민이 참담한 사고를 당할 뻔했다. WASP는 가격이 터무니없이 비싸고 옹호자들이 주장했던 만큼 환상적이지도 않아서 결국 취소되었다.

부가 국방비를 대폭 증가시키자 무늬만 무기인 여러 사업에 엄청난 자금이 투입되었다.

존 보이드는 전역한 후였음에도 보수 세력의 계획을 또다시 망쳐놓았다. 페리 박사와 그의 동료들이 엄청난 화력의 하이테크 전쟁을 전도하고 있을 때, 보이드는 승리와 패배에 대한 담론을 통해 사람들에게 "기계가 전쟁을 하는 것이 아니다. 지형이 전쟁을 하는 것도 아니다. 사람이 전쟁을 한다. 여러분은 사람의 마음을 파고들어야 한다. 전투를 이기는 곳은 바로 이곳이다."라는 것을 일깨우기 시작했다.[3]

보이드는 1970년대 말 내내 분쟁이란 궁극적으로 인간의 영역이라는 생각을 사람들에게 심어주고 있었다. 그는 만일 전쟁이나 모든 종류의 갈등에서 승리하려면 목숨을 건 싸움에서 사람들이 무슨 생각을 하는지를 반드시 이해해야 한다고 했다. 최근 펜타곤 내에서는 갈등의 이런 측면이 완전히 무시되었다. 보이드는 이러한 시각을 바꾸려고 애를 썼고 그 과정에서 갈등의 '술'에 대한 관심을 불러 일으켰다.

1981년 봄, 보이드의 이론이 갑자기 조명을 받기 시작했다. 그는 1976년부터 자신의 이론을 국방 분야 사람들에게 브리핑을 해왔지만, 주요 신문들은 1980년 말과 1981년 초가 되어서야 관심을 보이기 시작했다. 신문이 보이드의 이론을 다루기 시작하자 자연스럽게 국방 분야에 종사하는 많은 사람들이 관심을 보였다.

1981년 초 주요 신문에 나타나기 시작한 대표적인 표제는 '새로운 전쟁 이론이 관심을 끌다'(1981년 3월 23일, Fort Worth Star Telegram), '전술가로 변신한 조종사가 공중전 개념으로 전쟁에서 이길 수 있다고 전도하다'(1981년 1월 4일, 워싱턴 포스트), '신전쟁이론이 과거 전쟁 사상을 날려버리

---

3) Henry Eason, "New Theory Shoots Down Old War Ideas," *Atlanta Constitution*, 22 March 1981, 1C.

다'(1981년 3월 22일, Atlanta Constitution), '새로운 부류의 개혁가'(1981년 3월 13일, 워싱턴 포스트) 등이었다.

보이드는 이 나라에 진정한 군사이론가가 없다는 폭탄 발언을 하여 또 다시 군사 지도자들을 당황하게 만들었다. 그는 오늘날의 군사이론가는 대역폭, 기가헤르츠, 컴퓨터 메모리 등과 같은 것만 생각하고 중심重心, Schwerpunkt의 전술적, 전략적 개념의 의미가 무엇인지도 모르거나 아니면 있는지조차도 모르는 과학자들과 기술자들을 의미한다고 지적했다. 보이드는 전쟁술에 대한 독창적이고 획기적인 이론을 계속 내놓으면서 첨단기술만 추구하는 분위기를 바꾸었고 군대가 앞 다투어 그를 따라오게 만들었다. 군대가 할 수 있었던 일은 보이드의 작품을 표절하는 것뿐이었으며 이로써 군이 얼마나 무능력한지 또다시 보여주었다. 더욱이 군은 그의 이론을 너무 자주 잘못 이해했는데 특히 육군은 최악이었다.

보이드는 모든 수준의 갈등에서 적을 어떻게 굴복시킬 것인가와 관련하여 미국에서 가장 독창적인 사상가로 부상했다. 이것은 당연히 1950년대 말과 1960년대의 그의 전투기 전술 관련 이론의 연장이었다.

전쟁은 혹독한 일이며 전투 의지는 너무 섬세해서 아주 사소한 일로 순식간에 강화되거나 약화될 수 있다. 보이드는 전쟁의 물리적 측면도 물론 중요하지만 정신력과 사기는 그 결과를 결정하는 데 더 중요하다는 역사적 증거를 제시했다.

예를 들어 프랑스 군대는 2백만 명 이상의 병력에도 불구하고 왜 갑자기 붕괴하여 1940년 여름에 독일의 전격전Blitzkrieg에 속수무책으로 항복했을까? 그 해답은 독일 무기의 정밀성과는 관계가 없었고 대신 프랑스 사람들의 마음에 혼란, 혼돈, 공포, 공황, 정신적 마비가 일어났기 때문이었다. 그들의 마음속에는 온갖 마귀가 들끓고 있었다. 보이드는 어떻게 마귀를 불러내어 적의 마음을 흔들어놓을 것인가를 집중적으로 연구했다.

보이드는 1975년 가을에 공군에서 전역하고 은둔생활을 했다. 그는 인간의 마음이 어떻게 작동하는가와 관련된 주제에 대해 머릿속에 맴도는 생각을 글로 옮기기 위해 온 힘을 다했다. 바로 이 시기에 나와 보이드의 친분이 두터워졌고 밤늦게 통화하는 것이 일상이 되었다. 십대인 내 딸은 도대체 어떻게 매일 밤 그렇게 긴 통화를 할 수 있는지를 이해하지 못했다. 그녀의 계속된 불평 덕분에 '보이드 전화기'가 탄생했다.

보이드가 어떤 주제에 대해 일단 이야기를 시작하면 끝을 봤고 친구들과도 마찬가지였다. 매일 밤 우리는 하이젠베르크, 괴델, 피아제, 폴라니, 스키너, 쿤, 그리고 겉보기에 아무 관련이 없어 보이는 작품들의 의미에 대해 몇 시간씩 통화를 했다(부록 B 참고). 1976년 봄에 보이드는 '파괴와 창조'라는 제목의 12쪽짜리 글을 썼다.

이 글은 끊임없이 변화하는 환경에 대처할 때 우리의 행동을 지배하는 방침을 설정하기 위해 지성이 분석과 합성 과정을 어떻게 수행하는지를 묘사했다. 이 글의 핵심은 주변 환경이 변하면 기존의 방침도 바뀌어야 한다는 것이었다. 만일 우리를 둘러싸고 있는 환경은 변화하는데 우리가 이를 반영하지 못한다면(오래된 개념을 파괴하고 새로운 개념을 창조하지 못한다면) 우리를 둘러싼 실제 세계로부터 동떨어진 결정과 행동을 취하게 된다. 우리의 행동은 더 이상 주위 환경과 조화를 이루지 못한다. 만일 우리가 오래된 세계관에 계속 집착하게 된다면 우리는 내부지향적이 되고 결국 실제 세계와는 철저히 동떨어지게 된다. 그렇게 되면 예외 없이 혼란과 무질서가 뒤따른다. 이런 상황에서 의도적이건, 비의도적이건 위협이 가해지면 마음속의 혼란과 무질서는 곧바로 공황과 정신적 마비로 이어진다.

'파괴와 창조'는 무거운 주제였고 독특했다. 보이드는 과거에는 한 번도 서로 연결된 적이 없는 유명한 세 가지 이론(물리학은 하인즈버그의 불확정원칙, 수리학은 괴델의 불완전성과 완전성 정리, 질서와 무질서를 다룬 열역학 제2법칙)을 연결시켰다.

많은 저명한 과학자와 수학자들이 이 세 가지 중 두 가지를 조합해 본적은 있었지만 세 개를 동시에 연결시킨 사람은 보이드가 처음이었다. 지난 십 년간 서적 시장에는 괴델이 1931년에 발표한 불완전성 정리를 다룬 책과 카오스와 카오스 체계들에 대한 책들이 봇물처럼 쏟아져 나왔다. 노벨상 수상자인 일리야 프리고진의 『혼돈 속의 질서Order Out of Chaos』, 폴 데이비스의 『우주 설계도Cosmic Blueprint』, 루디 러커의 『사고의 혁명Mind Tools』이 그 예이다.

많은 저명한 물리학자, 수학자, 과학자들이 보이드의 글을 검토했다. 그들의 반응은 거의 비슷했고 보이드의 글을 좋아하지 않았다. 그들 중 많은 이들이 보이드의 글에서 잘못을 발견할 수 없어서 화가 치밀었다. 그들은 보이드가 그쪽 분야에 대한 제대로 된 교육도 받은 적이 없음에도 불구하고 풍부하고 독특한 생각 그리고 가끔은 그들보다 더 뛰어난 생각을 할 수 있다는 것을 알고는 더 미쳐버렸다.

대표적인 것이 JASON의 반응이었다. 국가에서 매년 태평양이 내려다보이는 캘리포니아 라호야의 외딴 사립학교로 저명한 핵물리학자들을 불러 모았다. 학자들은 수도원처럼 생긴 이 신부 학교에서 국가 방위 문제와 세계 물리학계가 이 문제를 어떻게 해결할지를 깊이 고민했다.

여기에 참석하지 않는 사람들은 JASON이 무엇을 의미하는지조차도 모른다. 혹자들은 이 과학자들이 정부의 지원을 받아 문제를 연구한 후 해결 방법을 국방부에 보고하는 기간인 7월부터 11월까지의 머리글자July, August, September, Octover, November를 따서 만든 약어라고도 한다. 참석한 과학자들은 비밀을 지키겠다는 선서를 하고 그 이름을 누설하지 않았다.

공군성 차관보이면서 한때 JASON 관리자였던 잭 마틴 박사는 JASON의 여러 과학자에게 보이드의 글을 검토해달라고 했다. 마틴 박사는 그의 집무실로 보이드를 불렀다. 30분 동안 마틴 박사는 과학자들의 여러 가지 비평에 대해 묻고 또 물었다. 보이드는 마틴이 말을 마칠 때까지 조용히 듣고만 있었다. 그런 후 그는 "지금까지 당신이 말한 것은 모두 내 글이 마음에 안 든다는 것뿐이었지 무엇이 잘못되었다는 말은 한 마디도 없었다. 내가 무슨 실수를 했는지 아니면 잘못된 것이 있으면 말해 달라."고 했다.

이에 마틴 박사는 다음과 같이 말했다. "우리는 잘못된 것을 하나도 발견하지 못했고 그저 좋아하지 않을 뿐이다."

사람들은 보이드가 한 일에 대해서는 전투기 신전술이든, 새로운 항공기 설계 이론이든, 신지상전 수행 개념이든 상관없이 한결같은 반응을 보였다. 저명한 전문가들은 보이드가 자신들의 분야에 대한 교육을 받지 않았음에도 불구하고 그의 생각이 논리적이고 오히려 자신들 것보다 훌륭하다는 것 때문에 매우 화가 났다. 공식적인 교육을 받지 못했다는 것이 그들의 핵심이었다.

1976년 여름부터 보이드는 군의 역사를 연구하기 시작했는데 그가 원했다기보다는 자신도 모르는 사이에 이 주제에 점점 빠져들었다. 이 모든 것이 NASA가 보이드에게 공대공 전투 시뮬레이터를 조사해 달라고 요청하면서부터 시작되었다. NASA는 왜 조종사가 같은 상황임에도 불구하고 시뮬레이터에서와 실제 항공기에서 전혀 다른 기동을 하는지를 알고 싶어 했다. 어쩌다보니 보이드는 곧 모든 분쟁에서의 인간 행동을 연구했다. 그는 발견한 것을 '파괴와 창조'에 반영했고 논문의 사고범위를 넓혔다.

보이드의 군 역사에 대한 연구는 정말 지루한 작업이었다. 그는 1976년부터 과거 위대한 명장들의 이론과 실제를 파헤쳤고 각각으로부터 이런 저런 것들을 도출해냈다. 그는 기원전 400년부터 현재까지의 모든 이론가와 실천가들의 생각을 파고들었다 – 손자, 몽골의 칭기즈칸, 모리스 드 삭스, 피에르 드 부르세, 콩트 드 기베르, 나폴레옹, 안톤 헨리 조미니, 칼 폰 클라우제비츠, 토머스 잭슨, 로버트 리, 율리시스 그랜트, 알프레드 폰 슐리펜, 에릭 폰 루덴도르프, J.F.C. 풀러, 하인즈 구데리안, 에릭 폰 만스타인, 헤르만 발크, 어윈 롬멜, 조지 패튼, T.E. 로렌스, 라몬 막사이사이, 이외에도 이루 헤아릴 수 없는 많은 사람들.

보이드의 연구는 군 역사에만 국한된 것이 아니었다. 그는 물리학, 수리 논리학, 과학, 역학 등과 같은 학문도 똑같이 연구했다. 그의 노력은 정말 다차원적이었다. 그는 다양한 분야로부터 이런저런 것들을 종합하여 독특하면서 전체를 포괄하는 것을 만들었다. 그중 '분쟁의 패턴Patterns of Conflict'은 분쟁의 역사적 패턴을 분석하여 성공적인 작전을 위한 과학적 이론을 도출한 결과물이었다. 이것은 지켜야 할 공식이나 목록도 아니고 원칙을 집대성해 놓은 것도 아니었다. 이것은 적의 저항 의지를 와해시키고 붕괴시키는 행동에 관해 생각하는 방법이었다.

'분쟁의 패턴'은 적의 사기-정신-육체에 어떻게 침투하는지를 보여준다. 그리고 인간을 온전한 생명체로 존재할 수 있게 만드는 상호 간의 유대를 끊고, 사기-정신-물리적 방어거점 혹은 적이 의존하는 활동들을 와해시키고 장악하는 방법을 보여준다. 그 목표는 '펼쳐진 환경에 대처할 수 있는 기회를 박탈하여 적이 힘없이 포기'하게 만드는 것이었다.[4]

보이드는 실제로 사람들의 생각에 영향을 미쳐 그들을 안으로 움츠리게 만들어 결국 주위 환경에 적응할 수 없게 만들곤 했다. 유명한 공군 장교 한 명이 전화로 보이드와 설전을 벌이던 중 기절했고, 피에르 스프레이가 그 장면을 목격했다(그 장교는 나중에 공군참모총장이 되었다).

보이드는 '분쟁의 패턴'에서 전쟁뿐만 아니라 모든 분쟁을 다루었다. 이웃과의 논쟁, 관료들의 영역 싸움, 선거 운동, 게릴라전, 기업 간의 경쟁 등 모든 종류의 분쟁이 그의 '패턴'에 다 들어맞았다.

워싱턴과 전국에서 보이드의 브리핑을 들으려고 줄을 섰다. 대위, 소령, 대령, 장군, 대부분의 펜타곤 기자단, 의회 보좌관들, 상·하원의원들이 브

---

4) Col. John Boyd, USAF(Ret.), "Discourse on Winning and Losing"(unpublished treatise, also known as the Green Book), August 1987, 132-137.
    보이드는 사람을 사기(moral), 정신(mental), 육체(physical)의 결합체로 파악했으며, 사기는 어려움을 극복하는 용기, 정신은 이성적 판단, 육체는 물리적인 힘을 의미했다. 역자 주.

리핑을 요청했다.

와이오밍의 리차드 체니[5] 하원의원도 보이드의 브리핑을 요청한 사람 중의 한 명이었다. 그와 보이드는 보이드 이론의 원리와 전략의 중요성을 토의하느라 몇 시간을 같이 보냈다. 이런 모임 덕분에 체니는 전략 개념의 원리를 알게 되었다. 체니는 의회에 군개혁위원회를 설립한 창설자 중의 한 명이었다. 체니가 국방장관에 천거되자 그는 개혁위원회 동료들에게 위원회의 철학을 펜타곤에 심기로 동료들과 약속했다. 비용 초과, 인도 지연, 계약보다 뒤떨어진 성능에 대한 거짓 보고를 이유로 1991년에 그동안 전례가 없던 해군의 570억 달러짜리 스텔스 전투폭격기 사업을 취소했다는 것은 그가 개혁의 뿌리를 잊지 않았다는 것을 반증하는 것이었다(해군 A-12 사업에 대한 자세한 내용은 책 마지막 부분의 사례 연구 '해군의 좌초' 참고).

보이드의 브리핑이 유명해진 것은 입소문 때문이었다. 사람들이 먼저 브리핑을 요청했기 때문에 보이드는 그들이 정해준 시간에 맞춰 분량을 조정해야 할 하등의 이유가 없었다. 그의 브리핑이 몇 시간짜리가 되자 많은 고위 장군들은 축약된 브리핑을 요구했다. "요점만 얘기해." 그의 대답은 항상 같았다. "전부를 듣든지 아니면 말든지."이었고, 이것이 장군들을 또 격노시켰다. 그래서 그들은 브리핑 차트를 요청했는데 돌아온 대답은 "브리핑을 듣기 전에는 차트도 없다."였다.

브리핑을 끝까지 들은 사람은 보통 무엇인가 배웠다. 브리핑을 듣지 않은 사람은 아무것도 몰랐다. 그들의 동료와 부하들은 너나 할 것 없이 보이드의 이론에 대해 이야기하기 시작했다.

초기의 브리핑 시간은 1시간 정도였다. 1980년에는 네 시간으로 늘어났고 1980년 중반에는 무려 13시간으로 늘어났다. 나는 수차례 브리핑을 들

---

5) 1989년부터 1993년까지 17대 국방장관을 역임했으며 부시행정부에서 46대 부통령을 지냈다. 역자 주.

었고 그 때마다 새로운 것을 배운 사람들을 알고 있다. 브리핑은 점점 그 폭과 깊이가 더해졌다. 이 브리핑을 만들기 위해 보이드는 317개의 참고문헌을 제시했다. 보이드와 전화통화를 하는 사람들은 그것들 대부분을 읽어야만 했고, 어떤 것들은 2번 이상 읽는 것도 있었다.

나는 1976년에 보이드의 브리핑이 1시간짜리일 때 그를 투메이 장군에게 소개했다. 이지적인 투메이 장군은 그의 분석 능력 때문에 공군에서 두루 존경받는 인물이었다. 그는 보이드의 작품에 엄청난 감명을 받은 동시에 좌절감을 맛보아야 했다. 그는 그가 사용할 수 있는 체크리스트나 공식을 찾아 헤맸었다. 앞에서 언급했듯이 보이드는 사람들에게 따라야 할 공식이나 해결방법을 가르치지 않고 생각하는 방법을 가르쳤다.

나는 몇 년 동안 높은 자리에 있는 여러 군인들과 공무원들에게까지 보이드를 소개했다. 그들의 반응은 대부분 투메이와 같았다. 그들은 보이드의 아이디어의 힘과 시야에 감명을 받았고, 심지어 겁을 먹을 정도였지만 그 아이디어를 실행할 능력은 없었다. 나는 이런 현상을 통해 우리의 지도자들이 얼마나 경직되어 있고 상상력이 부족한가를 확인할 수 있었다. 아직 기존 체제에 길들여지지 않은 젊은 장교들일수록 보이드의 아이디어를 더 잘 이해했다. 그리고 시간이 지나 이 젊은 장교들이 진급하면서 보이드의 이론은 정착되었고 어느 정도 제도화되었다.

보이드의 마라톤 브리핑을 여러 번 들은 사람들 중에는 프리만 다이슨과 알프레드 그레이도 있었다. 물리학자이면서 수학자이자 세계적으로 유명한 사상가인 다이슨은 프린스턴 고등연구소의 교수가 되었다.[6]

알프레드 그레이가 보이드의 브리핑을 들었던 시기는 1970년대 말이었고 당시 그는 해병대 대령이었다. 그는 보이드의 브리핑이 너무 충격적이

---

6) 다이슨은 자신의 책 『Disturbing the Universe』에서 노벨물리학상 수상자이자 은사인 한스 베테(Hans Bethe), 그리고 이론물리학의 대가인 로버트 오펜하이머(Robert Opprnheimer)의 글과 함께 보이드의 사상을 소개했다.

어서 장군이 된 뒤에도 두 번이나 더 들었다. 나중에 해병대 사령관이 된 이후에도 여러 차례 보이드와 둘이서 그의 이론의 의미를 토의했다. 그는 보이드가 버지니아 콴티코에 있는 해병대 보병학교에서 강의를 할 수 있도록 주선했다. '전쟁술'에 대한 관심을 다시 불러일으키기 위해 그레이는 모든 해병대 장교의 집으로 손자병법을 보냈다.

그레이의 전임자였던 로버트 바로우와 켈리 사령관 또한 보이드의 브리핑을 들었고 그의 이론을 토의하기 위해 보이드와 여러 번 개인적인 시간을 가졌다. 켈리는 1981년 1월에 있었던 워싱턴 포스트와의 인터뷰에서 "보이드와의 1시간은 돈으로 환산할 수 없을 정도로 소중하다. 그는 소령 이상의 장교들에게 널리 받아들여지고 있다. 우리는 전쟁과 전쟁에서의 승리를 생각하는 장교들이 필요하다."고 했다.[7]

보이드의 '패턴'은 개혁운동의 상징과 이정표가 되었다.[8] 보이드가 1976년에 브리핑을 시작했을 때 그의 이론 혹은 전쟁술 대가들의 개념을 이성적으로 토의할 수 있는 장교들은 많지 않았다. 군사교육체계는 군사술을 무시하거나 형식적으로만 다룰 뿐이었다. 어떤 장교들에게는 게릴라전보다 경영원리를 연구하는 것이 더 중요했다. 많은 공군 장교들이 클라우제비츠보다는 피터 드러커를 더 많이 인용했고, 심지어 클라우제비츠의 철자를 아는 사람도 거의 없었다. 아마 이런 것들이 1940년대 이후 한 번도 전쟁에서 이겨본 적이 없는 이유였는지도 모른다.

보이드는 혼자서 전격전 개념, 게릴라전, 그리고 전격전과 게릴라전에 어떻게 대응할 것인가에 대해 국방부, 의회, 언론, 방위산업체를 교육시켰다. 각 군은 보이드의 이론과 견줄 수 있는 이론을 가지고 있지 않았기 때

---

7) Mike Getler, "Dogfight Tacks Can Win Big Wars, Preach Pilot Turned Tactician," *The Washington Post*, 4 January 1981, A3.

8) John J. Fialka, "Congressional Military Reform Caucus Lacks Budget, but Has Power to Provoke Pentagon," *The Wall Street Journal*, 13 April 1982, 52.

3. 개혁의 거센 바람 **75**

문에 그의 이론은 각 군을 당황하게 만들었다.

미국이 1970년대 중반에 막 베트남전에서 패했다는 것을 기억하는 것이 중요하다. 군에서 많은 자기분석이 행해졌고 사람들은 구실과 이유를 찾았다. 젊은 장교들은 공공연히 전쟁을 수행했던 고급 장교들의 사고방식과 접근 방법에 의문을 제기했다. 켈리 장군이 말했듯이 이것이 영관 장교들에게 보이드가 먹혀들었던 이유였다. 그러나 더 많은 고급 장교들은 오래된 이론에 필사적으로 집착했고 실패의 희생양을 찾는 데 혈안이 되어 있었다.

보이드는 우리 지도자들이 베트남전의 본질을 이해하지 못했기 때문에 패배했다고 하여 지도자들의 심기를 건드렸다. 보이드의 브리핑을 다 들은 사람이라면 똑같은 결론에 도달했을 것이다. 부연 설명도 필요 없었다. 성공적인 게릴라전은 어떻게 수행되었으며 어떻게 성공적으로 방어했는가에 대한 보이드의 설명에 그 모든 것이 담겨 있었다.

전통적인 군사 사상가들은 분쟁의 물리적 측면에 고착되어 있었다. 승리의 척도로 시체 수를 제시하는 저녁 뉴스를 과연 누가 잊을 수 있을까? 지도자들은 전쟁의 정신적 그리고 사기 측면의 지렛대 효과를 이해하지 못했거나 인식하지 못했다. 많은 사람들이 전투의 컴퓨터 모델에 매료되기 시작했다. 가장 유명한 모델은 피스톤 운동-FEBA 이동모델이었다.

FEBA Forward Edge of the Battle Area란 아군과 적을 구분하기 위해 지도 위에 그은 선이다. 모델에서 적군은 FEBA를 따라 우군과 대치하며 서로 사격을 한다. 양쪽이 사용하는 무기의 양과 그들의 상대적 효과를 이용하여 그 모델은 어느 쪽이 더 많은 사상자를 내는가를 계산한다. 예를 들어 한쪽의 상대적 손실이 15% 수준에 도달하면 마치 거대한 피스톤이 움직이는 것처럼 FEBA가 움직인다. 이 모델은 침투, 측면 기동, 포위, 항복 혹은 분쟁의 정신적 그리고 사기 측면들을 다룰 수 없기 때문에 이 모든 것들을 무시한다. 이것이 베트남전 중, 그리고 직후 이론가들의 사고를 지배했던 전쟁의 유물론적 관점의 핵심이다.

우리 시대의 전통적 군사 사상가들에게 베트남전은 식은 죽 먹기여야 했지만 우리는 검은 파자마와 샌들을 신은 이들에게 패배했다. 그 이유는 무엇이었을까? 가장 일반적인 답변은 우리 군이 본국에 있는 국민들의 정신적 지지를 받지 못했다는 것이었다.

정신적 지원이 끊겼다. 그렇다면 그 이유는? 보이드의 논문들은 정신적 지지가 끊긴 이유를 확실하게 설명해주었다.

베트남 사람들은 우리 지도자들보다 전쟁의 정신적, 그리고 사기 측면에 대해서 더 잘 알고 있었다. 우리 군과 민간 지도자들이 전쟁의 본질을 이해하지 못했던 반면 상대는 이해했기 때문에 우리들은 이 전쟁에서 패했다. 우리 군대가 승리하기 위해 필요했던 것을 할 수 없었다는 말은 설득력이 없다. 이 말이 의심스럽다면 프랜시스 피츠제랄드의 베스트셀러 『Fire in the Lake』, 브루스 팔머의 『25 Year War』를 읽어볼 것을 권한다. 팔머는 베트남에서 윌리엄 웨스트모어 대장의 부사령관이었다. 팔머의 글에서 인용한 다음 글[9]은 미국의 고위 지도자들이 과연 베트남 전쟁의 본질을 이해했었는지를 말해 주고 있다.

> 프랑스가 실패했던 곳에서 미국은 우수한 기술, 양키의 영리함, 산업 및 군사 능력, 현대적인 군사 조직, 전술, 전기, 전·평시 위기 수행 능력들을 이용해 분명히 승리할 것이라고 과신했었다. 우리의 단점 중 하나는 전쟁의 진정한 본질을 이해하는 미국인이 없었다는 것이었다 – 소름끼칠 정도로 영리하게 비재래식 같은 재래식 전쟁과 재래식 전쟁 같은 게릴라전의 배합(p.176).
>
> 평시, 냉전, 혹은 실제 전쟁에서의 군사력 운용은 딱 부러지는 과학이 아니라 술art이다. 정치 지도자, 국민과 군이 군사력으로 할 수 있는 일과 할 수 없는 일을

---

9) Gen. Bruce Palmer, USA (Ret.), *The 25 Year War*(New York: Simon & Schuster, 198 5), 176, 193.

확실히 이해하는 것이 가장 중요하다. 베트남전은 그것에 대한 이해 부족이 엄청난 실패로 이어진다는 것을 보여 주었다(p.193).

우리가 패배한 1968년의 테트 공세가 미국 국민에게 알려지기 전까지만 해도 미군은 상당한 신뢰를 받고 있었기 때문에 국민들이 백지수표를 준 상태였다. 그러나 실제 발생한 것과 주장했던 것의 차이로 군과 국민들 사이의 정신적 유대는 깨졌다. 보이드 이론의 핵심은 실제 일어난 것과 일어나리라고 주장했던 것과의 차이를 이용하여 정신적 유대를 파괴시키는 것이었다.

보이드의 브리핑으로 촉발된 관심과 동요에 놀란 각 군은 그들 역시 전쟁의 '술'을 생각할 수 있다는 것을 증명하려고 노력했지만 교리는 도그마가 되었고, 워리어는 관리자로 대체되었기 때문에 그럴 능력이 부족했다. 보이드를 흉내 내려는 그들의 초기 노력은 미약했다.

1982년 2월 5일, 공군참모총장 루 앨런은 '전투이론에 대한 친근감을 높이는 것을 독려'하는 프로그램인 워리어 프로젝트를 발표했다.[10] 워리어 프로젝트가 한 일이란 읽어야 할 전사, 영웅들을 다룬 책, 혹은 논문 목록(보이드의 참고문헌에서 곧바로 가져온 것이 많다)을 발간한 것뿐이다. 아! 한 가지 더 있었는데 '이 달의 워리어' 시상식도 했다. 공군은 사고방법을 바꾸는 데 가장 소극적이었다.

육군은 약간 창의적이었다. 육군은 보이드의 작품을 베끼려고 노력했다. 보이드 이론의 핵심 요소 중의 하나는 모든 개인 혹은 조직들은 (1) 주위환경 관찰Observation, (2) 관찰을 토대로 방향Orientation 설정, (3) 행동방안 결정Decision, (4) 행동Action의 4단계를 거친다는 생각이었다. 보이드는 이것을 OODA 루프Loop라고 불렀다.

---

10) Fialka, "Congressional Military Reform Caucus," 52.

보이드의 이론은 우리가 상대편보다 빨리 OODA 루프를 실행한다면 상대방의 '시간-마음-공간' 안으로 파고들어 그들을 혼란과 혼돈에 빠뜨릴 수 있다는 가정에 기반을 두고 있다.

육군은 보이드가 OODA 루프와 '패턴'을 브리핑한지 5년이 지난 시점에서 그를 따라잡고자 노력했다. 1981년 가을, 육군 교리를 담당하는 부서의 책임자인 도널드 모렐리 준장은 현재의 화력과 소모전 교리를 대체할 기동과 기만에 기초한 교리를 만들겠다는 계획을 발표했다. 이 새로운 교리를 '공지전투Air Land Battle'라고 불렀다.[11] 이것의 중심 아이디어는 적보다 빨리 '보고, 분석하고, 결정하고, 동조synchronize시키고, 행동'하는 단계를 통과하여 적보다 빠른 템포로 작전한다는 것이었다. 이것은 동조만 제외하면 보이드의 OODA 루프 이론과 거의 똑같았다.

나는 모렐리가 말하는 새로운 개념을 펜타곤에 있는 몇몇 공군의 고급 지도자들에게 브리핑할 수 있도록 주선을 했다. 브리핑을 하는 도중 나는 모렐리 장군에게 그의 생각이 보이드의 이론들과 매우 비슷하다고 조언을 했다. 모렐리는 장광설을 늘어놓으며 공지전투는 보이드의 작품을 모방한 것이 아니라고 주장했다. 그가 너무 펄쩍 뛰어 혹시 전에도 똑같은 지적을 받았었나 하는 생각이 들었다. 모렐리는 그 방에 있는 대부분의 사람들이 보이드의 브리핑을 몇 년 전에 들었다는 것과 그게 그거라고 생각하고 있다는 것을 몰랐다.

이 점에 대해서는 의문의 여지가 없었다. 모렐리의 교리가 나오기 4년 전에 보이드는 육군의 훈련·교리 사령부TRADOC 사령관이면서 악명 높은 1976년 야전 교범의 아버지인 윌리엄 디푸이 장군에게 브리핑을 한 적이 있었고 이것을 모렐리가 다시 쓰려고 하는 것이었다. 모렐리가 TRADOC으로 전속을 와서 공지전투를 만들기 시작했을 때 그곳에는 이미 보이드의 많은

---

11) 같은 책.

작품들이 있었다.

디푸이 장군은 체계분석system analysis에 매료되어 있었고, 운영분석Operations Research을 전공한 장교들에 둘러싸여 있었다. 디푸이는 1976년판 야전 교범의 상당 부분을 스스로 작성했고, 예전에는 요트 클럽이 사용했던 건물을 팀 사무실로 사용했기 때문에 '보트 창고 갱'으로 알려진 참모들이 세부 내용을 채웠다. 이 교범과 안에 담긴 교리는 디푸이의 기계론적 입장을 반영했다. 그때나 지금이나 체계분석은 무기체계의 특성과 같은 오로지 전투의 물리적 측면만 측정할 수 있었다. 상대방 무기체계의 수량과 상대적인 치명성을 비교하여 승자와 패자가 결정된다. 보이드가 강조했던 것과는 대조적으로 디푸이와 그의 동료들은 계량화할 수 없다는 이유로 정신, 사기, 전투의 인간적 측면을 무시했다. 전투에 대한 디푸이의 시각을 반영하여 1976년판 야전 교범은 무기체계에 대해서는 한 개 장을 할당했지만 리더십은 채 1쪽이 안 되었다. 전투의 결정적 요소로 전력 비율을 강조하기 위하여 야전 교범은 방어하는 측보다 최소한 6:1 이상으로 병력이 우세하지 않으면 공격은 성공할 수 없다고 선언했다. 디푸이가 그의 참모들을 가르친 것은 '우리는 근본에 충실해야 하고 전장의 기하학에 충실해야 한다'는 것이었다. 전력 비율, 우세한 화력, 소모, 근접 타격전이 디푸이 야전 교범의 특징이었다.[12]

그리고 육군 전쟁대학 교장인 잭 메릿 소장이 모렐리가 등장하기 9개월 전인 1981년 1월 4일자 워싱턴 포스트에서 밝혔듯이 보이드의 작품들은 또 다른 육군 기관에도 스며들었다. 보이드의 작품에 대해 메릿은 "정말 역작이다. 그는 내가 만났던 사람들 중에서 가장 혁신적이고 독창적인 사람 중의 한 명이며, 전쟁대학의 전략가와 역사가들 사이에 상당한 흥분을

---

12) Maj. Paul H. Herbert, USA, *Deciding What Has to Be Done: General William E. Depuy and the 1976 Edition of FM 100-5 Operations*, Leavenworth Papers, no.16 (Fort Leavenworth, Kans.: Command Studies Institute, 1988), 86-87.

불러일으켰다."라고 했다. 메릿은 보이드 이론을 전쟁대학 교육과정에 포함시킬 계획이라고 했다.[13]

동시에 보이드는 캔자스의 포트 레번워스의 육군참모대학에도 영향을 미쳤다. 하버드 대학에서 교육을 받은 헝가리 태생의 후바 바스 데 체즈 육군 중령은 고급 리더들의 교리적 사고에 의문을 제기하기 시작한 많은 베트남 참전자 중의 한 명이었다. 바스 데 체즈는 보이드의 브리핑을 듣고 자기 학생들에게 강의를 하도록 그를 정기적으로 초빙했다.

보이드와 그의 동료인 4세대 전쟁의 창시자 빌 린드는 정기적으로 강의를 했다. 그들은 공개적으로 분쟁 당사자 양측에 엄청난 사상자를 낼 뿐인 육군의 1976년판 야전 교범을 '쓰레기'라고 공격하여 학교를 발칵 뒤집어 놓았다. 게리 하트 상원의원의 보좌관이면서 무역 저널에 자주 글을 쓰는 린드는 보이드 이론에 입각한 '기동전'을 주창했다. 그의 논문과 강의는 특히 해병대를 겨냥한 것이었지만 그는 공군 혹은 육군 기관의 강연에 보이드와 동행할 기회를 놓치지 않았다. 린드는 베트남 시대의 전투 철학을 고수하고 있는 해병대를 맹렬하게 비난했다. 비록 그는 국방산업 분야에 많은 적을 만들었지만 그의 노력은 개혁의 불씨를 살리는 귀중한 토대가 되었다.

보이드는 육군을 대상으로 강의를 할 때는 물론이고 공군, 해군, 기업, 의회 의원 할 것 없이 모든 사람들 앞에서 공공연히 육군 교리를 공격했다. 그러면 그의 논평이 육군의 고급 리더들에게 분명히 전달될 것이고, 그들은 그의 비판에 반응을 하든지 교리를 바꿀 것이라는 계산에서였다. 육군은 변화를 선택했다.

보이드의 끈질긴 공격과 바스 데 체즈와 같은 장교들로부터의 비판이 점점 거세지자 육군은 1982년에 야전 교범을 다시 작성할 것과 베트남 시대

---

13) Getler, "Dogfight Tacks," A3.

의 화력과 소모 사상을 포기하고 보이드가 주장한 사상을 받아들이기로 결정했다. 바스 데 체즈 대령이 그 과정을 지휘했고 1982년 9월에 새로운 야전 교범 100-5 작전을 발간했다. 육군은 1986년에 개정판을 내놓았지만 두 번의 대대적인 개정에도 불구하고 제대로 바로 잡지 못했다.

프롤로그에서 언급했듯이 1976년의 육군 교리는 결판이 날 때까지 싸우기 위해 적의 정면에 포진하는 기동을 주장했다. 즉, 적에게 사격을 가하기 위한 기동이었던 반면 보이드는 그 정반대를 주장했다. 다시 말해서 기동할 기회를 포착하기 위해 사격을 했고, 적에게 혼돈, 공황, 붕괴를 일으키고, 적군을 포위하기 위해 적 후방으로 파고드는 기동을 했다. 그는 "전투기 조종사들은 항상 뒷문으로 들어오지 앞문으로 들어가지 않는다."고 누누이 말했다.

육군의 1982년 교리는 보이드의 시각을 대부분 수용했다. 이 교리는 종심, 주도권, 민첩성, 동조와 같은 네 가지 아이디어로 요약된다. 처음 세 가지는 보이드의 가르침과 일치했다. 그는 공공연하게 베트남 시대에 실패했던 교리와 결별한 육군을 축하하는 한편 동조를 고수하는 것은 2차 세계대전도 아닌 1차 세계대전까지 후퇴하는 것이라고 비판했다.

보이드는 "육군은 예하 부대의 주도권, 신속하게 이동하는 군사력의 민첩성을 주장하면서 어떻게 모두가 동조되어야 한다고 강조하는가? 모든 병력을 동조시키려면 가장 늦은 부대에 보조를 맞출 수밖에 없다."라고 했다. 그는 계속하여 이 점을 지적했지만 소귀에 경 읽기였다. 동조는 육군 전투교리의 핵심 요소가 되었다(나중에 보이드의 비판이 충분히 근거가 있는 것으로 나타났다. 동조에 집착한 육군의 강박감이 걸프전 중 이라크 공화국 수비대가 연합군의 포위망을 탈출하는 것을 허용한 것이 그 증거이다. 이 점에 대해서는 맺음말에서 논의한다).

바스 데 체즈가 1982년에 육군의 야전 교범을 개정하면서 동시에 레번워스에 고등연구소를 설립했다. 육군 지휘참모대학 졸업생 중 소수 정예

요원을 선발하여 1년 동안 군사역사와 군사이론을 연구하게 만들었다. 이 학생들은 스스로를 '제다이 기사들'이라고 했다.[14] 연구소가 창설되었을 때 보이드의 작품을 연구하는 것은 기본이었지만, 바스 데 체즈가 연구소를 떠난 뒤부터 보이드 초빙 강의는 중단되었다. 보이드의 강의가 너무 논쟁적이며 도전적이기 때문일 것이다.

육군에서 사고의 혁신이 일고 있던 시기에 해병대에서도 비슷한 변화가 일고 있었다. 역시 보이드가 기폭제였다. 빌 린드가 버지니아 콴티코에 있는 해병대 보병학교 교관인 마이크 윌리 해병 중령에게 보이드를 소개했다. 육군의 바스 데 체즈처럼 윌리도 베트남의 굴레로부터 벗어나기 위해 노력하던 많은 장교들 중의 한 명이었다. 베트남 유산과 씨름하면서 윌리는 전쟁을 어떻게 수행해야 하는가에 대한 무엇인가 좀 더 나은 이론이 있다고 확신했지만 실체를 발견하지는 못하고 있었다. 그런데 보이드가 그 답을 제공했다.

윌리는 보이드의 첫 브리핑을 '충격' 그 자체였다고 했다.[15] 보통 그의 젊은 해병 장교들은 수업이 끝나기만을 기다렸다가 기분전환을 위해 골프장 아니면 장교 클럽으로 몰려갔다. 보이드가 첫 강의를 마쳤을 때 학생장교들은 최면에 걸려 있었다. 십여 명의 학생장교들이 보이드와 그의 이론에 대해 토의하기 위해 밤늦게까지 남아 있었다. 윌리는 학생장교들의 그런 모습을 처음 보았다. 그는 자신이 찾고 있던 해답이 여기에 있다는 것을 곧바로 알아차렸다.

보이드는 콴티코에서 정기적으로 강의를 하게 되었다. 윌리는 강의 내용

---

14) *U.S. News & World Report* staff, *Triumph Without Victory*(New York: Times Books, 1992), 159-164. 이 책은 육군의 교조적 사고의 변화에 대한 보이드의 기여, 보이드가 제다이 기사에게 미친 영향, 걸프전 승리를 위한 그들의 역할 등을 정말 뛰어나게 묘사했다. 노먼 슈와츠코프 걸프전 야전군사령관은 그의 참모들에게 걸프전 전역계획을 수립한 제다이 기사들을 칭찬했다.

15) 1991년 1월, 저자와 Col. Mike Wyly, USMC와의 인터뷰.

을 정리하여 책으로 만들었는데 표지가 초록색이라 그린북이라고 불렀다. 걸프전이 가까워지면서 해병대 출판 능력으로는 그 수요를 충당할 수 없을 정도였다. 1987년부터 걸프전 개전 사이에 해병대 보병학교가 해병대뿐만 아니라 육군, 해군, 공군 장교, 그리고 방위산업체에 종사하는 사람들에게 그린북 1천 부를 배포했다. 전운이 감돌면서 그린북을 더 달라는 요청이 쇄도했다.

육군이 개정 야전 교범을 발간했을 때 해병대 사령관 알프레드 그레이는 해병대도 육군의 야전 교범 같은 자체의 전투 교범을 가져야 한다고 생각했다. 그는 콴티코에 있는 학교로 눈을 돌렸다. 윌리처럼 그레이는 보이드의 작품을 매우 잘 알고 있었고 마라톤 브리핑만 세 번이나 들었다. 해병대의 첫 교범(해병대 교범 1, 1989년 3월 발간)이 주로 보이드의 이론에 기초했다는 것은 군사 교리를 연구하는 사람들에게 그리 놀라운 일이 아니었다.

보이드는 15년 동안 국방 관련 종사자를 대상으로 그의 이론을 수없이 브리핑해 왔다. 앞에서도 지적했듯이 많은 수뇌부들은 분쟁의 원리를 이해하지 못하거나 그 진가를 몰랐다. 그러나 그들과는 달리 젊은 장교들은 보이드의 이론을 스펀지처럼 흡수했다. 그의 생각과 이론이 서서히 각 군의 젊은 장교들을 사로잡았는데 그 장교들이 진급을 하면서 권한을 갖기 시작했다. 1980년 말에 전투에 대한 생각에 진정한 변화가 일어났다. 많은 사람들이 이 변화에 기여했지만 변화의 중심에는 보이드가 있었다.

1977년, 보이드와 그의 '패턴'이 워싱턴 주변 사람들을 놀래게 만들기 시작했을 때 개혁운동의 비공식적인 본부가 만들어졌다. 같은 생각을 가진 사람들이 뭉쳤고 그 수가 많아지면서 자연스럽게 개혁운동이 일어났다.

플로리다의 에글린 공군기지에서 보이드의 친구가 된 톰 크리스티는 이제 국방장관실의 중견 공무원이었다. 그는 공군, 해군, 해병대의 전술 항공력, 미군 전체의 전투기와 전투폭격기의 효과성 분석을 담당하는 부서를 책임지고 있었다. 크리스티가 책임지고 있는 부서를 '전술항공사령부TAC 항공반'이라고 했다. 이곳은 곧바로 야생동물들이 물을 마시러 가는 물웅 덩이와 같은 역할을 했고, 전투기 마피아들의 소굴이 되었다. 또한 이곳은 기득권층의 감시와 스파이 작전의 표적이 되었다.

크리스티는 척 스피니를 풀타임으로 고용했고, 보이드를 파트타임 컨설 턴트로 고용했는데, 보이드는 이것을 '적선積善, Christmas help'이라고 했다. 이것이 그가 펜타곤에 매일 출근할 수 있는 구실을 제공했고, 그는 이곳에 서 그의 '패턴'을 연구했고 '신이 내린 일do the Lord's work(개혁운동의 암호명)' 을 했다. 보이드는 이 소굴로 회의론자들과 반체제인사들을 끌어당기는 자 석이었다. 전술항공사령부 항공반은 개혁가들의 작전기지가 되었다.

보이드는 '패턴'에서 군의 기성세력에게 사고방식을 바꾸고 전쟁에서 어 떻게 승리할 것인가를 공부하는 일로 돌아가야 할 필요성을 분명하게 지적 했다. 스피니의 글은 곧바로 상당한 변화가 필요하다는 개혁가들의 주장 을 뒷받침했다. 내가 하는 일도 미력하나마 개혁운동에 힘을 보태기 시작 했다.

1978년 봄에 나는 공군이 엄청난 재앙을 향하고 있음을 확신했다. 나는 높은 자리에 앉아 있는 많은 사람들의 행동에 환멸을 느꼈을 뿐만 아니라 솔직히 그들의 능력도 의심스러웠다. 나는 2년 동안 향후 10년간 계획되어 있던 모든 무기체계의 요구 성능을 아주 자세하게 조사했다. 세 가지 요인 이 문제였다.

1. 어떤 무기를 개발하고 구입할지를 결정하는 과정에 기준이 없었다. 높은 자리에 있는 사람들 중에 어느 누구도 원하지 않았기 때문에 실질적인 견제와 균형이 거의 이루어지지 않았다.
2. 더 작은 공군, 더 비싼 무기, 성능 저하와 같은 공군의 투자 철학이 전력공백으 로 이어질 것이다.
3. 군인들의 마음속에 깊이 뿌리박혀 있는 것은 오로지 적을 폭격하여 석기 시대

로 만들어버리는 전쟁방식 뿐이었다. 이런 야만적 내지는 원시적 접근방법은 전술의 이해 혹은 진가를 전혀 모르는 처사였다.

투메이 장군은 나의 태도를 걱정하기 시작했다. 비록 그는 나의 상황 인식에 동의는 했지만, 비판만 한다면 내가 아무 것도 믿지 않는 허무주의자가 될 수 있을 것이라고 경고했다. 그는 이것을 '비판을 위해 때때로 창조자가 되어야 한다'고 표현했다. 다시 말해서 지금 진행되고 있는 것이 마음에 들지 않는다면 더 나은 대안을 제시해야만 한다는 것이었다. 그래서 나는 그렇게 했다.

그런데 정보 분야에서 만일 전쟁이 발발한다면 소련이 2차 세계대전 당시 독일의 전격전 전술을 채택하여 신속하고 용이하게 서부 유럽을 순식간에 정복할 것이라고 주장했다(보이드의 브리핑이 유명해진 후 정보 분야에서 전격전이란 용어를 사용한 것은 우연이 아니다). 정보 분석에 따르면 소련은 전차와 보병 수에서 엄청난 우위를 점하고 있었다. 이러한 수적 우세와 전격전 전술이 결합된다면 소련은 거의 무적이었다. 새롭고 경이로운 무기를 정당화하기 위한 위협의 과장은 과거나 지금이나 똑같았다.

이렇게 과장된 소련의 위협에 대한 공군의 해법은 전천후 차단 항공기였으며, 고성능 전술기라고 부른 새로운 전투 폭격기였다. 공군의 시각에서 고성능이라는 용어는 새로운 기술을 의미했지만 나에게 그것은 비용으로 비쳐졌다. 이 폭격기는 적진 후방에 있는 소련의 전차를 공격하고 그 전차들이 전선에 도착하기 전에 파괴하고 야간과 어떠한 기상악화에서도 전선을 돌파할 수 있도록 설계되었다. 가격은 대당 5천만 달러였다.

1978년 3월, 때마침 나는 그때 새로운 항공기 제안서를 준비하고 있었다. 내 제안은 5천만 달러짜리와는 정확히 정반대였다. 나는 오로지 소련 전차, 장갑차와 교전 중인 우군 병력의 근접 지원을 위한 작고, 단순하고, 치명적이면서 상대적으로 저렴한 항공기가 필요하다는 브리핑을 준비했다. 정보 분야에서는 소련의 전격전을 저지하는 것이 얼마나 어려운가를 강조하고 있었기 때문에 나는 그 항공기 이름을 '전격기blitzfighter'라고 불렀다. 오히려 외우기도 쉽다고 생각했다.

전격기를 어떤 용도로 사용할 것인가를 포함한 내 제안은 모든 것이 공군이 주장하는 새롭고 경이로운 무기와는 정반대였다. 나는 무게는 5천에서 1만 파운드 급(고성능 전술기 무게의 1/10), 크기는 당시 공군에서 운용하고 있던 전투기보다 작고(A-10의 1/4 크기), 대당 가격은 2백만 달러 이하인 항공기를 원했다. 이 가격이라면 항공기가 전장 상공을 새까맣게 뒤덮을 수 있을 것이다.

내가 제안한 전격기에는 총열이 일곱 개이면서 실탄 한 발에 겨우 13달러인 A-10의 캐넌포와 같지만 총열이 네 개인 캐넌포를 장착할 계획이었다. 이 캐넌포는 고성능 전술기에 장착할 한 발에 수십만 달러에 달하는 유도 미사일과는 현격한 차이가 있었다. 전격기에는 하이테크 장치와 경이로운 무기가 없었다. 이 항공기에는 필수적인 엔진(새로 개발하는 것이 아니라 기존의 엔진), 조종사, 조종사 보호를 위해 티타늄으로 만든 조종석, 몇 가지 비행계기, 지상과 통화할 라디오, 전차를 공격할 캐넌포를 장착할 계획이었다. 다른 모든 항공기에 장착되는 레이더, 적외선 센서, 유도 미사일, 혹은 값은 비싸지만 쓸모없는 물건들은 더 이상 필요 없었다.

풀밭에 이착륙이 가능한 이 전격기는 전쟁이 시작되면 아마 10분이면 폭파될 값비싼 비행장이 필요 없었다. 전격기 대대는 짐을 싸서 하룻밤이면 이 초원에서 저 초원으로 이동할 수 있고 전선을 따라다닐 것이다. 조종사들은 오로지 그들이 해야 할 임무의 핵심을 확인할 수 있는 구두 지시만 받고, 구체적인 실행은 조종사에게 맡기는데 이는 보이드의 이론과 일치했다. 이러한 계획은 각 임무에 대해 상급 부대의 지나치게 자세한 지시를 받는 일반적인 절차와는 정반대였다. 상부에서는 얼마만큼의 연료를 주입할 것인지, 어느 쪽 날개에는 어떤 무장을 장착한다든지, 할당된 표적으로 접근하는 루트, 그리고 심지어 조종사가 언제 용변을 봐야 하는지까지 명령한다. 그렇게 융통성 없는 지시는 급변하는 상황에 제대로 대처할 수 없게 만든다.

마지막으로 전격기는 나무 바로 위로 비행하기 때문에 조종사의 눈으로 숨어 있는 전차를 찾을 수 있다. 이 높이에서 살아남기 위해서는 우리가 보유하고 있는 어떤 항공기보다 더 민첩하고, 빨라야 하며, 뒤틀거나 선회, 가속, 감속이 수월해야 했다.

나는 투메이 장군에게 이러한 생각을 보고했고, 라이트 페터슨 기지의 디자인 부서가 이것을 연구해보라는 지시를 해달라고 했다. 그는 거의 말이 없었다. 그 역시 하이테크 지지자였다. 내가 제안한 모든 것은 하이테크와는 정반대였다. 당연히 우리는 논쟁을 하게 되었다.

그가 말했다. "자네는 항공기에 레이더를 장착해야 하네. 레이더 없이는 전차를 찾을 수 없어."

나는 "레이더로 전차를 발견할 수 없습니다. 레이더로 나무나 산 너머를 볼 수 없고, 무엇인가 보인다 하더라도 레이더 스코프 상에 보이는 점이 우군 전차인지, 적 전차인지 혹은 피난민을 가득 태운 폭스바겐인지 알 수 없습니다."라고 응수했다.

그는 "아니, 알 수 있어."라고 했다.

나는 "아니요, 알 수 없습니다."고 하면서 언성이 높아졌다.

그러자 그는 벌떡 일어나면서 큰 소리로 "아니, 알 수 있어."라고 했다. 투메이 장군은 6피트 8인치로 장신이었다(아버지를 닮은 그의 아들 펫 투메이는 당시 달라스 카우보이 팀의 디펜시브 앤드였다). 이 상황에서 논쟁은 끝이 났다. 우리에게 이런 일은 다반사였다.

비록 그는 나와 생각이 달랐지만 내가 보고한 대로 일을 진행하라고 했다. 그는 그런 사람이었다. 그는 나의 제안이 밖으로 새어 나가면 벌집을 건드리게 될 것임을 알고 있었으나 그런 상황을 꽤 즐겼다.

나는 즉시 라이트 페터슨 디자인 부서의 책임자인 존 추프린에게 전보를 쳤다. 존은 전에 보이드를 위해 경량 전투기에 대한 상반관계 연구를 수천 번은 했을 것이다. 그와 그의 부서원들은 곧바로 작업에 들어갔고 한 달이 안 되어 내가 원했던 것과 똑같은 것은 아니지만 비슷한 항공기는 충분히 만들 수 있다는 답변을 보내왔다. 그는 심지어 가능한 세 가지 예비 설계까지 첨부했다.

이 정보를 토대로 나는 브리핑 여행에 나섰다. 내 의도는 기존세력이 경량 전투기 사업과 똑같은 방법으로 내 아이디어를 매장시키기 전에 조용히 공군 핵심 부서들과 국방부 안에 내 지원세력을 구축하는 것이었다.

브리핑을 위해 내가 제일 먼저 방문했던 곳 중의 하나가 라이트 페터슨에 있는 A-10 사업 담당 부서였는데, 보이드는 그 곳에서 봅 딜거 대령을 만날 수 있도록 주선을 해 주었다. 딜거는 30㎜ 캐넌포와 A-10에 사용되는 탄약을 생산하는 책임을 맡고 있었다. 이 장비들이 내 제안의 핵심 부품이었기 때문에 그의 반응이 정말 궁금했었다.

딜거는 외향적이었다. 그는 월남전에 전투기 조종사로 참전했었고 미그기 1대를 격추시켰다. 그는 적에게 발사한 레이더 유도 미사일이 모두 빗나가는 것을 보고 끝까지 추격하여 적을 격추시켰다. 딜거는 꽤 공격적이었고 공정한 싸움을 좋아했으며 나는 그의 그런 점을 좋아했고 우리는 금방 친구가 되었다. 우리는 몇 년 후 힘을 합쳐 군의 심기를 불편하게 만들었다.

딜거는 나의 제안에 상당한 흥미를 보였고 호응해 주기로 약속했다. 내가 라이트 페터슨에 있는 동안 그는 나에게 그가 실시하고 있는 특별한 시험 프로그램을 설명해 주었다. 생산라인에서 나온 탄약을 시험하는 일반적인 방법은 샘플을 무작위로 선정해 통제된 환경에서 최초 속도, 탄도, 기타 요소들을 측정하여 그것들이 계약서상의 성능과 일치하는지를 판단하는 것이었다.

그러나 딜거는 다른 방법으로 시험을 했다. 그는 시험에 어느 정도 실제 상황을 추가했다. 그는 오래된 육군 전차 몇 대와 소련제 전차 6대(T-55s, T-62s)를 구해 실전처럼 연료와 실탄을 적재하고 전형적인 소련의 전차 편대처럼 대형을 갖추어 네바다 사막에 배치했다. 그런 후 A-10 전투기 부대에 전차를 공격하라고 지시했다. A-10은 샘플로 선정된 탄약으로 실전처럼 사격을 했다.

이 시험은 조종사들에게 값진 훈련 경험을 제공했다. 또한 미군 무기체계의 치명성을 예측하는 데 사용하고 있는 컴퓨터 모델의 주요 문제점들을 처음으로 확인할 수 있었다. 시험 결과와 탄환의 치명성 예측치는 두 가지 면에서 차이가 났다. 소련 전차는 예상했던 것보다 약했고, 미군 전차는 예상했던 것보다 견고했다. 이 컴퓨터 모델은 제대로 예측하지 못한 것은 물론이고 얼토당토않았다. 사실 이것이 나의 관심을 끌었고 그 이후 몇 년 동안 엄청난 열정을 가지고 이 문제를 추적했다.

나는 보이드, 스피니, 크리스티와 TAC 항공반에 있는 또 다른 반동분자들에게 이 사실을 알렸다. 그러나 그들에게는 그 사실이 그리 새로운 것은 아니었다.

보이드는 내가 피에르 스프레이에게 브리핑을 할 수 있도록 주선을 해주었다. 나는 그에 대해서 여러 번 이야기를 들어 왔기 때문에 정말 만나고 싶었다. 그는 항공기 때문이 아니라 전체 생각과 운용 개념 때문에 전격기에 엄청난 관심을 보였다. 그는 내 브리핑을 약간 손봐야 하겠다며 수정을 했다. 그의 편집 능력은 정말 대단했고 나는 그 후 몇 년 동안 그로부터 많은 것을 배웠다. 그는 육군과 내가 브래들리를 둘러싼 싸움을 하는 동안 내 편집장 역할을 해주었다. 그의 펜은 독사 이빨 같았고 그의 작품에서는 피가 뚝뚝 떨어졌는데 주로 육군의 피였다.

한편 크리스티는 나하고 사업 분석·평가 국장인 러셀 머레이 2세와의 비밀 회합을 주선했다. 머레이는 국방장관의 선임 분석관이었다. 지난 몇 년 동안 이 자리는 막강한 권력과 영향력을 행사해왔고 그 중 하나가 국방장관에게 구매해야 할 무기체계에 대한 조언이었다. 과거에는 이 조언이 보통 각 군의 바람과 반대였고 그래서 국장과 각 군 사이에 해묵은 반목으로 이어졌다. 나는 무기의 올바른 선택과 관련된 날 선 논쟁을 유도할 수 있기 때문에 그러한 관계가 건전한 것이라고 생각했다. 불행하게도 레이건 행정부 시절에 국장의 권한이 대폭 축소되어 그 역할을 제대로 수행할 수 없었다.

러스 머레이는 수용적이었고 만일 전격기가 공식적으로 자기한테까지 오면 지지해주기로 약속했지만 그럴 가능성에 대해서는 회의적이었다. 그는 공군의 수뇌부들이 전격기 얘기를 듣자마자 사장시키려 할 것이라고 생각했다. 그는 "이 항공기는 너무 싸. 만일 가격을 두, 세 배로 올리면 그들이 구매할 지도 모른다."라고 했다.

나는 생각지도 않았던 새로운 인생을 살게 되었다. 공군은 몇 가지 이상한 이유로 나를 2년 연속 진급에서 누락시켰다가 대령으로 진급시켰다. 지금까지 세 번째 진급심사에서 진급할 확률은 3%가 채 안 되었다. 나는 투메이 장군으로부터 내 진급 소식을 듣고 깜짝 놀랐다. 이 진급은 내가 앞으로 몇 년 더 공군에 머물 수 있다는 것을 의미했다('진급 아니면 전역' 정책으로 진급에서 세 번 누락된 장교는 군을 떠나야 했다).

또 한 사람의 승진이 나의 미래에 중요한 영향을 끼쳤다. 2년 전 나에게 아주 친절하게 펜타곤을 떠나라고 했던 인퍼머스 중장이 대장으로 진급했다. 그는 곧바로 앤드류 기지에 있는 공군체계사령부 본부에 배치되었는데 한번 상상해 보라. 그는 또다시 나와 투메이 장군의 보스가 될 판이었다. 나는 그가 부임한 날을 결코 잊을 수 없었다. 그는 우리들에게 인사하려고 투메이 장군 사무실을 방문했다. 그는 참모들 앞에서 나를 팔로 감싸 안으며 마치 오래 전에 잃어버린 동생을 만나는 것처럼 인사를 했다. 나는 속으로 '이게 무슨 상황이지?' 라고 생각했다. 나는 몇 주 만에 그 이유를 알았다. 나는 또다시 방출되었다.

그 와중에 나 몰래 피에르는 방위산업체와 의회에 전격기를 홍보하느라 바빴다. 이 전격기 개념은 여러 회사의 설계 팀들 사이에 상당한 관심을 불러 일으켰다. 1978년 6월 초, 디자이너들과 최근에 가세한 전격기 지지자들이 펜타곤에서 남쪽으로 10마일 정도 거리에 있는 버지니아 스프링필드의 한 호텔 콘퍼런스 룸에서 회합을 가졌는데 문제는 기자들도 그곳에 있었다는 것이었다.

어베이션 위크지는 그 회합에 대해 두 페이지짜리 기사를 실었고 전격기를 공군이 공식적으로 승인한 것처럼 다루었다. 그 기사는 내가 라이트 페터슨에 지시했던 디자인을 언급했고 그 디자인의 스케치까지 소개했다. 공군 수뇌부들은 충격을 받았고 몸서리쳤다. 그 이야기는 인퍼머스 장군이 부임한 지 2주 후에 일어났고 그는 곧바로 폭발했다.

말할 것도 없이 그는 동료 대장들로부터 여러 번 전화를 받았을 것이다. 그들과 마찬가지로 인퍼머스 역시 고성능 전술 전투기 옹호자였으며 전격기 같은 말도 안 되는 전투기를 내버려 둘 리가 없었다. 그는 나에게 브리핑을 중단하라고 했다. 심지어 그는 자신한테 브리핑 자료를 보여 주는 것도, 그리고 어떠한 형태로든지 전격기 개념을 설명하는 것마저 금지시켰다. 그의 닫힌 마음은 이미 모든 해답들을 갖고 있었으며 전격기는 거기에 포함되어 있지 않았다. 그는 공식적으로 전격기 개념은 죽었다고 선언했으며, 내가 민폐를 못 끼치도록 다시 전속을 보냈다.

그러나 전격기는 죽지 않았다. 전격기는 수 년 동안 개혁운동의 상징 중 하나로 여러 차례 수면 위로 떠올랐고 수뇌부들은 그때마다 난폭해졌다.

공군은 내 전속과 관련하여 큰 실수를 저질렀다. 나는 정치적 협상이 이루어지는 펜타곤 E링으로 다시 돌아왔다. 나는 그곳에서 공군 최고위 지휘관들이 내리는 많은 의사결정을 지켜볼 수 있게 되었으며, 내 의구심의 대부분이 사실로 확인되었다.

처음으로 펜타곤에 부임했던 4년 전만 해도 나는 수뇌부들을 철석같이 믿는 젊은 장교였지만 지금은 그렇지 않았다. 나는 자신들이 무슨 일을 하고 있는지 모르거나 아니면 실제로 공군에 대해 관심이 없는 사람들이 공군을 이끌고 있다고 생각했다. 이런 생각을 가진 사람은 나 혼자만이 아니었다. 개혁의 폭풍우가 몰려오고 있었다.

4. 접선 암호

 우리 선조들은 '군부'가 정부 전복을 꾀할까봐 민간인이 군인을 지휘하
도록 헌법에 규정하고 있다. 이에 따라 대통령은 국방부의 몇 개 직위에
민간인을 지명하고 의회가 이를 승인한다. 국방부 장관, 부장관, 약간 명
의 차관과 차관보들이 국방장관실을 구성한다. 이 민간인들은 펜타곤의
3층에서 근무했기 때문에 펜타곤 3층은 곧 국방부 장관, 국방장관실과 동
의어였다.
 육, 해, 공군에도 각각 민간인 장관, 차관(넘버 투), 서너 명의 차관보가
있다. 이들은 국방장관실 바로 위인 4층의 E링에서 근무했다. 이상과 같이
대통령이 지명하는 30여 명의 정무 공무원들이 군대를 감독했다.
 이들에게는 군사보좌관이 배정되는데 국방장관과 부장관의 군사보좌관
은 소장이며(콜린 파월은 합참의장이 되기 전에 카스퍼 와인버거 국방장관의 군사
보좌관으로 근무했다), 각 군 장관의 군사보좌관은 준장, 그 외 정무 공무원
의 보좌관은 대령이다.
 그 직책이 말해 주듯이 군사보좌관의 공식 업무는 정무 공무원들을 도와
군대를 관리하는 것이다. 군사보좌관은 일정표를 짜며 모든 회의에 참석하
여 메모를 하고 자신의 상관이 일을 수행하는 데 필요한 모든 정보를 제공

하며, 상관의 지침이 제대로 준수되고 있는가를 확인하기도 한다. 군사보좌관은 보좌관으로 그리고 한편으로는 막역한 친구로서 현안문제들에 대한 조언을 하는데 가장 중요한 것은 모든 편지, 전화, 방문자들을 심사하고 통제하는 것이었다.

군사보좌관들은 민간인 상사와 군대 사이의 연락장교 활동을 한다. 그들은 보통 '근위대'라고 불리기도 한다. 펜타곤에서 정보는 곧 힘이다. 많은 사람들은 계급이나 직함, 직위가 힘의 원천이라고 생각하지만 이런 것들은 그저 회의 때 상석에 앉는지 아니면 말석에 앉는지를 결정할 뿐이다. 실제로는 다른 사람은 접근할 수 없는 정보에 접근해서 사태를 파악할 수 있는 사람이 사건과 의사결정에 영향을 미친다. 군사보좌관은 펜타곤 내의 정보 흐름을 상당 부분 좌지우지한다. 그래서 그들은 계급에 상관없이 막강한 힘을 갖고 있다.

군인들은 민간인 상사를 모시는 것을 달갑지 않게 생각했다. 군 장교들은 공식적으로는 헌법을 존중했지만 개인적으로는 민간인들이 사라지기를 원했다. 장군들에게 그들은 잠시 와서 사태를 엉망으로 만들어놓고 떠나버리는 철새였다. 여러 가지 그럴만한 이유로 전반적인 불신이 양 진영 사이에 존재했다. 양 진영은 상대편 사람들이 무엇을 하는지, 무슨 생각을 하는지, 누구와 이야기하는지, 그들이 어떤 정보를 숨기고 있는지, 무엇을 하려고 하는지를 알아내기 위해 많은 시간을 소비했다. 쟁점 사안에 대해 상대방이 어떤 생각을 하고 있는지 알아보기 위해 하루에도 수십 통의 전화통화를 했다. 군사보좌관들은 이 주도권 다툼의 한가운데에 있었다.

군사보좌관의 공식 업무는 민간인 상사를 보좌하는 것이지만 실제 업무는 민간인 관료들을 '포섭'하여 그들의 생각, 행동, 결정이 장군들의 희망과 일치하고 모순되지 않게 만드는 것이었다. 만약 보좌관들이 그들을 포섭하지 못하고 완전한 팀의 일원으로 만들지 못할 바에는 차라리 무력화시켜 자신들의 계획을 방해하지 못하게 만들어야 했다.

보좌관들은 여러 가지 방법으로 민간인 상사들을 무력화시켰다. 그 중 한 가지 방법은 주요 전략 회의에 그들을 참석시키지 않는 것이었다. 이런 이유 때문에 민간인이나 군인들 모두 매일 그들이 접촉해야 할 주요 관리가 누구인가를 점검했다. 또 다른 방법은 민간인 상사들이 최신 시험 결과 혹은 비용 상황 등과 같은 주요 정보를 못 보게 만들거나, 외국으로부터 비밀을 지키기 위해서가 아니고 군사 계획에 민간인 상사가 접근하지 못하도록 특별 관리를 하거나, 군과는 다른 생각을 하고 있는데 그것이 설득력을 얻고 있는 상황이라면 그가 토론에 참석하지 못하도록 공군을 대표하여 국제회의에 참석해 줄 것을 요청하거나, 혹은 협조할 때까지 그냥 무시했다. 군은 민간인 상사가 줏대가 있는가를 항상 저울질했다.

일부 민간인 상사들은 포섭되는 것을 즐겼다. 그들은 보좌관들의 꼭두각시 혹은 대변자에 불과한 것에 개의치 않는 대신 왕 같은 대우를 받기를 원했다. 일부 민간인 상사들은 때로는 독립성을 유지하기도 했지만 보좌관들의 지속적이고 눈에 보이지 않는 압력이 그들을 곧 지치게 만들었다. 대부분의 민간인 상사들은 오래 버티지 못했다.

일부 군사보좌관들은 자기를 돌봐 주는 장군들에게 충성을 하고 민간인 캠프에서 스파이 역할을 했다. 다른 보좌관들은 민간인 상사들과 친밀한 관계를 유지하면서 그들에게 충실했다. 그들은 가족과 보내는 시간보다 민간인 상사들과 보내는 시간이 더 많았다. 근무 시간은 길고 업무처리 속도는 엄청나게 빨랐다.

논쟁적인 이슈들로 매일 건물 내 각종 당파 간의 마찰이 끊이지 않았다. 때때로 관료들은 만신창이가 되기도 했다. 아무도 전투에서 지는 것을 원치 않았다. 때로는 문제 자체보다 전투에서 승리하는 것 자체가 더 중요했기 때문에 온갖 지저분한 게임으로 연결되기도 했다. 이 게임에 참가하는 선수들은 마키아벨리마저도 울고 갈 정도로 승리를 위해 물불을 가리지 않았고, 진정한 승부사들이었다.

군사보좌관들이 민간인 상사에게 충성하게 되면 그들은 장군들의 최고의 적이 되었다. 한쪽 또는 양쪽의 노여움을 사지 않고 등거리 간격을 유지하는 군사보좌관은 별로 없었다. 이런 얘기들은 1978년 6월부터 1982년 6월까지 민주당과 공화당 행정부에서 세 명의 공군 차관보를 모셨던 내 경험에서 우러나온 것이다.

이 기간 동안 충성심에 대한 보이드의 조언이 내 행동의 나침판이 되었다. 충성심은 얻어지는 것이지 충성하라고 지시한다고 되는 것이 아니었다. 나는 내가 세 가지 옵션을 가지고 있다고 생각했다. 첫째, 나의 상관이 나에게 충성할 것을 요구한다면 정직하게 응하겠다. 둘째, 나의 상관이 정직하게 행동하면서 나도 똑같이 행동하라고 한다면 나는 충성할 것이다. 셋째, 만일 나의 상관이 악당처럼 행동한다면 나도 그렇게 행동할 것이다.

나는 군사보좌관으로 근무하는 동안 국방장관실의 고위 공무원은 물론 공군의 고위 장교와 공무원의 일거수일투족을 직접 목격할 수 있었는데 이것은 행운이면서 동시에 불행이기도 했다. 힘의 정치, 목적을 이루기 위해 물불을 가리지 않는 것, 그리고 이 수준에서 행해지는 게임들은 정말 가관이었다.

하룻밤 사이에도 이합집산이 이루어졌다. 누군가와 전투를 치르기 위해 무서운 적과 잠시 힘을 합쳤다가 상황이 마무리되면 언제 그랬냐는 듯이 그들의 오래된 싸움을 계속했다. 내려진 결정을 고수하는 유일한 방법은 '패자들을 몰살' 하는 것이었다. 그러지 않으면 적들은 잉크가 마르기도 전에 결정 사항을 몰래 훼손시킨다. 진짜 토론은 중요 결정이 내려진 이후에 주로 시작되었다. 나는 때때로 고위 관리들이 이미 다 끝났다고 생각했던 사안이 갑자기 다시 나타날 때 상당히 곤혹스러워하는 모습을 보아왔다.

나는 방위산업체의 고위직에 있다가 펜타곤으로 자리를 옮겼지만 야전에 있는 병사들보다는 방위산업을 위해 일하는 펜타곤의 민간인 관리들을 수없이 봐왔다. 그리고 군인과 공무원들이 현직에 있는 동안 뒤를 봐준 대가로 펜타곤을 떠나 방위산업체로 출근하는 것도 봐왔다. 나는 이것이 법적으로 하자는 없을지 모르지만 도덕적으로 잘못된 것이라고 생각했다. 이러한 도덕적 타락을 방지하고 회전문의 속도를 늦추기 위한 법을 만들려는 시도가 여러 번 있었지만 영리한 사람들은 특히 많은 돈이 걸려 있을 때는 언제나 법을 피해 가는 방법을 찾아냈다.

나는 참석한 사람들의 숫자보다 숨은 의도가 더 많은 회의에 쭉 참석해 왔다. 그러면서 나는 윗선의 검토위원회에 거짓말을 하는 사업관리자, 공무원에게 거짓말하는 장군들, 장군들에게 거짓말하는 공무원, 의회와 국민들에게 거짓말하는 장군들과 공무원들을 봐왔다. 책임을 지는 사람은 거의 없었고 책임을 져야 할 사람들이 오히려 보상을 받았다. 이러한 보상은 계급이 낮은 사람들에게 약발이 잘 들었다. 이 경기장에서는 성실과 원칙이 생소할 수밖에 없었다. 간단히 말해서 펜타곤에서 무기를 구입하는 사업은 지저분하고 때로는 국가방위와 아무런 상관이 없을 때도 있었다. 권한을 갖고 있는 사람이 악당처럼 행동하는 한, 그리고 그들이 자신들의 행동에 책임을 지지 않는 한 획득 원칙과 절차를 개선하고 조직을 개편하더라도 부패를 막지 못할 것이다.

나는 장관이 결심을 내리기 전에 양쪽의 주장을 다 들어보는 기회를 가져야 한다고 믿었다. 그리고 상정된 무기체계의 강점과 약점을 다 들어봐야 한다고 믿었고 무엇보다도 장관에게 제공되는 정보는 있는 그대로의 것이어야 한다고 믿었다. '기존 체계'는 미리 '준비된' 해결책을 제시했고, 모든 브리핑, 분석, 정보는 그 해결책을 지지하도록 조작되었다. 국방부 장관은 그저 도장만 찍어주는 사람으로 여겨졌다. 가끔 편견 없는 토론도 있었지만 보통 보여주기 위한 것에 불과했다.

나는 개인적으로 이런 속임수와 잘 짜여진 기만을 견딜 수가 없었다. 너무 자주 일어나긴 했지만 이런 상황이 발생할 때마다 항상 보이드의 "살아남을 것인가 아니면 행동할 것인가"라는 말이 내 귓가에 맴돌았다. 내가 할 수 있는 일이 많지는 않았지만 나는 의사결정과정에 일종의 객관성 비슷한 것이라도 도입하기 위해 '행동'하기로 했다. 그러나 나는 그 과정에서 당황하거나 도전을 받게 될 누군가의 반응을 너무 잘 알고 있었다. 보이드는 전화로 "짐, 자네가 승리할 수 없을 수도 있어. 그러나 그들을 무임승차하게 해서는 안 돼. 똑바로 일하게 만들어야지."라고 하곤 했다. 그리고 나는 그렇게 했다.

'똑바로 일하게 만들기 위한' 나의 첫 번째 시도는 1978년 6월에 공군성 연구·개발·군수차관보인 잭 마틴 박사의 군사보좌관으로 펜타곤으로 돌아 온 직후에 시작되었다. 공군성 장관이 결심 및 관련 자료D&F에 서명하기 전에는 공군은 법적으로 무기체계의 개발과 생산 계약을 협의하거나 승인할 수 없게 되어 있었다. 이 D&F는 군대의 신무기 구입에 대한 통제 수단이었으며 서명이 없으면 사업도 없었다.

공군의 획득 책임자인 마틴 박사는 매년 수백 건의 D&F에 결재를 했다. 내 임무는 그가 결재한 것의 의미를 알게 만드는 것이었다. 일단 그가 결재를 하고 나면 그는 모험적 사업(혹은 범죄)의 파트너가 되었다.

나는 1978년 여름날을 결코 잊을 수 없었다. 리처드 필립스 장군과 그의 브리핑 팀이 공군의 신예 전투기인 고성능 전술기 D&F에 결재를 받기 위해 마틴 박사 사무실로 당당하게 걸어 들어왔다. 나는 조용히 있어야 했지만 이 최신 전투기를 개발해야 할 이유에는 허점이 너무 많았고, 필립스의 주장은 너무 한쪽으로 치우쳐있었기 때문에 그럴 수가 없었다. 이 무대의 신참으로서 솔직히 좀 겁이 났던 것은 사실이었지만 나는 살아남기보다는 행동을 했다. 브리핑 도중 나는 필립의 말을 가로채면서 세 가지 질문을 했다.

"이 전투기의 임무가 뭡니까?"

"야간, 전천후 후방 차단."

"장군님, 후방 차단이 정말로 전투 혹은 작전 결과에 영향을 미친 사례가 있었습니까?"

침묵이 이어졌다. 필립스는 나를 노려보았다. 나는 재빨리 마지막 질문을 했다.

"이 전투기의 대당 가격이 2백만 달러입니까? 5천만 달러입니까?"

"음, 사업이 아직 거기까지 진행되지 않았기 때문에 아직 모르오."

나는 이 회합을 예상하고 그 전날에 라이트 패터슨 공군기지의 비용분석가들과 이야기를 나누었기 때문에 그 말이 사실이 아니라는 것을 알고 있었고, 그래서 5천만 달러라는 액수를 사용했다. 2백만 달러는 전격기를 염두에 둔 숫자였고 전격기의 가격과 임무는 모두 고성능 전술기와 정반대였다.

회의는 결론 없이 끝났다. 마틴 박사는 다른 사람들이 다 나갈 때까지 기다렸다가 지금까지 자신의 회의에 끼어든 일이 없었는데 무슨 일이 있었냐고 물었다. 나는 공군이 이 사업에 대해 의도적으로 그에게 편향된 정보를 제공하고 있다고 설명했고, 미심쩍다면 확인해 볼 수 있도록 담당자의 이름과 전화번호를 건넸다.

마틴 박사는 수화기를 들고 제임스 힐 공군참모차장에게 전화를 걸어 당장 만나자고 했다. 그리고서는 옆방으로 가서 서명하지 않은 D&F를 참모차장에게 건네면서 고성능 전술기 사업은 잊으라고 했다. 세상에 정의는 없다고 누가 말했는가? 전능한 고성능 전술기는 전격기에 의해 격추되었다(고성능 전술기는 레이건 행정부 때 부활하여 생산에 들어갔다).

필립스 장군은 당연히 나에게 화가 났다. 나는 곧 차렷 자세로 E링 복도 벽에 세워졌다. 그는 집게손가락으로 내 가슴을 사정없이 후벼 파면서 얼굴을 바짝 들이대고 쓸모없는 놈이라고 했다. 자신과 몇몇 장군들은 내가 공군으로 돌아올 때만을 학수고대하고 있다고 하며 과민반응을 보였다.

"네 친구의 F-16처럼 그 빌어먹을 전격기를 우리 목에 다시 쑤셔 넣지는 못할 거야."

그들은 아직까지도 그 쿠데타에 자존심이 상해 있었다.

필립스 장군과 나는 그 후 8년 동안 여러 번 맞닥뜨리고 다투었다. 대결은 항상 같은 형태를 띠었다. 그는 의사결정권자에게 사실을 감추고 의심스러운 무기체계를 슬쩍 끼워 넣으려 했고, 나는 모든 사람들에게 사실을 알렸다.

이 사건은 내가 계속해서 마틴 박사, 로버트 헤르만 박사, 알톤 킬 박사를 모신 4년 동안의 임무 수행 모델이 되었다. 그 세 사람 앞에 문제가 도착하면 나는 곧바로 나의 정보망을 이용했다. 그런 후 나는 개인적으로 내 보스에게 참모들의 브리핑이나 분석에서 삭제된 자료, 대응 논리, 그리고 많은 경우 장군들이 팔려고 하는 조잡한 하이테크 장난감을 승인하게 할 목적의 노골적인 거짓말에 대한 물리적 증거를 제공했다.

나는 시간이 흐를수록 사기, 거짓말, 의도적으로 왜곡된 주장을 탐지하는 육감이 발달했다. 특히 나는 조작되기 전의 자료를 찾아내는 것에 쾌감을 느꼈다. 보스들은 나의 노력에 고마워해야 했다(헤르만 박사는 자주 나를 자신의 '응징자'라고 했다). 내 보스의 후임자들은 나에게 그대로 있어 달라고 했고, 늘 해왔던 것처럼 도와달라고 했다. 보통 새 차관이 부임하면 새 보좌관을 배정하는 것이 관례였다.

지저분한 게임을 하고 있는 장군들의 목록이 급속하게 늘기 시작했다. 그들 대부분은 의문스러운 무기체계를 사업화하려는 연구·개발 분야의 장군들이었다. 내가 팀 플레이어가 아니라는 말이 순식간에 장군들 사이에 퍼졌다. 나와 얘기를 하는 것이 목격된 사람은 곧바로 이런 저런 장군들에게 보고되었다. 이로 인해 나와 이야기하는 것을 꺼리는 사람들도 있었지만 오히려 어떤 사람들은 나에게 정보를 주기도 했다. 사실 내 정보망은 확대되기 시작했다. 장군들이 정보의 흐름을 '차단'하려고 노력하면 할수록, 더 많은 정보원과 경로가 생겨났다. 겉으로 보기에도 부패와 지저분한 게임에 넌더리가 난 민초들이 늘고 있었다. 그들은 관행을 바꾸는 것에 도움이 될 만한 사람을 찾기 시작했고 그 중에 한 명으로 나를 찾았다.

어네스트 어니 피츠제럴드는 범죄를 폭로하고 싶지만 정상적인 경로를 통해 문제를 제기할 경우 직장을 잃을 것을 두려워하는 사람들을 '얼굴 없는 애국자Closet patriots'라고 불렀다. 그는 얼굴 없는 애국자들이 익명으로 국민과 의회에 정보를 제공할 수 있는 외부 통로를 형성하는 산파역할을 했다. 1969년, 피츠제럴드는 공군성 장관실의 민간 재무 분석가로 근무했었다. 그는 C-5 수송기의 가격과 관련된 사실을 의회에 밀고하는 중대 범죄를 저질렀다. 가격은 의회가 알고 있던 것보다 훨씬 비싼 20억 달러였다. 사실을 말했다는 이유로 그는 해고를 당했지만 그는 그것을 받아들이지 않았다. 12년 동안의 법적 투쟁 끝에 마침내 법원은 그의 손을 들어 주었고 공군에게 그를 원래 자리로 복직시키라고 명령했다.[1]

그러는 동안 리처드 닉슨 대통령에 대한 소송을 포함하여 몇 건의 소송이 있었다. 피츠제럴드가 정부를 상대로 복직을 요구하는 소송을 처음 제기했을 때 법원은 그를 복직시키라고 판결했다. 이에 공군은 1973년 12월 10일 00시 01분부로 그를 복직시켰다.[2] 그리고 1분 후에 할 일이 없는 자리로 전속을 보냈다. 그래서 피츠제럴드는 다시 소송을 했다. 그는 또한 닉슨 대통령이 자신을 미행하라는 지시를 내렸다고 대통령을 고소했다. 닉슨 대통령에 대한 소송은 일사천리로 대법원까지 갔고, 대법원에서는 1982년 7월에 대통령은 소송의 대상이 아니라는 판결을 내렸다. 이 사건은 재판도 없이 대법원에 상고되었기 때문에 관심을 불러 일으켰다. 하급 법원에서 재판이 열리지 않도록 여러 술수를 동원했다. 당시 대통령이 워싱턴 D.C.의 시민 배심원단 앞에 피고인으로 선다는 것은 있을 수 없는

---

1) 1991년 1월에 있었던 저자와 피츠제럴드와의 인터뷰. 그와 나는 두고두고 이 일에 대해 이야기를 했다.

2) 앞의 글.

일이었다. 대법원의 최후 판결 이전에 닉슨은 피츠제럴드에게 140,000달러의 보상금을 지불했고, 피츠제럴드는 이 돈을 모두 자선사업에 기부했다.[3]

법원은 1982년 6월에 원래 직책으로 복귀시켜 달라는 두 번째 소송에서도 마침내 피츠제럴드의 손을 들어 주었다. 나는 베른 오어 공군성 장관이 법원의 최종 판결을 들은 날 아침에 있었던 참모회의에서 한 말이 기억났다. 그는 공군에게 피츠제럴드를 원래 자리에 복직시키고 더 이상 미워하지 말라고 지시했다. 그는 심지어 공군에게 피츠제럴드의 소송비용까지 지불하라고 했다. 참모회의에 있던 장군들은 이 지시를 달갑게 생각하지 않았지만 달리 방법이 없었다. 엎친 데 덮친 격으로 장관이 소송비용까지 지불하라고 하자 그들은 고통스러운 표정을 지었지만 지시대로 했다. 피츠제럴드는 지금도 원래 자리에서 근무하고 있지만, 법원은 공군이 1982년의 결정을 존중하도록 만들기 위해 사건을 종결시키지 않은 상태로 두었다.

정직하고 진정한 신사인 오어 공군성 장관은 편견 없는 마음과 옳은 일을 하겠다는 생각을 갖고 공군에 왔다. 아이러니하게도 레이건 1기 펜타곤 팀원 중에서 가장 정직했던 그는 캘리포니아의 자동차 딜러였다. 그러나 이러한 장관도 장군들에게 '포섭'되어 임기 말에는 그들이 준 대본을 그대로 읽었다. 나는 안타깝게도 그가 서서히 그러나 꾸준히 변해 가는 모습을 지켜보았다.

어니 피츠제럴드가 자신의 복직을 위해 싸우고 있을 때에도 그는 펜타곤과 개인적인 연락을 유지하고 있었다. 좌절한 얼굴 없는 애국자들은 그들이 연루된 말도 안 되는 상황에서 어떻게 할지에 대한 조언을 구하기 위해 끊임없이 접근해 왔다. 피츠제럴드는 그들에게 전미납세자연맹의 두 직

---

3) 앞의 글.

원을 소개해 주었다. 디나 라솔과 데이비드 키팅은 그들이 받은 정보를 납세자들이 이해할 수 있도록 쉬운 말로 풀어 써서 언론과 의회에 전달했다. 얼굴 없는 애국자들이 가져 온 정보들은 영어였지만 '펜타곤 문체'로 쓰여 평범한 미국인들로서는 거의 이해할 수 없었다. 피에르 스프레이는 디나의 주요 통역사 중에 한 명이었다.

언론은 1970년대 말부터 펜타곤에 점점 비판적이 되기 시작했다. 디나의 사업은 크게 번창했다. 디나는 1980년에 군사조달 감시기구를 설립했다.[4] 이 기구는 더 적은 돈으로도 더 나은 국방 서비스를 제공할 수 있다고 생각하는 얼굴 없는 애국자들로부터 수집된 낭비, 사기, 남용, 그리고 '저질 매파'와 관련된 비밀이 아닌 정보의 경로 혹은 정보교환소가 되었다. 정보원은 항상 보호받았고, 디나는 어떤 상황에서도 비밀은 취급하지 않았다.

디나는 순식간에 펜타곤이 가장 싫어하는 사람이 되었다. 그녀는 개혁운동의 언론 담당인 셈이었다. 그녀의 사업은 욕구를 충족시켜 준다는 단 한 가지 이유로 번창했다. 언론에 비판적이거나 있는 그대로의 이야기가 자주 등장했고 펜타곤 개혁에 대한 의회의 관심이 높아지기 시작하면서 국방부의 마녀 사냥도 증가했다.

1979년쯤부터 나는 보이드, 스피니, 스프레이와 만나는 것도 조심해야 했다. 우리는 싹트고 있는 개혁운동의 주동자로 부각되기 시작했다. 나는

---

4) A. Ernest Fitzgerald, "Overspending to Weakness," in Dina Rasor, editor, More Bucks, Less Bang: How the Pentagon Buys Ineffective Weapons (Washington, D.C.: Fund for Constitutional Government, 1983), 299.
라솔의 군사조달 감시기구(Project on Military Procurement) 설치목적은 미국의 국방 지출에서 '낭비, 사기, 부풀려진 군수품 가격'에 대해 대중이 인식하도록 하는 것이었다. 이 기구는 7,600달러짜리 커피 메이커와 436달러짜리 망치와 같은 품목처럼 터무니없이 비싼 장비를 폭로하는 일을 했다. 1990년, 국방부의 지출을 포함한 많은 군비 개혁이 성공하자 이름을 정부 감시기구(POGO, Project On Government Oversight)로 변경하며 연방정부 전체의 낭비, 부패, 위법행위 등을 조사하고 폭로했다. 역자 주.

정기적으로 그들 한 사람 한 사람과 만나야 할 일이 있었다. 그들은 나에게 기존 체제와의 싸움에 꼭 필요한 귀중한 정보의 보고였고 권력의 핵심부에서 근무하고 있는 나 역시 그들에게 귀중한 정보원이었다. 나는 나의 명성 덕분에 장군들의 살생부에 오르기 위해 굳이 개혁운동가의 힘을 빌릴 필요도 없었다.

내 전화 통화 상대는 주로 내 보스인 차관보를 위해 행정업무를 수행하는 보좌관들과 공군이었다. 나는 사무실 사람들이 공공연하게 '여기 보이드, 스프레이, 혹은 스피니의 전화'라고 말하게 하거나 그들의 전화 메모를 남겨놓게 할 수도 없었다. 펜타곤에서는 누군가의 사무실에 방문하면 책상 위의 메시지를 훔쳐보는 것이 관례처럼 되어 있었다(일부러 사람들 눈에 띄게 가짜 메시지를 남겨놓은 것도 다반사였다). 대기실은 내 보스에게 겉만 번지르르한 광고를 전달할 순서를 기다리는 브리핑 팀으로 항상 붐볐다.

전화 메모 문제를 해결하기 위해 우리는 전화를 걸 때 암호명을 사용했다. 그 이후 7년 동안 피에르 스프레이는 '미스터 그라우Mr. Grau'로 통했다. 보이드는 '미스터 아버스노트Mr. Arbuthnott'라는 이름을 따왔는데, 스피니와 나도 그 이름을 즐겨 사용했다.

한 번은 아버스노트가 사람 이름같지는 않아서 보이드에게 "도대체 이 이름은 어디서 따왔느냐?"고 물었는데 그는 "모르겠다. 그냥 갑자기 떠올랐다."고 했다.

몇 달 후, 나는 2차 세계대전 때 연합군의 정보활동을 잘 묘사한 안토니 브라운의 명저인 『거짓말에 둘러싸인 진실Bodyguard of Lies』을 다시 읽었다(이 책은 보이드의 필독서였기 때문에 나는 이 책을 몇 년 전에 읽었었다). 이 책의 277쪽에 처칠이 히틀러를 지치게 만드는 것은 물론 곤혹스럽게 만들 전략을 짜기 위해 만든 비밀조직의 사진이 있었다. 이 조직원 아홉 명 중 한 명이 영국의 정보 장교인 제임스 아버스노트였다. 그 이름을 보았을 때 나는 거의 의자에서 떨어질 뻔했다. 정말 보이드다운 발상이었다.

우리는 전화가 도청당하는 것이 두려웠고 실제로 도청당하고 있다는 느낌도 가끔 들었기 때문에 조용히 만나 얘기할 수 있는 장소가 필요했다. 참모차장 옆방인 내 사무실과 TAC 항공반이 가장 적격이었다.

펜타곤 2층 A링의 10번과 1번 통로 사이의 복도는 나토 동맹에 할당되었다. 이 복도 한쪽에는 각 국의 전시물이 배치되어 있었고 맞은편에는 각국의 국기들이 줄지어 있었다. 성조기는 인상적이며 애국심을 자아내는 진열품들의 중앙에 있었다. 동맹의 힘과 이 나라의 국가 안보를 위한 중요한 일을 토의하기에 이곳보다 나은 곳이 있을까? "아버스노트인데 국기 앞에서 만납시다."라는 전화 메모를 주고받는 일이 일상화되기 시작했다. 그러던 중 나는 문득 1940년대 초반 베를린에서 활동했던 슈바르체 카펠레[5]의 일원인 것 같다는 생각이 들었다.

펜타곤에 있는 많은 사람의 행동에 대해 좋지 않은 이야기만 언급하다 보니 높은 사람들은 다 그런 것처럼 들릴 수도 있겠다는 생각이 들었다. 그렇지 않다. 나는 그동안 훌륭하고 정직한 사람들도 많이 만났고, 독자들도 그중 몇 명은 이미 만났다. 이후에도 몇 사람이 등장하지만 그런 사람들이 소수라는 것은 나도 인정할 수밖에 없다. 근본적으로 선한 사람들이 펜타곤에 근무하고 있고 옳다고 생각하는 것을 하고 싶어 하지만 그들 대부분은 불안해했다. 그들은 보조를 맞추지 않았을 때 받게 될 피해를 감수할 용기는 없었다. 용기가 있었던 사람들은 이 책에서 이름이 거명된다.

이번에는 척 스피니의 무용담을 소개할 순서인 것 같다. 그의 작업을 금지시키려 했던 펜타곤은 오히려 척을 국가적으로 유명하게 만들었고 타임지의 표지 모델로 나오게 만들었다. 그러면서 펜타곤이 스스로 개혁운동에 불을 붙이는 꼴이 되었다. 척 얘기를 하다보면 우리가 왜 암호명을 써야

---

5) 검은 오케스트라라는 의미의 슈바르체 카펠레(Schwarze Kapelle)는 아돌프 히틀러를 전복시키려던 독일군 장교들의 음모였다. 1944년 7월 20일, 벙커에서 히틀러를 암살하려던 그들의 섣부른 두 번째 시도가 실패하면서 그들 대부분은 처형되었다.

했고 국기 앞에서 만나야 했는지를 확실히 알게 된다.

1977년에 척이 TAC 항공반에 합류한 직후 그는 미 공군의 전술 항공력 분석에 착수했다. 그의 연구는 '국방의 현주소'라는 제목의 브리핑 형태를 띠었다. 그것은 전술부대의 실상을 포괄적으로 판단하는 데 필요한 각종 요인들을 철저하게 분석했다.

척의 브리핑은 개혁운동 초기에 펜타곤 내에 변화가 필요하다는 토론을 불러일으키는 도화선이 되었다. 척은 제도권 내에서 기존 체제에 공개적으로 도전하고 전면적인 변화를 촉구한 초창기 개혁가였다. 물론 그는 강경파들로부터 많은 도움을 받았지만, 다른 사람들보다 한 발 더 앞으로 나아갔고 기존 체제로부터 정면 공격을 받았다.

척은 공군 자체 자료를 이용하여(상대방의 자료와 논리를 이용하여 그의 입을 막아버리는 보이드 방식) 다음과 같은 사실을 밝혀냈다. 공군의 규모는 줄고 있다, 조종사들은 떼를 지어 공군을 떠나고 있다(급여 때문이 아닌), 비행시간은 감소하고 있다, 실제 훈련은 모의비행으로 대체되고 있다, 예비 부품은 부족하다, 정비사에게 요구하는 숙련도가 너무 높아 장비를 유지하기 위해 제작업체로부터 인력을 고용해야만 한다, 대비태세(정기적으로 비행을 하고 전투를 할 수 있는 군대의 능력)는 항상 낮다, 낮은 대비태세의 비용은 꾸준히 증가하고 있다, 선호하는 무장의 공급은 전면전 시 며칠이면 바닥이 날 것이다, 많은 주력 무기의 실제 성능은 심히 의심스럽다.

가장 유감스러운 것은 이런 현상들이 돈이 부족해서가 아니라는 것이었다. 척의 말을 빌면, "예산 부족이 문제의 원인이 아니었다."[6] 국방 예산은 실질적으로 1970년대 중반부터 말까지 매년 조금씩 증가했다. 카터 행정부 시절에는 높은 물가상승률 때문에 실제 구매력은 매년 약간씩 줄었다.

---

6) Franklin C. Spinney, *"Defense Facts of Life"* (Washington, D.C.: Department of Defense, 5 December 1980), 123.

이것이 1980년 선거의 주요 이슈였다. 로널드 레이건은 평시 국방비를 전례 없는 수준으로 증액하여 '미국의 재무장'을 약속했다.

척이 브리핑하기 전까지만 해도 사람들은 공군이 1970년대를 통틀어 다른 분야를 희생시키고 전술 항공력에 많은 예산을 배정했다는 사실을 잘 몰랐다. 실제로 전술 항공군(전투기와 전투폭격기)의 예산은 물가상승률을 감안하고서도 매년 11%씩 증가했다.[7] 이렇게 엄청난 증가율은 레이건 행정부가 약속했던 것보다 훨씬 높은 수준이었다. 다만 불필요하게 복잡한 무기를 운용·유지하는 데 너무 많은 비용이 드는 탓에 예산이 부족했던 것이다.

전술 항공군을 증강하기 위한 공군의 예산 집행은 레이건 행정부가 들어서면서 펜타곤에 마구 돈을 뿌렸을 때와 비슷했다. 필요 이상으로 복잡한 무기체계에 대한 공군의 강박관념이 문란한 의사결정과정과 함께 속이 빈 군대를 만들었다.

공군의 수뇌부들은 척의 브리핑을 듣고 폭발했다. 척은 개혁운동의 대변인답게 펜타곤이 과거의 관행을 바꾸지 않는 한 예산을 더 많이 투입한다고 해결될 문제가 아니라 오히려 악화시킬 뿐이라고 했다. 그는 그 증거로 공군을 예로 들었다.

척은 그의 연구에서 기술지상주의자들이 약속했던 것이 거짓이었음을 뒷받침해주는 확실한 예로 F-15 전투기와 F-111D 전투폭격기(야간 및 전천후 차단용)를 들었다. 그는 보유하고 있는 구형 항공기보다 더욱 신뢰할 수 있고 유지비가 적게 든다고 했던 하이테크 체계들이 정확히 반대 효과를 냈다고 지적했다. 무기체계들은 예상했던 것보다 더 자주 고장이 났고 그것을 정비하는 데 드는 시간과 돈은 예상했던 것보다 훨씬 많이 들었다. 척의 최종 결론은 '현 공군 예산 자료에 따르면 F-15의 비행시간당 비용

---

7) 앞의 책, 35.

이 구형 F-4의 두 배'라는 것이었다.[8] 이것은 오래되어 유지보수 소요가 훨씬 많은 B-52보다도 더 많은 비용이었다.

F-111D는 상황이 더 심각했다. 1회 출격을 위해 소요되는 정비 시간이 1979년에는 당초 예상했던 것보다 23배나 많이 걸렸다. 고장률과 예비 부품 부족이 너무 심각하여 정비사들은 항공기를 띄우기 위해 매일 다른 항공기에서 부품을 떼어내어야만 했다.[9]

베트남 전쟁에서 F-111은 레이더 폭격의 정확도가 너무 떨어져 장비가 작동하더라도 폭탄이 표적을 명중시킬 수 없었다. 공군 자체 자료에 따르면 실제 전투에서 F-111의 폭탄이 표적을 빗나간 평균 거리는 평상시 훈련 때의 4배나 되었다. 물론 공군은 모든 브리핑과 컴퓨터 워게임에 항상 평상시 자료를 사용했다.

나는 공군참모차장 로버트 매티스 장군이 과거에 F-15와 F-111 사업 관리자였기 때문에 이 두 사례를 들었다. 그는 그 두 무기체계에 대해 장밋빛 약속을 했던 사람 중 한 명이었는데 척은 그것이 사실이 아니라고 했다.

공군은 매티스 장군에게 실권을 주어 척 스피니와 그에게 동조하는 사람들에게 전쟁을 선포했다. 매티스 장군은 척이 틀렸다는 것을 증명하기 위해 분석가와 전문가들로 팀을 꾸렸다. 매티스는 나를 그의 팀의 전략 회의에 초대했다. 그는 네바다 사막에 버려진 항공기에 레이더 폭격을 실시하라고 F-111 조종사에게 지시했다. 당연히 결과는 인상적이었다.

이 회의에서 나는 매티스에게 표적 이외에는 레이더에 잡힐 것이 전혀 없는 사막에 표적이 놓여 있었고, 조종사가 조심해야 할 적의 방공망도 없었다는 점을 지적했다. 이 만족스러운 결과와 척이 제시한 실제 전투 데

---

8) 같은 책, 99.

9) 같은 책.

접선 암호 **109**

이터를 비교할 수는 없었다. 나는 매티스가 의존한 이 같은 데모와 컴퓨터 모델 분석은 척의 브리핑을 반박하기에는 설득력이 없다고 했다. 그 이후 매티스 장군은 나를 더 이상 회의에 부르지 않았다.

척은 근 2년 동안 펜타곤에서 끈질기게 브리핑을 했다. 그는 하위, 중견, 고위 관리(내 보스를 포함하여)들에게 브리핑을 했을 뿐만 아니라 국방산업대학의 학생들에게도 정기적으로 강의를 했다. 그의 브리핑은 항상 물의를 일으켰고 확실히 토론을 촉발시켰는데 이는 그가 의도했던 바였다.

1980년 봄, 샘 넌 상원의원은 척의 브리핑을 소문으로 들었다. 그는 척이 상원 군사위원회의 대비태세 지속 지원 소위원회에서 브리핑을 할 수 있도록 펜타곤에 요청했다. 당연히 펜타곤은 거절했고, 이후 6개월 동안 넌 의원과 펜타곤의 줄다리기가 계속되었다. 그 해 11월에 로널드 레이건이 대통령에 당선되면서 대통령 인수위원회가 구성되었고 펜타곤도 대대적인 물갈이가 이루어졌다. 그런 혼란 중에 누군가 척의 소위원회 브리핑을 승인했다. 1980년 12월 초, 척은 브리핑을 하게 되었다.

넌 의원은 브리핑의 폭발력을 곧바로 간파했다. 공화당은 펜타곤에 엄청난 돈을 뿌릴 계획이었으나 척은 펜타곤이 사업 방식을 바꾸지 않는 한 예산을 더 많이 투자하더라도 좋아지기는커녕 더 나빠질 것이라고 브리핑했다. 이 이야기는 정치적으로 시한폭탄이었다. 넌 의원은 척에게 2주 이내에 그의 브리핑을 비밀이 아닌 평문으로 만들어 보고하라고 지시했다.[10] 척은 크리스마스 휴가를 반납하며 작업을 했고, 보고계통을 통해 보고서를 제출했으며, 공식적으로 대중에게 공개하는 것을 허락받았다.

몇 주 후 카스퍼 와인버거가 신임 국방장관 인사청문회로 상원 군사위원회에 출석했다. 이 청문회에서 넌 의원은 척의 보고서 문제를 제기하여 와인버거의 허를 찔렀다. 그는 척의 보고서와 이를 둘러싼 논쟁에 대해서 아

---

10) 1991년 1월, 저자와 Franklin C. Spinney와의 인터뷰.

는 것이 하나도 없었다. 넌 의원은 그 내용 때문에 펜타곤이 척의 입에 재갈을 물렸다고 주장했다.

그 후 척의 보고서 사본이 언론에 배포되었다. 대략 200부 이상이 복사되었다.[11] 당연히 그 보고서는 언론인들에게는 대박이었고, 언론은 펜타곤에 점점 비판적으로 변해갔다. 척은 순식간에 전국적으로 유명해졌다.

와인버거는 이 모든 것에 어떻게 대응했을까? 그는 척이 제기한 문제들을 살펴보았을까? 아니, 그는 그렇게 하지 않았다. 대신 그는 척의 입에 물려 있는 재갈을 더욱 단단히 조였다.

와인버거는 러스 머레이 사업 분석·평가 국장을 데이비드 추로 경질했다. 추가 제일 먼저 한 일 중 하나가 척에게 언제, 어디서, 누구에게도 더 이상 국방의 현주소 브리핑을 해서는 안 된다는 지시였다. 척은 실제로 그와 관련된 모든 일에서 손을 떼고 다른 일을 찾아보라는 지시를 받았다.[12] 그래서 그는 다른 일을 찾았는데 그 일이 오히려 논란을 부추겼다.

척은 1981년 후반기부터 1년 동안 국방 예산에 열거되어 있는 모든 무기체계의 예상가격의 정확도를 조사했다. 펜타곤은 매년 이 기간 중 생산할 무기체계와 각 무기의 연도별 예상 비용을 정리한 5개년 국방사업을 작성했다. 척은 150개 무기체계 하나하나에 대해 지난 10년간의 예상 비용과 실제 비용을 비교했다(얼마나 지루한 일이었을까?). 그의 연구는 펜타곤이 지난 10년 동안 생산 계획에 포함시킨 모든 무기체계를 다루었다.

척은 펜타곤이 무기 생산에 들어가는 비용을 체계적으로 적게 잡았다는 사실을 발견했다. 어떤 이유에서인지 실제 가격은 생산 결정이 내려질 때의 예상가격보다 항상 높았다. 이것을 '선구매'라고 했다. 일단 발을 들여놓으면 발을 빼기 쉽지 않듯이 생산결정이 내려지면 브레이크가 없었다.

---

11) 앞의 글.

12) 같은 글.

개혁가들이 그동안 의심만 했던 것을 척이 더는 의심할 여지가 없도록 증명해냈다.

척은 레이건의 증강계획이 발표했던 5천억 달러보다 더 많은 자금이 필요할 것이라는 결론을 내렸다. 행정부는 사회보장 분야의 축소와 급등하는 정부 부채를 감수하면서 유래 없는 국방 예산 투자를 위해 국민들과 공감대를 형성하려고 엄청난 노력을 하고 있었다. 행정부가 제일 듣고 싶지 않은 말은 '아무튼 이미 시작된 이 모든 신무기 사업을 위해 5천억 달러가 더 필요할 것 같다.'였다. 또다시 척 스피니의 입을 다물게 하려고 윽박지르는 시도들이 있었다.

1982년 6월, 척은 자신의 연구결과를 데이비드 추에게 보고했고, 추는 그 의미를 잘 알고 있었다. 추는 "척, 자네 말이 맞네. 문제가 있지. 칼루치에게 보고하겠네."라고 했다.[13] 프랭크 칼루치는 국방부 부장관이었다. 이 시급한 문제를 해결하는 방법은 두 가지로 국방 예산을 더 증액하거나 아니면 이미 시작된 신규 사업 몇 가지를 취소하는 것이었다. 두 방법 다 정치적으로 매력적이지 못했다. 척은 엄청난 가격 차이를 방관하는 근본적인 문제를 해결해야 한다고 주장했는데, 이는 의사결정과정의 여러 측면을 개혁하는 것을 의미했다.

몇 주가 지났는데도 추는 아무 말이 없었다. 마침내 척과 그의 보스인 톰 크리스티는 추를 방문하여 칼루치가 무슨 지시를 내린 것이 없는지 물어보았다. 그들은 이 문제를 해결하기 위한 열정이 추에게는 없다는 것을 깨달았다. 그는 더듬거리면서 이런저런 이야기를 많이 했지만 정작 어떻게 해야 할지에 대한 지침은 없었다. 회의가 끝나자, 척은 크리스티에게 "추가 아무 일도 하지 않을 것이 분명합니다. 아래로부터의 개혁을 시작하고 개

---

13) 같은 글.

혁의 불을 댕길 수 있는지 봐야 하겠습니다."라고 했다.[14]

척은 재빨리 그의 연구를 브리핑 형태로 만들었고 펜타곤 내에서 브리핑을 시작했다. 아이러니하게도 그는 공군부터 시작했다. 그는 공군본부에 알고 지내는 대령들에게 전화를 걸어 그가 '계획과 실제의 불일치Plans/Reality Mismatch'라고 부른 자신의 브리핑에 초대했다. 그의 브리핑은 생각이상으로 공군본부를 발칵 뒤집어 놓았다.

척은 2주 만에 중요한 위치에 있는 거의 대부분의 장군들에게 브리핑을 했다. 몇 가지 이유로 공군은 그의 브리핑에 상당한 관심을 보이는 것 같았다. 공군 장군단이 척을 싫어하면서 두려워했는데 관심을 보이는 이유를 알 수가 없었다. 그는 또한 국방장관실에 있는 고위 정무직 공무원들에게도 브리핑을 했다. 점점 더 많은 수뇌부들이 브리핑을 해달라고 전화를 걸어왔다(물론 나는 척이 내 보스에게 브리핑을 할 수 있도록 일정을 잡았다).

척과 그의 직속상관인 로버트 크로튜는 무슨 일이 벌어지고 있는지 데이비드 추에게 알리는 것이 좋겠다고 생각했다. 크로튜는 추에게 지금까지 누가 척의 브리핑을 들었고, 앞으로 어떤 사람이 듣게 될 것인지를 정리한 메모를 보냈다. 추는 척에게 메모로 브리핑을 중단하라고 지시했다. 추는 척이 브리핑을 중단해야 하는 이유는 설명하지 않았다.[15]

추는 그제야 척의 연구가 옳은지에 대한 문제를 제기했다. 추는 밀트 마골리스에게 척의 연구에 대한 독립적인 분석을 맡겼고, 척에게는 분석이 완료될 때까지 브리핑을 하지 말라고 했다. 이것은 공정한 조치였다. 다만 척이 두 달 전에 추에게 처음 이 문제를 제기했을 때 이런 조치를 취했어야 했다. 척은 한 발 뒤로 물러나 마골리스의 분석이 끝나기를 기다렸다.

몇 달이 지나도 마골리스의 분석 결과가 나오지 않았다. 그러는 사이 척

---

14) 같은 글.
15) 같은 글.

의 브리핑을 듣길 원하는 사람들의 명단이 엄청나게 늘어났다. 척은 브리핑을 원하는 모든 사람들에게 추에게 전화를 걸어 척을 풀어주라는 압력을 가하도록 손을 썼다. 추는 여기저기서 많은 전화를 받았다. 추와 마골리스는 오도 가도 못했고 문제가 수그러들기만 기다렸지만 오히려 압력은 더욱 거세졌다. 마침내 마골리스는 1982년 늦가을에 그의 분석을 마지못해 끝냈다.[16]

마골리스의 보고서는 비밀로 분류되지 않았고 척의 연구가 옳았다는 것을 재확인했다. 추는 전반적인 문제와 현재 확인된 문제를 바로잡기 위한 대책을 토의하기 위해 척, 크리스티, 그리고 마골리스와 회의를 했다. 그러나 추는 의도적으로 핵심을 회피했다. 척은 그가 시간을 끌면서 일을 흐지부지시키는 고전적인 방법을 쓰고 있다는 것을 깨달았다. 척은 더 이상 참을 수가 없었다. 고성이 오가면서 회의는 험악하게 끝났다.

마골리스의 분석이 척의 연구를 확인했기 때문에 척은 펜타곤에서 자신의 브리핑을 이미 들었거나 듣기를 원하는 사람들에게 마골리스의 보고서를 보내기로 했다. 척과 그의 동료들은 복사기를 돌렸고, 그 복사본이 건물에 넘쳐났으며 자연스럽게 언론으로 흘러들어갔다. 마골리스의 보고서에는 척의 이름이 실명으로 거론되었다. 척은 과거 샘 넌 의원과의 에피소드로 언론에 이미 잘 알려진 상태였기 때문에 리포터들이 앞을 다투어 펜타곤으로 몰려왔다.

12월 7일 아침, 추는 즉석 기자회견을 가졌다. 그는 척 스피니 보고서의 존재를 부정했다. 왜 척의 보고서를 공개하지 않느냐는 질문을 받자 그는 "공개할 연구가 없는 것이 바로 그 이유이다. 몇 사람이 갈겨 쓴 메모, 사람들의 대화, 이것을 누군가가 짜깁기하여 배포한 것"이라고 대답했다.[17]

---

16) 같은 글.

17) Henry E. Cato, Jr., Assistant Secretary of Defense for Public Affairs, Department of Defense news brief transcript, 1130, 7 December 1982.

리포터들은 그의 말을 믿지 않았다. 그들은 척의 이름을 언급한 마골리스의 보고서 사본을 가지고 있었기 때문에 그가 자기들을 속이고 있다는 것을 알고 있었다. 추가 거짓말을 하자 그들은 피 냄새를 맡았다.

척은 그의 연구보고서를 모두 파기하라는 지시를 받을 수도 있겠다는 생각이 들었다. 그가 나에게 '안전가옥'이 되어 줄 것과 엄청난 원자료와 모든 복사본을 보관해 달라고 청했다. 나는 기쁜 마음으로 승낙했다.

이 시기에 또 다른 연구 결과가 언론에 노출되었다. 공군 장군들이 비밀리에 자체적으로 척과 같은 연구를 진행해 왔었는데 척과 같은 결론에 도달했다. 왜 그들이 그토록 척의 연구에 관심을 보였고 브리핑을 듣고 싶어 했었는지에 대한 의문이 풀렸다. 비슷한 시기에 보수 성향인 헤리티지 재단의 연구 결과도 나왔는데 이것도 척의 결론과 비슷했다.

물론 이 모든 소란이 의회의 주의를 끌었다. 아이오와의 보수 공화당원인 찰스 그래즐리 상원의원이 와인버거에게 전화를 걸어 척 스피니를 만날 수 있게 해달라고 청했다. 놀랍게도 와인버거는 거절했다.

그래즐리 의원은 화가 나 직접 차를 몰아 펜타곤의 와인버거 사무실로 쳐들어갔는데 거기서 데이비드 추를 만났다. 그는 단호하게 스피니를 만날 수 없다고 버텼다.[18] 이미 화가 날대로 난 그래즐리 의원은 의원실로 돌아와 이 문제에 대한 청문회를 요구했다. 상원 예산위원회의 위원인 그는 청문회 소집에 필요한 정족수를 쉽게 채울 수 있었다. 그래즐리와 그의 동조자들은 필요하다면 척을 소환하겠다고 위협했다.

예상했던 대로 펜타곤과 의회의 펜타곤 조력자들은 반대했다. 민주당 군사위원회 위원장이면서 펜타곤 후원자인 존 타워 상원의원은 이 문제는 자신이 속한 위원회의 관할이라고 주장하면서 청문회 소집을 방해했다.[19] 개

---

18) "The Winds of Reform," *Time Magazine*, 7 March 1983, 12-30.

19) 같은 글.

혁가들은 타워의 상원 군사위원회가 펜타곤의 자회사나 마찬가지이기에 사실을 숨길 것이라고 생각했다. 그래즐리는 예산위원회와 군사위원회에서 합동 청문회 소집에 필요한 지지자를 모을 수 있었다.

타워가 의제와 진행 책임을 맡았다. 그는 대부분의 의원들이 도시를 벗어나는 금요일 오후에 청문회를 개최하기로 했다. 금요일 오후의 청문회는 언론의 관심 또한 덜 받았다. 금요일 뉴스는 월요일에는 더 이상 뉴스가 아니었고 곧 잊혀졌다. 또한 타워는 청문회를 작은 공간에서 개최하여 TV 방송을 못하게 하려고 했지만 그것만은 동료들의 반대에 부딪혔다.

1983년 3월 4일, 척 스피니는 상원 군사위원회와 예산위원회의 합동 청문회에서 브리핑을 했는데 방청석은 리포터들로 꽉 찼고 8대의 TV 카메라가 운집했다. 스피니는 두 시간 동안 펜타곤이 의도적으로 예상 무기 생산 비용을 낮게 잡았고 대통령의 국방 계획은 예상했던 것보다 5천억 달러가 더 소요될 것이라는 반박의 여지가 없는 증거들로 청문회장을 압도했다. 5천억 달러의 초과는 국가 재정의 파탄을 의미했다. 충격을 받은 의원들이 한 마디 해보라는 듯이 추를 바라보았다.

추는 척의 바로 옆에 앉아 있었다. 그는 척의 연구물의 사실성에는 이의를 제기하지 못했다. 대신 척의 분석은 본질적으로 과거의 자료를 토대로 한 것이기 때문에 레이건 행정부에 그대로 적용될 수 없다고 주장했다. 레이건 행정부는 과거와는 다르므로 척이 제시한 역사적 패턴을 되풀이하지 않을 것이라고 했다. 다시 말해 우리를 믿어 달라, 이런 일이 국방 예산에 되풀이되지 않도록 할 것이다, 그러니 너무 흥분해서 우리 계획을 위험에 빠뜨리는 일이 없어야 하겠다는 것이었다.

예상했던 대로 주말과 월요일 아침 신문은 비교적 조용했다. 와인버거와 그의 참모들은 큰 재앙은 피했다고 좋아했다. 10시경 개혁운동을 지지하는 사람과 통화 중이었던 와인버거의 대변인인 헨리 카토는 사실상 기존 체제의 승리라고 생각하면서 빙그레 웃고 있었다. 그 때 비서가 지금 막 신문 가판대에 나온 타임지를 그의 앞에 내려놓았다. 표지에 "미국 국방비 – 수십억 달러 낭비"라는 제목과 척 스피니의 사진이 실려 있었다. 카토가 이상한 소리를 내 그와 통화하고 있던 사람은 혹시 카토가 심장마비를 일으킨 것이 아닌가 할 정도였다.

타임의 18쪽 짜리 기사는 정말 마른 하늘에 날벼락이었다. 의회 청문회를 다룬 기사 외에도 개혁운동에 대해 11쪽 분량의 기사가 별도로 실렸는데, 여기에는 누가 참여하고 있으며, 왜 이 운동이 일어났는지를 소개했다. 타임은 심지어 금도금한 무기체계와 개혁가들이 주장하는 단순하고 저렴한 무기체계를 비교했다. 타임은 개혁가들의 철학과 시각을 설득력 있게 소개했다. 존 보이드와 피에르 스프레이가 개혁운동의 '창시자'라고 소개했다.[20] 그 기사를 본 펜타곤의 수뇌부들은 충격을 받았다.

타임의 기사는 다른 언론과 의회의 관심을 불러 일으켰다. 상원과 하원은 추가 청문회를 요구했다. 이후 6개월 동안 척 스피니와 데이비드 추는 '척–추 쇼'로 알려진 중요한 상하원 위원회에 빠짐없이 출석했다. 내용은 항상 똑같았다. 척은 그의 파괴적인 브리핑을 했고 추는 그의 유일한 변명인 척의 연구는 과거 자료에 근거한 분석이라는 얘기만 반복했다.

9월에 하원 예산위원회는 와인버거 장관에게 레이건 행정부 자료가 포함된 연구 결과를 10월까지 제출하라고 요구했다. 청문회가 소집되었을 때 척은 서두에서 그의 분석에는 새로운 것이 없다고 했다. 그 말에 제임스 존스 의장과 의원들은 깜짝 놀랐다.[21]

화가 치민 존스 의장은 추를 맹렬하게 공격했다. 고성이 오가다가 추는 자신이 척에게 최신 연구를 하지 말라고 지시했음을 인정했다. 그 말이 위

---

20) 같은 글.

21) House Committee on the Budget, *Review of Defense Acquisition and Management*, 98th Cong., 1st sess., hearings of 4, 5, 18, 20, and 26 October and 8 November 1983, ser. no. 98-6 (Washington, D.C.: Government Printing Office, 1984), 196.

원들을 화나게 만들었다.

토마스 다우니 의원의 반응이 가장 전형적이었다. "의장님, 이것은 솔직히 불법행위입니다. 스피니의 첫 분석으로 국방부가 곤경에 빠지자 국방부는 척에게 후속 연구를 할 수 있는 시간을 주지 않았습니다. … 나는 이것은 불법이라고 생각하며, 이 위원회가 강력한 조치를 취하고 국방장관에게 우리의 분노를 전달해야 합니다."[22]

다른 의원들에게서도 비슷한 발언이 나왔다. 추는 침착함을 잃고 물 잔을 엎었다. 위원들이 이구동성으로 척을 두둔하자 추는 의장에게 불쑥 말을 던졌다. "만약 의장께서 척에게 의장의 참모 자리를 제공한다면 반대하지 않겠습니다."[23] 이 말은 청문회에 별로 도움이 되지 않았다.

위원회는 척에게 다음 청문회 때까지 그의 브리핑을 최신화하라고 지시했다.

네 달 후인 1984년 2월에 척은 레이건 행정부의 3년간 자료를 포함한 최신 연구결과를 가지고 상하원 예산위원회 앞에 다시 섰다. 이 새로운 브리핑의 제목은 '역사는 되풀이되는가?'였으며 대답은 '그렇다'였다. 레이건 행정부에서는 그런 일이 없을 것이라는 데이비드 추의 궁색한 (그리고 유일한) 변명은 사실이 아니었음이 밝혀졌다. 데이비드 추는 마지막 두 번의 청문회에는 척을 대동하지 않았다.

이때 예비부품과 관련된 우울한 이야기가 표면화되기 시작했다. 납세자들은 거의 매일 400달러짜리 망치, 600달러짜리 변기 시트, 기타 횡령을 위해 세금을 내고 있다는 이야기를 들었다. 어니 피츠제럴드는 공군성 장관실의 옛 자리를 굳건히 지키면서 계약과 가격 정책의 부패 등을 파헤쳤다.

---

22) 같은 글, 197.
23) 같은 글, 198.

1984년 여름, 척에 대한 흥미와 관심이 구매 계약 세계의 공공연한 낭비, 거짓말, 직권 남용 스캔들로 이어졌다. 척은 그가 지금까지 해온 일에 대해 보상을 받아야 마땅했지만 사실은 정반대였다.

만일 공무원의 연말 업적평가가 최근 수년간 점점 나빠졌다면 그는 법적 절차 없이 해고될 수 있었다. 공군은 이런 방법으로 척을 해고하려 했다. 척의 업적평가는 직속상관인 크로튜가 작성하여 톰 크리스티가 서명하면 지휘계통을 통해 데이비드 추에게 보고되었다. 크로튜는 척이 작년보다 낮은 평가를 받도록 압력을 받았다. 이것이 성과를 왜곡시키는 첫 번째 단계였다.

척은 자신의 업적평가를 보고 즉각 법적 조언을 구했다. 이 평가가 척이 의회에서 증언한 것에 대한 보복으로 판명되면 그것은 불법이었다. 헌법 제1조, 표현의 자유에 특화된 변호인단이 척에게 무료로 법적 서비스를 제공했다. 그들은 데이비드 추가 척의 표현의 자유를 침해했다는 소송을 준비했다. 그들은 연방보안관에게 데이비드 추의 사무실을 봉쇄하고 그의 기록들을 압류하라는 법원 명령을 받기 위한 절차를 밟았다.

스피니의 변호사들은 금요일 아침에 이 소송에 대한 기자회견을 준비했다. 워싱턴 포스트의 조지 윌슨이 기자회견 이틀 전에 이 사건을 터뜨렸다. 펜타곤이 또 발칵 뒤집혔다.

와인버거의 행정국장인 데이비드 쿡이 조사를 담당했다. 그는 크로튜를 불러 그가 척을 낮게 평가하라는 압력을 받았는지 물었다. 크로튜는 "그렇다."라고 했다.[24] 쿡은 양손을 들면서 "게임 끝났군!"이라고 했다. 쿡과 추는 휴가차 플로리다에 가 있는 크리스티를 불러 새로 평가를 하되 이번에는 점수를 잘 주라고 했다.

척의 낮은 업적평가가 번복되면서 기자회견과 소송은 취소되었다.

---

24) 1991년 1월, 저자와 크로튜의 인터뷰.

데이비드 추에게는 어떤 일이 일어났을까? 그는 1, 2기 레이건 행정부에서 사업 분석·평가 국장을 지냈고, 조지 부시가 대통령에 당선되자 그 역시 추를 유임시켰다. 추는 부시 정권 말까지 같은 일을 했다. 어떤 이들은 데이비드 추를 통해 조직은 맹목적 충성을 하는 사람에게 확실하게 보상을 해준다는 교훈을 얻었을 수도 있다.

5. 살생부

TAC 항공반의 개혁가들과 공군의 수뇌부들 사이의 격렬한 싸움과는 약간 다른 싸움이 1970년대 말에 전개되었다.[1] 그러나 이 이야기 또한 거짓말, 스파이, 속임수와 관계가 있다.

F-111D는 MARK Ⅱ로 알려진 최첨단 항공전자장비를 탑재한 상대적으로 신형 전투폭격기였다. F-111D는 이 장비를 이용해 야간과 모든 악천후에서도 나무높이로 비행하면서 적진 깊숙이 침투하여 표적을 공격하는 것이 가능했다. 그러나 불행하게도 MARK Ⅱ는 엄청난 실패작이었다.

이 장비는 실제 사용할 수 있을 정도로 작동상태가 오랫동안 유지되지 않았고, 정비시간이 예상했던 것보다 23배나 많이 걸렸다.[2] F-111D는 실전에 배치된 기간이 길지 않아 MARK Ⅱ를 탑재하고 비행한 시간도 거의 없었다. 공군은 1978년 5월에 국방부 장관에게 F-111D를 더 이상 유지할 수 없기 때문에 도태시키겠다고 보고했다. 공군은 스스로 그런 결정을 내

---

1) 앞에 소개한 이야기들이 개혁세력과 기득권층의 싸움이었다면 지금부터는 기득권층 내부에서 발생한 싸움이기 때문에 약간 다른 싸움이라고 표현했다. 역자 주.

2) Franklin C. Spinney, *Defense Facts of Life*(Washington, D.C.: Department of Defense, 5 December 1980), 99.

렸다. 척 스피니는 국방의 현주소에서 F-111D가 지나치게 복잡한 장비의 한계를 보여주는 대표적인 사례라고 했다.

1978년 가을, 공군은 F-111D를 대체할 신형 전투폭격기로 고성능 전술기 개발 승인을 의회에 요청했다. 의회는 공군 스스로 너무 복잡해서 계속 유지할 수 없다고 판단한 F-111D를 대체할 더 복잡하고 고가인 신형 항공기 승인을 거부했다. 게다가 내 보스인 마틴 박사 역시 그와 같은 신형 항공기 도입을 반대했다. 공군은 진퇴양난이었다. 야간, 전천후 차단은 공군에게 가장 중요한 공대지 임무임에도 불구하고 이제 이 임무를 수행할 항공기가 없었다. 드디어 게임이 시작되었다.

공군은 F-111D의 항공전자시스템을 안정화하는 데 돈을 쏟아 붓는 대신 그 장비가 그렇게 나쁜 것이 아니라는 점을 부각시키기로 했다. 1979년 봄, 공군참모차장 제임스 힐은 F-111D를 다시 예산에 반영했다. 이 결정은 전자장비 시스템이 안정화되지 않으면 F-111D를 받아들여서는 안 된다는 TAC 항공반과 갈등을 빚었다.[3]

F-111D를 운용할 당사자인 전술공군사령부는 F-111D가 사령부를 파산으로 몰아넣을 것 같아 F-111D의 부활을 원하지 않았다. 그러나 참모총장, 참모차장, 공군본부는 이미 선언을 했다. 명령에 의해 F-111D는 이제 신뢰할 수 있고, 감당할 수 있으며, 효과적이며, 정밀검사도 필요하지 않았다. 모두가 그것이 사실이 아니라는 것을 알고 있었다. 뒤따른 대혼전이 1년간 계속되었다.

한쪽은 참모총장, 참모차장, 공군본부의 장군들이었다. 그 반대쪽에는 척 스피니, TAC 항공반을 책임지고 있는 톰 크리스티와 러시 머레이, 스피니를 지지하는 TAC 항공반 사람들, 그리고 F-111D가 너무 싫어 척과 그 일당들에게 싸움에 필요한 정보를 계속 제공하는 공군 각계각층의 수많은

---

3) 1991년 8월, 저자와 크리스티의 인터뷰. TAC 항공반은 당시 톰 크리스티의 감독 하에 있었다.

사람들이 있었다. 이 싸움은 결국 국방부 부장관과 공군참모총장의 충돌로
이어졌다.

전술공군사령관 윌리엄 크리치 장군과 부사령관 로렌스 웰치 장군은 개
인적으로 사업 분석·평가PA&E의 러스 머레이와 톰 크리스티에게 F-111D
가 전력화되지 못하도록 하기 위해서라면 무슨 일이든지 다하겠다고 했
다.[4] 크리치의 참모들은 척 스피니에게 모든 정보를 제공했다. 공군본부에
서 크리치와 그의 참모들에게 척의 연구에 대한 반박자료를 준비하라는 지
시가 내려오면 그들은 그들이 사용한 원자료와 반박자료 사본을 척에게 제
공했다. 척은 보통 공군본부의 고위 장군들이 결과를 받아보기도 전에 사
본을 볼 수 있었기 때문에 공군본부의 움직임에 즉각 대응할 수가 있었다.
이로 인해 공군본부 장군들은 항상 어리둥절해 했다. 일반적으로는 개혁
가들, 구체적으로는 척 스피니와 TAC 항공반의 생각에 사사건건 반대하던
크리치와 웰치의 속마음은 알다가도 모를 일이었다. 아무튼 그들은 공군본
부에 타격을 가하기 위해 서로 도왔다.

F-111D가 신뢰할 수 있고 효과적이라는 것을 증명하기 위해 공군은 뉴
멕시코 기지에 있던 몇 대의 F-111D를 호주로 이동배치하여 그곳에서 모
의 전투를 실시하기로 했다. 실제로 여섯 대의 F-111D가 호주에 도착했고
조종사들은 마치 전시에 해외에 파병된 것처럼 시스템을 갖추고 몇 가지
임무를 수행했다. 공군 관리들은 이 업적을 매우 자랑스럽게 여겼다. 그들
은 이 훈련으로 F-111D가 전투임무에 부적합하다는 스피니와 TAC 항공
반의 주장이 틀렸다는 것을 확실히 보여주었다고 떠벌리고 다녔다.

공군에게는 안된 일이지만 TAC 항공반의 또 다른 민간인 분석가인 프랭
크 맥도널드는 현장에서 이 훈련을 직접 보았다. 맥도널드는 공군이 수고
했다는 인사치례를 받고 있을 때 다음의 세 가지 사항이 포함된 출장 보고

---

4) 같은 글.

서를 제출했다.

1. 호주에 전개된 여섯 대의 F–111D에 필요한 부품을 공급하기 위해 호주에 전개되지 않은 나머지 F–111D들로부터 부품을 떼어 냈기 때문에 미국에 있는 항공기들은 한 달 동안 비행을 할 수가 없었다.

2. 원래 12대의 F–111D가 호주를 향해 출발했다. 그 중 6대는 도중에 고장이 나 호주에 도착하지도 못했다. 두 대는 하와이까지도 가지 못했고, 네 대는 하와이에서 고장이 났다.

3. 호주에 도착한 여섯 대는 공군 부사관들이 아닌 F–111D 생산업체의 정비사들이 정비를 했다.[5]

안토니아 키에스 공군성 차관은 러스 머레이에게 보내는 문서에서 이 사실들을 인정했다.[6] 러스 머레이는 F–111D를 혹평할 때 가끔 F–111D의 'D'가 항공기에게 아주 불명예스러운 용어인 'Dog'을 의미한다고 말하곤 했다. 키에스의 동의에 당황한 직급은 낮지만 야망이 있는 '포섭된 공무원'인 윌러드 미첼이 말를 바꾸기 위해 같은 날 해명 편지를 보냈다.[7] 이 노력은 무의미했고 오히려 문제를 악화시켰다.

F–111D에 탑재된 전자장비의 신뢰성에 대한 논쟁은 1979년 10월에 절정에 달했다. 10월 30일, 공군참모총장 루 엘런이 F–111D와 그것의 뛰어난 업적에 대해 해롤드 브라운 국방장관에게 브리핑을 했다. 브라운은 자신이 공군성 장관으로 재직하던 1960년대 말에는 F–111D 찬양론자였다. 엘런 장군의 보고자료에는 전자장비의 신뢰도가 시간이 지남에 따라 향

---

5) Russell Murray, Director, Program Analysis and Evaluation, note to Secretary of Defense Harold Brown, 24 October 1979. 프랭크 맥도널드의 출장결과보고서에도 첨부됨.

6) Antonia Cheyes, Under Secretary of the Air Force, letter to Russell Murray, 16 November 1979.

7) William Mitchell, Air Force Deputy Secretary for Programs and Budget, letter to Russell Murray, 16 November 1979.

상되었다. 상황은 점점 호전되고 있으며, 스피니의 지적은 근거가 없다는 내용이 포함되어 있었다. 엘런 장군이 보고를 끝내자 러스 머레이가 말을 했다.

머레이는 앨런 장군이 사용한 브리핑 차트의 원본을 만든 장본인이었다. 그는 이 차트의 신뢰도 관련 숫자들이 한 번도 아니고 두 번이나 바뀌었다는 것을 발견했다.[8] 이러한 조작은 원래보다 좋아 보이게 만들기 위한 것이었다. 원본에는 F-111D의 항공전자장비가 시간이 지날수록 신뢰도가 향상되는 것이 아니고 나빠지는 것으로 되어 있었다. 엘런 장군의 차트를 자세히 살펴보면 수정한 것이 확실했다. 누가 원래 숫자를 지우고 새로 타이프를 쳤는지 몰라도 아주 조잡했다. 당연히 앨런 장군은 당황할 수밖에 없었다.

공군은 이 일로 이중고를 겪어야 했다. 하나는 공군이 브라운 장관을 속이려 했던 것이었다. 다른 하나는 이 브리핑이 3주 전에 발행된 제임스 펠로우스의 "근육 위주의 초강대국Muscle-Bound Super Power"(월간 애틀랜틱, 1979년 10월호)에 대한 비공식적이고 내부적인 반발로 비추어졌다. 펠로우스의 기사는 개혁운동의 테마를 제일 먼저 논리정연하게 정리한 뉴스였다. 너무 복잡한 장비의 배치 때문에 전반적으로는 펜타곤, 정확하게는 공군이 비난을 받았다.

펠로우스는 장안의 화제였다. 그의 글은 정확히 (개혁가들이 스프레이의 단평을 말할 때 사용하는) '앨세이션' 풍이었고, 공군의 수뇌부들도 그렇게 인식했다. 그 글은 청천벽력과 같았고 수뇌부들은 펠로우스와 개혁가들의 주장을 반박하기 위해 서둘러 움직였다. 불행하게도 무능한 관리들에게 그 시도는 역부족이었고, 브라운 장관에게 한 F-111D 브리핑이 그 예이다.

---

8) Thomas Christie, memorandum to Russell Murray, 30 October 1979, 공군이 크리스티에게 제공한 서로 다른 F-111D 신뢰도 자료 3건도 첨부됨.

앞의 이야기는 공군이 지금의 F-111D는 이제 더 이상 과거의 F-111D가 아니라는 것을 증명하려고 노력했지만 TAC 항공반이 곧바로 진실을 밝힌 1979년 말부터 1980년 초 사이에 있었던 일련의 사건 중 하나에 불과했다. 척 스피니와 TAC 항공반 개혁가들이 장군들을 물 먹이기 위해 사용했던 정보는 항상 공군 자체에서 나왔다.

1980년 초, 척은 레이더 폭격의 정확성을 다룬 연구를 했다. 그는 피에르 스프레이가 1960년대 말에 국방장관의 분석가로 근무할 때 수집한 풍부한 데이터를 사용했다. 척은 F-111D를 직접적으로 공격하지는 않았다. 그 연구는 형편없는 레이더 폭격에 영향을 미치는 모든 요인들을 열거한 훌륭한 작품이었다. 척은 레이더 폭격기인 F-111D 사업을 취소시키기 위해 이 연구를 발표했다. 당연히 공군은 대응을 했지만 또다시 패배했다.

월터 리버즈는 신무기 개발을 담당하는 국방장관실의 2인자였다. 공군 대령인 그의 군사보좌관은 러스 머레이한테 척의 레이더 폭격 연구를 반박하는 매우 거친 서한을 보내자고 리버즈에게 말했다. 리버즈의 서한은 공군의 베트남전 F-111 폭격 결과 분석에 첨부되었다. 레이더스코프 사진에는 표적을 나타내는 점과 폭격수의 조준점cross-hair이 있었고, 공군은 두 점이 가깝다는 것은 레이더 폭격이 정확하다는 것을 의미한다고 주장했다. 그러나 불행하게도 스코프 상에서 두 점이 가깝다는 것과 실제로 폭탄이 지상의 표적에 정확히 명중하는 것과는 별 상관이 없었다.

척은 공군의 연구와 허점을 잘 알고 있었다. 실제로 그 작업을 한 사람이 이미 척에게 그들의 작업에 사용한 모든 자료의 사본을 전달한 상태였다. 자료에는 실제로 폭탄이 어디에 떨어졌는지를 정확히 보여 주는 정찰 사진이 포함되어 있었다. F-111D 폭격 시스템의 진정한 정확도를 말해 주는 지상의 폭파구와 표적과의 거리는 공군이 주장했던 것의 네 배였다.

리버즈의 서한 사본을 받은 그 다음 날, 척은 리버즈와 공군을 정말 당황스럽게 만든 반박문을 발표했다. 척은 반박문에서 공군이 의도적으로 정확한 실제 자료를 무시했다고 지적했다. 척의 반박문은 펜타곤 전체에 널리 뿌려져 이 문제에 약간이라도 관심이 있는 사람이라면 모두 볼 수 있었다. 유감스럽게 리버즈는 싸움터에서 철수했다.

공군의 수뇌부들은 척과 TAC 항공반이 너무 정확한 정보를 가지고 있었기 때문에 당황했을 뿐만 아니라 화가 나기 시작했다. 엘런 장군은 정기적으로 그의 참모들에게 2층에 있는 저 나쁜 녀석들이 공군 내부에서 나오는 것이 확실한 정보를 어떻게 그렇게 많이 갖고 있는지에 대해 묻기 시작했다.

폭격의 정확도에 얽힌 일련의 사건은 로버트 매티스 장군이 참모차장이 된 직후인 1980년 봄에 일어났다. 공군에서 그의 서열은 엘런 바로 다음인 2위였다. 매티스는 젊었을 때 척 스피니의 연구에서 엄청난 논란을 일으켰던 두 항공기인 F-15와 F-111D의 사업관리자였다. 척이 쓴 국방의 현주소는 펜타곤과 각 군 대학에서 이미 뜨거운 감자가 되어 있었다. 넌 상원의원과 상원 군사위원회는 브리핑을 위해 척을 의회로 보내달라고 줄기차게 요구했다. 공군은 이 일만큼은 일어나지 않기를 원했다. 긴장이 고조되었다. 매티스가 참모차장이 되면서 TAC 항공반과 공군의 수뇌부들 사이의 관계가 악화된 것은 우연이 아니었다.

매티스 장군은 일반적으로는 개혁가들을, 구체적으로는 척 스피니를 국가 안보의 심각한 위협으로 보았다. 매티스는 자신이 사랑하는 F-15, F-111D와 같은 고가의 복잡한 무기가 소련으로부터 미국을 지킬 수 있는 유일한 무기이며 그에게 동의하지 않는 사람은 모두 비애국자이며 악마라고 생각했다. 그는 공개적으로 개혁가들을 '어두운 악마의 세력'이라고 했다(나는 공군본부 회의에서 그 말을 여러 번 들었다).

매티스 장군이 관여했던 복잡한 고가의 무기체계를 개혁가들이 비판했다는 것은 사실상 그의 판단에 의문을 제기한 것이나 다름없었다. 매티스의 명성이 위태로웠다. 그는 F-111D의 단순한 옹호자가 아니라 F-111D

자체였다. 따라서 F-111D를 비판하는 것은 바로 매티스 장군을 비판하는 것이었다.

1979년에 존 스텐슨 공군성 장관의 군사보좌관이었던 잭 체인 장군이 나중에 매티스의 개혁가들에 대한 공격에 합류했다. 항상 그랬듯이 체인은 스텐슨 장관을 허수아비로 만드는 데 결정적인 역할을 했다. 체인이 문을 지키고 있는 한 '푸른 제복을 입은 같은 당원'이 아니면 스텐슨을 만나러 들어갈 수가 없었다. 그가 1980년대 초에 당의 수호자가 된 것과 매티스와 함께 개혁가들을 공격한 것은 체인에게 정말 잘 어울렸다. 그는 공개적인 연설에서 독설을 토해냈다. 그는 연설을 하면서 너무 고함을 질러 꼭 TV 전도사 같다는 생각이 들게 하곤 했다(체인 장군은 4성 장군까지 진급하여 전략공군사령관이 되었고 그곳에서 다소 정신을 차리고 핵무기 발사 단추에 손가락을 올려놓고 있다).

체인과 매티스는 자주 개혁가들을 '러다이트Luddites'[9]라고 했고, 배신자까지는 아니지만 거의 그 수준으로 불렀다. 1982년 10월 24일자 뉴욕 타임스에 실린 인터뷰에서 체인은 개혁가들을 '정말 평범한 항공기'를 공군에 몰래 도입하여 '국가에 해를 끼치려는' '덜 떨어진 사람들'이라고 했다.[10] 내가 체인 장군 한 사람만을 소개한 것은 개혁가들을 향한 그의 태도가 가장 전형적이었기 때문이었다. 공군 수뇌부들의 증오심과 혐오감은 대단했다. 참모총장 루 엘런 장군이 큰소리로 개혁가들이 어디서 그 모든 정확한 정보를 얻는지에 대해 궁금해 하면서 스파이 작전이 시작되었다.

앞서 언급했듯이 TAC 항공반은 개혁가들의 비공식 본부였다. 이곳은 척 스피니와 같은 민간인 분석가 4~5명, 그리고 각 군에서 온 네 명의 장교

---

9) 산업혁명 당시 노동자들이 자본가에게 맞서 기계를 파괴하는 등의 계급투쟁을 벌인 사람들. 역자 주.

10) Charles Mohr, "Drop in U.S. Arms Spurs Debate on Military Policy," *The New York Times*, 24 October 1982, 1.

들이 근무하는 그리 크지 않은 사무실이었다. 장교들은 국방장관실과 각 군이 어떻게 일을 처리하는지에 대한 '안목을 넓히기 위해' 그곳에서 근무했다. 그들의 진짜 일은 그들이 속한 군의 이익을 챙기는 것이었다.

TAC 항공반에 파견된 공군 장교는 대령으로 진급하기를 학수고대하고 있는 젊은이였다. 나는 그를 '슬리츠Sleez' 중령이라고 불렀다. 그는 TAC 항공반에서 근무하고 있었지만, 공군참모차장이 그의 근무성적을 결정했다. 훌륭한 근무성적은 진급을 보장했고 빈약한 근무성적은 곧 전역을 의미했다. 그 자체가 슬리츠에게는 압력으로 작용했다.

TAC 항공반은 항상 붐볐다. 사람들이 보이드의 '분쟁의 패턴' 브리핑 혹은 스피니의 국방의 현주소를 듣기 위해 꾸준히 방문했다. 이름과 얼굴도 없는 사람들이 슬며시 들어와 서류 뭉치를 내려놓고 한 마디 말도 없이 빠져나간다. 어떤 면에서 이곳은 꼭 1939년의 리스본 카페 같았다.

거의 매일 오후 3시 경에는 나를 제외한 강경한 개혁가들이 모여 최근 펜타곤의 실책에 대한 우울한 얘기들을 나누곤 했다. 그들은 공개적으로 정책과 특정 무기체계 도입 결정을 비판했고, 심지어 특정 군인과 민간 리더들의 능력에 의문을 제기하곤 했다. 이 자리에 끼기 위한 유일한 자격은 체제에 대한 불경죄였다. 피에르 스프레이, 척 마이어스, 봅 딜거, 어니 피츠제럴드, 톰 앙리(어니 밑에서 일함), 그리고 그 외 몇 명이 정기 방문자였다.

수요일 저녁에는 패거리 전원이 펜타곤 바로 북쪽에 있는 포트 마이어 장교클럽에 있는 해피 아워로 자리를 옮겼다. 그 자리에는 가끔 펜타곤의 얼굴 없는 애국자들, 비평가, 언론계의 동조자, 때로는 의회 참모들이 동참하기도 했다. 술기운이 약간 돌면 혀가 풀리고 펜타곤 비난이 매우 활발해지곤 했다. 물론 군에서도 이들의 모임을 알고 있었고, 개혁가들도 군에서 자기들을 항상 관찰하고 있다는 것을 알고 있었다.

어느 수요일 저녁, 주위에 있던 해군들이 그 모임에 합류했다. 그들 중 그 해군들도 잘 모르는 한 사람이 자신을 다음 보직으로 가는 도중에 잠깐 워싱턴에 들른 블랙 해군 대령이라고 소개했다. 블랙 대령은 전반적으로는 펜타곤을, 정확하게는 해군을 비판하기 시작했다. 술기운이 약간 오르면서 같이 있던 해군들이 '그건 아무것도 아니야Can you top this?'게임을 시작했고, 당혹스러운 해군 이야기들이 쏟아져 나왔다. 강경한 개혁가들만이 블랙 대령이 사실 워싱턴 포스트의 조지 윌슨이라는 것을 알고 있었다 (전역하고 나서 몇 년 후 나는 접선 암호를 사용했던 사람이 나만이 아니었다는 것을 알았다. 블랙 대령은 정기적으로 개혁가들과 국기 아래서 만났다). 이런 게임은 흔히 있는 일이었고 재미 삼아 했지 누군가를 해치기 위한 것은 아니었다. 그러나 슬리츠의 행동은 차원이 다른 문제였다.

슬리츠는 참모차장에게 TAC 항공반에 있는 거의 모든 사람의 일상적인 활동에 대해 보고하기 시작했다. 참모차장은 척 스피니와 어둡고 사악한 세력들에게 전화하는 사람들의 이름을 알아내라고 했다. 그는 모든 방문자들을 추적했고 나도 모르는 것을 찾기 위해 사람들의 금고와 책상까지 뒤졌다. 그러나 그가 참모차장에게 보고하는 정보의 질이나 그의 스파이 활동을 보면 슬리츠는 훌륭한 스파이는 아니었다.

1980년 봄, 공군의 수뇌부들과 TAC 항공반의 관계는 악화될 대로 악화된 상태였다. 국방장관실의 사업 분석·평가 국장의 공군본부 카운트파트너인 로버트 로젠버그 준장은 공군본부 연구·분석 참모부부장이었다. 1980년 3월, 그는 참모부장을 대신해서 왔다고 하면서 톰 크리스티에게 평화를 제의했다.[11] 로젠버그에 의하면, 앨런 장군은 TAC 항공반과 '대화 채널을 개통'하기를 원한다고 했다. 그래서 로젠버그는 정기적으로 자신의 참모와 척 스피니가 회의를 갖고 의견이 다른 여러 가지 주제에 대해 의견을 교환하자는 제의를 했다. 또한 로젠버그는 그 회의를 비밀로 하자고

---

11) 크리스티와의 인터뷰.

했다. 크리스티는 그 제안을 환영했고 회의가 도움이 된다는 가시적 성과가 나타날 때까지 신중하자는 그의 요구도 받아들였다.

로젠버그의 참모인 맥 볼튼 대령이 척과 정기적으로 회의를 갖고 의견이 다른 문제와 핵심에 대해 의견을 나눴다. 볼튼은 척이 공군에게는 달갑지 않은 인물이라는 것을 알고 있었고 그는 척에게 그들의 회의를 비밀로 할 것을 요구했다. 척은 승낙했다.

그러나 그 회의는 손발이 맞지 않는 무능한 참모들 때문에 오래가지 못했다. 회의가 시작되고 몇 주가 지났을 때 느닷없이 로젠버그가 척의 사무실로 찾아와 한 3성 장군이 자기 사람들을 적과 어울리게 만들었다고 로젠버그를 호되게 질책하고 갔다고 했다. 로젠버그는 회의를 비밀로 하자고 했던 서로의 약속을 크리스티가 어겼다고 주장했다. 크리스티는 자기가 그러지 않았다고 했다. 그리고 그는 조직 내에 스파이가 있다고 의심했다.

로젠버그가 크리스티의 사무실에서 고래고래 고함을 지르고 있을 때 맥 볼튼은 척의 사무실에서 소리를 지르고 있었다. 볼튼은 척이 약속을 깨고 비밀을 누설했다고 생각했기 때문에 화가 나 있었다. 그 문제로 볼튼은 공군본부 장군들로부터 많은 고초를 겪어야 했다. 척은 그에게 자신이 약속을 어기지 않았다고 했지만 이미 엎질러진 물이었고 대화 채널은 폐쇄되었다.

누군가 '대화 채널의 개통'을 원했던 참모부장의 생각에 동의하지 않았거나 그 회의의 기본 취지를 모르는 장군들 귀에 들어갔거나인데, 나는 전자라고 생각한다. 참모부장은 조직을 장악하고 있다고 생각하겠지만 사실은 그렇지 않다는 것을 보여주는 전형적인 사례이다. 어쨌든 어둡고 사악한 세력들은 그들 중에 있는 스파이를 경계해야 했다. 모든 시선이 슬리츠 중령에게로 쏠렸다.

그는 얼마 안 되어 책상과 금고를 뒤지다 현행범으로 붙잡혔다. 스파이 활동이 발각되자 그는 수뇌부들로부터 동조자들과의 연락을 포함해 강경한 개혁가들의 행동을 보고하라는 압력을 받고 있다고 자백했다. 참모부장단의 심복들이 압력을 가했고, 보고서는 그들에게 올라갔다.

참모부장과 참모부부장은 다섯 명의 중령을 개인 참모로 두었다. 이 젊은 장교들은 공군본부에서 가장 뛰어나고 가장 똑똑한 알짜들이었다. 그들은 두 보스를 직접 보필하며 연설문을 작성하고 펜타곤 안의 여러 기관들과의 논쟁적인 이슈들을 원만히 수습하고 공군본부와 펜타곤에서 보스의 눈과 귀가 되었다.

보이드, 스피니, 그리고 나는 이 다섯 명의 젊은 친구를 '다섯 사도The Five Disciple' 혹은 '파이브 D'라고 했는데 두 보스를 따라 당의 강령을 전도한다고 해서 붙인 암호였다. 내가 말했듯이 부장은 직책일 뿐이지 부장이라고 해서 그가 부를 지휘한다는 것을 의미하지는 않았다.

공군본부는 일심동체의 조직이 아니다. 많은 세력들이 영향력과 통제력을 확보하기 위해 경쟁한다. 다섯 사도의 주요 업무 중 하나는 부장의 생각과 지시, 그리고 정책이 시행되고 있는지를 확인하기 위해 공군본부의 하급 부서들을 배회하는 것이었다. 부장의 생각과 지시는 부장과 다른 생각을 갖고 있는 중간 계층 관리자들에 의해 꽤 자주 변질되곤 했다. 반면 다섯 사도는 부장에게 직접 보고를 한다. 그래서 다섯 사도를 잘 활용하면 부장에게 정보를 조용히 직접 전달할 수 있다.

나는 군인과 민간인 리더들의 서로 다른 시각을 협조하고 절충하기 위해 다섯 사도와 매일 만났다. 그들의 경력은 그들이 부장의 복음을 얼마나 잘 전도하는가와 부장에게 얼마나 정보를 잘 제공하는가에 의해 결정되기 때문에 충성심이 강했다. 그들은 매우 총명하고 야망도 대단히 컸다. 그들이 슬리츠에게 압력을 가하는 스파이 총책이라는 것은 놀랄 일도 아니었다.

보이드, 스피니, 맥도널드, 그리고 TAC 항공반의 나머지 패거리들은 슬리츠가 자백했을 때 엄청 화를 냈다. 그들은 그를 내쫓기를 원했고 만일 해고되지 않으면 책상과 개인 소지품을 복도로 옮길 준비를 했다. 러스 머레이 사업 분석·평가 국장도 마찬가지로 화가 나 있었기 때문에 그가 쫓겨나는 것은 의심의 여지가 없었다. 머레이는 모든 공군장교를 사업 분석·평가국에서 언제라도 쫓아낼 수 있었다.

1980년 5월의 첫 번째 금요일 오후, 톰 크리스티가 매티스 참모차장에게 슬리츠 문제를 거론했다.[12] 슬리츠는 월요일에 책상을 비웠지만 그의 악행은 그 이후에도 멈추지 않았다.

슬리츠는 공군본부로 복귀한 후 톰 크리스티, 척 스피니, 그리고 모든 개혁가들이 공군을 곤경에 빠뜨릴 음모를 꾸미고 있다는 진술서를 준비했다.[13] 그것은 스파이로서 그의 마지막 보고서였고, 수신자는 국방부 장관이었다. 그는 이 진술서를 국방장관실에 근무하는 공군 장교에게 주었고, 공군 장교는 그것을 장관에게 전달하려고 했다. 장관의 민간 법무참모가 이것을 가로채 러스 머레이에게 주었고 결국 국방부 장관은 이 진술서를 보지 못했다.

진술서에서 슬리츠는 보이드, 스피니, 스프레이, 척 마이어스를 공격했다. 슬리츠는 톰 크리스티가 개혁운동의 브레인이라고 했다. 슬리츠는 훌륭한 스파이는 아니었다. 크리스티의 역할을 잘못 평가한 실수는 레이건 행정부에게 한 공군 브리핑에서도 반복되었다(진술서에 나는 언급되지 않았다. '아버스노트와 국기'는 분명 성공적인 전략이었다).

보이드는 이 터무니없는 내부 감시 사건에 대해 공군이 책임을 져야 한다고 주장했다. 보이드의 제안에 따라 TAC 항공반이 직접 슬리츠의 후임자를 선발하겠다고 공군에 통보했다. 그 후임자는 공군사관학교 전자공학 교수인 레이 레오폴드 소령(보이드가 제대하기 직전에 그 밑에 있었던 대위 중

---

12) 같은 글.
13) 나는 1980년 5월 16일에 결재한 이 진술서의 사본을 가지고 있다.

한 명)이었다.

레이가 워싱턴을 향하고 있을 때 참모총장과 차장이 레이와 보이드의 관계를 알게 되었다. 레이도 척과 나처럼 보이드의 편이었다. 레이의 임명은 취소되었고, 유럽으로 발령이 났다. 이 조치로 그라함 클레이터 국방부 부장관과 루 앨런 참모총장이 충돌했다.

클레이터 부장관은 앨런 장군을 사무실로 호출하여 그에게 헌법에서 보장하는 문민통제 원칙을 일깨워주었다. 부장관은 앨런 장군에게 넌지시 참모총장으로 남고 싶다면 레이를 원래대로 TAC 항공반에 보임시켜야 할 것이라고 하면서, 오후 4시 30분까지 결정을 내리라고 했다. 앨런은 확실히 참모총장을 즐기는 듯했다. 그는 집무실로 돌아와 곧바로 레오폴드를 다시 TAC 항공반에 배치했다. 자기에게 주어진 일을 한 슬리츠 중령은 대령 진급자 명단에 포함되었다.

개혁가들과 공군 수뇌부들 간의 관계가 회복하기 어려울 정도로 악화되었다. 전면전이었다. 나는 '미스터 아버스노트'와 '미스터 그라우'를 만나는 것과 대화를 하는 데 더욱 조심해야 했다.

슬리츠의 스파이 드라마가 한창이던 때 나는 조용히 보이드와 스프레이 그리고 내 보스인 헤르만과의 만남을 주선했다(4장 참고). 헤르만은 개혁가들의 주장과 시각, 그리고 철학을 알고 싶어 했다. 우리는 매티스 장군 집무실의 바로 옆방인 헤르만의 집무실에서 몇 번 모임을 가졌다. 진척이 있었고 서로 좋은 관계가 형성되었다. 불행하게도 1980년 대통령 선거가 이 시도를 중단시켰다(슬리츠의 진술에 포함되지 않은 것을 보면 이 모임은 발각되지 않은 것이 확실했다).

1981년 1월, 제임스 펠로우스의 글 '국방National Defense'이 발표되었다. 이 글은 그가 월간 애틀랜틱의 1979년 10월호에 기고했던 '근육 위주의 초강대국'의 속편이었다. 보이드와 스프레이가 목차를 정하는 데 큰 역할을 했고, 펠로우스는 그들에게 모든 공을 돌렸다. 펠로우스는 이제 공군이 '싫어하는 언론인' 목록 1순위에 올랐다. 논쟁의 불꽃에 기름을 부은 격이었다.

1981년 초, 의회의 개혁운동이 탄력을 받기 시작했다. 당시 군사개혁위원회는 느슨한 조직으로 상·하원 연립 집단이었고, 버지니아의 하원의원인 윌리엄 화이트허스트가 의장을 맡고 있었다. 집행위원은 워싱턴 하원의원 노만 딕스, 조지아 하원의원 뉴트 깅리치, 조지아 상원의원 샘 넌, 콜로라도 상원의원 게리 하트, 메인 상원의원 윌리엄 코헨이었다.[14]

누구도 (개혁위원들뿐만 아니라 펜타곤의 강성 개혁가들도) 각 정당과 상·하원에서 온 출신이 다양한 정치가들이 함께 일을 할 수 있을지 확신할 수는 없었지만 그 가능성만으로도 공군 수뇌부들을 긴장하게 만들었다.

레이건 행정부의 안보팀이 취임하자 공군은 새로운 민간 리더들에게 反개혁가 브리핑을 했다. 러스 머레이 사업 분석·평가 국장 후임은 데이비드 추였다. 1981년 5월, 공군은 그에게 '초도 업무보고'를 했다.[15]

공군은 추에게 반국방Antidefense 언론이 정기적으로 등장하는 것은 그의 TAC 항공반에 자주 출입하는 어둡고 사악한 세력들의 책임이라고 했다. 공군 고급 지휘관들에게 '반국방'이란 자신들의 시각에 동의하지 않는 모든 사람들이었다. 정말 어처구니없는 말이었지만 그게 현실이었다. 공군 브리핑의 핵심은 추가 국가 방위와 레이건 대통령의 '미국 재무장' 계획을 훼손하는 공모자들의 보금자리인 조직을 물려받았다는 것이었다(개혁가들은 엄청난 국방예산이 미국의 재무장과 직결되지 않는다고 생각했던 반면, 공군의 고급 지휘관들은 국방예산과 재무장의 차이점을 전혀 이해하지 못했거나 인정하지 않았다).

추는 공군 고급 지휘관들이 개혁가들의 작품이라고 주장한 비판적인 매거진과 신문 기사로 가득 찬 노트를 받았다. 여하튼 몇 명 안 되는 개혁가

---

14) John J. Fialka, "Congressional Military Reform Caucus Lacks Budget, but Has Power to Provoke Pentagon," *The Wall Street Journal*, 13 April 1982, 52.

15) 크리스티와의 인터뷰.

들이 기자단 전체를 장악했고, 나치의 선전가 요제프 괴벨스도 부러워했을 방법으로 언론을 주물렀다. 그저 단순한 립 서비스가 아니었다. 노트 두께는 6인치 정도였고, 맨 처음 기사는 월간 애틀랜틱에 실렸던 펠로우스의 '근육질의 초강대국'이었다(만약 이 브리핑이 2년 후에 있었다면, 노트의 두께는 아마 몇 피트는 되었을 것이다).

공군 고급 지휘관들은 개혁가들이 너무 반국방적이어서 그들이 레이건의 방위력 증강을 끝까지 방해할 것이라고 믿었다. 그들의 진정한 관심사는 대통령 선거유세에서 약속했던 예산이 배정되지 않을 가능성이었다.

나는 추가 공군 브리핑에 어떤 반응을 보였는지 모르지만, 그는 브리핑 직후 척 스피니에게 국방의 현주소 브리핑을 그만두라고 지시했던 것은 꼭 짚고 넘어가야 할 것 같다. 척은 브리핑 중단은 물론 더 이상 그 주제에 대해 연구도 하지 말라는 지시까지 받았다. 분명히 새 행정부는 이 정도로 고위급에 있는 사람들은 서로 다른 견해를 가져서는 안 된다는 공군 고급 지휘관의 생각에 동의했다.

마지막으로 공군 브리핑의 클라이맥스는 '공모자들의 계보'라는 제목의 차트였다. 그것은 꼭 마차 바퀴처럼 보였다. 톰 크리스티의 이름이 바퀴 중심에 놓여 있었다.[16] 바퀴살 하나에는 보이드와 스피니 같은 펜타곤 공모자들의 이름이 적혀 있었다. 다른 바퀴살에는 샘 넌, 깅리치와 같은 국회의원들 이름이 있었다. 세 번째 바퀴살에는 국회위원 보좌관들의 이름이 적혀 있었다. 컨설턴트 바퀴살에는 피에르 스프레이와 척 마이어스의 이름이 있었다. 언론인 바퀴살의 첫 번째 이름은 당연히 제임스 펠로우스였다. 나는 내 이름이 나와 있지 않다는 것을 알고 기뻤고 아버스노트와 그라우도 명단에 없었다.

---

16) 같은 글.

[사진 5–1] 저자와 부인 낸시

[사진 5-2] 피에르 스프레이(왼쪽)와 존 보이드가 공군성 장관실에 걸려 있는 F-16 그림 앞에서 포즈를 취했다. 장관이 두 사람을 싫어한다는 것을 모르는 공군 공보장교가 그들을 집무실에 들였기 때문에 F-16의 아버지이며 개혁운동의 창시자인 보이드와 스프레이가 웃고 있다.

[사진 5-3] 1958년 12월 19일, 백악관에서 저녁 식사 후의 제임스 G. 버튼 공군사관생도와 드와이트 D. 아이젠하워 대통령 부부

[사진 5-4] 1982년 6월, 공군 차관보 알톤 킬 2세 집무실. (왼쪽으로부터) 공군 차관보 알톤 킬 2세, 아내 낸시, 그리고 저자. 차관보가 주관한 저자의 환송파티

[사진 5-5] 저자와 부인 낸시가 호박색 폭스바겐 컨버터블을 타고 일요일 오후 드라이브를 즐기고 있다. 저자는 브래들리 실사격 테스트들을 관찰하기 위해 펜타곤과 애버딘 사이를 수없이 왕복하느라 1년에 30,000마일을 운전했다.

[사진 5-6] (왼쪽으로부터) 상원의원 낸시 카사바움과 데이비드 프라이올의 보좌관이었던 윈스로 휠러, 예비역 해병 중령 데이비드 에반스, 피에르 스프레이, 톰 앙리, 저자, 빌 린드, 존 보이드, 척 마이어스, 척 스피니. 1982년 6월.

[사진 5-7] "미치광이 대령" 존 보이드(미공군 사진)

[사진 5-8] F-15 사업의 기초를 닦기 위해 존 보이드가 펜타곤으로 왔을 때의 캐리커쳐. 이 그림에서 유일하게 틀린 것은 보이드가 주로 다른 사람의 면전에 혐오스러운 시가를 들이대고 있지 않다는 것이었다(톰 본드 그림).

[사진 5-9] 공군 연구·개발·군수 차관보인 잭 마틴 박사가 저자에게 훈장을 수여하는 사진(미공군 사진)

[사진 5-10] F-15. 1960년대 중반, 보이드 소령은 공군의 문제 많은 F-X 전투기를 재설계하여 F-15로 재탄생시켰다. 그의 새로운 설계는 에너지-기동 이론에 기초했다(미공군 사진).

[사진 5-11] F-16. 전투기 마피아의 '분신' (미공군 사진)

[사진 5-12] 프랭클린 C. "척" 스피니(국방부 사진)

[사진 5-13] 브래들리 전투장갑차(좌)와 그 동급 장갑차인 두 종의 소련 BMP. 이 장갑차들은 실사격 테스트에 사용되었던 실제 장갑차량이다(탄도연구소 사진).

[사진 5-14] 탄도연구소 과학자들은 브래들리 장갑에 대한 효과를 테스트하기 위해 토우 대전차 미사일 탄두를 원하는 위치에 정확히 두었다. 이 위치에서 탄두를 전기충격으로 폭발시켰다. 저자가 미사일을 발사하도록 만들 때까지 탄도연구소는 이런 방식으로 시험을 했다. 실제 발사했을 때의 운동에너지는 앞의 방법보다 수십, 수백 배 더 컸다.

[사진 5-15] 앞의 사진처럼 토우 미사일을 터뜨렸을 때 생긴 아주 깨끗한 구멍. 그러나 미사일을 실제로 발사했을 때 생긴 구멍은 사람이 통과할 수 있을 정도였다(탄도연구소 사진).

[사진 5-16] 1979년에 존 스텐슨 공군성 장관 전용 식당에서 오찬 후 촬영한 사진. (왼쪽부터) 저자, 나중에 개혁가들을 매우 강하게 비판한 잭 체인 미 공군 준장, 스텐슨 공군성 장관, 잭 마틴 차관보, 안토니아 키에스 차관보, 댄 리차트 법률 고문.

[사진 5-17] 거의 혼자서 육군이 DIVAD(Division Air Defense) 대공포를 시험하게 만들었던 해병 중령 톰 카터. 와인버거 국방장관이 시험 결과를 보고 사업을 취소시켰다. 저자가 브래들리 전쟁을 치르고 있을 때 카터는 육군과 씨름 중이었다. 카터와 저자는 가까운 친구가 되었다(톰 카터 제공).

● EXTERNAL FUEL
● 25MM AMMO COMPARTMENTS
● EXTERNAL TOW STOWAGE
● IMPROVED 30MM PROTECTION
● SPALL LINER

[사진 5-18] 사상자 최소화 장갑차. 저자가 육군에게 2단계 실사격 시험에서 이와 같은 장갑차로 시험할 것을 요구했다. 브래들리의 사상자를 줄이기 위한 설계 특징은 외부 연료통, 25mm 탄약실, TOW 외부 적하, 개선된 30mm 장갑, 조각 덧판(spall liner) 등이다. 육군이 "버튼의 우라질 장갑차"라고 부른 이것이 시험을 한 실제 장갑차이다(탄도연구소 사진).

[사진 5-19] A-10 썬더볼트 II. 개혁가들은 처음부터 "혹멧돼지"라는 애칭의 A-10을 극찬했고, 공군 고급 지휘관들은 멸시했다. 걸프전 당시 A-10의 출격 회수는 공군 전체 출격 회수의 1/30이었지만, 다른 전투기들이 파괴한 표적을 모두 합친 것보다 많은 표적을 파괴한 것으로 공식 집계되었다.

6. 임기응변

'옐로우 버드에 나온 기사에 대처하는 시스템'이 펜타곤 내의 민간인과 군인들의 일상을 상당 부분 좌우했다. 이 시스템은 햇빛이 가장 훌륭한 소독약이라는 원칙에 의해 움직였다. 펜타곤의 일부 참모들은 꼭두새벽에 국방에 대한 주요 신문, 통신, 잡지, TV 스크립트를 숙독했다. 기사들을 오려 풀로 붙인 다음 복사하여 '오늘의 뉴스'라는 제목으로 발간했다. 오늘의 뉴스에는 두 종류가 있었는데, 먼저 나오는 것은 동트기 전에 배포되는 'Early Bird' 혹은 표지가 노랗기 때문에 '옐로우 버드'로 알려져 있다. 옐로우 버드에는 이날 전국의 각종 간행물에 실릴 가장 중요한 기사만 간단하게 실렸다.

이른 오후에 배포되는 두 번째 것은 표지가 흰색이어서 '화이트 버드'라고 했다. 옐로우 버드보다 기사가 훨씬 많고 옐로우 버드에 소개되었던 주제에 대한 추가 내용뿐만 아니라 옐로우 버드보다 중요하지 않다고 여겨지는 기사들도 실렸다. 특정 무기체계가 심각한 문제에 빠지면 그 이야기가 옐로우 버드와 화이트 버드를 도배했다.

옐로우 버드는 국방 분야에서 가장 널리 읽히는 간행물이었다. 옐로우 버드는 의회부터 모든 무기체계 업체들의 워싱턴 사무실까지 배포되었고 복사본은 전 세계의 군부대로 보내졌다. 옐로우 버드는 해리 주코프가 창간했고, 그가 1986년에 은퇴할 때까지 편집장을 했다. 주코프는 펜타곤의 일상 업무에 대한 옐로우 버드의 영향력을 잘 알고 있었다. 그는 옐로우 버드가 군 기사를 사실 그대로 전달해야 한다는 신념을 굽히지 않았다. 만약 그 기사가 비판적이고 곤혹스러운 것이라면 옐로우 버드도 그래야 했으며 나쁜 소식과 좋은 소식이 똑같이 다루어졌다.

나는 앞 장에서 수뇌부에게 좋은 소식은 부풀리고 나쁜 소식은 감추기 위해 정보가 어떻게 여과, 조작, 가공되는지에 대해 설명했다. 만약 수뇌부가 그들 주위에서 어떤 일이 일어나고 있는지 알고 싶다면 그들은 정상적인 지휘계통의 밖에 있는 정보 원천을 개발해야 했다. 그렇지 않으면 그들은 '펜타곤의 죄수' 내지는 그가 지휘하고 있다고 생각하는 바로 그 조직의 포로가 될 수 있었다.

옐로우 버드는 펜타곤의 수뇌부들에게 중요한 외부 정보원이었다. 국방부 장관 참모회의부터 말단 회의까지 거의 모든 참모회의는 옐로우 버드 검토로 시작되었다. 모든 사람들이 옐로우 버드가 그 날 아침 회의의 안건을 결정한다는 것을 알고 있었다. 옐로우 버드를 먼저 확보하고, 1면의 곤혹스러운 기사를 설명하는 데 필요한 정보를 찾느라 매일 아침마다 한바탕 소란이 일었다. 고위층 참모회의에 참석하여 관련자들이 최근의 사태를 왜곡하고 합리화시키려 허둥대는 모습을 지켜보는 재미가 쏠쏠했다.

보좌관들에 따르면 와인버거 장관은 항상 "나는 왜 미리 몰랐지? 나는 왜 옐로우 버드에서 이것을 알아야만 하지?"라고 물었다고 한다. 이러한 질문들이 옐로우 버드에 실린 기사의 대응 체계에 활기를 불어 넣었다(와인버거는 아마 먼저 알기를 원치 않았을 것이다. 그가 먼저 알았다면 미리 무엇인가 해야 했다). 그 두 질문은 모든 회의에서 똑같이 반복되었다.

몰랐다고 하는 것은 좋은 변명은 아니었지만, 높은 지위에 있는 사람들이 더 나은 이야기를 꾸며댈 시간을 벌기 위해 가끔 사용하기도 했다. 동료나 경쟁자들 앞에서 화가 났거나 격분한 상사에게 대답을 해야 할지도 모른다는 생각은 상당한 스트레스였다. 만약 그 상사가 자신의 상사에게 많은 것을 설명해야 한다는 사실을 알게 된다면 사태는 더 아슬아슬해졌다. 펜타곤의 약국에서는 제산제가 많이 팔렸다.

내가 '임기응변Dickey Bird Shuffle'이라고 부르는 기술이 있다. 나는 4년 동안(1978-1982) 공군성 장관의 일일 참모회의에 참석했었다. 장관 회의에 앞서 차관보 회의가 열리는 식이었다. 야망 있는 펜타곤 관료, 군인, 공무원에게 일어날 수 있는 가장 곤혹스러운 사건은 동료들 앞에서 자신의 담당 분야에서 일어나고 일을 상사에게 모른다고 말할 수밖에 없는 상황에 직면하는 것이었다. 야망 있는 출세주의자는 "잘 모르겠습니다. 알아보고 보고를 드리겠습니다."라는 말을 싫어했다. 대신 그들은 항상 모든 것을 장악하고 있다는 인상을 주어야만 했다. 그들이 준비되지 않았을 때 또는 만약 설명해야 할 진실이 매우 난처한 것이라면 그들은 그럴싸한 이야기와 변명을 지어냈다. 그들은 임기응변에 능했다.

나는 그들이 책임이 따르는 실수를 연발하면서도 개인 경력에 오점을 남기지 않을 정도로 임기응변에 능한 것에 놀라지 않을 수 없었다. 그들의 임기응변은 정말 예술이었다. 40년대를 경험하지 못한 사람들은 잘 모르겠지만 디키버드는 몸을 앞으로 숙였다 들었다 하면서 물을 마시는 플라스틱 장난감 새다. 부리를 통해 몸통으로 들어 온 물에 의해 같은 동작이 반복된다.

펜타곤의 디키버드는 윗사람이나 자신이 속한 계파의 의견에 항상 동의하는 예스맨을 일컫는다. 장난감 디키버드도 펜타곤의 그것도 머리를 좌우로 돌리지 못하고 앞뒤로만 움직인다. 그러나 펜타곤의 디키버드는 장난감과는 달리 다리를 움직이고 춤도 춘다. 그런데 그 춤이 약간 낯설다. 멕시코 모자 춤과 비슷하지만 모자 주위를 돌면서 추는 멕시코 춤과 달리 디키버드는 진실 주위를 돌며 춤을 춘다.

펜타곤은 1980년까지 지하 활동의 온상이었다. 건물은 항상 불안으로 가득 차 있었고 반대 의견은 곳곳에 도사리고 있었다. 제도는 전례가 없을 정도로 도전을 받았지만 그 도전에 제대로 대처하지 못했다. 그것 자체가 이야깃거리인 많은 일들이 동시에 일어났다가 서로 얽혀 변혁의 원인이 되었다. 모든 변혁의 진원지는 보이드가 속한 공군이었거나 최소한 공군에게는 그렇게 보였다.

펜타곤을 바라보는 언론의 시각이 극적으로 변하기 시작했다. 천천히 그러나 확실하게 모든 리포터들이 펜타곤 사업의 진면목을 알게 되었다. 언론은 펜타곤 대변인에 의해 각색된 발표를 더 이상 믿지 않았다. 탐문과 질문이 점점 예리해졌고, 기사는 점점 비판적이 되어 갔고, 펜타곤의 대답은 점점 더 회의적으로 다루어졌는데 그럴 만도 했다. 개혁가들은 이 신세대 리포터들에게 펜타곤 리더들의 입에서 쏟아져 나오는 말이 모두 거짓임을 뒷받침할 물리적 증거들을 제공했다. 시간이 지남에 따라 개혁가들의 신뢰도는 높아졌고, 기존 체제의 신뢰도는 떨어졌다. 개혁가들은 옐로우버드의 영향력과 지렛대 효과를 잘 이해하고 활용했다. 결과적으로 펜타곤은 대응하느라 항상 분주했다.

동시에 몇몇 상·하원의원들은 공개적으로 개혁가들과 같은 목소리를 내기 시작했다. 우연은 아니지만 그들의 숫자가 증가했고, 그들의 목소리는 점점 커졌다. 민주당과 공화당, 진보당과 보수당이 연합하여 군사개혁위원회를 구성했다. 이 느슨한 조직은 여러 가지 면에서 이견도 많았지만 펜타곤에 변화가 필요하다는 것에 대해서는 뜻을 같이 했다. 1983년 봄에 있었던 스피니의 첫 청문회 때 군사개혁위원회 위원의 숫자는 50명 정도였으나 1985년에는 그 수가 100명을 넘어섰고, 그 인원수만으로도 무시할 수 없는 정치세력이 되었다.

이렇게 출신성분이 다양한 사람들을 결집시키는 것은 쉬운 일이 아니었다. 그 공은 존 보이드와 피에르 스프레이의 몫이었다. '신이 내린 일'을 하는[1] 곳에는 항상 그들이 있었다. 국방부의 유일한 정기간행물이면서 아직도 펜타곤 계열인 Armed Forces Journal은 피에르를 가리켜 '약방의 감초 같은 자문위원'이라고 했다. 헤리티지 재단은 1981년에 발행한 군대개혁에서 보이드를 개혁운동의 강력한 '막후 실력자'라고 했다.[2] 예리한 사람이라면 워싱턴 관가에서 일어나는 일 중 펜타곤과 관련된 것에서는 보이드와 스프레이의 생각, 철학, 의견, 혹은 지문(우리가 무엇이라 부르든)을 발견할 수 있었다.

보이드와 스프레이는 둘 다 공식적인 직책 또는 사회적 지위는 없었지만 1980년대 중반까지 워싱턴에서 가장 영향력이 있는 사람이었다. 두 사람은 모두 구도자의 길을 택했고 힘 있는 많은 사람들과는 달리 자신의 영향력을 개인적 영달을 위해 이용하지 않았다. 보이드는 공군 연금으로 살았고, 스프레이는 비국방 분야의 컨설팅으로 생활을 했다. 둘 다 검소한 생활을 했고 이것이 그들이 군대에 전하려는 메시지이기도 했다(피에르는 자동차에 100달러 이상 소비하는 것은 사치라고 생각했고 지금도 1964년식 셰비를 몰고 있다). '징기스 존'과 '앨세이션'이 군대 개혁에 관심을 잃고 그들의 에너지를 다른 곳으로 돌린 1980년대 말에 개혁운동이 동력을 잃은 것은 우연이 아니었다. 보이드가 플로리다로 이사하고 스프레이가 음악 레코딩 사업에 종사하면서 군사개혁위원회는 사람들로부터 잊혀져갔다. 그러나 그 전까지는 개혁가들이 군의 정책과 절차를 개선하도록 군에 압력을 가 하면 펜타곤이 술렁거렸다.

1980년에 일어났던 일들 중 몇 가지만 소개해도 독자들은 국방 제도를 좌지우지 하는 부패하고 무능력한 사람들과 우리들 사이의 투쟁 강도를 느

---

1) 미 공군이 F-15를 개발하고 있을 때 보이드를 중심으로 한 개혁가들은 비밀리에 경량 비행기 개발을 추진하고 있었고, 'Lord's work'이라는 암호를 사용했다. 역자 주.

2) Jeffrey G. Barlow, Critical Issues: Reforming the Military (Washington, D.C.: The Heritage Foundation, 1981), vii.

낄 수 있을 것이다. 비록 부패하고 무능력하다는 말이 좀 극단적이기는 하지만 우리가 그동안 경험을 통해 형성된 우리의 생각이었다.

비록 전격기는 무기체계 혹은 개념으로도 구체화되지 않은 상태였지만 그것은 공군 고급 지휘관들을 계속 따라다니며 괴롭혔다. 개혁운동의 상징인 전격기는 장군들이 어떤 수를 써도 사라지지 않았다. 전격기가 수면으로 떠오를 때마다 장군들은 '바짝 긴장' 했다.

국방장관실 참모 중의 누군가가(그의 정체가 아직도 베일에 가려져 있지만) 공군의 1980년 예산에 F-5E 전투기 400대 구입 비용을 끼워 넣었다. F-5는 공군 조종사들의 비행훈련기인 T-38의 전투기 버전으로 작고 저렴했다. 상대적으로 저렴했기 때문에 수천 대의 F-5가 제3세계에 판매되었다. 그러나 미 공군은 이것을 2급 전투기로 간주했고 이것을 운용하는 것 자체가 품위를 떨어뜨린다고 생각했다. F-5는 1977년에 있었던 모의 전투 시험에서 공군과 해군이 자랑하던 F-15, F-14와 사실상 비김으로써 공군과 해군을 당황하게 만들었던 바로 그 항공기였다.

공군 고급 지휘관들은 F-5E가 예산에 들어 있는 것을 보고 몹시 화를 냈다. 참모차장이 공군성 장관과 모든 민간 그리고 군 지휘관들이 참석하는 특별 회의를 요청했다(나는 이 회의에 참석했었다. 참석자들의 대화는 내 기억으로는 아래와 같았다).

특별 회의에서 참모차장은 한스 마크 공군성 장관에게 국방장관실의 행위는 속임수이며, 그 돈은 비밀리에 F-5E가 아닌 전격기 개발과 생산에 제공되고 있다고 했다. 참모차장은 이런 악의적 속임수는 개혁가들의 짓이고 중단되어야만 한다고 했다.

마크 박사는 "개혁가들은 어떤 사람들입니까?" 라고 물었다.

공군본부 연구·개발을 책임지고 있는 2인자인 제스퍼 웰츠 장군은 매일 오후 TAC 항공반에 모이는 반동 집단과 독불장군에 대해 장황하게 설명했다. 그는 개혁가들의 철학을 비판하며, 그들은 기술적으로 발전된 무기를 선호하는 공군과는 달리 보다 단순하고 저렴한 무기를 좋아한다고 했다. 다른 장군들은 개혁가들을 노골적으로 헐뜯었고 개혁가들의 어리석음을 비웃었다.

웰츠 장군이 존 보이드, 피에르 스프레이, 척 스피니, 척 마이어스, 그리고 다른 개혁가들의 이름을 열거하자, 마크 박사는 "잠깐, 나도 그 친구들을 아는데 매우 머리가 좋은 사람들이더군요. 아마 우리는 그 사람들의 말에 귀를 기울여야 할 겁니다."라고 했다.

장군들이 듣고 싶었던 말은 그것이 아니었다. 그들은 공군 예산에 몰래 태워진 전격기를 몰아내는 일에 마크 박사를 끌어들이려던 계획을 곧바로 포기했다. 마크 박사는 의지가 강하고 실천적인 장관이었다. 그가 끼어들게 되면 일은 그의 방식대로 진행되었다. 공군성 장관이 되기 전 NASA에 있는 한 실험실 소장이었던 그는 한다면 하는 사람이었다.

마크 박사는 유인 우주여행을 꿈꾸었고, 우주 왕복선이 그 핵심이었다. 1979-1980년 당시 NASA에서 왕복선이 가장 큰 골칫거리였다. 개발 비용을 감당할 수 없었고 일정은 계속 지연되고 있었으며 어느 기관도 위성을 쏘아 올리는 왕복선 사업에 관여하려 하지 않았다. 의회는 저렴한 구형의 일체형 부스터 로켓을 선호했기 때문에 의회가 왕복선 사업은 취소될 위기에 처해 있었다. NASA는 자체 예산만으로는 왕복선을 제작할 여력도 없었고 운용할 수도 없었다. 이를 인지한 마크 박사는 공군과 정보 커뮤니티에 압력을 넣어 일체형 부스터 로켓 생산 라인을 폐쇄하고 위성을 발사하는 왕복선에 참여하게 만들었다. 또한 그는 F-16 사업관리자이면서 공군에서 가장 뛰어난 사업관리자인 제임스 애브람슨 장군을 NASA에 파견해 우주선 사업을 담당하게 만들었다. 이 두 가지 조치로 왕복선은 정상화되었다.

공군과 정보 커뮤니티는 모든 위성 발사를 왕복선에만 의존하게 되는 것이 두려웠기 때문에 마크 박사와 싸웠다(그들의 걱정은 충분히 근거가 있었다.

1986년 1월 28일에 있었던 챌린저호 폭발로 2년 동안 모든 정보 위성 발사가 중단된 적이 있다). 그러나 왕복선이 확실히 자리를 잡자 공군과 커뮤니티의 걱정은 한낱 기우에 불과했다는 것으로 밝혀졌다. 내 생각에 마크 박사는 우주 왕복선 사업에서 어느 누구보다도 역할이 컸고 그의 의지와 꿈이 결국 결실을 맺었다.

공군 장군들은 마크 박사의 끈기와 열정을 익히 알고 있었다. 그들은 마크 박사가 개혁가들의 생각에 동화되어 오히려 문제만 커질까봐 그가 개혁가들과 만나는 것을 경계했다. 장군들은 이 전격기 위기를 스스로 해결하기로 하고 급히 다른 주제로 넘어 갔다. 장군들이 마크 박사가 관여하는 것을 원치 않는다는 것이 확실했기 때문에 나는 마크 박사가 개혁가와 만나 전격기에 대해 좀 더 자세한 논의를 할 수 있게 자리를 마련했다. 마크 박사는 관심을 보였지만 그와 나머지 카터 행정부 사람들은 얼마 후 현직에서 물러났다.

F-5 관련 에피소드는 장군들끼리의 내분이었던 것으로 판명되었다. F-5E가 공군 예산에 삽입된 것과 개혁가들은 전혀 관계가 없었다. 사실 개혁가들이 장군들보다 더 놀랐다. 국방장관실 참모 중 누군가가 공군을 놀라게 하려고 장난삼아 넣었는데 제대로 놀라게 만들었다. 다음 번 전격기 에피소드는 실제 상황이었다.

주방위군은 국가방위에 있어 매우 중요한 부분을 담당했지만 평상시 주지사의 지휘를 받는 주방위군과 대통령 지휘를 받는 정규군의 관계는 약간 애매했다. 주방위군은 그들의 장비를 정규군에서 보급 받았는데 그것은 주방위군이 그들의 항공기를 스스로 구매하지 못한다는 것을 의미했다. 공군은 새 항공기를 구입하면 구형 항공기를 주방위군에 보내거나 투손의 폐기장으로 보냈다. 폐기장이 나은 것인지 주방위군이 나은 것인지 명확하지 않았다. 문제가 바로 거기 있었다.

1982년 초, 육군과 공군 주방위군 장군들로 구성된 위원회가 VISTA

1999라는 제목의 보고서를 발표했다. '앨세이션' 풍의 이 보고서는 두 가지 유례없는 조치를 요구했다. 첫째, 공군은 본질적으로 근접항공지원 개념에 등을 돌렸기 때문에 주방위군이 국방부를 위해 이 임무를 담당하기를 원한다. 둘째, 주방위군은 더 이상 공군의 낡은 항공기를 원치 않는다는 것이었다. 이 오래된 항공기들은 수리비가 너무 많이 들었다. 주방위군은 의회의 승인과 자체 항공기를 구입할 자금을 원했다. 그리고 그 항공기는 전격기였다!

이것은 공개적인 반란이었다. 주방위군은 자체 예산과 그 예산을 사용할 수 있는 권한을 달라고 요구했다. 찰스 모어는 뉴욕 타임스의 기사에서 "그 위원회가 '개혁가'들의 주요 주장을 거의 그대로 수용했기 때문에 많은 정규군 장교와 펜타곤 관리들이 펄쩍 뛰었다."고 했다.[3]

매티스 참모차장은 VISTA 1999를 듣고 순간 폭발했다. 펜타곤 2층에 위치한 주방위군국은 주방위군 본부였다. 이곳은 주방위군 소장이 지휘했다. 보좌관에 따르면 매티스 차장이 VISTA 1999를 보자 의자에서 벌떡 일어나, '내려가서 국장을 끝내버리겠다'고 소리쳤다고 했다. 보좌관들이 그를 말려야만 했고 전운이 감돌았다.

비록 주방위군은 오래되고 낡은 장비를 보유하고 있었지만 주방위군 공군은 거의 항상 정규군보다 더 훌륭하게 임무를 수행했고, 항상 주방위군 조종사들이 전투기 시합에서 정규군을 이겼다. 물론 그런 승리가 공군본부의 화를 돋우었다. 개혁가들은 이 결과를 이용하여 정교한 무기체계보다 조종사와 정비사들의 숙련도가 더 중요하다고 주장했다. 비록 그들의 장비는 공군 중고품 가게에서 온 것이었지만 동기부여가 잘 되어 있고, 숙련된 주방위군이 더 훌륭한 성과를 냈다. 이런 상황에서 그들이 스스로 선택한

---

3) Charles Mohr, "Drop in U.S. Arms Spurs Debate on Military Policy," *The New York Times*, 24 October 1982.

자신의 장비를 갖게 된다면 어떻게 될까?

주방위군이 공개적으로 "이제 서자 취급 받는 것도 지긋지긋하다"고 하자 의회는 의견을 들을 수밖에 없었고 청문회가 열렸다. 자신들의 항공기를 사달라는 주방위군의 전례 없던 요구를 묵살시키기 위해 공군은 모든 수단을 강구했고 의회에서 격렬한 토론 끝에 공군이 승리했다.

그러나 주방위군은 이러한 노력을 통해 긍정적인 결과를 얻어냈다. 공군은 유지하기 어려운 낡은 F-4 대신 F-16이나 A-10과 같은 좀 더 나은 장비를 보내기 시작했다. 물론 공군 고급 지휘관들은 공군의 체면을 구기는 값싼 무기체계들을 치워버릴 수 있어서 나쁘지 않다고 생각했다. 고급 지휘관들은 개혁가들이 선호하는 F-16과 A-10을 치워버림으로써 정규군을 '정화'하고 있다고 생각했다.

1980년이 되면서 F-16 생산 라인 폐쇄가 가까워졌다. 1980년 가을, 미국과 F-16 생산을 위해 컨소시엄을 구성했던 유럽의 벨기에, 노르웨이, 네덜란드, 그리고 덴마크 4개국은 중요한 결정을 내려야 했다. 1970년대 초에 계획했던 총 998대(미국 650대, 유럽 4개국 348대)를 끝으로 좀 더 새로운 다른 항공기를 생산할 것인지 아니면 F-16을 계속 생산할 것인가를 결정해야 했다. 이 결정은 당연히 공군 장군들과 개혁가들 사이에서 '질과 양' 논란을 불러 일으켰다.

장군 진영의 대부분은 F-16에서 좀 더 발전된 F-15로 바꾸는 것을 선호했다. 특히 참모차장 매티스 장군과 전술공군사령관 크리치 장군이 이를 강력히 주장했다. 매티스 차장이 펜타곤에서 F-16 생산 종료를 위한 공동노력을 지휘할 때 내 상사인 헤르만이 주로 반대를 했다. 비록 몇몇 공군 장군들은 F-16을 선호했지만, 그들보다 높은 장군들이 압력을 가했기 때문에 조용히 있을 수밖에 없었다. 당연히 나는 최선을 다해 헤르만 박사를 도왔고 결국 이것이 매티스 장군을 불편하게 만들었다.

양 진영은 서로 기동과 회피기동을 하느라 바빴다. 헤르만과 매티스 둘 모두 의회와 국방장관실의 지원을 얻으려고 노력했다. 헤르만 박사는 다른 국가들이 F-16을 더 구매하도록 설득할 수만 있다면, 생산 라인을 계속 가동하게 될 수 있을 것이라는 결론에 도달했다. 결과적으로 그가 옳았다. 그는 몇 년간 유럽에서 근무했고 실제로 국제통이었다. 그는 자신을 좋아하는 유럽인들과 특별한 공감대를 형성하고 있었다.

헤르만 박사는 잠재 구매자를 찾기 위해 전 세계에 특사를 보냈다. 그가 내민 당근은 '국제 공동생산 계획'이었다. 만일 어떤 국가가 F-16을 12대 내지는 24대 이상만 구입하면 F-16에 장착할 랜딩 기어와 같은 특정 부품을 생산하게 해주겠다는 것이었다. 구매한 만큼 절충교역이 가능했기 때문에 많이 구매할수록 더 많은 부품을 생산할 수 있었다.

F-16 생산자인 제너럴 다이나믹스가 랜딩 기어나 날개가 과잉 생산되지 않도록 공동생산 계획을 통합하는 일을 맡았다. 제너럴 다이나믹스는 자신의 생산량이 줄어드는 것이 못마땅해 헤르만 박사에게 항공기만 판매하도록 압력을 가했다. 후에 NASA 국장이 된 제너럴 다이나믹스의 제임스 벡이 그 총대를 멨다. 헤르만은 압력에 굴복하는 것을 좋아하지 않았고 오히려 더 단호했다. 그는 벡에게 "국제 공동생산이 안 되면, 더 이상 생산도 없다. 매티스 장군이 원하는 F-15로 전환하겠다."고 되받아쳤다. 그러자 제너럴 다이나믹스는 갑자기 태도를 바꾸어 헤르만의 계획에 적극 동조했다.

이러한 와중에 매티스 장군은 F-15 옹호자들을 헤르만 박사에게 계속 보냈고, 나는 그들의 주장에 사사건건 딴죽을 걸었다. 나는 F-16을 많이 보유하는 것보다 F-15를 적게 보유하는 것이 더 낫다는 결론의 비용 대 효과 분석을 제시한 한 장교가 생각났다. 나는 그가 자기 마음대로 F-15의 몇 가지 비용을 누락시켰다는 것을 알고 그에게 그 이유를 물었다. 그는 "그럴 수밖에 없었다. 만일 그 비용들을 포함시키면 답이 달라질 수 있었다. 그리고 답은 처음부터 정해져 있었다."고 했다. 디키버드는 어느 곳에나 있었다.

헤르만 박사가 전투에서 승리했고, F-16 생산은 연장되었지만 실질적으로는 헤르만 박사가 패한 것이나 다름없었다. 이미 F-16 초기 디자인은 망가져가고 있었기 때문이었다. F-16을 야간 및 전전후 전투폭격기 그리고 전천후 요격기로 바꾸기 위해 엄청난 보강과 개량이 이루어졌다. 세상에서 가장 뛰어난 전투기였던 이 아름답고 작은 항공기가 비싸고 무겁고 성능이 떨어지는 전형적인 하이테크 항공기로 바뀌었다. 공군은 의도적으로 F-16을 망쳐놓음으로써 F-15보다 크게 저렴하지도 않고, 출력이 뛰어나지도 않게 만들었다.

각종 테스트에서 F-16 개량형은 원래 모델과 비교가 안 되었다. 3,000파운드가 추가됨으로써 가속 및 선회 성능이 현저히 떨어졌으며 순간기동성능도 엉망이 되었다. 순간기동성능이란 한 기동에서 다른 기동으로 전환하는 항공기의 능력을 말하는데, 성능비교비행에서 YF-16이 YF-17을 이길 수 있었던 바로 그 특성이었다. 공군 자체의 시험 보고서에서도 공중전에서는 구형이 개량형보다 뛰어나다는 것을 인정했다. 스스로 인정했을 정도이니 두 모델의 차이가 상당히 컸을 것이다.

나는 공군이 어떻게 F-16을 망쳤는가에 대해 목소리를 내기 시작했고 나는 혼자가 아니었다. F-16 컨소시엄을 구성했던 유럽의 4개국 중 2개 국가의 관계자들도 같은 생각을 했다. 벨기에와 노르웨이의 컨소시엄 대표부 고위급 인사들이 그들의 은퇴식에서 그 사실을 통렬하게 비난했다. 나는 연단에 서있던 벨기에 대표가 미국 쪽을 향하여 "우리가 구입하겠다고 서명한 경량 전투기에 무슨 일이 벌어지고 있는가?"라고 물었던 것이 떠올랐다. 물론 대답은 없었고 그의 연설문을 내가 작성했다는 혐의를 받았다.

헤르만 박사는 카터 행정부의 마지막 18개월 동안만 근무했다. 그러나 그 길지 않았던 시기에 그는 그에게 좌절감과 실망감을 안겨 주었던 공군의 의사결정을 충분히 목격했다. 사업관리자들이 비용, 성능, 일정에 대한 무모한 약속과 주장을 가지고 끊임없이 그를 방문했다. 당연했지만 그는 나중에 그들이 거짓말을 하고 있다는 것을 알게 되었다. 헤르만 박사와 나는 어떻게 하면 정직함과 객관성을 불러일으킬 수 있을지에 대해 이야기하면서 많은 시간을 보냈다. 나는 그에게 두 가지 방안을 조언했다.

나의 첫 번째 방안은 펜타곤 안뜰에 관중석을 만들고 펜타곤의 모든 사업관리자와 그들의 직근 감독인인 민간인과 군인들을 모두 불러 모으는 것이었다. 공군 군악대가 팡파르를 울리면 공군성 장관이 마이크를 잡고 올해 거짓말을 가장 많이 한 사업관리자와 직근 감독자를 불러낸다. 장관은 아무 말 없이 큰 가위로 그 세 사람의 모든 메달, 리본, 단추, 견장들을 자르고 내쫓는다. 마지막으로 장관은 모인 사람들에게 "여러분, 우리 모두는 내년에도 같은 시간에 바로 여기서 다시 만날 것입니다."라고 한다.

나는 헤르만 박사에게 거짓말을 가장 잘 하는 사람들의 명단을 제공하는 것보다 기쁜 일은 없을 것이라고 했다. 그 역시 공개적으로 직권을 박탈하는 것이 때때로 효과가 있을 것이라고 생각은 했지만 그렇게 하고 싶어 하지는 않아 했다. 그는 첫 번째 방안은 너무 극단적이라고 하면서 "두 번째 방법은 뭡니까?"라고 물었다.

두 번째 방법은 헤르만 박사 앞으로 오는 모든 사업에 대해 독립적인 조사와 그에게 조언을 해 줄 '비판가 그룹devil's advocacy group'을 두어 의사결정 과정에 실질적인 견제와 균형 장치를 만드는 것이었다. 일반적으로 공군은 그가 보고서를 대충 읽고 승인해 줄 것을 기대했다. 그는 공군이 원하는 결정을 뒷받침하도록 걸러지고 조작되고 주물러진 정보만을 받게 된다. 제도적으로 모든 사업 결정 회의에서 반대 시각도 진술하게 하는 방안을 제안했다. 그렇게 하면 적절한 행동방안에 대해 분명히 좀 더 활발한 토론이 이루어질 가능성이 커질 것이라고 보았다. 놀랍게도 헤르만 박사는 이 제안을 받아들였다.

헤르만 박사는 매티스 장군에게 그 계획을 제시하면서 지지해 줄 것을 요구했다. 헤르만은 그의 차선임자인 겐 코프와 나 외에 비판자 그룹에서 활동할 4명의 중견급 장군을 요청했다. 매티스는 그 계획이 자기에 대한 모욕이라고 생각했기 때문에 썩 좋아하지 않았다. 그리고 그는 누가 헤르만을 부추겼는지 알았다. 그런 그룹을 만든다는 것은 매티스가 공군본부를 지휘하는 그의 방식에 무엇인가 잘못이 있음을 의미했다. 그러나 헤르만은 물러서지 않았고 결국 우리는 코프가 이끄는 그룹을 조직했다.

우리가 선발한 4명의 장군들은 매우 우울해했다. 그들은 그들의 보스가 내린 결정에 반하는 입장을 취하는 역할을 수행해야 했다. 이 모든 것이 그들에게는 정말 새로운 것이었다. 처음 몇 번은 코프와 내가 공군본부에서 접하기 힘든 정보를 수집하며 그 장군들을 일일이 돌봐야 했지만 머지않아 재미있는 일이 일어나기 시작했다. 장군들이 이 정보들을 접하면서 눈을 뜨기 시작했고 이 '독자적인 조사'의 신봉자가 되어갔다. 그들은 세 번째 아니면 네 번째 사업 검토 때부터 날카로운 이빨을 드러냈고 "이 사업은 취소될지도 모르겠는데"와 같은 그동안 전례가 없었던 말을 하기 시작했다.

사업검토회의가 갑자기 진지한 토론의 장이 되었다. 무기획득 커뮤니티를 구성하는 민간인, 군인들과 함께 헤르만 박사와 매티스가 모이자 사업관리자가 일어나 '모든 것이 훌륭하다'는 판에 박힌 브리핑을 했고 생산을 권고했다. 코프가 일어나 "아, 그런데 사업관리자가 언급하지 않은 사실과 그 사업의 생산 준비가 아직 안 됐다는 사실을 뒷받침하는 자료가 여기 있습니다."라고 했다. 그러자 모든 것이 활기를 띠기 시작했다. 예전부터 이렇게 서로의 상반된 생각을 책상 위에 똑같이 올려놓고 진정한 토론을 벌였어야만 했다. 스스로 감추려고 노력했던 정보들이 겉으로 드러나자 여러 사람들이 당황스러워 했다.

헤르만 박사의 임기가 끝날 때쯤에는 비판가 그룹이 많이 변해 있었고 쉽게 승인받으리라고 기대했던 몇몇 사업들은 예상 밖의 반대에 부딪히기도 했다. 그러나 헤르만 박사와 내가 무대에서 사라진 후 비판가 그룹은 해체되었고 공군본부는 옛날로 돌아갔다.

1980년 어느 날, 헤르만 박사가 사업관리자와 회의를 마치고 나왔다. 사업비용은 통제하기 어려울 정도였고 일정은 많이 뒤쳐져 있었으며 성능은 기대에 못 미친다는 것이 주내용이었지만 정말 흔한 회의였다.

그는 좌절감에 빠져 "짐, 공군에는 자랑할 만한 사업은 전혀 없습니까?"라고 물었다.

나는 "아니오, 한두 가지는 있습니다. 실제로 예상했던 것보다 성능은 뛰어났고 계획했던 것보다 가격은 훨씬 저렴한 사업을 알고 있습니다. 사업관리자는 심지어 공군에 1억 4천 4백만 달러를 반납했습니다."라고 대답했다.

이 말이 그의 관심을 끌었다. 그는 그 사업관리자와 사업에 대해 좀 더 알고 싶어 했다. 그래서 나는 봅 딜거 대령과 통화하여 헤르만 박사에게 30㎜ 캐넌 사업에 대해 브리핑을 할 수 있도록 약속을 잡았다. 봅 딜거는 다른 여느 사업관리자와는 차원이 달랐다. 그는 생산단계에서 경쟁체제를 도입했다(딜거와 스프레이는 좋은 친구였다). 딜거는 두 업체에 동일한 캐넌포 탄약을 생산하게 만들었다. 그들은 매년 더 많은 생산량을 확보하기 위해 경쟁했기 때문에 가격은 하락했고 성능은 향상되었다. 나는 헤르만이 이 말을 듣기를 원했다.

브리핑이 계획되어 있던 날, 봅 딜거는 어디에도 보이지 않았다. 회의 시간이 되자 나는 그의 비서에게 "딜거는 어디 있나?"라고 물었다.

그는 "회의 장소가 장관 회의실로 바뀌었고 모든 장군들이 모여야 시작할 수 있다."라고 했다.

나는 "무슨 말이야, 모든 장군이라니? 원래 헤르만, 딜거, 나, 세 명만 참석하기로 되어있던 것 아닌가?"라고 했다.

"나도 잘 모르겠지만 아무튼 아직 시작할 수 없습니다. 시작할 때 말씀 드리겠습니다."

모든 사람들이 다 모였다는 말을 듣고 헤르만과 나는 장관 회의실로 내려갔다. 회의실은 사람들로 발 디딜 틈이 없었다. 회의실에 워낙 많은 장군들이 있어서 청명한 날의 북쪽 밤하늘처럼 보였다. 딜거는 우스운 표정으로 연단에 서 있었다.

헤르만은 침착했다. 그와 나는 예전에도 하도 놀라운 상황에 자주 노출되곤 했기 때문에 눈빛만 봐도 서로를 이해할 수 있었다. 나는 그에게 무슨 일인지 모르겠다는 표정을 지었다. 그는 알아듣고 브리핑을 시작했다.

훌륭한 브리핑이었다. 딜거는 어떻게 사업관리자가 되는가에 대해 교육을 받은 적도 없었다. 그래서 그는 사람들과 다른 방식으로 일을 처리했고 그 효과는 결과가 말해 주었다. 공군은 정상적인 획득절차 하에서 캐넌포 한 발당 83달러 정도가 되리라고 예상했었다. 딜거는 설계 대신 요구 성능을 확실히 함과 동시에 두 회사를 경쟁하게 만들어 가격을 13달러 이하로 떨어뜨렸고 실제로 절감된 비용을 공군에 반납했다.

헤르만은 딜거의 브리핑에 깊은 감명을 받았다. 그는 딜거에게 감사를 표했고 훌륭한 성과를 축하한다고 했다. 회의가 끝났고 나는 딜거를 옆으로 잡아끌었다.

나는 "제기랄, 로버트! 어떻게 된 거야? 왜 모든 장군들이 거기에 모였어?"라고 물었다.

"짐, 내가 얘기해도 자네는 못 믿을 걸세. 그들 모두 이것이 전격기 회의가 될 것이라고 생각했기 때문에 나는 공군본부와 전술공군사령부 여기저기에 브리핑을 해야 했어. 그들은 나와 자네 둘이서만 헤르만에게 브리핑을 하게 만들 생각이 없었지. 나와 자네가 전격기에 대해 얘기를 꺼내지 못하게 만들 셈이었겠지."

공군이 얼마나 과대망상에 사로잡혀 있는지 계속 놀랄 수밖에 없었다.

이것이 이야기의 끝이 아니었다. 딜거는 다시 한 번 놀라야만 했다. 그날 오후 오하이오의 라이트 패터슨에 있는 사무실에 돌아온 딜거는 책상 위에서 공군본부 인사참모부에서 보낸 메시지를 발견했다. 메시지는 그가 한직으로 전속을 가든지 아니면 전역을 하던지 일주일 내로 결정하라는 내용이었다. 그는 전역을 하고 농사를 짓기로 했다.[4]

딜거가 나에게 전화를 걸어 그 최후통첩에 대해 말했을 때 나는 정말 충격을 받았다. 보이드의 말이 맞았다. 사람들이 좋은 일을 하면 조직은 가끔 보상이 아니라 처벌을 했다. 혹은 클레어 루스의 말처럼 '나쁜 행동은 처벌받지 않았다.'

1981년 초, 마크 박사와 헤르만 박사의 후임으로 베른 오어와 알톤 킬 박사가 각각 공군성 장관과 차관보로 임명되었다. 레이건 행정부가 들어섰다. 헤르만 박사가 그랬듯이 킬 박사도 나에게 자신의 군사보좌관으로 남아 달라고 했고 나는 그러기로 했다.

신임 장관이 직면했던 가장 중요한 결정 중에 하나가 신임 공군참모총장의 인선이었다. 당시 공군참모총장이었던 루 엘런 장군은 1982년 봄에 전역하게 되어 있었으며, 그의 후임자는 다음 정부에서 인선하기로 되어 있었다.

오어 장관은 신임 공군참모총장을 어떻게 뽑을 것인가에 대해 가장 믿는 킬 박사에게 조언을 구했고 킬 박사는 다시 나에게 조언을 구했다. 나는 킬 박사에게 오어 장관이 임기 중 해야 할 가장 중요한 일이 참모총장 인선이라고 했다. 그의 선택이 국민, 의회, 동맹국, 적과 같은 외부 사람들은 물론 공군에 있는 사람들에게도 메시지를 보내기 때문이었다. 이 메시지는 다름 아닌 공군참모총장에 보임되는 사람의 자질과 성격이었다. 나에게는 이 메시지가 소련에게 보내는 신호보다 더 중요했다.

---

4) "Cost Cutter," *Time Magazine*, 7 March 1983, 19.

공군참모총장 후보는 대략 12명이었다. 정치가가 유세를 하듯 그 중 몇 사람은 적극적으로 로비를 했고 선거 운동을 했다. 나는 오어 장관이 후보자들을 평가하여 가장 훌륭한 인물을 선택하는 데 사용할 평가요소들을 개발하자고 했다. 킬은 "그렇게 하게."라고 했다.

나는 며칠 동안 참모총장에게 가장 중요한 자질과 특성 목록을 만들기 위해 보이드와 새벽까지 전화통화를 했다. 우리가 개발한 평가요소에는 경력과 자질은 물론 개인 성격도 포함되었다(이 평가요소 중 하나는 '반대 혹은 이견을 기꺼이 받아들이는가?' 였다). 보이드와 나는 장관이 후보들을 면접할 때 사용할 수 있는 질문 목록까지 만들었다. 그 질문들은 이 중요한 성격들을 알아내기 위한 것들이었다.

나는 이 내용을 정리하여 킬 박사에게 건넸다. 그는 곧바로 이것을 오어 장관에게 보고했고 장관은 매우 흡족해했다. 오어 장관은 킬 박사에게 그 기준에 따라 후보자들의 순위를 매기라고 했다. 오어 장관과 마찬가지로 킬 박사도 후보자들을 개인적으로 잘 몰랐기 때문에 그는 다시 우리에게 부탁을 했다.

보이드와 나는 또다시 밤늦게까지 전화통화를 했다. 우리는 그 후보들을 잘 알고 있었다. 평가 결과 찰스 가브리엘 장군이 가장 적임자였다. 우리는 그 결과를 오어 장관에게 제출했고 가브리엘 장군이 공군참모총장에 발탁되었다.

평가 도중 또 다른 한 명이 우리의 눈에 띄었다. 제롬 오말리는 고매한 인격의 소유자였으며, 카리스마도 있었고 분별력도 있었지만 그는 그때 중장에 불과했다. 그를 4성 장군으로 진급시켜 참모총장에 취임시키는 것이 전혀 불가능하지는 않았지만 많은 사람들을 동요시킬 수 있다는 문제가 있었다. 보이드와 나는 오말리가 나중에 참모총장이 될 것이라고 생각했다. 그러나 불행하게도 오말리 장군과 그의 부인은 몇 년 후 비행기 사고로 사망했다. 미국과 공군에게는 엄청난 손실이었다.

1982년 봄, 나는 자리를 옮겨야 할 때가 되었다. 킬 박사와 레이건 행정부가 취임한지 1년밖에 안 되었지만 나는 차관보의 군사보좌관으로 4년이나 근무했다. 공군본부 인사참모부의 대령 그룹이라는 특별 사무실은 대령들에게 매우 엄격했다. 일반적인 상황이라면 그 그룹이 나와 접촉을 갖고 내 다음 보직에 대해 협의를 한다. 살생부에 올라 있지 않은 대령이라면 보통 자신들의 보직에 대해 몇 마디 의견을 개진할 수 있었다. 그러나 살생부에 올라 있다면 딜거처럼 처리되어 전속을 받아들이거나 전역을 하거나 둘 중에 하나를 선택해야 했다.

　대령 그룹이 제시한 보직 하나가 시선을 끌었다. 그 자리는 시험관리부서에 근무하면서 각 군의 각종 무기체계 시험을 감독하는 일을 담당하는 국방장관의 참모였다. 그 사무실에는 몇 명의 공무원과 각 군에서 파견된 대령들이 근무했다. 나는 관심이 있다고 했고, 대령 그룹은 인터뷰를 주선했다. 4월 초에 진 폭스 육군 장군이 몇몇 공군 대령들과 함께 나를 인터뷰했고 나를 뽑았다.

　대령 그룹이 그 보직을 공식적으로 확인했고 6월 초에 신고를 하라는 지시를 내렸다. 보통의 경우라면 이런 식으로 다음 보직이 결정되었다. 그러나 나는 보통의 경우는 아니었기 때문에 킬 박사에게 어떤 방식으로든지 알렸어야 했다. 사실 나는 그에게 서류작업이 끝날 때까지 한 마디도 하지 않았다. 내가 마음만 먹었다면 킬 박사에게 부탁해서 어디든 갈 수 있었겠지만 내 스타일은 아니었다.

　매티스 참모차장도 전역이 얼마 남아 있지 않았었다. 그는 5월 31일에 전역할 예정이었다. 그는 전역을 사흘 앞두고 나의 새 보직을 알게 되었다. 그의 보좌관에 의하면 그는 "내가 공군에 있는 한 어림없어."라고 했다.

　분명히 그는 내가 국방장관실 참모로 있으면서 공군의 결정에 악영향을 미칠 수 있는 자리에 있게 될 것을 염려했다. 그는 공군이 이미 겪을만큼 겪었다고 생각했다. 그가 현역으로 있으면서 마지막으로 한 일은 나의 인사명령을 취소한 것이었다. 5월 28일 오후에 공군은 국방장관실에 '제임스 버튼 대령을 국방장관실에 배속하는 것을 취소해야 할 필요가 생겼다'는 문서를 보냈다.[5] 나는 라이트 패터슨 기지에서 낙하산과 산소마스크를 담당하는 일을 맡게 될 터였다. 장비실 담당이라니! 당연히 나는 실망했지만 전속을 갈 채비를 했다. 나는 킬 박사에게 한 마디도 하지 않았는데 누군가가 킬 박사에게 얘기를 했다. 킬 박사는 스스로 개입하기로 했다.

킬 박사는 공군 인사참모부장인 앤드류 이오수에게 전화를 걸어 나를 다시 국방장관실로 보내라고 했다. 이오수 장군은 거절했고 조율이 되질 않았다. 비밀회의가 몇 번 있었다. 열여덟 명의 공군 장군이 나의 국방장관실 전속을 공식적으로 반대했다. 공군은 끝까지 버텼지만 킬 박사는 방법을 잘 알고 있었다.

킬 박사는 이오수 장군에게 만약 공군이 그 결정을 되돌려 나의 전속을 재고하지 않는다면 그는 기자회견을 열고 '사람들 앞에서 사직을 하겠다'고 했다. 그러면서 그는 민군 통제 문제를 제기하겠다고 했다. 그러자 공군이 물러섰다. 나는 킬 박사에게 큰 신세를 졌다. 그는 내가 보여준 헌신을 높이 평가했던 것 같다.

그래서 나는 국방장관실로 갈 수 있었다. 나는 논쟁이 더 이상 생소하지 않았지만 앞으로 벌어질 일에 비하면 지금까지의 나의 경험은 아무 것도 아니었다.

---

5) Lt. Col. Clinton D. Summerfield, USAF, Chief, Management Division, Assistant for Colonel Assignments, to Office of the Secretary of Defense, Military Personnel Division, 28 May 1982.

7. 작은 승리

펜타곤에서 하는 일의 대부분은 무기체계 획득 업무이다. 국민들은 펜타곤에서 하는 일이 국가 방어라고 생각하겠지만 실제로 하는 일은 무기를 구매하는 것이다. 국방장관실, 각 군, 의회의 획득 커뮤니티가 무기 획득 체계를 지배한다. 그리고 이 획득 과정은 검증되지 않은 주장에 의해 결정된다. 조직에 새로운 무기를 성공적으로 도입하는 사람에게는 진급, 출세, 그리고 전역 후 방위산업체의 중역으로 취업 등 많은 인센티브가 주어진다.

무기체계 획득사업은 이 커뮤니티 안에서 시작되고 진행된다. 성공한 사업에 인센티브와 보상이 주어지기 때문에 획득 커뮤니티가 사업 취소를 진지하게 고려하는 일은 거의 없다. 무기체계가 실제 할 수 있는 것을 찾기보다는 무기체계가 좋아 보이도록 시험을 계획하고 분석하며 브리핑을 준비한다. 검증되지 않은 주장으로 알 수 없거나 의심스러운 성능의 무기가 끊임없이 군에 유입되고 있다.

시험은 기술 커뮤니티의 이론과 그들이 약속한 성능의 유효성을 검증하는 유일한 방법이다. 시험만 제대로 해도 획득 과정에서 자연스럽게 견제와 균형이 이루어질 것이다. 그러나 실제와 같은 시험은 필연적으로 군의 수뇌부들을 불편하게 만드는 자료를 제공하기 때문에 그들은 그런 시험을 매우 싫어한다. 그들은 실제 자료를 일부러 간과하거나 무시하고 가끔은 감추기도 한다. 많은 사람들이 부정적 자료보다는 긍정적 자료를 선호하며 의사결정과정에 진정한 견제와 균형을 원하지 않는다.

무기체계 시험에는 기본적으로 개발 시험development tests과 운용 시험 operational tests 두 가지가 있다. 이 두 시험은 확연히 다르고 각기 다른 기구에서 실시되며 그 목적도 다르다. 개발 시험은 고도로 통제된 시험으로 신무기가 기술적 요구와 계약 조건을 충족시키는지를 검증하기 위한 기술 중심의 시험이다. 이 시험은 개발자가 담당하며 개발 중인 무기체계의 사업관리자가 통제한다. 사업관리자는 신무기가 개발단계를 거쳐 생산단계로 들어서면 보상을 받는다. 반면 사업이 취소되면 그들은 보상을 받지 못한다. 그래서 개발 시험은 보통 성공을 추구한다.

운용 시험은 신무기의 전투 효과를 측정하기 위하여 최대한 실제 운용 환경과 같은 조건에서 실시된다. 운용 시험은 각 군의 시험 기구에서 실시된다. 이 시험은 보통 실제 전투와 같은 조건에서 실시되며 개발 시험보다 덜 기술 중심적이다. 운용 시험은 보통 개발 단계의 마지막 부분에서 실시되며, 이 시험을 통과한다는 것은 생산라인이 가동되고 군에 인도되는 것을 의미한다.

개발 시험은 사업관리자가 통제하기 때문에 그 결과는 상당히 인상적일 수밖에 없다. 그러나 자세히 들여다보면 그것은 시험이 아니라 계획된 선전같아 보이기도 한다. 예를 들어 1980년대 초반 공군의 센서무기SFW는 소련 전차의 엔진 열을 감지해 날아가는 신형 하이테크 대전차무기라고 선전했다. 사업관리자는 펜타곤 전체에 인상적인 브리핑을 실시했다. 그는 시험장에 있는 전차를 타격하여 파괴시키는 비디오테이프를 보여 주면서 제품 개발이 완료되었고 생산 직전 단계라고 했다.

그러나 불행하게도 그의 조직에 있는 이중첩자가 나에게 그 시험은 날림이었다는 사실을 귀띔해 주었다. 14대의 전차를 한 곳에 모아놓고 그 위쪽에 설치한 타워 크레인에 대전차무기를 매달아 놓았다. 크레인에서 투하되면 그 대전차무기는 그것을 유도하는 하이테크 센서 없이도 전차를 명중시킬 수 있었다. 문제를 더욱 악화시킨 것은 전차에는 엔진이 없었기 때문에 대전차무기는 전차 엔진에서 나오는 열을 감지할 수 없었다. 실제로는 그 대전차무기는 사업관리자가 전차 외부에 놓아둔 전기 핫플레이트를 향해 떨어졌다. 그 핫플레이트는 대전차무기의 적외선 센서가 탐지할 수 있는 한계온도보다 4배나 뜨겁기 때문에 시험은 성공할 수밖에 없었다.

사업관리자는 시험 결과에 대한 브리핑에서 시험을 어떻게 실시했는가에 대해 설명하지 않았고 새롭고 경이로운 무기가 이야기했던 것처럼 잘 작동했다는 인상을 주었다. 척 스피니와 나는 사업관리자가 그의 인상적인 시험 결과를 국방장관실 참모들에게 브리핑할 때 기회를 보아 그의 거짓말을 폭로하기로 했다. 우리는 사업관리자 사무실에 첩자가 있다는 사실이 탄로나지 않도록 조심하면서 사업관리자가 시험을 했던 실제 조건들을 실토하게 만들 일련의 질문을 준비했다. 연막이 걷히면서 공군과 사업관리자는 곤경에 처하게 되었다. 해당 사업은 처음부터 다시 검토되었다.

위와 같은 사례는 비일비재했다. 단지 사업관리자가 신무기를 승인받기 위해 거쳐야 하는 긴 여정 중 하나일 뿐이었다. 보통 신무기 개발 시험에서는 뛰어난 결과가 나오지만 운용 시험에서는 절망적인 결과가 나온다. 하지만 획득 커뮤니티는 두 결과의 평균치가 전체 결과이니 무기를 생산해도 좋다고 주장한다. 운용 시험에서 발견되는 모든 문제에 관해서는 "무기가 군에 인도되기 전에 해결됩니다. 우리를 믿으십시오."라고 했다. 모든 사람은 그 말을 믿었고 또 하나의 의심스러운 무기가 일사천리로 절차를 통과했다.

공군의 3세대 레이저 유도 폭탄인 페이브웨이 Ⅲ는 사업관리자가 실시한 개발 시험에서 16발 중 14발이 명중했다. 페이브웨이 Ⅲ는 걸프전에서 사용된 레이저 유도 폭탄 중의 하나이다. 저녁 뉴스에서 아주 인상적인 명중 장면을 방송했는데 항상 눈에 잘 띄는 표적들이었으며 그렇지 않은 표적은 하나도 없었다. 걸프전에서 유도무기의 실제 명중률은 알려지지 않았고 유도무기에 의해 발생한 피해 자료도 없었다. 폭파장면과 같은 영상 자료는 상당히 많이 있지만 폭격피해평가BDA와 관련된 자료는 없었다.

하지만 모든 유도무기들이 저녁 뉴스에 나온 것처럼 정말 잘 작동하는지를 의심할 만한 근거는 있었다. 폴 테일러는 1991년 1월 31일 자 워싱턴 포스트의 '미국의 성공은 눈앞에 있지만 승리는 그렇지 않다' 라는 기사에서, "슈와츠코프가 연합군 항공기들이 33개의 교량을 파괴하기 위해 790회를 출격했다고 한 말을 감안할 때, 모든 폭격이 어제의 명중 영상과 같지 않을 수도 있다." 라고 했다. 운용 시험에서는 39발 중 20발이 성공했고 19발은 실패했다. 시스템 작동이 원활하지 않아 운용 시험은 일곱 번이나 중단되었다. 시스템이 작동하면 보통은 표적을 명중시켰다. 원래대로 정확히 작동하지 않으면(확률은 절반이었다) 빗나간 거리는 평균 5마일이었다.[1]

그러나 신임 운용 시험·평가 소장의 전적인 추천 덕분에 페이브웨이 Ⅲ 생산이 결정되었다. '오류는 해결되었다' 는 것은 바로 그의 생각이었고, 그는 일곱 번의 테스트가 중단되었을 때도 똑같은 생각을 했다. 신임 소장인 리차드 필립스 장군이 이전에 했던 일은 이상하게도 페이브웨이 Ⅲ를 포함한 공군 무기체계를 옹호하는 것이었다.

또한 필립스는 개발 시험에서 14발 중 12발이 명중한 매버릭 대전차 미사일 대변자이기도 했다. 운용 시험에서는 10발을 발사했는데 마지막 두 발을 포함하여 4발이 실패했다.[2] 이 정도라면 생산 유보 결정을 내릴 수 있

---

1) Col. James G. Burton, USAF, "Test and Evaluation Perspective," unclassified briefing on test results of assorted weapons before the Defense Science Board, April 1985.

2) 앞의 글. 말썽을 피운 매버릭 미사일의 역사에 대해서는 모튼 민츠(Morton Mintz)의 "The Maverick Missile: If at First You Don't Succeed … A Case Study of a Defense Procurement

는 수준이었다. 그러나 필립스는 마지막 두 발이 실패로 끝나자 두 발의 추가 시험을 지시했다. 나는 필립스가 "이 모든 실패는 모두에게 안 좋은 인상을 남긴다."라고 하는 소리를 여러 번 들었다.

두 발의 추가 시험은 확실한 성공을 거둘 수 있게 준비되었다. 조종사는 멀리서 직선으로 접근했고(수평비행으로 7마일 이상), 통제실에서는 최상의 상태에서 미사일을 발사할 수 있도록 업체 기술자가 조종사를 유도했다(실제 전투에서는 거의 불가능하다). 당연히 두 발의 추가 시험은 성공이었다. 비록 시험의 객관성에 대한 문제로 인해 생산량은 조정되었지만 생산은 승인되었다. 생산라인을 풀가동할 수 있도록 추가 시험이 실시되었다.

필립스 장군이 이 추가 시험을 통제했고 우리는 그가 성공하기 위한 시험을 준비하는 것을 보았다. 매버릭 대전차 미사일은 1년 동안 실시했던 모든 시험에서 겨우 50%의 성공률을 보였음에도 불구하고 전량 생산이 승인되었다[걸프전에서 매버릭은 상대적으로 높은 고도에서 발사되었다. 성공률, 즉 적의 표적을 파괴시킨 매버릭과 총 발사 수의 비율에 대해서는 알려진 것이 없다. 그러나 우리는 많은 매버릭이 우군 차량에 발사되어 사상자를 낸 것을 잘 알고 있다. 너무 멀어서 아군인지 적군인지 식별할 수 없는 표적에 매버릭을 발사하여 우군을 사망하게 한 것은 어제 오늘의 이야기는 아니지만 명중률과는 별개의 문제였다].

나는 획득 커뮤니티가 의사결정과정을 얼마나 쉽게 왜곡시키는지를 보여주기 위해 이러한 사례를 이용했지만 이것 말고도 훨씬 많은 사례가 있다. 원래 운용 시험은 획득 커뮤니티와는 무관하고 무기체계가 전투에서 실제로 성능을 발휘하는지에 대한 객관적이고 냉정하며 확실한 증거를 제공해야 한다. 1978년부터 1980년까지 필립스 장군은 획득 커뮤니티에 속해 있었다. 이 기간 중 그의 임무는 매버릭, 페이브웨이 Ⅲ, 고성능 전술

Problem," *The Washington Post*, beginning 23 February 1982. 참고.

기, 기타 여러 시스템을 개발하고 생산하도록 공군, 국방장관실, 의회를 설득하는 것이었다. 그의 성공은 얼마나 많은 신형 무기를 군에 도입하는가에 의해 결정되었다. 그가 1982년에 운용 시험·평가 소장으로 취임했을 때, 그가 해야 할 일은 이전까지 신형 무기의 대변자로서 했던 주장들을 정면으로 반박하는 것이었다. 공군에서 그런 일을 할 수 있는 사람은 운용 시험·평가 소장밖에 없었다.

그의 재임 기간 중 운용 시험이 획득 커뮤니티의 또 하나의 시녀가 된 것은 놀랄 일도 아니었다. 결과적으로 군에 도입되는 무기체계들의 성능을 걱정하는 국방장관실의 참모들과 의회 의원들은 공군의 운용 시험과 시험 결과 보고서를 더 이상 신뢰할 수 없게 되었다. 운용 시험은 연출된 화력 시범의 성격을 띠었고, 결과 보고서는 생산업체의 팸플릿을 읽는 것 같았다.

1982년 봄, 내가 시험 업무를 맡게 되었을 때 필립스의 전임자가 나를 개인적으로 찾아 왔다. 그는 필립스가 소장으로 부임한 후 일어날 일들이 너무 걱정된다고 했다. 그는 나에게 '필립스와 그의 추종자들이 사실만을 말하도록' 국방장관실의 참모로서 할 수 있는 모든 일을 해 줄 것을 당부했다. 나는 최선을 다하겠다고 약속했고 그 약속을 지키기 위해 지저분한 관료주의와의 싸움을 계속해야만 했다. 이를 포함한 세 가지 싸움으로 인해 공군 획득 커뮤니티의 고위 관리들이 AMRAAM 미사일, ALQ-131 재밍 포드, 그리고 신형 전투기 엔진에 대해 내가 그들과 반대되는 결과 보고서와 결론을 제시했다는 이유로 나를 해임시킬 것을 요구했다. 결과적으로 이러한 싸움들이 브래들리 전투장갑차 시험에 대한 육군과의 한판 승부를 위한 귀중한 경험이 되었다.

나는 인퍼머스 장군과 마찬가지로 필립스 장군에 대해서도 공평해야만 한다. 그는 단지 상부에서 원하는 일을 했을 뿐이었다. 그리고 그 혼자만 그런 것도 아니었다. 똑같은 일이 육군과 해군에서도 일어났다. 1982년에 레이건 행정부는 그저 펜타곤에 예산을 쏟아 붓는 것에만 관심이 있었지 획득 커뮤니티가 예산을 어떻게 사용하는지에 대해서는 눈곱만큼도 관심이 없었다. 신형 무기에 대한 확실하고 실질적인 시험만이 자금의 흐름을 막을 수 있었다. 획득 커뮤니티는 이를 막기 위해 '팀 플레이어'를 요직에 배치했다. 이로써 제대로 된 시험이 제공하게 될 견제와 균형이 위태로워졌다.

한편 언론은 연일 작동은 안 되지만 조달 체계를 하나하나 통과하는 무기에 대한 기사를 다루었다. 1983년 초, 디나 라솔은 신문과 정기간행물에 실린 31편의 기사를 모아 『예산 증가, 전력 감소: 펜타곤은 어떻게 비효과적인 무기를 구입하는가』라는 책을 펴냈다. 이 책의 기본 테마는 신무기들이 제대로 된 시험을 받지 않거나 빈약한 시험 결과에도 불구하고 구입되고 있다는 것이었다. 사실 디나는 수백 편의 기사에서 31편을 선별했을 뿐이며 육·해·공군을 고루 다루었다. 디나 라솔은 그 책에서 어느 한 군뿐만 아니라 국방부 전체의 개혁이 필요하다는 점을 분명히 했다. 개혁가들이 하려고 했던 것이 바로 그것이었다.

1970년으로 거슬러 올라가 닉슨 대통령의 최고전문가패널은 운용 시험 기능을 획득 커뮤니티로부터 분리하면 신무기의 시험과 평가가 좀 더 객관적인 시각을 제공할 수 있다고 권고했다. 이에 따라 각 군에서는 이러한 조치가 이루어졌지만, 펜타곤에서는 그렇지 않았다.

국방부 장관의 시험책임자는 개발총책임자를 위해 일했다. 개발총책임자는 국방장관을 매일 만나지만 시험책임자는 1년에 한두 번 정도 자리를 같이 할 수 있을 뿐이었다. 이러한 제도에서 개발총책임자는 시험의 적절성과 결과의 해석에 대한 시험책임자의 생각을 묵살했다. 사업에 문제가 있더라도 장관은 사업을 강행하려는 개발총책임자의 말밖에 들을 수 없었다. 특히 방 안에 다른 말을 할 사람이 없을 때는 더욱 심했고 그런 경우가 다반사였다.

사업 분석·평가 책임자였던 러스 머레이는 1981년 10월에 있었던 상원 행정위원회 청문회에서 상부의 견제와 균형 부족을 지적했다. 그 청문회는 펜타곤의 획득과정을 검토하기 위해 열렸지만 머레이의 발언으로 초점이 획득에서 시험으로 옮겨갔다. 그는 군에 인도된 많은 무기들이 작동하지 않는 이유 중 하나는 운용 시험이 간과되고 무시되며, 개발자에 의해 실시 되는 성공을 위한 시험에 전적으로 의존하기 때문이라고 했다.

"운용 시험·평가를 개발총책임자인 연구·기술차관에게 맡기는 것은 본 인 답안지를 본인이 채점하게 만드는 것과 마찬가지이다."[3]

머레이는 운용 시험·평가의 책임을 개발총책임자와 관계없는 부서에 이 양할 것을 조언했다. 데이비드 프리올 알칸사스 상원위원이 머레이의 증언 에 깊은 인상을 받아 곧바로 개혁운동에 동참했다. 그는 개혁가들과 일을 하면서 머레이가 제안했던 것과 똑같은 법을 제안하기 시작했다.

프리올 의원은 1982년 봄과 가을에 국방부 장관의 개발총책임자와 같은 직급의 운용시험국장을 신설하는 법안을 제출했다. 법안에서 신임 국장은 생산 결정과 관련된 시험 결과의 해석은 물론 시험의 적절성에 대해 국방 장관에게 직접 보고할 수 있게 했다. 더욱 중요한 것은 국장은 이 문제에 관해서는 의회에 직접 보고를 할 수 있으며, 국방장관은 물론 그 어느 누 구도 국장의 생각을 첨삭할 수 없게 했다. 다시 말해서 국장의 상사는 국 방장관과 의회로서 지금까지 없었던 아주 독특한 제도이다.

당연히 프리올 상원의원이 제안한 법안은 국방부에서 환영받지 못했다. 만약 운용시험국장이 자유롭게 그리고 자주 장관과 의회에 발언을 할 수 있게 된다면 실제 시험결과가 신무기 결정을 좌우할 것이 확실했다. 획득 커뮤니티는 이런 일이 일어나는 것을 두고 볼 수 없었기 때문에 필사적으

---

3)　Senate Committee on Government Affairs, *Acquisition Process in the Department of Defense*, 97th cong. 1st sess., hearing of 21 October 1981 (Washington D.C.: Government Printing Office, 1983), 176.

로 법안 통과에 반대했다.

프리올 의원이 1982년 5월에 처음 법안을 발의했을 때에는 별로 지지를 얻지 못했다. 10월에 다시 법안을 상정했을 때는 윌리엄 로스, 칼 레빈 상원의원과 공동으로 발의했다.[4] 펜타곤 고위층과 펜타곤 지지자이자 군사위원회 위원장인 존 타워 의원 때문에 그 시도는 또 실패로 돌아갔다. 그러나 프리올과 로스 의원은 꾸준히 지지자를 확보해 나갔다. 개혁가들은 '국회에서 개혁세력을 확보'하느라 분주했던 반면, 펜타곤은 오히려 새로운 개혁 지지자들을 양산하는 사고들을 치느라 바빴다.

디나 라솔의 군사조달 감시기구(4장 참고)의 자료를 바탕으로 신문들은 신무기 사업을 비난하는 기사들을 집중적으로 다루었다. 기사는 시험 결과와 가격에 초점을 맞추었다. 1983년 2월 13일, 프리올 의원과 러스 머레이는 공군의 말 많은 매버릭 미사일을 다룬 CBS의 추적 60분 방송에 출연했다(펜타곤의 조달 관행에 관한 탐사보도로 조만간 매버릭 사업이 부각되는 것은 불가피해 보였다). 개혁에 대한 요구가 점점 커지고 있었다.

이때가 개혁운동이 국가 차원으로 격상된 시기였다. 척 스피니는 3월 4일에 8개 TV 방송국 카메라와 리포터로 가득 찬 상원 예산위와 군사위의 합동 회의에서 그의 논쟁적인 브리핑을 했다. 3월 7일에는 타임 매거진이 척과 개혁가들을 대서특필했다(4장 참고). 펜타곤의 일하는 방식에 대한 불만이 점점 증가함에 따라 펜타곤의 시험관행을 개혁하기 위한 법안 상정은 당연한 결과였다. 개혁가들이 궐기하기에 가장 완벽한 시기였다.

프리올과 로스 의원은 3월 24일에 운용 시험을 개혁하고 강화시키는 법안을 다시 상정한다고 발표했다.[5] 타워 의원과 펜타곤 동지들은 스피니가

---

4) Senate Bill S.3001, 1 October 1982: "To Establish a Director of Operational Testing and Evaluation in the Department of Defense, and for Other Purposes," sponsored by Senators David Pryor, William Roth, and Carl Levin.

5) Col. Richard E. Guild, USAF, "Implications of Legislation Regarding Operational

증언하지 못하게 만드는 것도 실패했고, 국민들의 눈과 귀를 막으려던 꼼수도 실패했다. 그들은 또 다른 싸움을 해야 했지만 또다시 패하게 될 운명이었다.

한 달 후쯤 디나 라솔의 책이 출판되었고, 이것이 불에 기름을 부었다. 동시에 프리올과 로스는 공식적으로 시험 개혁법을 발표했다.[6] 두 의원 외에도 13명의 상원의원이 공동 발기인이 되었고 펜타곤에는 불길한 징조였다. 그 직후 하원 군개혁위원회의 위원장인 짐 커터 의원이 하원에 같은 법안을 상정했다. 전투가 시작되었다.

와인버거 장관의 개발총책임자인 리처드 드라우어에게 시험개혁 법안을 무산시키는 일이 맡겨졌다. 몇 년 사이 여러 번 바뀐 드라우어의 공식 직책은 연구·기술차관이었다. 수많은 전임자들처럼 드라우어는 방위산업체인 TRW에서 근무를 하다가 펜타곤으로 자리를 옮겼다.

드라우어는 운용 시험은 시간 낭비이고 사업일정을 불필요하게 질질 끌 뿐이라고 생각했다. 그는 단계를 줄이거나 순서대로 실시되는 단계들을 동시에 실시하여 신무기를 군에 인도하는 시간을 단축할 계획이었다. 그는 개발, 시험, 생산이 동시에 진행되는 것을 원했다[시험은 항상 예상치 못한 디자인 결함과 고장 유형을 알려준다. 만약 결함이 발견되어 생산라인이 제품을 뱉어낸다면 동시 개발과 생산으로 절약된 시간은 아무 의미가 없다. 결함을 고치기 위해 처음부터 다시 시작해야 한다].

드라우어는 생산업체가 신무기의 부품들을 만들 때 시험을 완벽하게 한다면 부품들이 조립되었을 때 무기는 작동할 것이라고 생각했다. 이론적으로는 맞는 말이지만 현실은 그렇지 않았다. 드라우어가 연구 및 기술을 책

Testing"(unpublished student research report, National War College, May 1984), 53.

6) Senate Bill S. 1170, 28 April 1983, "To Establish a Director of Operational Testing and Evaluation, and Other Purposes," sponsored by Senators David Pryor, William Roth, and Carl Levin.

임지고 있을 때 이러한 방법이 육군의 DIVAD 방공포에 그대로 적용되었다.

1982년 봄, 드라우어는 그의 독특한 획득 방법을 이용해 DIVAD 방공포 생산을 승인했고 정부의 개입(즉, 간섭 혹은 감독)은 거의 혹은 아예 없었다. 최종 제품에 대한 운용 시험은 계획에도 없었다. 펜타곤은 생산업체인 포드 항공에 엄청난 돈을 주었고 광고했던 대로 작동하는 완제품을 납품하리라고 믿었다.

육군은 1982년 5월에 드라우어가 주재하는 생산결정 회의에 육군 서열 2위인 제임스 암브로스 차관을 대표로 참석시켰다.[7] 암브로스는 현역과 민간인을 통틀어 육군에서 가장 힘 있는 사람이었다. 존 마쉬가 육군성 장관이었지만 실질적으로는 암브로스가 육군을 관리하고 있다고 해도 과언이 아니었다. 획득 커뮤니티에 속한 사람들은 마쉬가 있는지 없는지도 모를 정도였지만 암브로스의 존재감은 모두 실감하고 있었다.

암브로스도 드라우어처럼 최근 방위산업체에서 펜타곤으로 자리를 옮겼다. 포드 항공의 중역이었던 암브로스는 DIVAD 개발을 책임지고 있었다. 두말할 것도 없이 암브로스는 시험을 생략하고 DIVAD를 생산한다는 드라우어의 결정에 만족해했다. 그러나 사업이 진행되면서 문제가 드러나기 시작했다. 내 동료인 토마스 카터 해병 중령이 DIVAD의 성능을 의심하기 시작했다. 토마스와 나는 드라우어를 모시고 있었다. 그의 임무는 DIVAD와 다른 사업의 시험을 모니터하는 것이었다. 드라우어가 1982년에 생산 결정을 내렸는데도 카터가 그 사업을 감시하리라고는 누구도 예상하지 못했다. 그러나 상황이 점점 나빠지면서 그는 도저히 그 사실을 알리지 않을 수 없었다. 그는 점점 심각해지고 있는 DIVAD 사업에 주의를 환기시켰다.

카터는 그후 2년 동안(1982-1984) DIVAD가 연착륙할 것 같지 않은 엄청난 증거를 제시했다. 육군의 강한 반대에도 불구하고 카터는 드라우어에게

---

7) Gregg Easterbrook, "DIVAD," *The Atlantic Monthly*, October 1982, 29-39.

운용 시험의 필요성을 설득했지만 드라우어는 운용 시험을 하라는 지시를 내리기를 망설였다. 육군은 당연히 저항했다. 육군 리더들은 톰 카터에게 모든 화풀이를 했다(톰은 해병대 사령부로 소환되어 계속 진급하고 싶다면 육군을 힘들게 만들지 말라는 충고를 들었다. 그러나 국가를 위해서는 다행스럽게도 톰은 위축되지 않았다. 톰이 사무실로 돌아왔을 때 나는 그에게 옳은 일을 한 것이 틀림없다고 했다. 그렇지 않다면 육군이 그렇게 화가 났을 리가 없었다. 그는 DIVAD 사업이 취소될 때까지 계속 싸웠고 중령으로 전역을 했다).

운용 시험은 1985년 초에 실시되었다. DIVAD는 그 시험을 통과하지 못했고, 와인버거 장관은 그 사업을 취소하라는 압력을 받았다. 비록 더 많은 사업들이 취소되었어야 했지만 DIVAD는 초라한 시험결과 때문에 와인버거가 처음이자 마지막으로 취소한 사업이었다. DIVAD 이야기는 헤드릭 스미스의 베스트셀러인 『파워 게임: 워싱턴은 어떻게 움직이는가?』에 아주 자세히 소개되었다.[8]

그러던 중인 1983년 여름, 드라우어는 계속 프리올-로스 운용 시험 법안을 통과시키지 않으려고 노력했다. 드라우어는 외향적이고 격정적이고 대결을 서슴지 않는 성격의 소유자였고 획득 커뮤니티를 누가 책임지고 있는가를 확실하게 보여주었다. 로스 의원과 디나 라솔이 드라우어와 함께 펜타곤의 시험 개혁의 필요성을 다룬 ABC 방송의 굿모닝 아메리카에 출연했다. 광고가 나가는 사이에 드라우어는 로스 의원의 멱살을 잡고 흔들면서 "개혁가들의 말은 그만 듣고 내 말을 들으란 말이요!"라고 소리쳤다.[9] 그의 주장은 설득력이 없었다.

언론은 기사거리를 제공해주는 드라우어를 정말 좋아했다. 그가 레이건

---

8) Hedrick Smith, *The Power Game: How Washington Works* (New York: Random House, 1988), 168-173.

9) 1989년 9월, 저자와 Dina Rasor의 인터뷰. 나는 이 이야기를 다른 사람을 통해서 처음 들었지만 그와의 인터뷰에서 확인했다.

행정부를 떠나자 그가 했던 말이 여러 신문에 인용되었다. "우리가 취임하자 빈 가방을 든 방위산업체 사람들이 국방부 현관 앞에 나타났고, 우리는 그 가방에 돈을 채워 주었다." 사실이었다.

반면 국방장관의 시험책임자인 샘 린더는 대결을 즐기지 않는 조용하고 학자풍의 신사였다. 그는 항상 그의 보스인 드라우어의 그늘에 가려져 있었다. 예비역 해군 제독인 린더는 민간인 시험책임자였다. 그는 의사당의 많은 개혁가들로부터 무기가 결정과정을 너무 쉽게 통과하는 것 때문에 비난을 받아왔다. 많은 개혁가들은 린더 제독에 대해 획득 커뮤니티가 저지르는 범죄의 자발적인 협조자라고 생각했다. 나는 그때도 그 생각에 동의할 수 없었고 지금도 마찬가지이다.

린더는 드라우어가 위원장을 맡고 있는 획득검토위원회에서 투표권이 없었다(프리올의 법안이 이것을 바꾸려 했다). 그는 그저 고문에 불과했고 드라우어와 국방장관은 그의 조언을 계속 무시했다. 보통 린더의 조언은 무기체계가 적절한 시험을 거치지 않았다거나 시험 결과에 의하면 계획대로 사업을 진행하기 어렵다는 내용이었다. 나는 린더가 매 사업마다 드라우어와 와인버거에게 객관적이고 실질적인 증거를 제시하는 것을 여러 번 보았다. 그러나 결과는 항상 '계획대로 진행하시오' 였다. 린더의 조언을 무시한 이유는 한결같이 '시험 결과 외에도 결정에 영향을 미치는 요인들이 많다(즉, 업체에 자금이 계속 흘러 들어가도록 하는 것과 같은)' 는 것이었다.

린더의 잘못이 있다면 그가 너무 점잖고 드라우어와 장관이 사업을 계속 진행하라고 결정했을 때 시험 결과가 형편없음에도 불구하고 그 문제를 강조하지 못한 것뿐이었다. 펜타곤에는 이렇게 점잖은 사람이 서있을 자리가 없다는 말이 오히려 더 적절할 것 같다.

의회에 만연하던 생각은 시험이 무기 결정에 좀 더 중요한 역할을 해야 한다는 것이었다. 프리올의 법안은 여기저기에서 지지자를 모으고 있었다. 타워 의원은 '그 문제는 자신이 위원장으로 있는 위원회의 권한' 이라고 주장함으로써 그 법안을 좌초시키려고 노력했다. 그는 초봄에 있을 스피니의 청문회를 일방적으로 무산시키기 위해 그 논리를 이용했지만 결국 실패했다.

로스 의원의 행정위원회는 원래 타워의 군사위원회 소관이었던 운용 시험에 대한 자체 청문회를 6월 23일에 개최할 계획이었다. 이번에는 타워 의원이 개입할 틈을 주지 없었다.

린더 제독은 국방부의 첫 번째 증인으로 채택되었다. 드라우어는 그에게 시험책임자와 개발 총책임자를 분리할 필요가 없다는 펜타곤의 노선을 따라 달라고 했다. 린더와 나는 개인적인 대화를 통해 나는 린더가 개인적으로 프리올의 법안을 지지하지만 청문회를 위해 나름대로 준비한 것이 있다는 사실을 알고 있었다. 그는 겉으로는 펜타곤 노선을 옹호했지만 펜타곤의 속성을 잘 아는 유능한 분석가라면 그가 말하고 있는 것이 진심이 아니라는 것을 알 수 있었을 것이다.

린더는 준비한 진술에서 개발자와 시험 담당자를 분리해야 할 필요성을 열심히 제기했지만(그는 첫째 페이지에서 최소한 8번 이상 이 점을 지적했다) 그는 드라우어의 생각을 재확인하면서 증언을 마쳤다.[10] 린더에게는 그 정도 진술만으로도 가히 혁명이었을 것이다. 청문회가 휴정되었을 때 린더는 방청석에 앉아 있던 디나 라솔에게 다가가 자신은 개혁가들을 지지하고 의회가 프리올의 법안을 통과시키기를 희망한다고 말했다.

드라우어와 타워는 상황이 자신들에게 불리하게 돌아가고 있다는 것을 깨닫기 시작했다. 로스 청문회로부터 나흘 뒤 드라우어가 타워에게 편지를 보내 프리올 법안에 계속 반대할 것을 거듭 권유했다.[11] 드라우어는 타

---

10) Rear Adm. Isham Linder, USN (Ret.) Director, Defense Test and Evaluation, prepared statement at hearing, *Oversight of DoD's Operational Tests and Evaluation Procedure*, before the Senate Government Affairs Committee, 23, June 1983, 1.

11) Richard Delauer, Under Secretary of Defense, letter to Senator Tower, Chairman,

워가 개혁법안과 계속 싸울 수 있도록 시험 부문을 강화하고 시험책임자의 권한을 대폭 강화하여 좀 더 중요한 역할을 부여하는 '새 법안'을 제안했다.

나는 이때 내가 약간 사악했던 점을 고백해야 할 것 같다. 드라우어가 프리올 법안과 싸울 당시 톰 카터와 나는 그의 행동대장이었다(여우에게 닭장을 맡긴 격이었다!). 그가 새 법안을 준비하라고 지시했을 때 우리는 프리올이 제안한 법안(스프레이가 초안을 잡은)의 조항들을 새 법안에 모두 담았다. 그는 자신의 지시를 받는 시험책임자를 독립시킨다는 조항만 제외하고 모든 조항을 채택했다. 그는 그것만 바꾸고 나머지는 그대로 두었다.

6월 27일 아침, 드라우어는 타워 의원을 만나 자신이 마련한 법안을 자랑스럽게 내놓았다. 타워는 곧바로 그 사본을 의회에 뿌렸다. 군사개혁위원회 위원들이 이것을 보고 자신들의 개혁 법안이 본 궤도에 올랐다는 것을 알게 되었다. 새 법안은 개혁 법안의 지지를 희석시키기 보다는 오히려 역효과를 냈다.

마침내 타워 의원은 자포자기하여 개혁위원회의 위원장이었던 낸시 카사바움 의원을 찾아갔다. 타워는 그녀에게 한 마디로 "위원장이 개발과 시험 담당자를 분리한다는 조항만 삭제한다면 나는 개혁 법안을 지지하고 통과시킬 수 있습니다."라고 했다.

카사바움은 "조니, 우리는 당신의 지원이 필요없습니다. 우리는 벌써 충분한 의석을 확보했습니다."라고 대답했다.[12]

정말 그랬다. 1983년 9월 24일, 개혁 법안은 91-5로 상원을 통과했다. 동반 법안인 하원의 국방부 1984년 회계연도 예산수권법안도 만장일치로 통과되었다. 개혁가들이 처음으로 큰 승리를 거두었다. 전투가 끝났다. 시

Senate Armed Services Committee, 27 June 1983.

12) Winslow Wheeler, legislative aide to Senator Nancy Kassebaum, 저자와의 인터뷰, July 1987.

험책임자가 개발 총책임자로부터 독립하고 자료를 확보하기 위해 끊임없이 싸우지 않고도 각 군으로부터 필요한 모든 자료를 열람할 수 있는 권한을 갖게 되었다. 시험책임자의 운용 예산은 드라우어가 아니고 의회가 결정하게 되었다. 시험책임자는 획득검토위원회에서 투표권을 행사할 수 있으며 '어느 누구도 손대지 않은 시험 결과를 국방장관과 의회에 직접 보고'할 수 있게 되었다.

의회가 악습을 고치기 위해 펜타곤에 강력한 요구를 하리라곤 아무도 예상하지 못했다. 이것은 정말 중요한 개혁이었다. 그러나 개혁가들이 승리의 기쁨을 누리는 것도 잠시뿐이었다.

법안이 통과되자 개혁가들, 국방장관실 참모, 언론 옵서버 등 모든 사람들은 린드의 시험국이 드라우어로부터 독립하여 새 법률에 의해 운영될 것이라고 생각했다. 의회는 목청을 높였지만 드라우어와 와인버거에게는 다른 복안이 있었다. 드라우어는 현재의 시험국을 그대로 유지한 채 새 장소와 인원, 그리고 장비를 갖춘 또 하나의 시험국을 만들기로 했다(펜타곤에서 빈 공간을 찾는 것은 정직한 사람을 찾는 것 다음으로 어려운 일이었다). 더구나 드라우어는 새 시험국을 운용할 기준이 될 법까지 준비했다. 그는 당연히 의회가 부여한 시험책임자의 권한을 제한하는 조항도 마련했다.

더 중요한 사실은 와인버거 장관이 운용시험국장을 선발하는 일에 아주 소극적이었다는 것이었다. 새 법안을 집행하기는커녕 와인버거와 드라우어는 아예 무시하기로 했다. 개혁가들과 의회에게는 불행한 일이었지만 그러한 상황은 1984년 봄까지 계속되었다.

한편 린더 제독은 새 국장이 임명될 때까지 국방장관의 시험 총책임자로 계속 근무했다. 린더의 인내심도 한계에 도달했다. 1984년 2월 말에 드라우어가 SINGARS 라디오라는 또 다른 의심스러운 시스템을 결정하는 획득검토위원회를 주관했다. 이 하이테크 라디오는 적이 통신방해를 하더라도 통신을 할 수 있도록 설계되었다. 드라우어와 국방장관, 육군 대표들이 SINGARS의 전면 생산 여부를 결정하기 위해 모였다.

최근의 운용 시험에서 이 라디오는 작동하지 않는 것으로 판명되었다. 심지어 생산업자가 여러 번 설계를 수정했지만 신뢰도가 최소 수용기준 인 30%였다. 이 라디오는 스스로 통신방해를 했기 때문에 적이 통신방해를 할 필요가 없었다. 두 무선망이 같은 지역에 있으면 서로 통신방해를 했다. 육군의 운용 시험 소장이 이 라디오는 13개 측정 항목 중 10개 항목에서 한계치 혹은 그 이하였다고 보고했다. 심지어 특별히 교육을 받은 부대조차도 서로 교신을 할 수 없었다. 그는 이 라디오가 전쟁터에서 도움이 되지 않을 것이라는 결론을 내렸다.[13]

린더 제독은 2월 23일에 있었던 생산결정 회의에서 SINGARS 시험 결과를 제시했다. 그는 시험을 통해 라디오가 실제로 작동하는 것이 증명될 때까지 그 라디오는 절대 생산해서는 안 된다고 주장했다[린더가 발견한 문제는 아직도 해결되지 않은 상태이다. 걸프전 중에 SINGARS 라디오는 시험 당시의 모든 통신장애 문제를 그대로 일으켰고 적의 방해전파로부터 간섭을 피하는 데 필요한 주파수 호핑 모드에서도 작동하지 않았다]. 라디오가 작동하지 않는다는 충분한 증거에도 불구하고 육군은 이미 생산 계약에 서명을 한 상태였다. 드라우어는 전면생산 결정을 비준하는 일을 일사천리로 진행했다.

더 이상 참을 수 없었던 린더 제독은 드라우어와 열띤 논쟁을 벌였다. 회의에 참석했던 모든 사람들이 이 상황을 지켜보는 가운데 린더와 드라우어는 일어나서 서로 고함을 지르며 회의는 끝이 났다. 조용하고 내성적이고 학자풍의 린더가 이런 모습을 보인 것은 이번이 처음이었다.

암브로스 육군성 차관은 린더의 주장에 와인버거 장관이 흔들릴봐 장관

---

13) Rear Adm. Isham Linder, USN (Ret.), "Test and Evaluation of SINGARS," memorandum to Secretary of Defense Casper Weinberger, 8 March 1984.

에게 즉시 메모를 보냈고, 메모에서 '시험에서 라디오가 작동한다는 것을
보여주기 전까지 장비를 야전에 배치해서는 안 된다는 린더의 바보 같은
주장에 반대한다'고 했다. 그 메모는 당시 높은 자리에 있는 사람들의 생
각을 잘 정리한 것이었다. "육군의 최고위층과 국방체계 획득검토위원회
가 면밀하게 검토한 후인데도 만약 린더 제독의 말처럼 시험이 끝날 때까
지 기다려야만 한다면 매우 절실한 장비를 배치하는데 심각한 지연과 엄청
난 비용 상승이라는 결과를 수반할 것입니다. 이렇게 하면 장비가 야전에
배치되기도 전에 이미 구식이 될 것입니다"[14] ["나의 적은 바로 우리였다."
라는 포고[15]의 말이 옳았다].

린더 제독은 그 후 공직에서 물러났다. 그는 의회의 요구에도 요지부동
이고 예전처럼 의심스런 무기들을 맹목적으로 통과시키는 행정부의 결정
에 질려 사임했을 것이다.

4월이 왔고 와인버거는 아직도 시험국장 후보를 지명하지 않고 있었다.
드라우어가 모든 지원자들을 인터뷰했다. 그 인터뷰를 통과하면 와인버거
의 최종 선택만 남게 되는데 그때까지 아무도 적임자가 없었다(이것은 독립
적인 운용시험국장을 선발하는 것으로는 이상한 요구사항이었다).

드디어 의회도 인내심을 잃어가고 있었다. 상원 군사개혁위원회 위원장
인 낸시 카사바움 의원은 개인적으로 와인버거를 압박하고 있었다. 그녀에
대한 그의 대답은 "나는 아직 그 일을 하겠다는 지원자를 찾아내지 못했습
니다. 당신은 지금 나에게 검은 모자를 쓰고 거의 대부분 나쁜 소식을 전
해 줄 사람을 찾아 달라는 것입니다. 아무도 그 일을 하려고 하지 않습니
다. 차라리 당신이 후보자를 추천하지 그러십니까?"라는 것이었다.

---

14) Army Under Secretary James Ambrose, "SINGARS Radio," memorandum to Secretary
   of Defense Csapar Weinberger, 19 March 1984.

15) 포고(POGO, Project On Government Oversight)는 1981년에 발족되어 초기에는 국방부,
   90년 이후부터는 정부의 예산 집행을 감시하는 민간 기구. 역자 주.

그래서 군사개혁위원회가 존 보이드를 통해 나에게 의향을 물었다. 만약에 창설 정신을 그대로 이행할 수 있다면 새 법령이 납세자들뿐만 아니라 군에도 좋은 일이라고 굳게 믿었기 때문에 그 제안을 받았을 때 기분이 나쁘지 않았고 펜타곤 주변에서도 내가 적임자라고 했다. 그러나 나는 위원회에 답하기 전에 몇 가지 생각해봐야 할 것이 있었다.

새 법안에서 신임 국장은 대통령이 지명하고 상원에서 인준하는 민간인이어야 했다. 이 자격을 충족시키려면 나는 전역을 해야만 했다. 내가 선택된다면 나는 기꺼이 전역을 하겠지만, 만일 군사개혁위원회에서 추천하더라도 선택되지 않는다면? 그것이 문제의 핵심이었다. 답은 뻔했다. 인사상 불이익을 받을 수도 있고, 개혁가로 이미 잘 알려진 요주의 인물이었기 때문에 오히려 주어진 역할을 제대로 못할 수도 있었다.

여러 가지 생각 끝에 나는 한 가지 조건을 달아서 위원회의 제안을 받아들이기로 했다. 만약 와인버거가 나를 선택하지 않더라도 개인적으로 불이익을 받지 않을 것이라는 그의 보장이 필요했다. 카사바움이 와인버거에게 전화를 걸어 내 제안에 대한 승낙을 받아냈다.[16] 그의 약속은 그 후 몇 개월 동안 벌어질 일에서 중요한 역할을 하게 된다.

1984년 4월 24일, 카사바움 의원은 군사개혁위원회 위원장 자격으로 와인버거 장관에게 문서를 보냈다. "신설된 운용시험국장을 추천해 달라는 당신의 요청에 대해 나는 제임스 버튼 대령을 추천합니다."[17] 그 문서가 도착했을 때 많은 사람들의 눈이 휘둥그레졌다.

곧바로 와인버거 장관, 윌리엄 태프트 4세, 드라우어 박사가 따로따로

---

16) 낸시 카색바움 상원의원은 나에게 몇 달 후에서야 와인버거와의 약속이 있었다는 말을 해주었다. 그때는 이미 그 약속을 지키지 않을 것이 확실해진 때였다. 약속이 깨지면서 1984년 10월부터 86년 6월까지 육군과 나 사이에 있었던 분란에 의회 군사개혁위원회가 개입했다. 카사바움은 끝까지 이 분란에 관여하지 않았다.

17) Senator Nancy Kassebaum, letter to Secretary of Defense Caspar Weinberger, 24 April 1984.

나를 인터뷰했다. 드라우어 박사와의 인터뷰가 가장 흥미로웠다. 그는 대화 중 '제5열'이라는 단어를 여러 번 사용했다.

　나는 이 세 번의 인터뷰를 통해 펜타곤의 최고위층 관리들은 획득업무를 개혁할 의지가 없다는 것을 분명하게 깨달았다. 그들은 시험 개혁이 필요하다는 것에 동의하지도 않았고 앞으로 있을 모든 무기 사업에 심각한 위협이 될 것이 뻔한 사람을 원하지도 않았다. 와인버거가 나를 새 국장으로 뽑지 않은 것은 그리 놀랄 일도 아니었다. 대신 그는 무난한 후보자를 백악관에 추천했는데 재무 상태에 뭔가 문제가 있는 것으로 판명되어 검증을 통과하지 못했다. 첫 번째 국장을 뽑는데 거의 2년이 걸렸다. 그는 방위산업체로부터 왔고 또 한 명의 업체 대변인에 불과했던 것으로 판명되었다. 바로 그때 나는 펜타곤에 수십 년 동안 있어 왔던 논란 중 가장 큰 사건에 휘말리게 되었다.

8. 루비콘 강을 건너다

　루비콘 강은 이탈리아와 율리우스 카이사르가 다스리던 갈리아 지방을 나누는 작은 강이다. 카이사르가 이 강을 건너 그의 라이벌 폼페이가 장악하고 있던 로마와 내전을 벌였다. 카이사르 군대가 루비콘 강을 건너자 그는 부관들에게 모든 배를 불태워버리라고 지시했다. 이제는 돌아가고 싶어도 돌아갈 수가 없었다. 이때부터 '루비콘 강을 건너다'라는 표현은 결정적인 순간, 되돌릴 수 없는 결정을 의미하게 되었다.

　1984년 6월 14일, 나는 브래들리 전투장갑차량이라는 루비콘 강을 건넜다. 나는 그날 의도적으로 미 육군에서 영향력이 큰 최고 수뇌부들과 메이저리그를 치르기로 결심했다. 나는 육군이 브래들리 장갑차에 좀 더 공정하고 실질적인 시험을 하기를 원했지만 육군은 반대했다. 우리는 논쟁으로 시작했지만 결국 싸움으로 번졌다.

　우리는 2년 동안 원수처럼 싸웠고 규칙도, 심판도 없었다. 이 싸움에 대한 이야기가 몇 차례나 펜타곤 밖으로 새어 나갔다. 일단 싸움이 시작되자 그만두고 싶어도 그만 둘 수가 없었다. 국민들이 보고 있는 가운데 우리는 서로 물고, 할퀴고, 쥐어뜯었다. 나는 이 싸움에서 승리했다. 1987년 12월 17일, 육군은 기특하게도 의회, 일반 국민 그리고 나에게 패배를 인정했다.

루비콘 강 건너편은 어떻게 생겼을까? 도처에 늪과 정글, 드래곤과 악마가 우글거리는 불모지였다. 나는 그곳에서 살아남을 수 있고 승리할 수 있는 방법을 배웠다.

1982년 6월, 피에르 스프레이는 내가 국방장관실의 시험국에 도착한 그날부터 미국 전차와 항공기가 소련 무기에 얼마나 취약한지 그리고 반대로 미국 무기들이 소련의 수송수단에 얼마나 효과적인가에 대한 공정하고 실질적인 시험의 필요성에 대해 무엇인가 해야 된다고 나를 계속 부추겼다. 피에르는 펜타곤에서 '실제 무장과 실제 표적을 사용하지 않는 시험의 엄청난 비용'이라는 제목의 브리핑을 하고 다녔다. 그는 제임스 게빈의 '베를린을 향하여'에서 인용한 글을 소개하면서 브리핑을 시작했다.

게빈 장군은 그 책에서 자신이 1943년에 시칠리아 젤라 전투에서 50명의 젊은이들을 잃었던 사건에 대해 자세히 얘기했다.[1] 바주카포를 소지하고 있던 그들은 그들이 정지시키려 했던 독일 전차에 의해 희생되었다. 새로 보급된 바주카포는 전차를 저지하는 데 실패했다. 게빈 장군은 북아프리카에서 획득한 독일 전차를 가지고 바주카포를 시험하지 않았다고 병기병과를 비난했고, 미국 내에서도 바주카포 개발에 대해 상당한 논란이 있었다. 안타깝게도 탄두가 너무 작아 전차를 저지할 수 없다는 생각을 끝까지 관철시키지 못하고 사임한 과학자가 옳았던 것으로 판명되었다. 게빈 장군은 자기 부대가 병기병과의 관료주의로 인해 검증되지 않은 무기를 받았다는 것에 화가 났다. 육군은 시험장에서 실제로 무엇을 시험해야 하는가를 알아내기 위해 전장에서 너무 많은 사람들을 희생시켰다.

피에르는 2차 세계대전 이후 바뀐 것이 하나도 없다고 주장했다. 현재 전선에 배치된 차량, 전차, 항공기 중 실제 소련 무기에 대하여 어느 정도 취약한지 확인해 본 적이 단 한번도 없었다. 마찬가지로 실제 무장을 탑

---

1) James M. Gavin, *On to Berlin* (New York: Viking, 1978), 43.

재하고 연료를 주입한 상태의 소련 차량을 상대로 미군 무기가 어느 정도 치명적인가를 시험해 본 적도 전혀 없었다. 피에르에 의하면 병기 분야는 1943년 이후로 변한 것이 없었다. 만약 그런 장비들을 전투에서 사용해야 한다면 그 비용은 다름 아닌 수많은 군인들의 목숨이었다.

나는 처음에는 피에르의 말을 믿지 않았다. 나는 그가 과장하고 있다고 생각했지만 한번 확인해 보기로 마음먹고 83년 한 해 동안 이 문제를 파헤쳤다. 나는 전차, 대전차무기, 항공기, 대공무기, 미사일에 대한 거의 모든 시험보고서, 사상자에 대한 임상 보고서, 희생자는 어떻게 예측하는지, 그리고 특히 2차 세계대전을 포함한 실제 전투를 분석한 보고서들을 빠짐없이 읽었다. 나는 파고들수록 점점 피에르가 옳았다는 것을 확인할 수 있었고 더욱이 그의 브리핑 내용은 빙산의 일각이었다.

나는 과거의 병기병과가 거의 간섭을 받지 않는 작고 폐쇄된 기술 집단으로 대체되었다는 것을 알게 되었다. 이 집단의 견해는 절대적 진리로 인정받고 있었지만 무기의 치명성과 차량의 취약성을 결정하는 방법은 의문스러웠다.

적의 포탄에 전차가 피격당했을 때 전차 내부의 화재와 폭발이 가장 치명적이었다. 역사적으로 전차 안에서 발생한 사상자의 대부분은 탑재되어 있던 포탄의 화재와 폭발 때문이었다. 2차 세계대전 때 미군의 셔먼 전차는 피격을 당하면 항상 화재가 났기 때문에 당시 유명했던 '론슨 라이터'라고 불리었다. 셔먼 전차 승무원의 사상자 중 60% 이상이 전차 내부에 있던 연료나 포탄의 화재 때문에 발생했다. 화재로 인한 사고를 줄이기 위해 셔먼의 후속 모델은 포탄을 물통 안에 저장했다.[2]

이스라엘은 1973년 전쟁에서 화상에 의한 엄청난 병력 손실을 경험했

---

2) R.P. Hunnicut, *Sherman: A History of the American Medium Tank*, Taurus Enterprise, 261-276.

다. 이 사상자들의 대부분은 미국제 전차에서 발생했다. 이스라엘은 포탄 화재와 폭발에 의한 사상자를 줄이거나 없앨 수 있는 자신들의 고유 모델인 메르카바 전차를 생산하기로 결정했다. 이스라엘의 노력은 1982년의 중동전에서 보상을 받았는데 포탄과 관련된 사상자는 한 명도 없었다.[3]

화재와 폭발이 가장 큰 원인이었음에도 불구하고 취약성 시험에서 거의 연구되지 않았고 가장 무시된 요소였다. 나는 기술자 집단이 바주카포가 전차를 파괴할 수 있는가를 알아보기 위해 현실과는 동떨어진 시뮬레이션이나 컴퓨터 모델링에 의존해왔다는 사실을 알게 되었다. 전차를 포함한 차량들은 화재 발생을 막기 위해 연료를 주입하지 않거나 연료 대신 물로 채우고 시험을 했다. 차량 안에 연료와 실무장을 둔 적도 없었다. 또한 컴퓨터 모델에 입력할 자료가 필요했지만 화재로 인해 차량 안의 상황에 대한 정확하고 과학적인 데이터를 수집하기가 어려웠다.

놀랍게도 나는 이 컴퓨터 모델이 한 번도 검증된 적이 없었다는 사실을 발견했다. 항상 누군가가 컴퓨터 모델의 예측치와 실제 전투 결과 혹은 예측치와 빈 차량에 대한 시험 결과를 비교해 보았는데 그 결과는 정말 형편없었다. 어떤 때는 전차를 파괴하는 것이 실제보다 더 어렵다는 결과가 나오기도 하고 어떤 때는 그 정반대 결과가 나올 정도로 뒤죽박죽이었다. 나는 차라리 통밥으로 전투손실을 예측하는 것이 더 정확할지도 모른다는 결론을 내렸다.

컴퓨터 모델을 검증하기 위한 전반적인 시도가 1970년에 딱 한번 있었다. 1967년 중동전에서 노획한 러시아 전차를 MEXPO 훈련에서 시험해 보았다.[4] 늘 그래왔듯이 전차는 비어 있었고 오로지 탄환의 물리적 피해만

---

3) "MERKAVA-2," in *Defense Update*, ed. and publ. Lt. Col. D. Eshel (Ret.), Cologne, West Germany (War Data Series, no. 17, 1984), 8. Peter Hellman, "Israel's Chariot of Fire," *The Atlantic Magazine*, March 1985, 95.

4) MEXPO는 Middle East Exploitation의 약어. 사본들은 Cameron Station, Va.에 있는

기록되었다. 화재와 폭발은 허용되지 않았다. 매 시험 발사 전에 컴퓨터 모델을 돌렸고 여기서 나온 피해 예측치와 사격 후 실제 시험결과를 비교했다.

시험에 참여했던 모든 사람들이 놀랄 정도로 예상 피해와 실제 피해 간의 차이가 컸고, 더욱이 이러한 차이가 일정하게 나타나지도 않았다. 모델을 수정하고 똑같은 과정을 되풀이했지만 문제는 오히려 더 악화되었다. 다시 모델을 수정하고 세 번째 비교가 이루어졌다. 믿어지지 않았지만 모델의 예측치와 실제의 차이가 더 커졌다. 결국 담당자들은 포기했고, 컴퓨터 모델은 그 이후 지금까지 한 번도 검증된 적이 없었다.

지금까지 이러한 모델이 전반적인 취약성을 측정하는 주요 도구로 사용되었다. 지금까지 계속 사용되었다는 이유 하나로 어떤 무기를 구입할 것인가 그리고 어떤 설계 특성을 포함시켜야 할 것인가와 같은 주요 의사결정에 엄청난 영향을 미쳤다. 모델에 입력할 자료를 얻기 위한 시험에서 두 번에 한 번 이상은 실제 무기가 사용되지도 않았다. 실제 탄두 대신 시험실 장치를 접착 테이프로 특정 위치에 붙이고 폭발시키는 방식이었다. 전차에 가해지는 탄두의 운동에너지는 무시되었다. 오로지 컴퓨터 모델에 입력할 특정 종류의 자료를 수집하는 것에만 관심이 있는 일단의 기술자들은 이 운동에너지를 정확하게 통제할 수 없었다. 기술자들은 실제 상황에서 무기가 실제로 전차를 폭파시킬 수 있는가에 더 관심을 가졌어야 했다.

이러한 시험의 목적은 실제 어떤 일이 벌어지는가를 발견하기 위한 것이라기보다는 모델에 입력할 자료를 확보하는 것이었다. 그래야 특정 무기체계를 지지하는 결론을 만들어내기 위해 대폭 혹은 미세 조정이 가능했고, 그것이 시험의 실질적인 가치였다. 컴퓨터 모델의 예측치는 조정할 수 있지만 실제 시험 결과는 통제할 수 없었다. 1983년에 육군의 신형 바주카포

Defense Technical Information Center에 있다.

선정을 둘러싼 일들을 통해 나는 이러한 차이점을 확실히 깨달았다. 당시 육군은 몇 년 전부터 바이퍼라는 신형 바주카포를 개발하고 있었다. 1976년에 바이퍼의 제안 가격은 대당 78달러로 그 정도 가격이면 전체 보병은 물론 취사병까지도 1대씩 가질 수 있는 수준이었다. 그런데 실제 생산에 들어가면서 대당 가격이 787달러로 열 배나 올랐는데도 펜타곤 기준으로는 그렇게 큰 상승이 아니었다.[5]

러시아 전차를 막을 수 있다는 바이퍼의 능력에 대해서는 의견이 분분했다. 많은 사람들이 바이퍼 탄두가 너무 작다고 했다. 40년 전 시실리에서 게빈 장군의 부하들 목숨을 앗아간 바주카포 탄두보다 겨우 10% 정도 커졌다. 반면 1980년대 러시아 전차의 장갑은 2차 세계대전 때보다 10% 이상 두꺼워졌다.

의회는 워렌 루드먼 상원의원이 주도하여 육군에게 일단 생산을 중단하고 바이퍼와 기존의 여러 가지 유럽 바주카포와 한 발씩 번갈아가며 쏘는 방식shoot-off으로 경쟁을 해보라고 압력을 가했다.[6] 바주카포의 유일한 목적은 전차를 저지하는 것으로써 지팡이나 야구 방망이가 아닌 전차 킬러이다. 시합은 어떤 바주카포가 가장 뛰어난 전차 킬러인가를 결정하기 위한 것으로 여기에서의 승자가 대량으로 생산될 계획이었다.

여섯 종류의 후보들이 경쟁을 했다. 숏 오프 방식으로 총 420발이 발사되었는데 실제 바주카포에서 발사된 것은 한 발도 없었고 대신 쇳덩어리 위에 탄두를 놓고 폭파시켰다. 그 폭발로 생긴 각 구멍의 크기를 정확히 측정해 컴퓨터 모델에 입력했다. 컴퓨터 모델이 승자를 발표했고, 육군,

---

5) Frank Greve, "Dream Weapon a Nightmare," Knight-Ridder Newspapers (wire service), 2 May 1982.

6) 앞의 글. 경쟁하던 여섯 가지는 바이퍼, 바이퍼 개량형(variant), 스웨덴의 AT-4, 미국의 LAW-3과 LAW-750, 영국의 LAW-80. 놀랍게도 AT-4가 경쟁에서 승리했다. 이 경쟁을 지켜보던 대부분의 국방 분야에 몸담고 있던 사람들은 모두 육군의 바이퍼가 승리하리라고 예상했었다.

국방장관실, 의회 모두 두말없이 결과를 받아 들였다.

나를 정말 놀라게 한 것은 육군이 드라우워 박사와 유명한 그의 획득심의위원회에 이를 시험 결과라고 보고한 것이었다. 나는 혼잣말로 "이 사람들 미쳤군. 그들은 이 승자가 전차를 저지하는지 못하는지도 모른다고. 앞으로도 이러한 새 바주카포를 계속 사용한다면 부하들을 희생시킬 수밖에 없었던 게빈 장군 같은 사람이 또 나올 것이 뻔한데… 정말 1943년하고 달라진 것이 하나도 없구나."라고 했다.

국방부가 검증되지 않은 컴퓨터 모델의 결과에 기초하여 어떤 결정이나 행동을 해서는 안 된다는 것이 당시 나의 생각이었고 지금도 마찬가지이다. 무기와 관련해 이러한 일들이 일어나는 것 자체가 없어야 하며 특히 병사들의 생명이 달린 일이라면 더욱 그래야 한다.

나는 피에르의 도움을 받아 실전과 같은 시험을 해야 한다는 합동시험 프로그램 제안서를 준비했다. 나는 이것을 '합동실사격시험프로그램Joint Live-Fire test Program'이라고 불렀다. '합동'은 한 개 이상의 군이 포함되어야 함을 의미했다. '실사격'은 실제 전투에 배치될 때와 똑같이 모든 위험 물질들을 탑재하고 있는 실제 표적에 시험실 장치가 아닌 실제 무기를 발사하는 것을 의미했다. 세상에! 실제 검증도 안 된 컴퓨터 모델이 실사격에 의해 전차의 연료, 탄약, 뜨거운 유압작동유가 어떻게 반응하는지를 결정한다니.

내가 수집해야 할 가장 중요한 자료는 차량 내부에 있는 사람들에게 무슨 일이 벌어지는가와 관련된 것이었다. 첫째, 피격으로 인해 발생하는 사상자는 몇 명인가? 둘째, 이 사상자 발생의 주된 원인(화상, 폭발, 총상, 유독가스, 높은 압력에 의한 폭풍파 혹은 다른 이유 등)은 무엇인가?

피격 후 전차나 장갑차 안에서는 참혹한 일이 벌어졌다. 병사들이 사망하는 이유는 여러 가지였다. 대전차 포탄이 장갑을 관통하면 파편이 전차 내부에 이리저리 튀면서 승무원을 살상하거나 연료와 유압 라인 그리고 전기선을 끊는다. 파열된 연료 혹은 유압 라인에서 화재가 발생한다. 얇은 장갑차량을 산산조각 내거나 무거운 전차의 포탑을 날려 버릴 정도로 내부 압력이 높아지는 것은 물론, 예비 포탄이 달아올라 폭발하면서 더 많은 파편이 만들어진다. 실내에 연기가 꽉 차면 움직일 수 있는 승무원은 밖으로 뛰쳐나온다. 비록 피격 후 차량 내부 환경은 살벌하지만 그것에 대비한 설계를 하면 그 피해를 줄일 수 있다. 특히 탄약, 연료, 그리고 유압작동유의 무시무시한 화재와 폭발을 줄일 수 있다.

내가 바라는 것은 어떤 상황에서 어떤 원인으로 가장 많은 사상자가 발생하는가를 확인하여 그 시험 결과를 설계에 반영하는 것이었다. 쉽게 말해서 나는 제일 먼저 주목해야 할 것이 차량 내부의 사람들에게 무슨 상황이 벌어지는가, 두 번째가 차량 자체에 어떤 일이 벌어지는가, 마지막이 컴퓨터 모델에 입력할 자료를 얻는 시험이었다. 내 생각은 당시 육군 획득 부서에 팽배해있던 생각과는 달랐고 그들의 우선순위는 정확히 나와 반대였다.

따라서 나의 제안은 획기적이었다. 지금까지 이런 일이 한 번도 없었다. 1970년대 중반 봅 딜거가 네바다 사막에서 30mm 실탄 시험을 한 것이 가장 비슷했다. 나의 제안은 병기병과의 업무를 비판한 것이었기 때문에 시대에 뒤진 병기병과의 반대를 예상했었다. 그런데 놀랍게도 병기병과의 기술자들은 이와 비슷한 무엇인가를 이미 했었어야 했다는 것에 동의했다. 그러나 그들은 내가 심각하게 생각하고 있다는 것을 알게 되면서 곧바로 말을 바꾸었을 뿐만 아니라 내 제안을 없었던 일로 만들기 위해 물불을 가리지 않았다.

1983년 봄, 나는 합동실사격시험프로그램의 확실한 지지기반을 다지기 위해서 말단 기술자들부터 브리핑을 시작했다. 거대한 조직의 습성에 혁신이나 중대한 변화를 일으키기 위해서는 보통 하향식top-down보다 상향식bottom-up이 성공할 확률이 높다.

피에르와 나는 만약 우리가 전쟁을 하게 된다면 국방부 전체 인원 중 과연 몇 명이 실제로 적과 싸우게 될 것인가를 계산해 보았다. 국방부에는 200만 명의 현역과 100만 명의 공무원이 있다. 이 중 단지 1/10인 30만 명 정도가 직접적인 전투에 투입된다. 그 나머지 인원은 후방에서 지원과 관리 기능을 수행한다. 어떻게 이렇게 가분수가 되었고 부풀려졌는지, 그리고 왜 이렇게 체제가 복잡해졌는가에 대한 명확한 이유를 확인할 수 없었다. 나의 실사격 시험 프로그램은 실제 전투에 참가하는 이 30만 명 중 가능한 많은 인원의 안전을 위한 것이었다.[7]

나는 펜타곤 전체에 혁신적인 시험 프로그램을 설명하고 주의를 환기시키는 데 거의 1년을 투자해야 했다. 1984년 봄이 되어서야 나는 육, 해, 공, 해병대, 합동참모본부, 국방장관실 인원들과 공감대를 형성할 수 있었다. 지지층은 말단 기술자들부터 고위직 민간인과 군인들까지 다양했다.

1984년 3월 27일, 국방장관실이 만장일치로 합동실사격시험프로그램을 공식적으로 승인하고 명문화했다.[8] 문서에 미국과 소련의 시험용 전차, 보병용 장갑차, 항공기가 구체적으로 명기되었다. 정보 분야에서 소련 장비를 물색하여 획득하는 데 아주 애를 먹었다. 나는 이 프로그램에 해군의 함정도 포함시키려고 했지만 해군으로부터 충분한 지지를 얻는 데 실패했다. 해군 관료들은 실제 소련 무기를 해군 선박에 시험할 지도 모른다는 생각에 잔뜩 겁을 먹었다. 나는 또한 지금까지 전례가 없던 이중 선체의 잠수함에 해군이 새로 획득한 어뢰를 시험해 보기를 원했지만 바위에 계란

---

7) 미 공군의 James G. Burton 대령은 하원 군사위원회의 연구·개발 소위원회(99th Cong., 2d sess., 28 January) 증언을 위해 진술문을 준비했다. Report No. HASC 99-27, 52.

8) Rear Adm. Isham Linder, USN (Ret.), Director, Defense Test and Evaluation, "Joint Live Fire Test Charter," memorandum to Director, Joint Staff (Office of Joint Chiefs of Staff), Assitant Secretary of U.S. Army (Research, Development, and Acquisition), Assitant Secretary of U.S. Navy (Research, Development, and Logistics), and Joint Logistics Commanders (Department of Defense), 27 March 1984.

치기였다. 나는 결국 1984년 봄까지로 되어 있던 최종 기한이 다가옴에 따라 해군을 설득하여 이 프로그램에 동참시키려던 노력을 중단해야 했다.

린더 제독이 문서에 서명하자마자 나는 일련의 시험을 위한 첫 번째 계획을 수립했다. 게임은 이제부터였다. 나는 이 시험 프로그램을 육군의 브래들리 전투차량[9]에 제일 먼저 적용해 보기로 했다. 나는 두 가지 이유로 브래들리를 택했는데, 한 가지는 전쟁이 발생하면 약 5~7만 명 정도의 보병이 브래들리에 타게 될 것이다. 상당히 많은 인원의 목숨이 위태로워진다. 또 한 가지는 브래들리 사업이 이제 막 시작되었기 때문에 실사격 시험으로 심각한 결함이 나타나더라도 상대적으로 설계 변경이 쉬울 것 같았다. 물론 이런 종류의 시험은 개발 단계에서 이루어져야 한다.

나는 브래들리 전투차량을 알기 쉽게 설명하고 싶지만 그렇게 간단한 일이 아니었다. 육군이 지난 20년 동안 시도하고 발버둥을 쳤지만 별로 성과가 없었다. 브래들리는 장갑차였지만 마치 전차 같아 보였고, 전차 같은 소리를 내며, 전차 중대와 같이 이동하고, 적의 전차를 파괴하기 위한 공격 무기도 갖추고 있지만 분명히 전차는 아니었다. 전차는 적의 전차를 공격하기 위해 주포를 갖고 있고, 대전차 무기로부터 자신을 보호하기 위해 장갑이 두텁다. 브래들리의 장갑은 전차에 비해 얇고, 오히려 보병용 장갑차의 장갑과 비슷하다. 브래들리는 보병용 장갑차로 출발했지만 그렇다고 보병용 장갑차도 아니었다. 브래들리를 규정하려는 이러한 시도가 모든 문제의 근원이었다. 브래들리는 무엇이며, 용도는 무엇인가? 이 질문이 20년 동안 브래들리를 괴롭혔고 아직도 이 문제가 완전히 풀리지 않았다.

---

9) 육군은 1972년 11월에 FMC社와 브래들리 개발 및 생산 계약을 체결했다. 브래들리는 1980년에 제작에 들어갔고, 1983년부터 배치가 시작되었다. 1990년대까지 총 6,882대를 생산할 계획이었고, 그 중 M-2 보병전투차량이 3,500대, 나머지는 M-3 기갑전투차량이었다. 1986년 달러가치로 브래들리의 가격은 대당 170만 달러였다. 역자 주. (U.S. General Accounting Office, "Bradley Vehicle - Concerns About the Army's Vulnerability Testing", 1986. 2. p.3. 참고)

1960년대 초반, 육군은 M-113 병력수송장갑차APC의 단순하고 저렴한 대체품을 개발하기 시작했다. M-113는 그때나 지금이나 그저 전쟁터로 병력을 태워다주는 '전장 택시'로, 11명의 보병 분대가 탑승했다. 장갑은 소구경 화기(소총이나 기관총)만 견딜 수 있는 정도[10]였고, 이것보다 큰 구경의 화기는 마치 달궈진 칼로 버터를 자르듯이 M-113을 관통했다. 이런 이유 때문에 소구경 화기보다 큰 화기에 노출될 가능성이 있을 때 병사들은 M-113 안에 탑승하지 않고 위로 올라탔다.

브래들리는 M-113 대체용으로 출발했다. 임무는 11명의 보병 분대를 전장으로 수송하는 것으로 단순하고 간단한 일이었다.[11] 그러나 브래들리는 17년 동안 개발 중에 있었고 육군은 이 기간 중 브래들리의 용도를 계속 변경했다. 자체 방어 무기만 보유했던 브래들리를 공격용 차량으로 바꾼다는 생각이 청사진에 몰래 스며들었다. 브래들리는 신형 M-1 전차와 대형을 갖춰 적의 장갑 부대와 교전을 한다는 것이었다. 이런 상황이라면 브래들리는 적으로부터 대응사격을 받을 것이며, 이는 소구경 화기보다 큰 화기로 피격당할 수 있다는 것을 의미했는데 브래들리의 장갑은 두껍지 않았다. 그 이후 누군가가 브래들리 안에 있는 병력이 작은 구멍을 통해 개인화기로 사격을 할 수 있어야 한다는 아이디어를 내놓았다. 이 구멍은 브래들리가 생산되고 난 후 한참 뒤에야 쓸모없다고 판명되어 메꿔졌다.

브래들리를 개발하는 과정에서 사업을 점검하고 이것의 임무와 특징을 결정하기 위해 케이시위원회, 라킨위원회 외에도 여러 위원회가 구성되었다. 위원회가 구성될 때마다 임무가 바뀌고 새로운 디자인 개념이 추가

---

10) 구경 14.5mm. 역자 주. (U.S. General Accounting Office, "Bradley Vehicle - Concerns About the Army's Vulnerability Testing", 1986. 2. p.3. 참고)

11) 하원 직원인 Anthony Battista는 1986년 1월 28일에 하원 군사위원회의 연구·개발 소위원회에서 증언을 했다. Report No. HASC 99-27. 21. 바티스타가 말한 브래들리 개발 역사는 같은 청문회에서 육군참모차장 맥스 터먼 장군에 의해 재확인되었다. 같은 보고서 80.

되었다.[12] 1980년에 브래들리 생산이 승인되었을 때 임무는 세 가지였는데 말 그대로 죽도 밥도 아니었다.

나는 이 브래들리를 공군의 F-16과 비교해 보지 않을 수 없었다. 전투기 마피아 덕분에 F-16 개발은 통제가 잘 이루어졌다. 임무가 먼저 결정되고 나면 설계 단계에서는 임무 변경이 허락되지 않았다. 이런 방법으로 특정 임무에 적합한 우수한 항공기를 생산했다. 반면 브래들리의 임무는 계속 변경되었고, 변경될 때마다 새로운 기능이 추가되었고, 기존의 설계에 그대로 추가되었다. 결과물은 다양한 임무를 수행하지만 어느 한 임무도 제대로 수행하지 못하는 차량이었다.

예를 들면 보병전투차량용 브래들리는 11명이 아닌 겨우 6명만 탑승할 수 있었다. 그리고 기갑전투차량용 브래들리는 적을 발견하고 적의 방어망을 면밀히 조사하며 무슨 일이 벌어지고 있는지 엿보기 위해 은밀히 적 후방으로 이동할 수 있어야 하는데 그 크기 때문에 전장에서 눈에 쉽게 띄었다. 브래들리의 높이는 10피트로 소련의 장갑차보다 3피트나 높았다. 파티에서 키 큰 사람이 눈에 띄지 않기란 쉽지 않다. 그런데 육군보병학교장인 에드윈 버바 장군은 1987년 2월 15일에 방송되었던 CBS 60분 토론에서 더 멀리 볼 수 있기 때문에 키가 큰 것이 장점이라고 했다.

내가 보기에 브래들리에 기갑 임무를 추가한 1976년의 결정은 이 사업에서 가장 중요한 결정이었다.[13] 두 명이 조종하는 포탑이 추가됨에 따라 M-1 전차와 이동을 하면서 APC 토우 대전차 미사일과 25mm 캐넌포를 발사할 수 있었다. 이 결정에 따라 브래들리는 적의 대전차 무기로부터 공격을 받게 될 것이 분명했지만 브래들리의 장갑은 이 무기를 견딜 만큼 두껍지 않았다.

---

12) 앞의 바티스타 증언, 21.

13) 앞의 글, 25.

또한 포탑 추가로 위험한 포탄과 토우 미사일을 실어야 했고, 그러다보니 소총수는 11명이 아닌 6명만 탈 수 있었다.[14]

브래들리의 병력탑승공간은 탄약, 연료, 인원으로 꽉 채워졌다. 브래들리는 우군과 적군을 통틀어 전장에서 가장 많은 무장을 운반했다. 브래들리의 표면적 중 탑재무장이 차지하는 면적이 소련의 장갑차보다 2~3배 정도 넓었다.[15] 탑승 병력들은 말 그대로 수천 발의 소총과 기관총 탄약, 대략 1,500발의 캐넌포 탄약, 토우 미사일, 바주카포 포탄, 지뢰, 소이탄, 조명탄, 연료 등으로 둘러싸였다. 그런데도 브래들리의 장갑은 기껏해야 소구경 화기만 막을 수 있을 정도로 얇았다.

더욱 심각한 문제는 육군이 적의 사격을 받았을 때 브래들리에 어떤 일이 발생하는가에 대한 시험을 거부했다는 것이었다. 브래들리 생산이 결정된 1980년까지 브래들리 취약성 시험이 단 한 번도 실시된 적이 없었다. 브래들리에 쓰이는 장갑에 대해 소구경 무기 시험이 몇 번 실시되었는데 그 장갑은 시험을 통과하지 못했다. 이것이 생산 결정 회의에서 논쟁이 된 주요 이슈 중 하나였다.

육군의 입장은 1980년 3월 17일에 육군성 차관보인 퍼시 피에르가 국방장관실로 보낸 문서에 명확하게 기록되어 있었다. "여기에서 핵심 요인은 각종 시험의 상대적 중요성이다…. 우리는 더 중요한 정보를 얻을 수 있는 매우 귀중한 자산에 파괴적인 시험을 수행한다는 것은 비생산적이라고 생각한다."[16](피에르는 트랙 주위를 돌면서 얻은 연비를 더 중요하게 생각한 것 같다.)

---

14) 앞의 글, 76.

15) James G. Burton이 1986년 1월 28일에 있었던 '국방부의 시험 절차'에 대한 청문회 증언, 60.

16) Percy A. Pierre, Assistant Secretary of the Army for Research, Development, and Acquisition, "IFV/CFV [Infantry Fighting Vehicle/Cavalry Fighting Vehicle, the two versions of the Bradley] Survivability Test Plan," memorandum to Under Secretary of Defense for Research and Engineering, 17 March 1980.

육군은 늘 그러듯이 시간을 질질 끌다가 1980년 말에 몇 가지의 취약성 시험에 동의했다. 그러나 여전히 그 시험들은 알맹이가 거의 없었다. 생산계약서에 장갑은 오로지 소구경 무기만 방어할 수 있으면 된다고 명기되어 있었기 때문에 그것만 시험하면 끝이었다. 텅 빈 브래들리에 소총과 기관총을 발사하는 시험이었다. 브래들리 내부에는 탄약도 없었고, 연료통은 연료가 아니라 물로 채워졌다. 이런 방법으로는 장갑이 관통되었을 때 장갑차 안에 있는 연료 혹은 탄약에 화재가 발생하는지는 알 길이 없었다.

브래들리가 출고되기 시작했는데도 실제 전투에서 장갑차를 타게 될 수천 명의 18살 청년들에게 무슨 일이 벌어질지 아무도 몰랐다. 더 심각한 문제는 아무도 관심을 보이지 않는다는 것이었다. 나는 육군의 수뇌부들이 연료와 실무장을 가득 실은 장갑차에 실전과 같은 시험을 거절했다는 것 자체가 젊은이들의 생명에 전혀 관심이 없음을 보여주는 증거라고 생각했다. 이것 말고는 그 이유를 달리 설명할 방법이 없었다.

독자들은 내가 왜 브래들리를 실무장 시험의 첫 번째 대상으로 삼았는지 확실히 이해하게 되었을 것이다. 나는 브래들리 시험을 가능하면 1984년 여름에 실시할 수 있도록 계획을 세우기 시작했다. 그제서야 육군 수뇌부들은 내가 진지하다는 것과 몇 대의 브래들리가 시험장에서 파괴될 수도 있다는 것을 깨달았다. 그들은 브래들리의 폭발과 함께 그 개념과 사업이 다 날아갈 수 있다는 것을 직감했다. 그들은 그렇게 되는 것을 구경만 할 수 없었기 때문에 처음에는 정중하고 조용하게 저항을 했다. 내가 여름에 시험을 하자고 밀어붙이자 그 저항은 점점 강해졌고 노골적으로 변했다. 육군이 강하게 저항할수록 나도 점점 강경해졌다. 6월 초, 드디어 루비콘 강이 내 앞에 모습을 드러냈다.

나는 강을 건너기 전에 지난 시간을 되돌아보았다. 1983년 5월, 나는 육군의 정책보완부서 관련자들과 인사를 나누고 나의 실무장 시험 프로그램 준비를 위한 도움을 청하기 위해 메릴랜드의 애버딘 시험장을 다녀왔다. 워싱턴에서 북쪽으로 차로 한 시간 정도 소요되는 애버딘은 탄약, 무기, 그리고 취약성과 관련된 모든 것을 담당하는 육군 기술자들의 중심지였다. 시험본부, 분석국, 탄도연구소BRL 등을 포함한 몇 개의 기구들이 애버딘에 모여 있었다. 탄도연구소는 육군 기술력의 핵심이었으며 컴퓨터 모델을 운영하고 있었다.

내가 나의 시험 프로그램에 대한 탄도연구소의 지원을 호소하고 있을 때 그들도 나에게 도움을 요청했다. 1983년 2월, 캘리포니아 매거진에 윌리엄 볼리가 쓴 '130억 달러짜리 불발탄'이 실렸는데 이 글은 브래들리 전투장갑차에 대하여 극히 비판적이었다.[17] 리더스 다이제스트가 이 논문의 요약본을 '육군의 110억 달러짜리 죽음의 덫'이라는 제목으로 재발행하여 17개국 언어로 3천 1백만 부를 전 세계에 배포했다.[18]

볼리가 지적한 것 중 하나는 장갑차 안에 있는 병사들에게 알루미늄 장갑이 일반 강철보다 더 위험하다는 것이었다. 볼리는 그의 글에서 "브래들리 전투장갑차는 굴러다니는 죽음의 덫이 될 것이다. 브래들리의 장갑은 알루미늄인데, 이것이 산화될 때 발생하는 화학에너지는 TNT의 열 배가 넘는다."라고 했다.

볼리는 1980년에 영국에서 실시했던 동일한 대전차 성형작약 화학에너지 무기를 알루미늄과 강철에 발사한 시험을 인용했다(일부 대전차 무기들은 장갑을 관통하도록 포탄이 단단하다.[19] 성형작약 탄두는 장갑에 충돌하면 장갑에 구멍을 뚫는 고에너지 입자를 분사한다. 이것은 호스에서 나온 물줄기가 진흙에 구멍

---

17) William Boly, "The $13 Billion Dud," *California Magazine*, February 1983.

18) William Boly, "The Army's $11-Billion Deathtrap," *Reader's Digest*, August 1983, condensed from *California Magazine*, February 1983.

19) 포탄의 종류는 크게 운동에너지탄과 화학에너지탄으로 구분된다. 운동에너지탄은 탄두(탄체 혹은 탄자라고도 함)가 직접 장갑을 뚫고 들어가는 탄이며, 화학에너지탄은 포탄이 장갑에 충돌하는 순간 성형작약이 장갑을 녹여 관통하는 포탄이다. 역자 주.

을 파는 것과 비슷하다). 영국의 시험은 화재, 섬광 실명, 유탄, 충격파 과압의 발생뿐만 아니라 알루미늄 장갑의 유독가스에 의해 일반 강철 장갑보다 더 많은 희생자를 낸다는 것을 보여 주었다. 볼리는 또 육군과 브래들리 생산업체인 FMC사가 비밀리에 시험을 하여 영국과 같은 결론에 도달했었다고 주장했다. 그럼에도 불구하고 그들은 알루미늄 장갑의 브래들리를 계속 생산했다.

볼리는 아주 신랄하게 비판을 했고, 엄청난 물의를 일으켰다. 제임스 암브로스 육군성 차관이 탄도연구소에 영국과 동일한 시험을 해보라고 지시했지만, 육군은 탄도연구소에 필요한 예산을 주지 않았다. 이러한 상황에서 내가 등장했던 것이다. 나는 이미 볼리의 논문을 읽었고 영국의 시험 보고서를 한 부 가지고 있었다.[20] 나는 볼리의 주장이 옳은지를 반드시 확인해야겠다고 생각했다.

탄도연구소의 취약성 · 생존성 담당 부서장인 비탈리가 나에게 일련의 시험을 위한 자금을 지원해 줄 수 있는지 물어 왔다. 나는 워싱턴으로 돌아와 이 제의에 대해 린더 제독과 상의를 하여 허락을 받은 후 몇 가지 단서를 달아 탄도연구소에 50만 달러를 보냈다.

육군이 자금을 지원하지 않는 것을 보면 육군은 이 시험으로부터 도출될 결과를 원하지 않는다고 생각할 수밖에 없었다. 또한 탄도연구소가 제대로 된 시험을 하더라도 그 결과를 그대로 발표할지에 대해서도 확신이 없었다. 그래서 나는 어떻게 자금을 사용할 것인가에 대한 책임 있는 사람의 답변을 원했다. 또한 나는 이것을 탄도연구소 현장의 엔지니어와 과학자들이 어떻게 일을 하고 어떤 생각을 하고 있는지를 알 수 있는 기회라고 생각

---

20) F.P. Watkins, Canadian Defense Establishment, "The UK Wound Ballistics Research Programe on Behind Armour Effects," report presented at the Technical Cooperation Program (TTCP), meeting 8 of Sub-Group W, Technical Panel W-1, Terminal Effects, 15-24 October 1980, Valcartier, Quebec, Canada.

했다. 이것은 그들이 나중에 있을 완전한 실사격 시험 프로그램에서 중요한 역할을 할 사람들이었기 때문에 중요했다('완전한'이란 장갑차에 실무장과 연료를 가득 채우는 것을 의미했다).

좀 더 구체적으로 말한다면, 나는 시험장비 대신 실제 무기를 사용하고, 접착 테이프로 탄두를 표적에 붙여놓고 폭파시키는 것 대신 실제로 표적에 무기를 발사하는 것과 같이 탄도연구소가 평상시 제공하는 것보다 더 실제 같은 시험을 원했다. 나는 모든 원자료raw data 사본을 원했고, 모든 시험에 참석하여 독자적으로 관찰할 수 있는 권한을 원했다. 또한 나는 독자적으로 결과 보고서를 작성하여 발표할 생각이었다. 탄도연구소는 시험 결과를 절대 발표하지 않는 것으로 유명했다. 연구소의 엔지니어들은 그들만이 자료를 갖고 있기를 원했고 이는 전문가의 위상을 유지하기 위한 것이었다. 발표된 자료가 없다면 무엇을 근거로 반박할 수 있을까?

비탈리는 이러한 조건에 입을 다물었다. 탄도연구소가 이러한 취급을 받은 적이 없었지만 비탈리는 받아들였다. 알루미늄 발화 시험[21]은 1983년 11월에 시작되었다. 탄도연구소는 내부에서 일어나는 모든 상황을 측정하기 위해 병력탑승공간과 비슷한 크기의 철재 상자를 제작했다.

성형작약탄두가 장갑판에 맞아 폭발하면 고온·고압의 금속 입자가 병력 탑승공간을 가득 채우는 거대한 불덩어리를 만들어냈다. 이 불덩어리의 크기와 온도, 그리고 지속 시간은 알루미늄이 강철보다 두 배 이상 길었다.[22] 브래들리의 알루미늄 장갑이 철재 상자의 옆면에 부착되었다. 영국의 시험과 똑같이 여기에 시험 발사를 하고 나면 알루미늄 장갑을 떼어내고 그 자리에 철재 장갑을 부착했다. 이렇게 하면 알루미늄과 철의 차이점을 직접 비교할 수 있었다. 피격 후 상자 안의 상황은 아주 소름이 끼칠 정도였는

---

21) 고속의 포탄이 금속으로 된 물체에 부딪힐 때 순간적으로 불꽃이 일어나는 현상. 역자 주.
22) F.P. Watkins, 같은 책, 212-213.

데 알루미늄은 더욱 무시무시했다.

시험 자료가 들어오면서 결과가 알루미늄 장갑에 불리한 쪽으로 기울고 있는 것을 알 수 있었다. 나는 애버딘에서의 모든 시험에 참석할 수 없었기 때문에 나의 오랜 친구인 봅 딜거를 고용했다. 은퇴 후 오하이오에 있던 봅은 트랙터에서 내려와 그의 오래된 닷지 픽업트럭을 타고 애버딘으로 향했다. 탄도연구소 사람들은 처음에 누군가 자기들을 보고 있다는 것에 불쾌해 했지만 곧 익숙해졌다.

1984년 봄, 발화 시험은 두 번째 단계로 접어들었다. 이 단계에는 실제와 같이 탄약과 연료를 실은 브래들리의 내부를 측정하는 것이 포함되어 있었다. 그러나 브래들리는 텅 비어 있었다! 나는 불덩어리와 고온의 알루미늄 파편이 무장이나 연료에 화재를 일으키는지를 볼 수 있게 브래들리 안에 무장과 연료를 싣자고 탄도연구소를 설득했지만 소용이 없었다. 비탈리는 연료에 의한 화재 시험을 하는 것에 동의했지만 막상 시험을 할 때가 되니까 반대했다.[23]

드디어 진짜 게임이 시작되었다. 시험이 갑자기 객관성과 현실성을 잃기 시작했다. 정말 실제 결과를 얻으려고 하는지 의심스럽게 만드는 여러 사건들이 발생했다.

나 몰래 또는 내 승인도 없이 소련제 무기 대신 탄두가 훨씬 작은 루마니아 무기로 대체되었다.[24] 그런데 탄도연구소는 소련제 탄환을 사용하고 있는 것처럼 보이게 만들었다. 처음 몇 번의 시험에서는 병력탑승공간에서

---

23) Richard Vitali, Chief, Vulnerability/Lethality Division, U.S. Army BRL, "Proposed Investigation of Behind Armor Effects Associated with Aluminum Armors," memorandum to Office of Secretary of Defense, Attn: Col. J. Burton, 31 May 1983.

24) Robert Dilger가 육군이 브래들리 시험을 날림으로 했다는 나의 주장을 확인할 하원의 군사위원회 조사팀을 위해 준비했다. memorandum for the record, 1 May 1986, 11. 딜거와 나는 작은 것을 사용하라는 지시를 받았다고 우리에게 말해준 기술자를 통해 큰 표준 탄 대신 작은 73mm탄을 사용했다는 것을 알게 되었다.

화재가 발생했다. 침낭이나 다른 적재물과 마찬가지로 마네킹의 군복에도 불이 붙었다. 마네킹의 군복은 모두 타버렸다.[25] 그런데도 불은 꺼지지 않았다. 그러자 탄도연구소는 시험 직전에 소방 호스로 브래들리 내부에 물을 뿌렸다.[26] 장갑차 안에서 어떤 일이 벌어지는가를 확인하기 위한 시험이었기 때문에 나는 이 어처구니없는 행위를 즉각 중단시켰다. 만일 피격당했을 때 화재가 발생한다면 우리는 그것을 알 필요가 있었다(나는 이러한 사실들을 볼 딜거를 통해서만 들을 수 있었다. 그는 나에게 전화로 매일 보고했다).

예상보다 많은 양의 유독가스가 탐지되었다. 탄도연구소는 계측을 중단했다. 육군 의무감은 내 반대에도 불구하고 피격 후 발생하는 가스의 영향을 알아보기 위해 브래들리 안에 돼지와 양을 넣어 두었다. 동물들은 몇 분 만에 다 죽었다. 섬광실명에 대한 시험도 실시하기로 약속해 놓고는 이루어지지 않았다. 아무도 동물들의 부검을 볼 수 없었고 유독가스 흡입에 따른 합병증을 살펴 볼 수 있을 정도로 오래 살려 두지도 않았다. 의무감실의 담당 장교는 심각한 후유증은 없었다고 보고했지만 나는 그를 믿지 않았다.

나는 그동안 나름대로 과거에 있었던 비슷한 시험에 대한 문헌 연구를 끝낸 상태였기 때문에 많은 동물들이 호흡기 계통의 합병증으로 1주일 이내에 죽었다는 것을 알고 있었다.[27] 그 담당 장교는 누구나 다 아는 브래들리 숭배자였고, 브래들리 사업을 위험에 빠뜨릴 수 있는 어떤 자료도 생산하지 않을 정도로 진급 욕심이 많은 젊은 장교였다.

딜거와 나는 동물들을 끌어내기 위해 시험 후 브래들리 안으로 들어가는

---

25) 같은 글, 8.

26) 같은 글, 9.

27) U.S. Army Environmental Hygiene Agency, "Evaluation of Toxic Hazards in M-113 Armored Personnel Carriers Resulting from Extinguishing Gasoline Fires with Automated Halon 1301 Extinguishers," Project No. 246, December 1969~October 1971 (test report, Edgewood Arsenal, Md., 23 March 1972), 8.

수의사를 목격했다. 그는 비틀거리면서 밖으로 나왔고 목이 잠겨 말도 못하고 결국 쓰러졌다. 그는 숨을 쉴 수가 없었다. 나는 솔직히 사람 하나 잡겠구나 생각했는데 다행히 살아났다. 그러한 경험 이후 그 수의사는 동물을 끌어내기 위해 브래들리 안으로 들어갈 때는 항상 산소통을 매었다.

피격 후 브래들리 안에서 숨을 쉬는 것은 불가능하고 그 안에서 전투를 계속할 수 없다는 것은 분명했다. 그러나 이들 시험에 대한 의무감실의 보고서는 문제가 없는 것처럼 작성되었다. 이 보고서는 나와 육군 사이에 핵심 쟁점이 되었다(2년 후 이해관계가 없는 사람들이 지켜보는 가운데 유독가스 시험이 다시 실시되었다. 그 결과가 나의 결론을 뒷받침했다[28]).

1984년 봄에 탄도연구소가 브래들리, M-1 전차와 같은 우수한 장갑차량의 위상에 타격을 줄 수 있는 시험을 제대로 수행할 수 있을는지에 대해 회의적인 일들이 몇 건 있었다. 나의 합동실사격시험프로그램이 3월에 승인되어 문서화되었다. 문서에서 연료와 무장을 적재한 완전한 시험을 수행할 기구로 탄도연구소를 지정했다. 그런데 브래들리 취약성 시험의 일부에 불과한 발화 시험에서 보여 준 탄도연구소의 태도를 보니 앞으로의 시험이 걱정되었다.

6월에 발화 시험이 완료된 직후 곧바로 비탈리에게 실제와 동일한 실사격 시험을 하게 하려던 와중에 이러한 걱정이 증폭되었다. 그는 처음에는

---

28) 나는 1986년 1월 28일과 2월 18일에 의회에서 피격 후 브래들리 내부의 공기는 견딜 수 없고 장갑차에는 들어갈 수 없다는 증언을 했다. 나의 증언으로 육군은 감사원에서 나온 입회인들 앞에서 유독가스 시험을 하게 되었다. 이 시험에 대한 육군 의무감실 보고서가 브래들리 실사격 시험 결과에 대한 1987년 12월 17일 청문회와 하원 군사위원회의 조달 및 군 방사능 체계 소위원회(Procurement and Military Nuclear Systems Subcommittee)에 제출되었다. 비밀로 분류된 이 보고서는 나의 주장을 뒷받침했다. 유독가스가 단일 원인으로 가장 많은 사상자를 내는 것으로 드러났다. 의무감실 보고서 중 일부를 발췌하여 일반문서로 분류된 내용은 Tony Capaccio, "Soldiers in Bradley Face Toxic Gas Risk," *Defense Week*, 21 December 1987. 참조. 이 글에 "이번 분석에 따르면 버튼이 처음에 주장한 문제가 옳았다는 것을 보여 준다. 육군은 다음과 같이 적었다. '탄약 화재에서 발생하는 질소산화물(oxides of nitrogen)이 승무원에게 가장 위험하다.'"

동의했다가 나중에 거절했다. 그는 실사격 시험을 원래 계획보다 2년 연기한 1986년부터 시작하자고 했다.[29] 그때에 모든 시험이 종료되면 생산계약이 거의 완료될 시점이고, 그렇게 되면 모든 생산자금이 고스란히 캘리포니아에 있는 산 호세 은행의 생산자 계좌로 입금 완료될 터였다. 비탈리와 나와의 관계는 급속하게 악화되었다. 나는 탄도연구소가 실무장과 연료를 주입한 전투무장의 브래들리 혹은 다른 어떤 차량에 대해서도 시험할 의지가 없다는 것을 깨닫기 시작했다.

과연 이 문제로 싸울 가치가 있을까? 루비콘 강이 내 눈 앞에 펼쳐졌다. 비탈리와는 전혀 진전이 없었다. 그는 확실히 상급자의 지시에 따라 행동했다. 내 생각에 큰 틀에서는 국방부, 구체적으로는 육군이 병사들의 목숨을 구할 수 있는 실제와 동일한 시험을 할 것인지 아닌지가 문제의 핵심이었다. 브래들리는 그 중 하나였을 뿐이다. 육군의 입장에서 그것에는 브래들리 사업의 미래가 달려 있었다. 우리의 의견은 평행선을 달렸다.

이미 린더 제독은 사임을 하고 펜타곤을 떠난 상태였다. 그의 보좌관 중 한 명인 찰스 와트가 직무대행이었다. 와트는 육군에게 실사격 시험 문제를 제기했다가는 직무대행이라는 직함을 뗄 수 있는 기회를 날려버릴 수도 있기 때문에 그는 그 문제를 제기하지 않을 것이다. 마이크 헐 공군 준장이 나의 상급자였다. 육군과 나의 충돌 가능성이 커지자 와트와 헐은 빠져나갈 궁리만 하고 있었다. 둘 다 원칙적으로는 나에게 동의했지만 그들의 경력에 결정적인 영향을 미칠 수도 있는 무언가에 연루되는 것은 원치 않는 것 같았다.

나는 육군이 시험을 개시하도록 압력을 가하기 위해 국방장관실의 고위 관리들에게 도움을 청하기 시작했다. 나와 생각을 같이 한 사람들이 여러

---

29) 실제로 브래들리가 1983년부터 배치되기 시작한 것을 고려한다면 저자가 주장하던 1984년 여름의 시험도 빠른 것이 아니었다. 역자 주.

곳에 전화를 걸었지만 부정적인 답변을 듣고는 포기했다. 그들은 형식적이나마 노력을 했다는 것만으로도 충분하다고 생각했다.

내가 이 문제를 어느 정도까지 밀고 나가야 할지 결정해야 할 시간이었다. 만약 육군이 브래들리 시험을 하지 않으면 나는 많은 젊은이들이 불필요하게 죽을 것이라고 생각했다. 루비콘 강이 내 발 아래에서 찰랑거렸다. 나는 아내 낸시와 두 아이들에게 최고위층에 이 문제를 제기하고 싶은데 그럴 경우 개인적 그리고 직무상의 보복을 당할 수 있다고 얘기했다. 일자리를 잃을 수도 있고 심지어 블랙리스트에 오를 수도 있을 것이다. 나는 우리 가족이 길거리에 나 앉을 가능성까지 생각해야 했다. 기존 체제는 강력하게 응수할게 뻔했다. 어떤 일이 벌어질지 확실히 알 수는 없지만 그들이 강력하게 대응하리라는 것은 분명했다. 이 결정을 나 혼자 내리기도 쉽지 않았고 독단적으로 할 생각도 없었다.

두 아이는 다른 주의 대학에 다니고 있었기 때문에 등록금도 문제였다. 학업을 중단할 수도 있다는 것이 우리 모두에게 가장 곤혹스러웠다. 나와 낸시가 말하는 내용의 심각성을 확실히 이해하지 못했는지 아이들은 별 말이 없었고 주로 듣고만 있었다. 마침내 낸시가 결론을 내렸다. 낸시는 이 모든 사태를 쭉 지켜봐왔고 그것이 나를 괴롭히고 있다는 것도 알고 있었다. 그녀는 내가 이 문제로부터 도망치는 것은 내 자존심이 허락지 않을 것이라는 것도 알고 있었다. 그녀는 "어떻게든 살 수 있을 거야."라고 했다.

1984년 6월 14일, 나는 연구·기술차관실의 수석 부차관 제임스 웨이드 2세에게 제안서를 썼다. 웨이드 박사는 드라우어 박사의 바로 밑이었으며, 나와 육군과의 끊임없는 전투를 유심히 지켜봐 왔던 사람이었다. 그는 나를 지지했고 내가 하려고 하는 일에 동의했다. 일명 나의 '루비콘 메모'가 발화 시험과 합동실사격시험프로그램의 역사를 바꾸었다. 이 메모에서 나는 다음과 같이 탄도연구소의 잘못을 지적했다.

난 6~8개월 동안 탄도연구소는 기금 지원의 조건으로 우리가 요구했던 것보다 실제적이지 않았고, 쉽게 조치할 수 있는 것도 의도적으로 반영하지 않았으며 [브래들리의] 알루미늄 발화, 보병 사상자, 전반적인 전투 취약성과 관련해서 의미 있는 결론을 도출하기에는 부족한 시험을 했다. 탄도연구소의 결정과 조치는 확인된 장갑 효과의 심각성을 대부분 축소했다. 결과적으로 완전한 전투 무장을 한 장갑차에 대한 시험을 고의적으로 회피하는 것을 보면 전투 취약성 시험 결과에 대한 탄도연구소의 분석과 해석은 의심할 수밖에 없다. 이는 전투시 브래들리에 탑승할 대략 5~7만 명의 생명을 위태롭게 만든다.[30]

그런 후 나는 메모에서 웨이드 박사에게 육군이 즉각 브래들리 시험을 시작하도록 지시를 내려 달라는 것과 더 나아가 일선 장비들의 현재 설계를 지지할 시험이 아니라 보병의 생명을 구하기 위한 시험을 할 '새로운 관리 팀을 선발' 할 수 있게 해달라고 요청했다.[31]

나는 웨이드 박사 사무실로 가서 메모만 전달하고 사무실을 나왔다. 나는 내가 언급했던 18가지 탄도연구소의 조치들을 열거한 6쪽짜리 리스트를 메모에 첨부했다. 그런 후 사무실에 같이 근무하는 육군 대령에게 복사본을 주면서 육군 고위층에 전달해 줄 것을 부탁했고 그는 그렇게 했다. 불에 기름을 부은 격이었다.

내가 예상했던 대로 육군은 폭발했다. 고위층으로부터 말단 지휘관까지 나의 고발에 격분했다. 그 다음 날, 나는 웨이드 박사 사무실의 회의에 참석하라는 지시를 받았다. 그 자리에는 육군의 제이 스컬리 차관보, 왈트 홀리스 부차관, 그리고 육군본부와 애버딘의 참모들이 참석했다. 그들은

---

30) Col. James G. Burton, USAF, "Joint Live-Fire Test Program," memorandum to James P. Wade, Jr., Principle Deputy Under Secretary of Defense for Research and Engineering, 14 June 1984. 여기에 첨부된 부록 A는 '루비콘 메모'에서 지적한 문제점의 근거로 탄도연구소가 취한 18가지의 구체적 행위를 제시했다.

31) 같은 글.

나에게 아주 불만이 많았고, 잡아먹을 듯이 쳐다보았다.

웨이드 박사는 내 메모를 들고 '만일 디나 라솔이 이 사본을 손에 넣기라도 한다면 우리는 죽은 목숨'이라고 하면서 회의를 시작했다. 사무실에 있던 많은 사람들은 내가 이미 죽었기를 바랐을 것이다.

나는 내 고발이 옳다고 했고, 육군은 탄도연구소 편을 들었다. 우리는 토론을 했다. 육군은 브래들리를 시험할 의사가 전혀 없다는 것이 분명해졌다. 바로 내 옆에 앉아 있던 로버트 무어 중장이 "우리는 그 결과를 잘 알고 있기 때문에 시험을 원치 않는 것이다. 시험으로 인해 브래들리만 날려버리게 되고, 사람들은 흥분하면서 브래들리 사업을 취소하라고 할 것이다."라고 했다.

나는 "안전하지 않다는 것을 알고 있다면 왜 아무런 대책도 세우지 않는 겁니까?"라고 물었다.

무어 장군은 "우리는 2년 후에 나올 다음 모델은 몇 가지를 보강할 계획이다."라고 했다.

나는 곧바로 맞받아쳤다. "아니요! 저는 그 말을 믿지 않습니다. 이 문제에 대한 관심이 식을 때쯤이면 육군은 이 모든 것을 잊을 겁니다. 이번 만큼은 실질적인 시험을 해야 하며 만일 그 과정에서 브래들리가 폭발하면 설계 변경을 위해 무언가는 해야 합니다."

이때부터 근본적인 문제들이 거론되었다. 웨이드 박사는 나를 지지했고, 육군에게 가능한 조속한 시일 내에 전투에 투입될 때와 동일하게 무장과 연료를 채운 시험full-up test을 준비하라고 지시했다.

암브로스 육군성 차관의 오른팔인 왈트 홀리스는 운영분석을 전공한 직업 공무원으로 탄도연구소를 적극 지지했다. 그는 개인적으로나 직업적으로 애버딘과 인연이 매우 깊었다. 그는 절충안을 찾으려고 노력했다. 그는 비탈리와 나에게 7월 6일에 자신의 사무실에서 웨이드 박사의 지시를 따르기 위한 계획을 논의하자고 했다.

나는 곧바로 시험을 시작할 것을 요구했다. 비탈리는 실무장 시험 전에 15개월의 예비 시험 기간을 요구했다. 당연히 우리는 논쟁을 벌였다. 홀리스는 비탈리에게 내가 요구하는 대로 실무장 시험을 1985년 10월까지 끝내는 계획을 준비하라고 지시하면서 회의를 마쳤다. 나는 이보다 더 빨리 시험을 할 수 있다고 생각했지만 최소한 확실한 약속(나만의 생각이었지만)을 받아내는 것으로 만족해야 했다. 홀리스의 지시를 기록하기 위해 비탈리와 홀리스의 행정 장교인 차운치 맥커른 중령이 문서를 한 부씩 작성했다.[32]

한 달 후인 8월 21일, 탄도연구소는 웨이드 박사에게 실사격 계획을 보고했다. 세상에! 이 보고서에서는 우리가 합의했던 1985년이 아닌 1986년 말에 브래들리 시험을 할 것을 요청했다. 그리고 탄도연구소는 연료와 실무장을 탑재한 브래들리를 시험할 수 없다고 했다. 이 보고서 19쪽에는 "자원을 아끼고 화재와 폭발에 의한 피해 흔적이 훼손되는 것을 방지하기 위해 연료는 물로, 그리고 추진제와 탄두는 모래주머니로 대체된 비활성 표적을 대상으로 시험을 수행하게 될 것이다."라고 적혀 있었다[33](항상 해 오던 방식이었다).

웨이드 박사는 화가 잔뜩 나서 답장을 보냈다.[34] 그리고 제이 스컬리와

---

32) Richard Vitali, Chief, Vulnerability/Lethality Division, Ballistic Research Laboratory, "Burton/JLF," memorandum for the record, 10 July 1984; Lt. Col. Chaunchy F. McKearn, USA, Executive Officer to Deputy Under Secretary Walt Hollis, "Bradley Fighting Vehicle Vulnerability Testing," memorandum for the record (documenting the instructions to Vitali), 9 July 1984.

33) JTCG/ME [Joint Technical Coordinating Group/Munition Effectiveness], "Joint Live Fire(JLF) Test, Armor/Anti-Armor Systems"(proposed test plan submitted to Dr. Wade), August 1984, 19.

34) James P. Wade, Jr., Principal Deputy Under Secretary of Defense for Research and Engineering, "Joint Live Fire Test Program," memorandum for Joint Logistics Commanders, 24 August 1984. 이 메모의 4번째 문단에는 다음과 같이 적혀있다. "전투 준비가 된 장갑차를 대상으로 한 시험 계획이 거의 없고, 1986년 말까지 미국 장비에 대해 전투

월트 홀리스에게 전화까지 걸었다. 답변은 차일피일 계속 미루어졌다. 웨이드 박사는 이러한 논란을 달가워하지 않았지만 그렇다고 그가 책임을 면하게 놔둘 수는 없었다. 나는 그가 육군을 압박하여 시험을 수용하게 만들었다. 그동안 내 바로 위의 상사인 홀 장군과 찰스 와트는 상황이 점점 걷잡을 수 없게 되어가는 것을 옆에서 지켜보고 있었다.

9월 5일, 나는 웨이드 박사가 육군으로 보낼 강력한 어조의 문서를 준비했는데 여기에는 웨이드 박사 사무실에서 지난 6월에 있었던 회의 이후에 일어난 일들을 적어 놓았다.[35] 그는 서명은 하지 않고 대신 스컬리 박사에게 전화를 걸어 그 문서를 읽어 내려갔다. 그런 후 웨이드 박사는 만일 육군이 약속을 존중하지 않는다면 문서에 서명하겠다고 위협했다. 스컬리는 그런 문서가 펜타곤에 돌아다니는 것을 육군이 용납하지 않을 것임을 알고 있었다.

웨이드는 나에게 스컬리 박사에게 보고서를 직접 가져다주라고 했다. 내가 스컬리 박사의 사무실로 들어가자 그가 한 말은 딱 한 마디였다. "젊은이! 자네는 정말 많은 문제를 일으키는군." 나는 대답하지 않았다.

매우 긴장된 분위기였다. 육군의 수뇌부들은 내가 생각을 접거나 포기하지 않을 것임을 알고 있었다. 그들은 원치 않는 일이지만 천천히 그러나 확실하게 무엇인가 해야 한다는 압력을 받았다. 육군과 나의 충돌이 펜타곤의 초미의 관심사였다. 이것이 어떻게 마무리될지 아무도 몰랐지만 나는 옳은 방향으로 해결될 것 같다는 생각이 들었다.

그런데 일이 벌어졌다.

태세를 완전히 갖춘 시험을 한번도 없다. 이것은 합동실사격의 목적과는 부합하지 않는다." 육군은 모든 것을 적재한 장갑차를 시험할 마음이 전혀 없었다.

35) "M-2/3 Bradley Vulnerability Tests," cover brief for transmitting proposed letter prepared by author from Dr. Wade to Dr. Jay Sculley, Army Assistant Secretary, 4 September 1984.

홀 장군이 나를 자기 사무실로 불러 방금 내 자리가 없어졌다고 했다. 와트는 5% 병력감축에 따라 내 자리를 없애기로 결정했다는 것이었다. 나는 새로운 자리가 날 때까지 빈둥거려야 할 판이었다. 나는 즉시 와트를 찾아가 현재 공석인 두 자리 중 하나를 없애도 될 일을 하필 왜 내 자리를 없앴는지 따져 물었다. 그는 이리저리 둘러댔지만 설득력은 별로 없었다.

내가 웨이드 박사에게 홀과 만났던 일을 얘기하자 그의 첫 반응은 "혹시 브래들리와 관련된 것은 아닌지 모르겠군."이었다. 정확히 꼭 짚어 말할 수는 없었지만 이 문제에 새로운 서광이 비치는 것 같았다.

나는 9월 19일에 병력감축으로 내 자리가 없어졌다는 내용의 메모를 작성하여 펜타곤 전체에 뿌렸다.[36] 동시에 브래들리 논쟁을 다룬 메모와 보고서를 브래들리 사업과 관련이 있는 국방장관실의 모든 사무실과 육군 참모부에 빠짐없이 보냈다. 이것은 확실히 육군의 관심을 끌었다. 내 파일은 폭발력이 대단한 자료들로 가득 차 있었다. 몇 분도 안 되어 건물 내의 복사기들이 미친 듯이 소리를 내면서 복사본을 토해냈다. 보이드는 이 복사본들을 복사본의 복사본이라는 뜻으로 '리틀 브라더&시스터'라고 불렀다.

나는 이 정보를 언론에 노출시킬 의도는 없었다. 다만 내가 아직 싸움을 포기하지 않았다는 것과 문제에 전념할 생각이 있다는 것을 육군 장군들에게 알리기 위해서였다. 사방에 이 복사본들이 돌아다닌다는 것은 조만간 밖으로 새어 나갈 가능성이 많아진다는 것을 의미했고, 그것은 나와 육군 모두가 아는 사실이었다. 육군이 갑자기 이 문제를 해결하기 위해 적극적으로 나왔고, 우리는 이틀 후 다시 협상 테이블에 마주 앉았다.

9월 21일 금요일, 주요 관련자들이 웨이드 사무실에 다시 모였다. 스컬리 박사는 육군은 합동실사격시험프로그램은 철회하고 자체적인 실무장시

---

36) Col. James G. Burton, USAF, memorandum for the record, 19 September 1984.

험을 시행하기를 원한다고 했다. 육군은 1985년 10월에 실무장된 브래들리에 최소한 10발의 사격을 포함한 시험을 완료하기로 약속했다. 더욱이 이러한 시험들의 결과를 바탕으로 설계를 변경하고, 이러한 변경이 브래들리를 더 안전하게 만들었는지를 보기 위해 1986년 봄에 다시 시험을 하겠다고 약속했다.[37)]

이는 정말 중대한 사건이었다. 육군은 마지못해 이 자리에 끌려 나왔지만 바야흐로 내가 요구했던 것을 그대로 하겠다고 약속을 했다.

관계를 회복하기 위한 노력의 일환으로 스컬리 박사는 나를 육군 시험에 초대했다. 그는 나에게 시험 계획 작성을 도와달라고 했고 각 시험 사격을 참관해 달라고 요청했다.[38)] 이때 스컬리 박사 뒤에 앉아있던 애버딘 소속의 육군 관리가 나에게 사격을 할 때 브래들리 안에 있어주면 어떻겠느냐는 제안을 했다. 나는 그건 사양하겠다고 하면서 스컬리의 제의를 기꺼이 수락했다.

나는 육군이 자체적으로 시험하도록 내버려 두기로 했다. 그러나 이번만큼은 이 시험들이 실시되리라는 것과 그에 따른 설계 변경을 피할 수 없으리라고 확신했다. 내가 통제를 하지 않더라도 어떤 방식으로든지 시험 과정에 영향을 미칠 수만 있다면 그것으로 충분했다.

웨이드 박사는 나에게 스컬리 박사와 협조하여 합의 내용을 문서화하고 문서에 그의 서명을 받으라고 지시했다. 나는 그다음 주 내내 이 일을 마무리하면서 보냈다. 그런데 갑자기 웨이드 박사가 빨리 합의문 작성을 완료하고 육군의 서명을 받으라고 종용하기 시작했다. 나는 그가 왜 이 일을

---

37) James P. Wade, Jr., Principal Deputy Under Secretary of Defense for Research and Engineering, "Joint Live Fire Test Program," memorandum to Assistant Secretary of the Army (RD&A) [Research, Development, and Acquisition], Joint Logistics Commanders, 28 August 1984.

38) 같은 글.

서두르라고 하는지 이해할 수가 없었다.

한참 지난 후에야 그 이유를 알았다. 와인버거 국방장관은 9월 27일 목요일에 군사개혁위원회의 공동의장 네 명(상원의원 데이비드 프리올, 찰스 그래즐리, 하원의원 데니 스미스, 멜 레빈)이 서명한 한 통의 서한을 받았다.[39]

7장에서 언급했듯이 이 일이 있기 몇 달 전에 의회는 와인버거 장관에게 내가 선발되지 않더라도 그에 따른 불이익은 주지 않을 것이라는 약속을 받고 나를 운용시험국장으로 추천했다. 군사개혁위원회는 내 자리를 없앤 것이 와인버거의 보복이라고 생각했고, 의회가 개혁 법안을 통과시킨 지 벌써 1년이 지났음에도 불구하고 와인버거가 법안 시행을 위해 아무 것도 하지 않았기에 화가 나 있었다.

9월 28일 금요일 아침에 웨이드 박사는 나에게 30분 간격으로 전화를 걸어 자신이 서명할 터이니 빨리 합의문을 가져오라고 재촉했다. 그는 나에게 의회 서한에 대해서는 언급하지 않았지만, 나의 보직 만료와 브래들리 상황에 대해 언론이 심상치 않다고 했다. 그는 신문에서 무언가 터뜨릴 것 같다고 확신했고, 브래들리 시험에 대한 합의문서로 그 여파를 최소화할 수 있을 것이라고 판단했다.

이날 오후 나는 스컬리의 서명을 받은 공식 합의문을 웨이드에게 전달했다. 그는 즉시 서명을 했다. 이것은 엄청난 성과였다. 나는 육군이 원하지 않는 것을 하도록 그들을 굴복시켰다. 나는 이 일을 제도 안에서 이루었다는 것이 매우 자랑스러웠다.

주말에 나는 보이드와 몇 시간 동안 통화를 했다. 우리는 그동안 일어났던 모든 것을 재검토했다. 보이드는 나에게 필요한 모든 조언을 해 주었다. 나는 제도 안에서 육군과 싸워야만 했다. 만약 이 이야기가 언론에 노

---

39) Denny Smith and Mel Levine, Member of Congress, Senator David Pryor, and Senator Charles Grassley, letter to Honorable Caspar W. Weinberger, Secretary of Defense, 27 September 1984.

출되었다면 나는 어떤 상황에서도 그 어느 리포터하고도 이야기를 하면 안되었다. 보이드는 내가 만일 리포터와 이야기를 했더라면 나는 내부 고발자로 비난을 받았을 것이고 나 대신에 싸워 줄 누군가를 찾았어야만 했을 것이라고 했다. 내가 6월에 루비콘 메모를 작성하여 이 싸움을 시작했을 때, 나는 그 결과를 받아들일 준비가 되어 있었다. 이것이 내가 내 가족들과 제일 먼저 상의를 했던 이유였다(그 후 2년 동안 나는 보이드의 충고를 하나도 빼놓지 않고 따랐다. 그리고 의회나 의회 참모들이 때로는 나에게 실망하고 때로는 화도 냈지만, 나는 그들에게 아무 이야기도 하지 않기로 결심했다).

10월 1일 월요일 아침, 웨이드 박사는 신문에 무슨 기사가 날 것임을 감지했다. 나는 아마 그의 예상이 맞을지도 모르겠다고 생각했지만 무슨 기사가 날 지는 알 수 없었다. 출근해서 아침 8시에 있는 참모회의에 들어갔을 때 나는 긴장감이 도는 것을 느낄 수 있었다. 참모회의가 시작되자 아무도 내 옆에 앉으려 하지 않았다.

홀 장군 얼굴에는 불편한 기색이 역력했다. 그는 아무 말 없이 서류가방에서 신문을 꺼내어 나에게 던졌다. 워싱턴 타임지 1면에 6월부터 있었던 지저분한 이야기들이 빠짐없이 기록되어 있었다.[40] 비슷한 기사들이 월 스트리트 저널, 워싱턴 포스트, 보스턴 글로브, 뉴욕 타임스, 시카고 트리뷴, LA 타임스를 포함해서 전국의 주요 신문에 실렸다.

대표적인 제목은 다음과 같았다. '완강한 펜타곤 테스터의 전속(내셔널 저널)', '무기 시험 싸움의 희생자(시카고 트리뷴)', '육군의 전차 시험 조작(보스턴 글로브)', '펜타곤에서 제자리를 잃은 육군 신형 장갑차의 문제점(필라델피아 인콰이어러)', '육군 신형 장갑차 시험의 과실'(월스트리트 저널).[41]

---

40) Walter Andrews, "Opposition to Rigging of Tests Led to Ouster, DOD Aide Says," *Washington Times*, 1 October 1984, 1A.

41) Michael Gordon, "Though Pentagon Tester May Soon Move Out," *National Journal*, 16, no. 41 (1984), 1916; Knight-Ridder Newspapers, "Colonel a Casualty of Arms-Test

나는 이제 되돌아 갈 수 없을 정도로 멀리 왔다. 되돌아 갈 배도 보이지 않았다.

Fight," *Chicago Tribune*, 1 October 1984; Fred Kaplan, "Memos Cite Army Rigging of Tank Tests," *Boston Globe*, 1 October 1984, 1; Carl M. Cannon, "Critic of New Army Vehicle to Lose Position at Pentagon," *Philadelphia Inquirer*, 4 November 1984, 13C; Gerald Seib, "Army Is Faulted on Its Testing of New Vehicle," *The Wall Street Journal*, 1 October 1984, 2.

9. 전역? 좌천?

옐로우 버드가 펜타곤 관리들의 일상에 미치는 영향이 얼마나 큰지는 6장에서 이미 언급한 바 있다. 1984년 10월 1일 아침은 펜타곤의 평상시 모습을 아주 잘 보여주었다. 옐로우 버드는 엄청난 파장을 일으켰다. 옐로우 버드는 브래들리 이야기로 꽉 찼고 모두 부정적인 내용뿐이었다. 이 기사는 육군과 공군을 엄청 당황하게 만들었다. 그들은 기사를 무마하기 위해 급하게 움직였다. 당연히 육군과 공군 리더들은 내 자리가 없어진 것이 브래들리 시험과 관계가 없다고 했지만 그것을 곧이곧대로 믿는 사람은 없었다.

브래들리 이야기가 일주일 내내 계속되면서 자칭 브래들리 비평가들이 나타나기 시작했다. 리포터들은 안 쑤시고 다니는 곳이 없었고, 뉴스가 될 만한 기사들을 많이 발굴했다. 사실은 한 리포터가 발견한 중요하거나 난처한 서류들을 이 사람 저 사람이 모두 퍼 날랐을 뿐이었다.

주말이 가까워지면서 기사는 수그러들었고 대신에 사설이 등장하기 시작했다. 펜타곤 관리들은 모든 이야기를 처음부터 다시 읽어야 했는데 다만 이번에는 쓸데없는 수식어들이 난무했다. 별명이 '신의 단죄Hammer of God'인 니콜라스 웨이드가 10월 8일 월요일에 불꽃을 당겼다. 뉴욕 타임스의 사설 제목은 '육군이 회피해서는 안 될 시험'이었다.[1] 이 통렬한 사설은 나의 실무장 시험 프로그램을 강력하게 지지했고, 브래들리 시험을 방해하고 있는 육군을 가혹하게 비판했다. 펜타곤이 가장 두려워하는 신문이 뉴욕 타임스와 워싱턴 포스트이다. 신의 단죄가 육군, 브래들리, 펜타곤의 '인사정책'을 호되게 나무라자 리더들은 조만간 힘든 시기가 오리라는 것을 직감했다.

3일 후인 10월 11일, 국방부 부장관 윌리엄 태프트는 군사개혁위원회의 공동의장들에게 서한을 보냈다. 그때까지 군은 이 문제에 대한 국민들과 의회의 반응만 살펴보고 있었다. 옐로우 버드가 불쾌지수를 상당히 높여 놓았다. 와인버거와 태프트는 관계 개선을 위해 무엇인가를 해야 한다는 것을 알았다. 태프트는 의회에 나에 대한 보복은 없었고 전체 소동은 오해였다고 해명했다. 내 자리가 없어진 것은 사실이지만 그것과 브래들리는 관계가 없다고 했다.

태프트에 의하면 펜타곤 수뇌부들이 9월 28일에 합의문을 작성한 사실이 말해주듯 육군은 브래들리 시험을 하도록 만든 나의 노력을 아주 높이 평가하고 있다고 했다. 부장관 서한의 말투로는 내가 수뇌부들로부터 상당한 지원을 받고 있는 것처럼 보였다. "아시다시피 현실감 있는 시험에 관련한 버튼 대령의 권고는 고급 참모들로부터 지속적인 지지를 받고 있다…"[2]

그렇게 말한 후 중요한 약속을 했다. 나에 대해 악감정이 없다는 것을 보여주기 위해 태프트는 브래들리 시험이 완료될 때까지 나를 유임시키고 시

---

1) Editorial, "Tests the Army Should Not Shirk," *The New York Times*, 8 October 1984, A18.

2) William H. Taft IV, Deputy Secretary of Defense, letter to Honorable Denny Smith, House of Representatives, 11 October 1984. 비슷한 내용의 편지가 나머지 3명의 군사개혁 위원회 공동 의장들에게도 전달되었다.

험에 참여시키겠다고 했다. "버튼 대령은 시험 기획 및 실행에 관여할 것이다."[3] 이는 매우 분명한 약속이었고 이것이 몇 개월 후 태프트를 괴롭혔다.

군사개혁위원회는 태프트의 반응에 만족한 것 같았다. 펜타곤은 평온을 되찾았고 나는 1985년 봄에 시작될 시험 준비로 한창 바빴다. 그러나 나는 평범했던 과거로 돌아갈 수 없었다. 신문에 사건이 터지기 전과 같은 것이 아무 것도 없었다. 나는 어항 속의 물고기 신세가 되었다. 펜타곤 안팎에 있는 많은 사람들이 나의 일거수일투족을 감시했다.

내 동료들과 상사들은 모두들 나를 어떻게 대해야 할지 몰라 일단 나와 거리를 유지했다. 내가 그 소동에서 살아남자 내 동료들은 과거의 관계로 돌아오기 시작했다. 다만 그들은 내가 하는 일에 엮이고 싶지 않다는 점을 확실히 했다. 반면 내 상사들은 반대로 행동했다. 그들은 눈을 모로 치켜 뜨고 쳐다보면서 나를 어떻게 다루어야 할지를 계속 고민했다. 나는 그들의 표정에서 약간의 존경, 어느 정도의 두려움, 상당한 혐오를 읽을 수 있었다. 어느 누구도 나와 이야기를 하려 하지 않았다. 차갑지만 예의바르다는 말이 우리의 관계를 가장 잘 표현했다.

육군이 나를 감시하고 있다는 것을 정확히 언제 알게 되었는지는 불분명했지만 이 시점에서 그 이야기를 하는 것이 좋을 것 같다. 스파이 활동은 TAC 항공반의 '슬리츠' 사건처럼(5장 참고) 보통 한 개인 혹은 조직이 펜타곤 내의 다른 어떤 기관에 문제 혹은 위협이 될 때 행해진다. 펜타곤 안에서는 수없이 많은 권력 다툼이 항상 있었기 때문에 스파이들로 득실거렸다. 누군가 심각한 사건에 휘말리면 그(그녀)는 분명히 속임수를 쓸 것이 확실하기 때문에 방심하면 안 된다.

나에 대한 스파이 작전은 루비콘 메모를 돌렸던 1984년 6월 직후부터 시작된 것 같다. 그리고 언론에서 브래들리 이야기를 다룬 10월부터는 더욱

---

3) 앞의 편지.

심해졌다. 이 작전은 양쪽 모두 작전 속에 또 다른 작전이 숨어 있어서 내가 지금까지 경험한 것 중 가장 복잡했다.

나는 각 군에서 온 5명(해병대 1명, 해군 1명, 육군 3명)의 대령과 같이 근무했다. 공군 장교는 나 혼자였다(이렇게 사무실에 단 하나밖에 없는 자리를 왜 없앴는지 의심스럽지만 국방부 부장관이 그것은 오해였다고 했기 때문에 당분간은 이 문제를 더 이상 얘기하지 않겠다).

세 명의 육군 대령 중 데일 브러드비히가 내 감시인이었다. 자발적이든 지시에 의해서였든 그는 나의 행동을 육군 수뇌부들에게 내가 누구와 이야기하고, 누구와 만나며, 누구와 통화를 하는지, 그리고 특히 육군에게 중요한 내가 쓴 글들을 보고하기 시작했다. 그 이후 2년 내내 브러드비히는 내가 육군과 브래들리에 대해 작성한 모든 글들을 육군 수뇌부에 전달했다. 모든 글이란 내 상사에게 보낸 문서, 메모, 출장 보고서, 기록으로 남기기 위한 메모, 가끔은 손으로 쓴 쪽지까지를 의미했다.

데일 브러드비히는 어딘지 모르게 서툴렀다. 그는 6피트 5인치에 몸무게는 240파운드로 거구에 성격이 급했고 육군에 정말 충성을 다했다. 전차부대와 기갑부대 지휘관을 지낸 그는 육군의 M-1 전차와 브래들리에 대해서는 막무가내였다.

데일은 자신의 스파이 활동을 아무도 모를 것이라고 생각했다. 그는 내가 작성한 것을 몰래 21부를 복사해서 육군성 장관, 차관, 세 명의 차관보, 참모총장, 참모차장, 모든 3성 장군, 그리고 몇몇 2성 장군들을 일일이 직접 찾아가 전달했다. 이를 전달받은 사람들은 또 복사를 해서 모든 육군 기관에 보냈다. 내가 무엇을 쓰고 나면 몇 시간 이내에 육군 탄도연구소의 기술자들까지 내 글을 읽을 수 있었다. 나는 데일이 스파이 활동을 개시하자마자 알아차렸지만 모르는 체했다. 나는 육군에 나만의 정보망을 구성했는데, 내 글이 육군의 말단 부서에 도착하면 내 정보원들이 나에게 그것을 보여 주었다.

육군의 일부 장군들이 내 글을 읽는다는 것을 알고나서 나는 내 생각을 알리는 통로로 이용했다. 메모와 편지는 상관들에게 보내졌지만 나의 진짜 독자는 육군 수뇌부들이었다. 육군은 내 생각을 몰래 입수한다고 생각했지만 나는 항상 그들에게 알리고 싶은 것을 흘렸다. 보이드는 이 오래된 방법을 '역류 펌프'라고 불렀다.

스파이 게임은 1년 이상 계속되었다. 1985년 9월에 브래들리 실무장 시험이 시작되고 얼마 안 되어 와인버거 국방장관이 손으로 쓴 쪽지를 나에게 보내 시험 결과들이 나오는 대로 자기한테 알려 달라고 했다. 와인버거의 군사보좌관은 콜린 파월 장군이었고, 아마 육군 리더들도 와인버거의 쪽지를 나와 동시에 읽었을 것이다.

데일 브러드비히는 나에게 다가와 내가 와인버거에게 보내는 모든 글의 복사본을 줄 수 있는지를 육군참모차장이 알고 싶어 한다고 물었다. 나는 '어차피 파월 장군으로부터 복사본을 얻을 거면서 나한테 왜 이러지' 하면서 흔쾌히 승낙했다. 브러드비히는 이런 식으로 일을 했기 때문에 그의 활동은 더 이상 비밀이 아니었다. 나는 그것을 처음부터 알고 있었다는 것을 그에게 영원히 말하지 않았다. 그가 서로 오해를 풀었으면 좋겠다고 한 후에 우리는 서로 조심하는 친구가 되었다. 서로를 100% 신뢰하지는 않았지만 육군을 같은 방향으로 변화시키기를 원할 때는 의기투합할 수 있는 사이가 되었다.

비밀리에 시작된 것이 이제는 공개적인 통신망이 되었다. 나는 육군의 최고위층에 쉽게 접근할 수 있게 되었다. 그들은 내가 말한 것이 다른 사람에게도 알려질까 봐, 가끔은 그들이 숨겨둔 비밀을 폭로해 버릴까 봐 걱정했기 때문에 내 말에 귀를 기울였다. 나는 이 통신망을 아주 현명한 방법으로 활용해야 했고, 내가 말한 것이 잘못 받아들여지지 않도록 조심해야 했다. 나는 실수를 하지 않기 위해서 어떤 주제에 대해 글을 쓰기 전에 여러 각도에서 검토하고 대조했다. 육군의 전문가 집단이 내 의견을 세심하게 연구하고 나의 신뢰도를 떨어뜨리기 위해 실수를 찾는다는 것을 알고 있었다. 만약 신뢰도가 떨어진다면 나는 더 이상 위협이 될 수 없을 것이다. 그러나 2년 동안 그런 일은 없었다.

일부 육군 리더들이 내 카드나 엽서를 기다리기 시작했다. 사실은 브러드비히가 나에게 "카드와 엽서를 챙겨라. 이것이 육군에서 정말 어떤 일이 진행되고 있는지를 알 수 있는 유일한 방법이다."라고 말한 맥스 터먼 참모차장의 비밀 메시지를 전달해 주었다.

브래들리 논쟁이 신문에 처음 공개되었을 때인 1984년 가을에 의회의 개혁운동은 강렬했고, 펜타곤은 개혁가들과 운명을 건 한판 승부를 겨루고 있었다. 나와 보이드, 스피니, 스프레이와의 관계가 드러나지 않는 것은 그 어느 때보다 중요했다. 우리는 통화를 할 때마다 암호명을 사용했고 외진 장소에서 만났다. 나는 정기적으로 '아버스노트' 형제인 보이드와 스피니를 펜타곤 2층의 나토 깃발 밑에서 만났지만 '미스터 그라우'와는 새로운 접선 장소를 찾아야만 했다. 육군은 다른 무기들 중에서도 특히 육군의 M-1 전차와 브래들리에 비판적이었던 피에르 스프레이가 특히 마음에 들지 않았다. 한마디로 육군은 피에르를 혐오했다. 와인버거는 외부인의 펜타곤 출입 절차를 변경했다. 실제로 펜타곤에 근무하는 사람이 아니면 출입문에서 만나 펜타곤에 근무하는 사람이 에스코트를 해야 했기 때문에 피에르와 나는 만나는 장소를 남쪽 8구역 주차장으로 옮겼다[피에르는 당시 펜타곤 바로 북쪽의 워싱턴 교외에 있는 로슬린에 근무하고 있었다].

1984년 10월 말에 신문 기사가 잦아들었고, 육군은 브래들리 시험을 어떻게 할 것인지에 대해 세부적으로 논의할 준비를 마쳤다. 브래들리 시험은 애버딘 시험장의 탄도연구소에서 수행하기로 결정되었다. 나는 탄도연구소에서 시험 계획을 논의했다.

나는 6월 루비콘 메모에서 탄도연구소를 가혹하게 비판한 후로 그곳에 간 적이 없다. 이제 나는 애버딘의 연구소에서 그곳에 근무하는 사람들과 만나야만 했다. 정말 내키지 않았지만 나로 인해 개인적 혹은 직업적으로 상당한 고통을 겪었던 사람들과 대면해야 했다. 이번 출장은 죽기보다 싫었다. 나를 엄청 미워하는 육군 관리들이 가득 차 있는 곳으로 걸어 들어가는 것에 결코 익숙해지지는 않았지만 이를 악물고 버텼다. 이럴 때마다 1달러씩 받았다면 나는 부자가 되었을 것이다.

육군은 브래들리 시험을 위해 탄도연구소에 젊은 피를 수혈했다. 게리 홀로웨이는 애버딘에 있는 다른 기관의 분석가였다. 그는 지적이고 호감이 가는 다루기 쉬운 젊은이였다. 아마 그래서 육군이 그를 선택했는지도 모른다. 우리는 신문에 기사가 터진 지 꼭 한 달만인 11월 1일에 탄도연구소 회의실에서 만났다. 회의실은 애버딘에 있는 브래들리 사업 장교를 포함해 여러 기관의 대표들로 꽉 찼다. 비록 어떤 이에게는 정말 힘들었겠지만 모두 나를 친절하게 대하라는 지시를 받은 것이 확실했다.

홀로웨이는 시험에 대한 자신의 생각, 아니 그가 받은 지시를 읽었다. 지난 9월에 육군은 소련제 대전차 무기로 실무장을 하고 연료를 적재한 브래들리를 향해 최소한 10발을 쏘겠다고 약속했었다. 홀로웨이는 육군은 10발 중 단 한 발이라도 차량 안에 적재된 무장을 의도적으로 맞추는 것을 허락할 수 없다고 했다. 그는 목표 지점을 형편에 맞게 선정해서 관통한 탄두가 적재된 무장을 건드리지 않으면 브래들리를 잃는 막대한 손실을 피할 수 있다고 했다.

홀로웨이는 시험 전문가들이 브래들리 내부에 있는 무장들이 명중되었을 때 일어날 일을 확실히 알고 있다고 주장했다. 화재 혹은 폭발은 브래들리를 완전히 폭파시킬 것이다. 그들은 그것이 여러 가지 역효과를 낼 수 있기 때문에 허락하지 않으려고 했다. 나는 전투 무장을 한 차량을 대상으로 한 번도 시험을 해 본 적이 없었기 때문에 아무도 무슨 일이 일어날지

모른다고 강력하게 주장했다.[4]

　나는 홀로웨이와 회의실 안에 있는 모든 사람에게 10발의 사격은 실제처럼 실시되어야 한다는 점을 지적했다. 의도적으로 완전 파괴되는 것을 피하는 것은 시험 취지에 어긋난다. 목표 지점은 무작위로 결정되어야 하며 그래야 육군이 의도적으로 파괴적 결과를 피했다는 비판을 면할 수 있다고 주장했다. 내 생각에 그 시험의 신뢰성이 위태로웠다. 육군 전문가들은 10발을 맞았는데도 끄떡없는 것을 보면 브래들리는 안전하다고 떠들고 다닐 것이 뻔했다. 사실 1년 후 정말 그런 상황이 벌어졌다. 나는 동네방네 떠들고 다니는 육군 전문가의 뒤를 따라다니면서 모든 사람에게 그것은 사실이 아니라고 설명을 해야 했다.

　우리는 계속 논쟁을 벌였지만 육군은 꿈쩍도 하지 않았다. 나는 그제야 육군이 왜 나의 합동실사격시험프로그램 대신 자체적으로 실무장 시험을 하겠다고 했는지 알았다. 육군이 비용을 대기 때문에 그 방법은 육군이 알아서 하겠다는 것이었다. 만약 내가 통제를 한다면 브래들리에 무작위로 사격을 했을 것이고 그러면 브래들리 몇 대는 해 먹었을 것이다.

　육군이 생각을 바꿀 기미가 보이지 않아 나는 홀로웨이에게 육군 뜻대로 목표 지점을 선정하되 한 가지 조건이 있다고 했다. 만약 이 10발로 브래들리가 완파되지 않는다면 육군은 별도의 시험을 즉시 시행한다는 것이었다(이것이 '버튼 테스트'로 알려졌다). 그 별도의 시험에서 우리는 전투 무장을 한 브래들리에 무작위 사격을 실시하기로 했다. 우리는 한 발씩 쏠 때마다 자료를 뽑아내고 최소한 브래들리 한 대가 완파될 때까지 무작위 사격을

---

4)　10개월 후인 1985년 9월, 전투 무장을 한 브래들리에 첫 번째 시험 사격이 있던 날, 홀로웨이와 그의 전문가들은 자신들이 확신했던 것이 사실이 아니었음을 알게 되었다. 사격수가 실수로 목표지점에서 8인치 벗어난 곳을 타격했고, 그것이 병력탑승공간에 적재되어 있는 캐넌포 탄약을 맞추었다. 브래들리가 전소될 때까지 화재가 계속될 것이라고 예상했지만 작은 폭발과 화재는 놀랍게도 스스로 진화되었다.

계속하기로 했다.[5] 홀로웨이도 마지못해 승낙했다.

나는 이 같은 조정이 만족스럽지는 않았지만 내가 할 수 있는 최선이었다. 육군은 브래들리의 명성을 지키기 위해 무슨 일이든 할 것이 확실했고, 이는 브래들리의 명성에 누가 되는 것을 최소화할 수 있는 시험 계획을 의미했다. 나는 육군에 충성하는 기술자의 생각이 중요한 것이 아니라 정말 실질적인 시험을 해야 한다는 것을 강조하기 위해 최선을 다했다.

육군 수뇌부 역시 절충안에 만족해하는 것 같지는 않았다. 12월 첫 주에 홀로웨이와 브래들리 사업관리자가 암브로스 육군성 차관을 만났다. 암브로스는 육군에서 현역과 민간 공무원을 통틀어 가장 힘이 있는 사람이었다. 그가 결정권을 갖고 있었다. 홀로웨이와의 회의 후 암브로스가 육군은 84년 9월 28일에 있었던 합의를 존중하지 않는다며 현재 운용 중인 브래들리로는 시험하지 않겠다고 했다. 대신 몇 년 후 연료 시스템을 수정하고 기타 사소한 설계 변경이 완료되면 그때 시험을 하겠다고 했다.[6] 암브로스의 생각에 그 이상은 필요 없다는 것이었다.

데일 브러드비히가 나에게 이 결정을 알려주었을 때 나는 소스라치게 놀랐다. 육군은 포기를 몰랐다. 분명히 이것은 내가 떠날 때까지 혹은 브래들리에 대한 관심이 사라질 때까지 몇 년을 기다렸다가 난처해질 수 있는 시험들을 취소하려는 또 다른 지연전술이었다. 나는 이런 술책을 여러 번 보았기 때문에 곧바로 암브로스와의 면담을 요청했다. 나는 그의 집무실로 걸어 들어가면서 혼잣말로 "흔들리면 안 돼, 흔들이면 안 돼. 그가 뭐라 해도 시험을 늦춰서는 안 돼."라고 되풀이했다.

5) Dennis Bely, William H. Jack, and William W. Thompson, "Detailed Test Plan for the Bradley Fighting Vehicle Survivability Enhancement Program (Phase Ⅰ)," (U.S. Army Ballistic Research Laboratory, Aberdeen Proving Ground, Md., January 1985), 16.

6) Col. James G. Burton, USAF, memorandum to James P. Wade, Jr., Principal Deputy Under Secretary of Defense for Research and Engineering, to inform Wade of Ambrose's actions, 21 December 1984.

나는 한 번도 암브로스를 만난 적이 없었고 어떤 결과가 나올지도 몰랐다. 그의 전술은 육군에서 가장 힘 있는 사람이 취하는 전형적인 방식이었다. 그는 월트 홀리스 같은 부하들에게 육군에게 가장 유리한 합의안을 도출하게 한 후 자신이 개입하지 않았다는 이유를 들어 그 합의문은 법적 효력이 없다고 말하곤 했다. 나는 이번만큼은 그가 그런 소리를 하지 못하게 만들 생각이었다.

암브로스의 집무실은 그 직급에 맞게 호화로웠다. 우리는 서로 마주 보고 앉았다. 암브로스는 푹신푹신한 1인용 의자에 앉았고, 나는 호화스러운 장의자에 앉았다. 몇 가지 이상한 이유로 그의 집무실 조명들은 매우 어두웠다. 아마 밝은 빛이 그의 눈에 안 좋은가보다. 그의 집무실은 펜타곤의 사무실이라기보다는 차라리 어두운 거실처럼 느껴졌다. 내 상사인 찰리 와트가 동석했지만, 그는 한마디도 하지 않았다. 나는 그가 직무대행 딱지를 떼기 위해서라도 암브로스와 심한 논쟁은 벌이지 않으리라는 것을 짐작하고 있었다.

암브로스는 시험을 취소한 이유를 설명했는데 나는 그와 똑같은 이야기를 수 없이 들어왔다. 육군은 이미 모든 답을 알고 있고 그래서 시험할 이유가 없다는 것이었다. 몇 가지 개량이 완료될 때까지 몇 년 기다렸다가 그때 시험을 하자는 것이었다.

그가 말을 마치자 나는 암브로스가 지금까지 들어보지 못했을 말로 반박했다. "기초자료를 확보하기 위해 지금의 브래들리에 대해 시험을 해보지 않는다면 무엇을 근거로 더 좋아졌다고 말할 수 있습니까? 개량을 통해 향상된 것이 아니라 나빠질 수도 있습니다. 저는 전에도 똑같은 일이 벌어지는 것을 여러 번 보았습니다."

그리고 나서 그런 사례들을 줄줄 외웠다. 그리고 나는 곧바로 신뢰 문제를 언급했다. "육군은 의회와 국민에게 브래들리 시험을 하겠다고 해놓고 이제 와서 약속을 어기겠다는 것입니까?"

나는 냉정하고 침착하지만 단호하게 반론을 제기했다. 나는 감정적이지 않고 호전적으로 보이지 않으려고 최대한 노력했지만 그의 결정을 그대로 따를 수 없다는 점을 분명히 했다. 놀랍게도 그는 반론을 제기하지 않았다. 아마 그는 자기에게 대드는 사람에게 익숙하지 않았거나 내 의지가 얼마나 확고한지 떠보려는 속셈이었던 것 같다. 어쨌든 그는 마음을 바꾸었다. 암브로스 차관은 9월에 합의된 대로 시험을 진행한다는 문서를 야전부대에 하달했다.[7]

나의 좌우명은 끊임없는 경계였다. 이 모든 일이 끝날 때까지 한 순간도 방심하지 않고 매와 같은 눈으로 그들을 감시하기로 했다.

그해 겨울에 탄도연구소는 세부적인 시험 계획을 수립하고 필요한 장비와 물자를 모으기 시작했다. 1단계에서는 현재 운용 중인 브래들리를 시험하고 1985년 9월에 10발의 실무장 사격이 실시될 예정이었다. 2단계는 1단계 시험 결과에 따라 개량된 시제품에 대한 시험이었다. 이러한 개량은 브래들리 장갑차를 좀 더 안전하게 만들기 위한 것이었고, 2단계는 1986년 4월로 계획되었다.

1단계는 비활성 무장, 즉 화약과 추진제가 제거된 탄약을 적재한 브래들리를 대상으로 약 6개월의 예비 시험이 진행될 예정이었다. 이 시험은 1985년 3월 첫째 주에 시작되어 9월까지 계속되고, 그 기간 중에 실무장 시험을 할 계획이었다.[8]

---

7) Department of the Army, "Bradley Fighting Vehicle Survivability (BFVS) Program," unclassified priority message to Commander Army Material Command, Alexandria, Va., 30 December 1984. 첫째 문단에 다음과 같이 기록되어 있다. "1984년 12월 12일의 육군성 차관 지시에 의하면 연료, 무장, 유압작동유를 모두 적재한 현 브래들리에 대한 BFVS의 취약성 시험은 84년 10월 17일 시험계획 초안과 동년 11월 1일에 있었던 탄도연구소 회의에서 수정된 대로 실시될 것이다." 84년 11월 1일의 탄도연구소 회의에서 홀로웨이가 원하는 대로 10발을 발사하고 만약 그때까지도 브래들리가 완파되지 않는다면 그것이 완파될 때까지 2단계 무작위 사격 시험을 할 것에 합의했다.

8) Bely et al., "Detailed Test Plan," 48.

오래된 습관은 절대 바뀌지 않는다. 나는 탄도연구소가 빈 장갑차에 사격하는 버릇을 고치게 할 수가 없었다. 탄도연구소는 이 예비 시험 결과로 연구소의 데이터베이스를 구축하고 컴퓨터 모델을 초기화하는 데 사용할 계획이었다[나는 이 예비 시험을 탄도연구소의 전희라고 불렀다].

9월이면 실전과 같은 시험을 할 계획이었기 때문에 나는 이 바보짓을 기꺼이 참았다. 그때 전투 무장을 한 브래들리뿐만 아니라 구형 M-113 보병 장갑차량과 소련의 BMP에도 똑같이 10발을 발사해 볼 계획이었다. BMP는 브래들리와 동급의 소련 보병장갑차량이었고, M-113 대체 모델이 브래들리였다. 모든 것을 적재한 차량에 각각 10발씩 총 30발의 사격을 실시해보면 꽤 재미있는 차이점을 발견하게 될지도 모른다.

겨울 내내 브래들리 전선은 모든 것이 조용했다. 그리고 국방부는 아직까지 운용시험국장을 임명하지 않고 있었다. 1985년 1월은 의회가 개혁법을 통과시킨 지 15개월이나 지난 시점이었다. 이젠 군사개혁위원회뿐만 아니라 의회도 와인버거의 복지부동에 화를 냈다. 국방부에서 개혁가들에게 다시 추천해달라고 요청했다. 이번 요청은 백악관에서 직접 왔다. 군사개혁위원회의 공동의장인 데니 스미스가 서명하여 백악관에 보낸 문서에서 또다시 나를 추천했다.[9] 내 이름이 또 거론되면서 와인버거, 그리고 여러 육·공군 리더들은 상당히 흥분했을 것이다. 이 두 번째 지명은 신문에 보도되었다.[10] 많은 펜타곤 관리들에게 '빨간불'이 켜졌다. 그들은 곧바로 "고맙지만 사양하겠다."라고 말하고, 갑자기 자체적으로 적임자를 찾기 위해 호들갑을 떨었다.

1단계 브래들리 시험은 계획대로 3월 첫째 주에 애버딘에서 시작되었다.

---

9) Representative Denny Smith, letter to John Herrington, Director, Office of Presidential Personnel, The White House, 4 January 1985.

10) Geraldine Strozier, "Pentagon Mistakes? They Burn Away Fast," *Cleveland Plain Dealer*, 15 March 1985, 3B.

비록 이 시험은 빈 차량을 대상으로 실시되었지만 기념비적 사건의 첫 출발이었다. 나는 그것을 보기 위해 당연히 애버딘에 있을 줄로 알았다.

1985년 3월 8일 금요일 오후, 나는 공군 인사참모부의 대령단으로부터 한 통의 전화를 받았다. 전화를 건 대령은 내가 알래스카로 전출명령이 났다는 것과 이 전화를 받은 시점부터 정확히 7일 내에 전속을 가든지 아니면 전역을 하든지 결정해야 한다고 했다. 나는 어안이 벙벙했다. 그 대령이 말했듯이 나에게 협상의 여지는 없었다. 이미 다 끝난 이야기로 나는 알래스카로 가거나 전역하거나 둘 중 하나였다. 그는 자신이 이 이야기를 전하게 된 것을 은근히 즐기고 있는 것 같았다.

나는 1년 후에 우연히 알래스카 공군사령부가 나를 원치 않았었다는 것을 알게 되었다. 실제로 알래스카 공군사령부는 내가 사령부에 근무할 수 있는 자격이 안 된다고 공군본부에 공식적으로 이의를 제기했다. 그러나 그들은 입 다물고 시키는 대로 하라는 지시를 받았다.[11]

브래들리 시험이 바로 그 주에 시작되었고, 1, 2단계 시험은 1986년 4월까지 계속될 계획이었다. 나는 '드디어 시작이군…'이라고 생각하며 즉시 아버스노트에게 전화를 걸어 깃발 아래서 만나자고 했다. 내가 보이드에게 무슨 일이 일어났는지 얘기하면 그는 믿지 못할 것이다.

보이드는 내 이야기를 듣고 웃기 시작했다. 그러면서 "공군이나 할 수 있는 어리석은 일이야. 이 방법을 생각해 낸 친구는 정말 장군감이야."라고 했다. 그는 내가 한 말을 다른 사람들에게 그대로 전했다. 내 전속 이야기는 펜타곤 전체에 마치 들불처럼 삽시간에 번졌다. 이 소식이 펜타곤 밖으로 새어 나가는 것은 단지 시간 문제였다.

어니 피츠제럴드는 '총장 사이의 밀담'을 통해 육군참모총장이 공군참모

---

11) 나는 국방부 감찰감실의 피터 세트릴로(Peter Cetrillo)에게서 이 이야기를 들었다. 세트릴로는 1986년 나의 전역을 둘러싼 당시 정황을 조사했던 조사관이었다.

총장에게 내가 더 이상 육군에 폐를 끼치지 못하게 조치를 취해달라고 요청했을 것이라고 했다. 비슷한 추측이 펜타곤에 난무했다. 한편 스피니는 내가 AMRAAM 미사일이나 매버릭 등과 같은 신성한 무기에 대하여 문제를 일으켰기 때문에 공군 리더들이 스스로 조치를 취했을 것이라고 했다. 그는 공군은 아마 그 비난을 육군이 받게 것을 알고 있었을 것이라고도 했다. 나는 더 이상 알고 싶지 않았다.

3월 11일 월요일 아침, 펜타곤 인사 부서에서 나에게 공식 문서를 보내왔다.[12] 나는 주어진 7일이라는 시간이 초읽기에 들어갔다는 것을 의미하는 문서에 서명을 해야 했다. 나는 이 서류를 복사해서 펜타곤에 뿌렸다. 다시 복사기들이 돌아가는 소리가 났고, 건물에는 그 복사본이 넘쳐났다.

홀 장군은 수요일 아침에 나를 자기 사무실로 불러서 결정을 했냐고 물었다. 그는 안달이 나 있었다. 나는 그에게 아직 나흘이 남아있고 어떻게 할지 모르겠다고 답변했다. 그런데 그 다음 날, 모든 것이 정리되었다. 목요일 아침, 알래스카 전속 얘기가 의회에 알려졌다. 이렇게 오래 걸린 것이 신기했지만 아무튼 또 한바탕 광풍이 몰아쳤다.

군사개혁위원회의 회원 수는 이제 100명이 넘었다. 하원의원, 상원의원, 민주당원, 공화당원 등 당파를 초월한 위원회가 되었고, 그들은 와인버거와 태프트에게 화가 치민 상태였다. 그들 모두는 불과 몇 달 전에 태프트가 서명한 문서 사본을 갖고 있었는데, 거기에는 분명히 "버튼 대령은 시험의 기획과 실행에 참가할 것이다."라고 적혀 있었다. 와인버거와 태프트는 6개월 사이에 두 번이나 거짓말을 했다.

펜타곤 전화가 울려대기 시작했다. 멜 레빈 의원이 내셔널 공항에서 웨이드 박사에게 전화를 했다. 그는 웨이드에게 "내가 지금 캘리포니아 행

---

12) M. Sgt. Jodell Hartley, USAF, notification of Permanent Change of Station to Elmendorf Air Force Base, Alaska, to Col. James G. Burton, USAF, 11 March 1985.

비행기에 탑승하고 있습니다. 5시간 후에 비행기에서 내려 다시 전화를 하겠습니다. 그때 버튼의 알래스카 전속이 취소되었다는 말을 듣고 싶습니다. 그렇지 않으면 우리는 그 조치가 당을 초월해 의회를 모욕하는 것으로 받아들이겠습니다."라고 했다.

웨이드는 "더 이상 시끄러워지지 않는다면 버튼은 알래스카로 갈 겁니다."라고 답변했다.[13] 웨이드 박사는 자기로서는 어떻게 할 수 없다는 말을 이런 식으로 표현했다. 그에게는 더 강한 압력이 필요했다. 당시 드라우어 박사는 퇴직했고 웨이드 박사가 직무대행이었다. 웨이드 박사가 정식으로 드라우어 박사 후임이 되고 싶어 한다는 것은 공공연한 사실이었다. 그런 그가 버튼-브래들리 논란에 휩싸이는 것은 그 기회를 날려버릴 수도 있다는 것을 의미했다. 돕고 싶지만 돕지 않는 것이 펜타곤 스타일의 딜레마였다. 펜타곤의 열기가 고조되었다(재미있는 것은 원래 와인버거가 카사바움에게 한 약속 때문에 군사개혁위원회와의 싸움이 시작되었는데 정작 낸시 카사바움 의원은 전혀 관여하지 않았다). 먹이를 보고 달려드는 상어 떼처럼 기자단이 펜타곤에 몰려들었다. 리포터들이 버튼이 알래스카로 간다는 소문의 진위를 물었고 공보 장교가 전속을 부인했지만, 채 한 시간도 안 되어 리포터들이 공식 전속명령 문서의 사본을 구했고 자기들에게 거짓말을 했다고 비난했다. 이로 인해 언론이 완전히 펜타곤에 등을 돌리게 되었다.

내 전화기는 계속 울렸다. 리포터들이 내 사무실까지 난입하여 할 말이 없느냐고 물었다. 나는 그 누구와도 이야기하지 않았다. 오후 1시 30분에 웨이드 박사가 태프트 국방부 부장관실에서 오어 공군성 장관과 만났다. 긴급 회동 후 공군성 장관이 버튼의 알래스카 전출을 취소하겠다고 했다. "여러분, 방법이 없습니다."[14] 언론은 그들을 호되게 비판할 만반의 준비를

---

13) 멜 레빈(Mel Levine) 의원은 내가 전역한 후인 1986년 여름에 그의 사무실에서 이 이야기를 나에게 해주었다.

14) 상황이 정리된 후 웨이드 박사가 나에게 태프트와 오어의 대화 내용을 말해 주었다. 그는 그

갖추고 있었다. 아수라장이 되기 직전이었다.

태프트의 군사보좌관인 공군 소장이 데니 스미스 의원에게 전화를 걸어 "끝났습니다. 의원님이 이겼습니다. 우리가 졌습니다. 제발 기자들 좀 쫓아주십시오."라고 했다.[15]

곧바로 국방부 기자회견이 열렸고, 웨이드 박사는 버튼이 알래스카에 가지 않을 것이라고 했다. 아이러니하게 이 발표문은 기자회견이 있기 전날까지 만면에 희색이 가득했던 켄 홀랜더 육군 대령(웨이드 박사의 군사보좌관)이 준비했다. 기자회견 다음 날, 그가 복도에서 나에게 말을 걸었다. 미소가 사라진 얼굴이 잔뜩 일그러져 있었다. 그는 나에게 별별 욕을 다 했고, 내가 논란을 불러일으킨 장본인이며 '군복을 입을 자격이 없다'고 했다.

이 사건은 금방 마무리되었지만 언론은 쉽게 가라앉지 않았다. 그 다음날 주요 신문들은 온통 알래스카 이야기였다.[16] 그리고 지역 신문들도 덩달아 기사를 다루었다. 기본 줄거리는 펜타곤이 나를 '미국의 시베리아'로 보내려던 것을 의회가 나서서 저지했다는 내용이었다. 연합 신문이 프리올 의원의 말을 인용했다. "우리는 그 같은 조치를 취한 것에 부끄러운 줄 알아야 한다."[17]

동안 있었던 일들과 펜타곤에서 앞으로 남은 시간을 어떻게 보내야 할지를 설명해 주었다. 그는 아직 모든 것이 해결된 것이 아니기 때문에 나에게 제발 신문과 거리를 유지하고 더 이상 문제를 일으키지 말라고 했다. 나는 리포터들과 이야기를 나눠서는 안 되며, 의회 사람들과 접촉해서는 안 되었고, 그들과 통화를 했으면 상관에게 보고해야 했다. 나는 이 규칙을 철저히 따랐지만 점점 더 곤경에 빠졌다.

15) John Heibusch, aide to Congressman Denny Smith, conversation with author, September 1987.

16) 예를 들면 Howard Kirtz, "Defense Relents on Transfer of Weapon Critic," *The Washington Post*, 15 March 1985, 19; John J. Fialka, "Officer Who Ignited Army Vehicle Flap Won't Go to Alaska," *The Wall Street Journal*, 15 March 1985, 6; Scripps-Howard, "Pressure from Congress Saves Weapon Testor's Job," *Cleveland Plain Dealer*, 15 March 1985, 8A.

17) Andrew Gallagher, UPI wire service, 15 March 1985.

대부분의 기사는 나의 전출을 지난해 가을에 관심을 모았던 브래들리 논란과 연결시켰다. 펜타곤은 시험 논란, 직책 감축, 물에 적신 전투복, 방해와 간섭 이야기를 또다시 들어야 했다. 시베리아는 또 다른 실패였다. 내년에는 메이저리그 챔피언 결정전이 예정되어 있었다.

한바탕 소동은 금방 잦아들었고 나는 임무를 계속했다. 내 의지와 상관없이 나는 유명 인사가 되어 있었다. 어떤 의미에서 이 유명세가 나의 가장 중요한 방어무기이기도 했다. 시험 방법의 개혁이 현재 개혁운동의 가장 중요한 이슈였다. 내가 이 개혁운동의 상징이 되었지만 그 방향을 통제하지는 못했다. 나는 모든 것으로부터 도망칠 수도 있었지만 그러고 싶은 생각은 전혀 없었다. 나는 헌신했다. 펜타곤의 진정한 개혁을 위해 나로서는 최선을 다했고 이 목표를 달성하기 위해 기꺼이 뼈 빠지게 일을 했다.

강경파 개혁가들은 척 스피니가 개혁의 필요성에 대한 전국적인 관심을 불러일으켰을 때 매우 고무되어 있었지만 실제로 펜타곤의 일하는 방식에는 아무 변화도 일어나지 않자 그만큼 실망도 컸다. 언론의 관심과 논란은 이내 수그러들었다. 지금은 그 관심이 나와 브래들리 시험에 쏠려 있었다. 만일 우리가 이번 기회에도 개혁을 하지 못한다면, 아마 세 번째 기회는 없을 것이다.

텅 빈 브래들리에 대한 예비 시험은 1985년 봄과 여름에 진행되었다. 나는 거의 모든 시험을 보기 위해 애버딘으로 갔다. 나는 호박색 폭스바겐 컨버터블로 1년 사이에 무려 3만 마일을 운전했다. 예비 시험에서 얻은 것이라고는 컴퓨터 모델이 상태가 좋지 않다는 것뿐이었다.

매 발사 전에 그 모델을 돌려 예측치를 출력했다. 여러 번 되풀이 해봐도 실제 일어난 것과 예상했던 것 사이에 아무 연관이 없었다. 여름이 다 가기 전까지 그 모델들을 대폭 수정한 것만 해도 세 번이 넘었다. 그 모델이 최소한 이미 일어난 일만이라도 제대로 설명할 수 있기를 바라며 계속 수정이 이루어졌다. 수정 후 탄도연구소는 컴퓨터 모델의 상태가 좋다고 발표했다. 그러나 결과는 마찬가지였다. 물론 나는 그럴 때마다 '역류 펌프' 메모를 작성해 그들의 실수를 상기시켰다.

피격을 당한 후 장갑차 내부 환경은 너무 복잡해 컴퓨터 모델로는 그 상황을 완벽하게 포착할 수 없다는 것이 당시 나의 생각이었고 지금도 마찬가지이다. 컴퓨터 모델이 할 수 있는 것이라고는 피격 후 결과를 묘사하는 정도였다. 이것과 앞으로 어떤 일이 벌어질지 예측할 수 있는 능력과는 엄연히 달랐다.

몇 년 후 나는 우연히 폴 데이비스가 1988년에 쓴 『The Cosmic Blueprint』에서 카오틱 시스템Chaotic system을 설명한 것을 발견했다. 그의 설명은 취약성 모델에 아주 잘 맞아 떨어졌다.

> 그러나 우리가 입력한 양과 똑같은 양의 정보만 얻기 때문에 카오틱 시스템에서의 모의시험은 적절하지 않다. 엄청난 계산 능력이 있더라도 설명할 수 있는 부분은 극히 제한적이다. 다시 말해서 무엇을 예측한다기보다는 실시간으로 발생하는 것을 제한된 정확성을 가지고 단순히 묘사할 뿐이다.[18]

데이비스가 이 책을 1985년 이전에 출판했었다면 하는 아쉬움이 남았다. 그랬더라면 탄도연구소에 있는 사람들에게 읽어주는 즐거움을 만끽할 수 있었을 텐데 말이다.

알래스카 해프닝 이후 군사개혁위원회뿐만 아니라 의회 전체가 브래들리 시험에 관심을 보이기 시작했다. 1985년 6월 5일, 하원 군사위원회가 나에게 전체적인 브래들리 시험에 대해 서면으로 보고해 줄 것을 요청했다. 의회는 그동안 육군과 나 사이에 작성된 합의문도 원했다. 나는 웨이드 박사가 그런 상황에서 어떻게 처신해야 하는지 가르쳐 준대로 나의 상사에게 "의회에서 이런 연락이 왔는데 어떻게 해야 할지 지침을 달라"고

---

18) Paul Davies, The Cosmic Blueprint (New York: Simon & Schuster, 1988), 54.

했다. 물론 내 보고서 사본 21부가 육군에 전해졌다.[19]

나는 육군과 내가 합의한 시험 프로그램과 일정을 아주 자세하게 기술했다. 1단계는 1985년 10월까지 완료될 것이며, (개량된 장갑차에 대한 시험인) 2단계는 내년 4월에 완료될 것이다. 의회 군사위원회는 이 보고서를 법률로 만들어 앞으로 발생할 수 있는 육군의 일탈을 원천봉쇄했다. 그래서 나와 육군이 합의한 계획에 따라 시험을 진행하도록 했다. 1단계에 대한 공식 보고서는 1985년 12월 1일까지, 그리고 2단계 보고서는 1986년 6월 1일까지 의회에 제출하라고 했다.

의회는 육군이 몸부림쳐봐야 소용이 없다는 것을 확실히 알려주기 위해 합의문을 법으로 만들었다. 그 법안은 상·하원을 쉽게 통과했다. 데니 스미스 의원의 새 파트 타임 보좌관인 봅 딜거가 군사위원회의 법안 작성을 도왔다. 내 상사들을 잘 알고 있는 나는 봅의 일을 돕기 위해 많은 전화통화를 했다. 육군 리더들은 못마땅했지만 달리 도리가 없었다.

여름 끝자락에 와인버거 장관은 드라우어 박사의 후임으로 웨이드 박사가 아닌 노스롭 사의 도널드 힉스 박사를 지명했다. 결국 웨이드 박사는 사임을 했다. 그가 나를 돕고 양 진영의 중간에 있었던 것이 차관으로 승진하지 못한 이유였던 것이 확실했다.

그 당시 또 다른 인사 문제가 나의 미래에 엄청난 영향을 미쳤다. 내 바로 위 상사였던 미카엘 홀 장군은 임기를 채우지 못하고 펜타곤 어딘가로 전출을 갔다. 공군이 홀 장군의 후임을 선발하기 전에 맥스 터먼 육군참모차장이 와트 차관보에게 전화를 걸어 홀 장군 후임으로 공군 장군 대신 육

---

19) Lt. Col. James Ball, USAF, Executive Director, Defense Test and Evaluation, cover memorandum to James P. Wade, Jr., 5 September 1985. 볼은 하원 군사위원회 직원인 노라 슬라트킨(Nora Slatkin)이 나와 접촉할 것이라고 웨이드에게 알려 주었다. 볼은 내가 육군이 1, 2단계 브래들리 시험에 대해 합의한 모든 내용을 기록한 것을 슬라트킨에게 전달했다. 슬라트킨은 이것을 상하원을 모두 통과한 1986년 Defense Authorization Bill의 수정조항으로 만들었다.

군 장군을 선발할 것을 제의했다. 와트는 아직도 차관보 직무대행이었기 때문에 터먼 장군의 제안을 거부할 수 없었다.

터먼 장군은 무기체계 획득과 시험 분야에 근무해 본 적이 없지만 잘 나가는 인물을 마음에 두고 있었다. 그 자리에 도널드 존스 육군 준장을 보임시켜 견문을 확대할 수 있는 기회를 주었다. 존스 장군은 지금까지 인사 장교로만 군 생활을 해왔다. 아마 터먼 장군은 시험 분야에서 나를 능가할 사람을 찾기보다는 나를 잘 다독거릴 수 있는 사람이 필요했나 보다. 아무튼 그는 9개월 동안 자신에게 주어진 역할을 수행했다. 그는 나중에 육군 인사를 책임지는 중장까지 진급했다.

10. 접입가경

　1985년 여름에 나는 애버딘에서 거의 모든 일을 수행하는 기술자, 정비사, 육체 근로자들과 돈독한 관계를 형성했다. 이들이 바로 장비 설치, 데이터 기록, 무기 발사, 그리고 발생한 피해를 복구하는 사람들이다. 나는 그들을 정말 잘 이해하게 되었다. 매 시험에서 일어나는 모든 것에 대한 그들의 견해를 듣기 위해 엄청 노력했다.

　그들 중 많은 사람들은 참전 경험이 있는 사람들이었다. 그들은 시험의 중요성을 잘 알고 있었다. 내가 그들의 생각에 진정한 관심을 보이자 그들은 자신들이 브래들리 개량에 영향을 미칠 수 있고, 더 안전한 브래들리를 만드는 데 기여할 수 있다고 느끼기 시작했다.

　그들은 탄도연구소 내지는 '경영진'을 별로 존경하지 않았고, 관료주의가 브래들리의 문제를 최소화하기 위해 여러 시험들을 이용할 것이라는 나의 걱정에 공감했다. 그들은 기꺼이 내 눈과 귀가 되어 주었다. 안 보이는 곳에서 벌어지는 모든 것을 나에게 알려 주었다. 나는 그들이 비공식적으로 준 자료와 탄도연구소가 준비한 공식적인 자료를 비교할 수 있었다. 그들은 시험 결과에 영향을 미칠 수 있는 비정상적인 지시를 받으면 나에게 장거리 전화를 걸어서 일일이 말해 주었다. 나는 이런 전화를 여러 번 받앉고, 그러면 그 정보원을 보호하기 위해 마치 우연히 발견한 것처럼 말하면서 장비 배치 혹은 조건을 수정했다. 내가 탄도연구소와 애버딘 경영진들이 정확히 무엇을 하고 있는지를 항상 알고 있는 것처럼 보임으로써 그들을 짜증나게 만들었다.

우리 집에서 애버딘까지의 거리는 정확히 왕복 220마일이었다. 이 길을 하도 다녀서 눈 감고도 찾아갈 수 있을 정도였다. 이 출장은 그만한 가치가 있었다. 시험을 직접 보고 그것을 정리한 출장 보고서를 작성함으로써 나는 그 과정에 대한 견제와 균형을 도모했다. 내 보고서와 육군 참관인이 작성한 것이 다를 때가 여러 번 있었다. 어떤 시험에서도 시험을 주관하는 기관에 유리한 쪽으로 결과를 해석하려는 경향은 항상 있기 마련이다. 이러한 경향이 중간 관리자 수준에서 일어난다면 고위 관리자에게 전달되는 최종 보고서는 실제와 전혀 다를 수 있다.

그해 여름 탄도연구소가 텅 빈 브래들리에 대한 일련의 예비 시험을 수행하고 있는 동안 견제와 균형은 확실하게 이루어졌다. 내 출장 보고서는 펜타곤에서 베스트셀러였다. 내 보고서에는 지휘계통을 통해 받는 공식 보고서보다 더 심각한 시험 결과와 의미가 포함되어 있었기 때문에 곧바로 활발한 토론으로 이어졌다.

마침내 9월이 되면서 실무장 시험을 할 때가 되었다. 이는 공식적인 합의가 이루어진지 1년만의 일이었다. 모든 것을 적재한 브래들리에 소·중·대구경 대전차 무기 10발을 발사할 예정이었다. 병력탑승공간에 싣는 표준적재 무기들은 아래와 같다.

토우 대전차 미사일 10문
바주카포 미사일 3문
25mm 캐넌포 실탄 1,500발
7.62mm 기관포 실탄 4,400발

M18 대인 클레모어 지뢰 2발

M67 확산탄 8발

TH3 소이탄 4발

연막탄 4발

M49 지뢰식 예광탄surface trip flare 10발

모든 것을 적재한 소련 BMP와 구형 M-113 보병장갑차에도 각각 10발씩 발사될 예정이었다. 포탄이 장갑을 뚫고 들어가 장갑차 안에 적재된 탄약을 타격하지 않도록 탄도연구소가 특정 목표지점을 정하겠지만 실제 사격이기 때문에 목표지점에 정확히 명중할지는 불확실하다. 시험장처럼 통제가 아주 잘 되는 상황에서도 목표지점과 실제 탄착점은 6~8인치 정도 차이가 날 수 있다. 이러한 오차는 결과를 일반화시키기에는 꽤 큰 편이었다.

탄도연구소는 장갑을 뚫고 들어간 탄두가 차량 안에 있는 탄약에 명중하면 소중한 차량이 전소될 수 있기 때문에 그것을 피하기 위해 인위적으로 목표지점을 정했다. 이러한 결정은 당시의 일반적 통념에 의해 내려졌으며, 컴퓨터 모델을 만들 때도 그대로 반영되었다. 첫 번째 사격으로 탄도연구소가 틀렸다는 것이 입증되었다. 포탄은 목표지점으로부터 8인치 벗어난 곳에 맞았다. 장갑을 관통한 탄두가 병력탑승공간에 있는 캐넌포 탄약을 건드렸다. 차량 내부에서 작은 폭발이 일어났고 그로 인해 화재가 발생했다. 그러나 놀랍게도 그 화재는 몇 발의 탄약을 태운 후 스스로 꺼졌다. 일반적 통념에 의하면 탄약 화재는 모든 탄약과 차량이 전소될 때까지 계속되어야 했다. 이것이 시험 프로그램이 종료되기 전 발생했던 여러 가지 중요한 뜻밖의 발견 중 첫 번째였다.

컴퓨터 모델은 실제로 발생한 것을 설명하기 위해 수정되어야 했다. 나는 첫 발부터 우리가 생각했던 것과 다른 결과를 이야기할 수 있게 되어 특

히 기뻤다. 전문가들이 주장했다고 해서 그것이 모두 사실이 아니라는 것이 밝혀졌다. 탄약 화재가 발생하면 차량이 전소할 때까지 계속된다고 했던 그들의 말이 틀렸다면, 앞으로 또 틀릴 수도 있었다.

두 번째 사격으로 육군이 가장 두려워했던 상황이 벌어졌다. 또다시 사격수는 목표지점을 놓치고 병력탑승공간에 있는 탄약을 맞추었다(만약 사격수가 약간만 아래로 조준을 했더라면 내가 그렇게 놀라지 않았을 것이라는 점을 사격수는 알았을까?). 그러나 이번 탄약 화재는 스스로 꺼지지 않았다. 우리는 벙커 안에서 브래들리가 재로 변하는 것을 지켜봤다. 차량 내부의 미사일, 바주카포, 지뢰들이 열을 받아 자연 발화될 때마다 브래들리는 폭발로 심하게 흔들렸다. 이러한 2차 폭발은 장갑차를 산산조각 낼 만큼 강력하지는 않았다. 10피트 높이의 장갑차가 서서히 녹아내려 알루미늄 웅덩이로 변하는 광경은 정말 섬뜩했다.

두 번째 사격은 늦은 오후에 시작되었지만 화재 때문에 자정이 돼서야 수백 야드 떨어져 있는 벙커에서 겨우 나올 수 있었다. 벙커 안에서 이 섬뜩한 장면을 물끄러미 바라보던 사람들은 저녁 내내 거의 말이 없었다. 불길은 밤하늘 높이 치솟았고, 폭발로 인해 캐넌포 포탄은 마치 폭죽처럼 하늘을 수놓았다.

장갑차 몸체는 알루미늄으로 만들었지만 포탑에 있는 주포는 철이었다. 우리는 알루미늄 구조물이 열에 의해 녹아내리면서 철제 주포가 하늘을 가리키며 장갑차 속으로 가라앉는 것을 보았다. 벙커 안에 있던 사람들의 정신을 확 들게 만드는 광경이었다. 지금까지는 본 적이 없었지만 앞으로 다시 보게 될 수도 있는 광경이었다.

슬픈 일이지만 브래들리가 불타는 장면은 걸프전에서 여러 번 반복되었다. 스티브 보겔은 워싱턴 포스트에 가슴이 미어지는 '노퍽 전투' 기사를 실었다. 1991년 2월 26일 밤에 여러 대의 브래들리가 우군과 적으로부터 동시에 사격을 받았다. 브래들리 4대와 전차 5대가 파괴되었고, 미군

6명이 사망했으며, 30명이 부상을 당했다. 다음은 브래들리가 피격당한 후 전쟁의 공포를 생생하게 묘사한 보겔의 글 중 일부분이다.

미군 전차에서 발사된 포탄이 키드의 엉덩이 아래로 날아와 그의 다리를 자르고 포탑 아래 부분 절반과 뒷부분을 날려버렸다. 디엔스타그는 "빌어먹을 포탄이 브래들리를 산산조각 냈다. 뒤쪽 전체가 파삭파삭하게 탔다."라고 했다. […]

디엔스타그는 아래에서 무슨 소리가 들리는 것 같았다. 뒤쪽에서 동료들이 비명을 지르고 있었다. "우리 좀 꺼내줘! 우리 좀 꺼내줘!" 앞쪽의 스캑스는 심한 부상을 입지는 않았지만 폭발로 손이 마비가 되어 장갑차의 램프를 내리고 탑승구 문을 열 수가 없었다. 그는 필사적으로 조종석에서 빠져나와 장갑차에서 뛰어내려 해머로 병력탑승구가 열릴 때까지 두들겼다.

디스엔타그는 "우리는 처음에 그들이 무엇보다도 겁에 질려 있을 것이라고 생각했지만, 막상 탑승구를 열었더니 시커먼 연기가 뿜어져 나왔고 탄내가 났다."라고 했다. "동료들이 안에서 뛰쳐나왔다." […]

세즈윅은 크럼비와 다른 전우들이 안에 있는지 보려고 급하게 브래들리로 돌아왔다. 그는 "내가 보게 될 것 때문에 나는 망설였다. 나는 심적으로 준비가 되어 있지 않았다."라고 했다.

그가 본 것은 몽땅 불타버린 브래들리와 중상을 입고 땅에 누워있는 병사들이었다. 그는 "사방에서 불꽃이 일고 있었고, [브래들리 안의] 토우 미사일 탄약들이 터지기 시작했다."라고 했다. […]

세즈윅은 크럼비가 중상이라는 것을 알았다. 탄약통 파편이 그의 머리에 박혀 있었다. […]

새벽이 다가오자 디스엔타그와 스캑스는 전우인 크럼비, 데빌라, 크래머가 있는 브래들리로 돌아갔다. 디스엔타그는 "브래들리는 전소되었다. 우리가 볼 수 있던 것은 하늘을 가리키고 있는 포신뿐이었다."라고 했다.[1]

---

1) Steve Vogel, "We Have Met the Enemy, and It Was Us," The Washington Post, 9 February 1992, F1.

우리가 그날 밤 애버딘에서 화재를 보고 있을 때 시험책임자였던 게리 홀로웨이는 "브래들리 한 대가 파괴되었으니 우리가 할 일은 다 했다."라고 했다. 나는 동의했고 버튼 테스트(최소한 브래들리 한 대가 완파될 때까지 일련의 무작위 사격을 실시한다)는 그 자리에서 취소되었다.

나는 나머지 사격도 취소되리라고 예상했는데 육군은 시험을 계속 했다. 이제 남은 여덟 발 중 세 발의 목표 지점은 또 한 대의 브래들리를 희생시키지 않기 위해 수정되었다. 그러나 일부 육군 관리들에게 그 정도의 예방책은 만족스럽지 못했다. 그들은 또 다른 음모를 준비했다.

나는 두 번째 사격을 '녹아내림meltdown'이라고 했다. 그 이후의 사격들은 더욱 인상적이었고, 매 사격마다 녹아내림과 같은 고유의 명칭을 부여했다. 한번은 병력탑승공간 오른쪽에 쌓여있는 토우 대전차미사일 더미를 겨냥하여 사격을 했다. 그러나 장갑을 통과한 탄두는 마치 기적처럼 포탄과 포탄 사이로 빠져나갔다. 마치 보이지 않는 어떤 힘이 포탄을 갈라놓아 탄두가 그 사이를 통과한 것 같았다. 그래서 나는 이 사격을 '홍해 사격'이라고 했다.

그러나 M-113에 사격을 했을 때는 이 보이지 않는 힘이 작용하지 않았다. 나는 이 사격을 '마술사 후디니 사격'이라고 했다. M-113가 한 순간에 감쪽같이 사라졌다. 연기가 걷혔을 때 시험대 위에는 아무 것도 없었다. 나는 다음 날 아침 주변을 돌아보았다. 시험대는 마치 폭파구 같아 보였다. M-113조각들이 반경 1km까지 날아갔다. 엔진은 동쪽으로 1km 지점에서, 그리고 탑승구 문짝은 서쪽 1km 지점에서 발견되었다. 홍해 사격에서도 보이지 않는 힘이 작용하지 않았더라면 그 브래들리는 M-113과 똑같은 운명이 되었을 것이다.

녹아내림 사격에 이어 홀로웨이는 육군에 있는 믿을 만한 이들과 비밀리에 의논하여 남은 브래들리의 여덟 발 중 세 발의 사격 방법을 변경했다. 육군은 여러 가지 이유로 브래들리를 또 다시 잃는 것을 보고만 있을 수는 없었다. 나는 브래들리 사격이 재개되는 날 애버딘으로 출발하기 전에 홀로웨이에게 전화를 걸어 그날 있을 사격을 확인했다. 그가 전화를 받는 순간 나는 무엇인가 잘못되었다는 것을 직감했다. 홀로웨이의 목소리는 떨렸고, 아주 신경질적으로 들렸다. 그는 나에게 말을 하긴 해야 하는데 영 내키지 않는 모양이었다. 그는 내가 어떻게 반응할지 알고 있었기 때문에 이러지도 저러지도 못하고 있었다.

그날 시험은 지난 여름에 브래들리 시험을 연기 또는 취소시키려고 부단히 노력했던 리차드 비탈리의 지시로 아예 취소되었다. 비탈리는 전날 밤, 똑같은 목표지점에 세 발을 발사해보라는 비밀 시험을 지시했다. 브래들리에는 비활성 탄약을 실었다. 한 시험에서 장갑을 관통한 탄두가 모의탄에 명중했다. 실무장에 같은 일이 벌어질 것을 두려워한 비탈리는 일방적으로 남은 시험을 아예 취소하기로 결정했다. 드디어 비탈리를 날려 보낼 기회가 왔다.

모든 상황을 사실 그대로 기록했었더라면 나는 시험 발사를 취소하는 데 반대하지 않았을 것이다. 사실 나는 목표지점을 무작위로 선정하는 것이 가장 훌륭한 방법이라고 했지만 비탈리는 스스로 겁을 먹고 아예 시험을 취소시켰다. 그는 탄토연구소에서 똑같은 일이 일어나는 것을 방관할 수 없었다. 비탈리는 더 이상 탄토연구소에 근무하지 않았지만 브래들리의 이미지를 보호하려고 노력하고 있었다. 그는 더 높은 자리로 영전했고 브래들리 시험에 간섭할 권한이 없었다.

홀로웨이가 걱정했던 대로 나는 화가 났다. 나는 최대한 심각한 어조로 "홀로웨이 씨, 앞으로 무슨 일이 일어나도 개인적인 감정은 없다는 것을 알아주세요."라고 했다. 나는 이 말을 앞으로 심각한 문제가 다가올 것임을 알리는 신호로 사용했기 때문에 이 말이 무슨 의미인지 알 만한 사람은 다 알고 있었다. 나는 탄토연구소에 있는 사람들을 잔뜩 겁먹게 만들고 싶었다.

나는 전화를 끊고 데일 브러드비히 사무실로 뛰어 들어갔다. "내가 지금
또 하나의 유명한 메모를 작성 중에 있고, 아주 흥미진진해 질 것이라고
육군 친구들에게 전해 주세요."

브러드비히는 비탈리가 한 일을 듣고는 어이없어 했다. 그는 곧바로 맥
스 터먼 장군 사무실로 갔다.

나는 책상에 앉아 비탈리의 방해를 강력히 어필하는 메모를 작성하기 시
작했다. 갑자기 육군 대령 한 명이 문 앞에 나타났다.

"참모차장님이 메모 복사본을 원하십니다."

"아직 메모 작성이 끝나지 않았습니다. 작성이 끝나면 한 부 드리지요."

"이해가 안 되나본데 차장님이 지금 당장 원하십니다."

그래서 우리는 갈겨쓰고 완성도 되지 않은 것을 복사했고, 용무가 끝난
대령은 돌아갔다. 몇 분 뒤에 그가 다시 나타났다.

"터먼 장군님이 당신 글씨를 읽을 수가 없답니다. 이 문장은 뭐라고 쓴
겁니까?" 내가 읽어주자 그는 다시 돌아갔다.

몇 시간 후쯤 나는 복도에서 비탈리를 보았다. 그는 육군 수뇌부 집무실
쪽에서 오고 있었다. 그의 얼굴은 핼쑥했고 우울해 보였다. 우리는 말을
건네지 않았다. 말이 필요 없었다.

나중에 브러드비히가 나에게 육군참모차장이 비탈리와 비탈리의 상관
인 리차드 톰슨 대장 앞에서 나의 완성되지 않은 메모를 흔들며 "당신들은
워싱턴 포스트에서 이 메모를 읽고 싶습니까?"와 비슷한 의미의 이야기를
했다고 전해 주었다. 그런 후 참모차장은 정말 멍청한 일을 했다는 이유로
그 둘의 머리와 어깨를 세게 내리치는 시늉을 했다고 한다. 그리고 나서
비탈리는 브래들리 프로그램에서 영원히 손을 떼라는 지시를 받았다. 확신
할 수는 없지만 그랬을 것이라고 믿는다.

취소된 시험은 재개되었고 아무 일도 일어나지 않았다. 비탈리의 걱정은
기우에 불과했다.

애버딘의 한 시험장에서 실무장 시험이 실시되고 있는 가운데 다른 시험
장에서도 정말 중요한 일련의 시험이 진행되고 있었지만 처음에는 큰 관심
을 끌지 못했다. 이 시험은 비계획 무장 시험off-line ammunition tests으로 알려
졌다. 몇 명의 애버딘 엔지니어들이 낡은 브래들리 동체를 입수하여 병력
탑승공간에 적재하는 캐넌포탄의 양을 조절하면서 이 포탄을 직접 겨냥하
여 소구경 대전차 성형탄을 발사하는 시험을 시작했다. 그들은 처음에는
브래들리 안에 캐넌포탄 한 발을 실어 놓고 그것을 향해 사격을 했다. 그
들은 그 캐넌포탄이 명중되었을 때 병력탑승공간에 어느 정도 영향을 미치
는지를 측정했다.

그들은 캐넌포탄의 수를 3발, 6발, 9발과 같이 차츰 차츰 늘려 한 박스
인 24발까지 늘려 나갔다. 브래들리는 병력탑승공간에 캐넌포탄을 40박스
이상 싣는다. 내부 폭발의 여파는 믿을 수 없을 정도였다. 우리는 생생한
화질의 영상자료, 온도와 압력에 대한 방대한 자료를 확보했다.

이 자료들을 토대로 엔지니어들은 관통한 탄두가 적재된 무장에 화재 혹
은 폭발을 일으켰을 때 그 힘이 밖으로 배출되도록 탄약저장실을 개조했
다. 이런 방법으로 브래들리를 개량한다면 탄약이 폭발하더라도 병력 손실
을 줄일 수 있게 될 것이다.

이러한 탄약저장실의 효과는 이미 증명된 바 있었고, 미군의 M-1 전차
는 물론 이스라엘의 메르카바 전차에도 적용되고 있었다. M-1 전차의 경
우 여분의 탄약은 포탑 뒤쪽에 있는 탄약저장실에 보관했다. 승무원들은
필요하면 미닫이문을 열고 탄약을 꺼낼 수 있었다. 만약 탄약저장실에서
폭발이 일어나면 그 힘은 밖으로 전달되어 승무원들에게 피해를 주지 않았
다. 이러한 설계를 M-1에는 적용하고 브래들리에는 적용하지 않았다? 왜
이 설계가 브래들리에 적용되지 않았는지는 이해할 수도 없고 설명할 길도
없었다.

나는 내년 봄으로 계획되어 있는 2단계 시험에서 이 개량된 탄약저장실

을 시험해 보기로 했다. 병력탑승공간에 실려 있는 탄약이 장갑차에 타고 있는 병력에게 단일 요소로는 가장 큰 위험요인이라는 증거는 충분했다. 힘이 밖으로 배출되는 탄약저장실은 분명히 많은 인명을 구하게 될 것이다. 그런데 믿기지 않게도 육군과 브래들리 계약업체가 이 탄약저장실 시험을 하지 않으려고 물불을 가리지 않았다.

1단계 시험이 11월에 끝났고 그 결과 보고서를 작성해서 1985년 12월 1일까지 의회에 제출해야 했다. 브래들리 사업과 그 명성을 지키기 위해 전혀 다른 게임과 속임수가 난무할 것이 뻔했고 무엇보다도 계약자에게 대금을 지불하는 문제가 표면화되기 시작했다.

뜬금없지만 나는 여기서 잠깐 치킨과 컴퓨터 모델에 대해 말해야 할 것 같다. 내 주장에 따라 M-113와 소련의 BMP는 물론 브래들리에 어떤 일이 벌어지는가를 컴퓨터 모델이 얼마나 정확하게 예측하는지 알아보기 위해 매 시험 발사 전에 컴퓨터 모델을 돌렸다. 시험 발사는 항상 오후 늦게 시작되었다. 만약 폭발이나 화재가 발생하면 관찰자들은 안전을 위해 불이 완전히 꺼질 때까지 벙커 안에 머물러야 했다.

나는 첫 번째 시험발사 직후에 앞으로 계속 밤새 벙커에 있어야 할 것 같은 느낌이 들었다. 그때부터 나는 화재나 폭발이 있을 것 같은 날엔 애버딘 정문 바로 앞에 있는 가게에서 치킨을 샀다. 당연히 육군은 이 상황을 알아차렸고, 내가 몇 번이나 치킨 박스를 들고 나타나는지를 파악하기 시작했다. 비록 공식적인 기록은 없었지만 내 직감이 컴퓨터 모델보다 더 정확했던 것만큼은 확실했다.

나는 8장에서 탄도연구소가 연구 자료를 발표하지 않는 것으로 유명했다고 언급한 바 있다. 탄도연구소가 결과를 발표하더라도 보통 원시 자료는 발표하지 않았다. 그 누구도 원시 자료 없이는 탄도연구소의 발표를 반박할 수가 없었다. 나는 의회에 보낼 보고서를 준비하면서 이러한 관례를 바로 잡아야겠다고 마음 먹었다.

나는 처음부터 보고서에 사상자 수와 브래들리의 피해 정도를 포함한 모든 사격 결과를 요약해서 삽입해야 한다고 주장했다. 그래야만 누구라도 그 자료를 분석하여 자신의 결론을 도출하거나 추론할 수 있다. 짧은 토론 후 육군은 그렇게 하자고 합의했는데 그것은 단지 합의에 불과했다.

11월 말, 탄도연구소는 의회에 보낼 1단계 보고서 초안을 작성하기 시작했다. 지휘계통을 따라 보고가 되면서 육군의 여러 기관이 초안을 검토하고 수정했다. 이 초안이 최고위층에 다다랐을 때 브래들리는 천하무적이라는 인상을 풍겼다. 좋은 소식은 양산되고 나쁜 소식은 감추는 전형적인 사례였다. 육군은 객관적인 결과를 보고할 것 같지 않았다.

이제 나의 싸움은 육군에게 실전과 같은 시험을 하게 만드는 것에서 객관적이고 있는 그대로의 결과를 보고하게 만드는 것으로 변했다. 승산이 없는 싸움이라는 것을 깨닫자마자 나는 객관성 유지를 위해 독자적인 보고서를 작성하겠다고 했다. 나는 내 보고서가 상당한 논란을 불러일으킬 수 있고, 또다시 육군, 브래들리, 그리고 나에게 세인의 관심이 집중될 수 있다는 점을 알았지만 그렇게 해야만 했다. 육군에서 만든 결과보고서 초안은 너무 왜곡되어서 그대로 놔둘 수가 없었다.

독자적인 보고서를 작성하겠다고 발표하기 전에 나의 바로 위 상사인 도널드 존스 장군과 이 문제를 상의했는데, 그는 보고서를 반드시 작성해야 한다고 했고 그렇게 하라고 지시까지 했다. 그는 육군과 내가 함께 보고서를 작성하게 되면 마감 기한인 12월 1일까지 보고서를 작성할 수 없을 것이라고 했다. 내가 이 이야기를 꺼낸 이유는 6개월 후 우리가 이 문제를 상의했다는 감찰감의 말을 존스 장군이 부인했기 때문이었다. 일단 보고서가 완료되면 그는 이것의 존재를 감추기 위해 무슨 짓이라도 할 게 뻔했다.

보고서 작성을 위한 탄도연구소의 첫 번째 시도가 실패로 돌아가자 암브로스 장관의 오른팔인 왈트 홀리스가 보고서 작성을 담당했다. 그는 육군 보고서 작성을 전담할 12명 정도의 육군 관리들로 구성된 '레드 팀Read

Team'을 꾸렸다. 탄도연구소는 보고서만 작성했고 레드 팀만이 그것을 수정할 수 있었다. 홀리스는 나에게 육군 레드 팀의 공식적인 구성원으로 참여해 줄 것을 제안했고 나는 받아들였다.[2]

육군 보고서는 그 이후 몇 주 동안 다섯 차례나 수정되었다. 최종보고서의 윤곽이 드러나면서 원시 자료 해석에 대한 레드 팀과 나 사이의 입장 차이가 확연하게 드러났다. 탄도연구소가 보고서를 다섯 번이나 수정해야 했던 이유 중의 하나는 중요한 문제가 검토되지 않았기 때문이었다. 레드 팀은 그동안 그들이 다루지 않았던 주제들을 내가 언급하고 있는 것을 확인하고 보고서를 처음부터 다시 작성했다.

예를 들어 탄도연구소는 내부에 적재된 탄약을 조준하여 내부 폭발의 위력을 측정했던 비계획 무장 시험의 결과를 보고하지 않으려 했다. 그 결과의 누락과 10발의 실무장 사격이 내부에 적재된 탄약을 의도적으로 피했다는 점을 대수롭지 않게 취급함으로써 전체적으로 브래들리는 화재로 소실되거나 폭발하지 않을 것이라는 인상을 주었다. 이를 바로잡기 위해 나는 내 보고서에 비계획 시험 결과를 포함시켰고, 탄도연구소가 최악의 상황을 피하기 위해 10발의 실무장 사격을 어떻게 통제했는가를 설명하는 데 초점을 두었다. 그러자 육군은 탄도연구소의 보고서에 비계획 시험 결과를 삽입하기로 했지만 10발의 실무장 사격을 어떻게 통제했는가에 대해서는 바뀐 것이 없었다.

브래들리는 두 가지 모델로 생산되었다. 생산된 브래들리의 90% 이상은 정원이 9명으로 6명의 보병과 3명의 승무원이 탑승했다. 이 장갑차는

---

2) Gen. Max Thurman, USA, Vice Chief of Staff, Department of the Army, testmony at hearing, *Department of Defense Test Procedure*, before the Research and Development Subcommittee of the House Committee on the Armed Services, 99th Cong., 2d sess., 28 January 1986, 89.

보병전투차량으로 알려져 있다.[3] 다른 모델은 기갑전투차량으로 무장정찰 임무를 수행한다. 이 기갑전투차량에는 보병을 태우지 않는 대신 조금 더 많은 탄약을 싣는다. 이 차량의 탑승인원은 5명으로 운전수와 사격수가 탑승한다.

육군은 기갑전투차량에 10발의 실사격 시험을 했다. 그러고는 기갑 모델이 더 많은 탄약을 싣기 때문에 더 위험하다고 주장했다. 그러나 그 주장은 거짓말이었다. 보병전투차량과 기갑전투차량은 탄약을 싣는 방법이 달랐다. 실제로 보병전투차량의 무장 윤곽이 M-113, 소련 BMP, 기갑전투차량보다 넓어 적이 발사한 포탄이 차량 안에 있는 무장에 맞을 가능성은 보병전투차량이 가장 높았다. 나는 이를 증명하기 위해 적재된 무장의 윤곽이 표시된 각 장갑차의 앞면, 옆면, 뒷면 그림을 보고서에 포함시켰다.[4] 그래서 전투에서 기갑장갑차보다 보병장갑차의 피해가 더 클 것으로 보았다. 또한 10발의 시험 발사는 장갑차 안의 탄약을 맞추지 않도록 조준했기 때문에 탄약을 많이 싣는 기갑장갑차를 표적으로 사용했다는 것을 강조하는 것은 별로 설득력이 없었다. 그럼에도 불구하고 육군이 기갑장갑차를 이용한 것은 아래와 같은 꿍꿍이가 있었기 때문이었다.

시험 대상이었던 M-113과 소련의 BMP는 둘 다 브래들리 기갑장갑차보다 2배 이상 많은 11명의 보병 분대를 수송한다. 시험을 위해 실제 병력 대신 전투복을 입힌 목재 마네킹을 이용했다. 매 사격 후 사상자 수를 결정하기 위해 마네킹의 상처와 화상을 조사했다. 당연히 원시 자료는 M-113과 소련의 BMP의 희생자가 브래들리보다 2배 많은 것으로 나타났다. (국회의원이나 국방장관처럼) 대충 훑어본다면 브래들리가 구형 장갑차 내지는

---

3) 그렇다면 생산량의 90%를 차지하는 보병전투차량을 시험 대상으로 삼는 것이 논리적이다. 그럼에도 불구하고 육군은 기갑보병차량을 시험한다. 역자 주.

4) Col. James G. Burton, testimony at hearing, *Defense Test Procedure*, 28 January 1986, 60.

적의 장갑차보다 안전하다고 믿게 만들 아주 영리한 방법이었다. 육군 보고서의 자료, 차트, 그래프를 보면 한눈에 브래들리의 사상자와 M-113, 소련의 BMP 사상자 사이의 차이가 확연하게 보였다.[5]

이러한 오류를 지적하기 위해 나는 보병용 브래들리의 사상자를 계산해냈다. 내 보고서에는 육군의 세 줄짜리 자료와는 달리 네 줄짜리 자료가 포함되었다. 네 번째 줄에는 기갑장갑차의 사상자를 보병장갑차의 사상자로 추정한 수치였고, 독자들은 좀 더 객관적인 비교자료를 확인할 수 있었다. 나는 육군이 보고서에 크기와 탑승인원을 고려하면 브래들리와 BMP의 사상자는 '비슷하다'는 말을 집어넣게 만들었다.[6]

위의 사례는 많은 돈과 대형 사업, 그리고 훌륭한 평판이 위험에 처했을 때 군 수뇌부들이 쓰는 전형적인 수법이었다. 나는 육군이 솔직한 토론을 위해 객관적인 찬반양론과 강약점을 내놓게 만들기 위해 부단한 투쟁을 해야 했다. 감시인이 지칠 때까지 옹호자는 절대 중단하지 않는다. 나는 아직까지 지치지 않았지만 그럴 날이 머지않았다.

11월 말부터 12월 둘째 주까지 육군과 나는 보고서를 마무리하기 위해 힘든 시간을 보냈다. 육군은 다섯 번이나 보고서를 수정했고 나 역시 두 종류의 초안을 갖고 있었다. 나는 육군의 보고서를 비판했고, 육군은 내 것을 비판했다. 나는 내 보고서를 복사하여 브래들리와 직접적인 이해관계가 없는 사무실까지 돌리고 고쳐야 할 부분이 있으면 말해달라고 했다. 나는 육군과 국방장관실 비평가들의 몇 가지 제안을 수용했다. 아마 100부

---

5) *Bradley Survivability Enhancement Program, Phase I Results*, unclassified Army test report prepared by BRL, Aberdeen Proving Ground, Maryland, January 1986, 14. 여기에는 5인승 M-3 브래들리, 11인승 M-113 기갑 장갑차(APC), 그리고 11인승 소련 BMP자료만 들어 있었다. 브래들리의 90%가 9인승 M-2 브래들리였는데 그것에 대한 자료는 하나도 포함되지 않았다.

6) 앞의 글, 15. 보고서에는 다음과 같이 적혀 있다. "탑승인원을 고려하면 소련 BMP와 브래들리의 사상자는 비슷하다." 그러나 모든 차트에서는 브래들리가 훨씬 좋아 보였다.

이상의 내 보고서가 펜타곤과 육군에 돌아다니고 있었을 것이다. 이제는 독자들도 앞으로 어떤 일이 일어날지 예상할 수 있을 것이다.

의회는 보고서를 독촉하기 시작했다. 와인버거 국방장관이 보고서가 약간 늦어지겠지만 늦어도 12월 20일까지는 보내겠다고 했다. 압박이 점점 거세졌다. 브래들리의 심각한 결함에 대한 증거가 점점 명백해지고 있었다. 육군이 모든 관련 정보를 공개하도록 만들기 위한 나의 싸움은 점점 격해져갔다.

나는 실사격 시험을 하는 이유가 브래들리에 탑승하여 실제 전투를 수행할 사람들의 희생을 줄이기 위한 것이라고 생각했다. 그래서 시험의 주안점을 사상자가 발생하는 원인에 두고 시험 결과를 사상자 중심으로 분석했다. 내 보고서의 초점은 피격 후 장갑차 안에 있는 사람들에게 어떤 일이 발생하는가였다. 장갑차 자체는 부차적인 문제였다. 즉 사람의 안전이 우선이고 차량이 그다음이었다.

그러나 육군의 보고서는 다른 시각을 가지고 있었다. 육군의 취지와 주안점은 장갑차에 어떤 일이 발생하는가가 우선이었고 안에 있는 사람들은 그다음 문제였다. 사상자를 무시하지는 않았지만 육군의 주요 관심사는 브래들리가 계속 움직이고 사격할 수 있는가였다. 이 측면에서 브래들리는 소련의 BMP보다 약간 우수했고, 그래서 육군이 이 부분에 집착한 것 같다.

시험의 어떤 측면이 가장 중요한가에 대해 육군과 나는 서로 확연히 다른 시각을 갖고 있었다. 육군과 나는 병력탑승공간에 적재된 엄청난 양의 탄약이 병사들에게 가장 큰 해를 끼친다는 것에 동의했다. 이 탄약이 명중되었을 때가 그렇지 않았을 때보다 2~3배 이상의 사상자를 내었다. 나에게는 이것이 가장 중요한 시험 결과였고 브래들리를 어떻게 보완해야 하는가를 결정하는 가장 중요한 요소였다. 우리는 병력탑승공간에 적재되는 탄약과 연료를 병력과 분리시켜야 했다. 2단계 시험에서는 피격당했을 때 차량 내부에 있는 병력에게 피해를 주지 않도록 연료통과 탄약저장실을 차량 바깥으로 옮긴 브래들리를 시험해야 했다.

육군은 결과보고서에 탄약과 연료가 사상자를 발생시키는 주요 위험요소라는 중요성을 의도적으로 무시하고 브래들리가 민첩하고 적보다 멀리서 사격을 할 수 있으며, 전차와 함께 기동한다면 피격당할 확률이 줄어서 안에 탄 병력은 과도한 위험에 노출되지 않을 것이라고 했다.[7] 18개월 뒤에 있었던 첫 번째 운용 시험에서 그것은 사실이 아님이 밝혀졌다.[8]

나는 육군과 나의 보고서에 컴퓨터 모델의 모든 예측치가 포함되어 있기 때문에 그것과 실제 시험 결과를 비교할 수 있다고 주장했다. 그 모델은 똑같은 시험을 해도 결과는 중구난방이었다. 또한 그 결과는 화재와 폭발을 추정하는 데도 실패했지만 가장 치명적인 문제점은 섬광실명, 화상, 폭풍파에 의한 폐 손상, 그리고 유독가스의 엄청난 위력을 아예 예측하지도 못한다는 것이었다. 결론적으로 컴퓨터 모델은 이런 것들과 관련된 부상자를 예측하지 못했다. 나의 주 관심사는 사상자였기 때문에 컴퓨터 모델은 아무 소용이 없다는 것이 내 생각이었다.

그러나 육군은 그 컴퓨터 모델이 꽤 좋다고 주장했다. 잔머리를 굴려 전체 오차의 평균을 내어 그러한 결론에 도달했다. 이는 마치 한 손은 화상을 입을 정도로 뜨거운 물에 담그고, 다른 한 손은 찬 물에 담근 상태에서 양쪽 물의 평균온도로 물 온도가 딱 좋다고 하는 것과 같았다.

육군 보고서에는 2단계 시험 전에 개량해야 할 것이 무엇인가 확인하기 위해 컴퓨터 모델을 사용했다는 것을 장황하게 설명한 부분이 있다. 나는

---

7) 같은 글, 2-3.

8) Mark Gebicke, Associate Director, National Security and International Affairs Division, General Accounting Office, testimony at hearing, *Department of Defense Reports Required by Fiscal Year 1988 Authorization Act on Live-Fire Testing Bradley Fighting Vehicle*, before the Procurement and Military Nuclear Systems Subcommittee of the House Committee on the Armed Services, 100th Cong., 1st sess., 17 December 1987, 61. 게비키는 다음과 같이 말했다. "전체 운용 시간 중에서 약 17%만 교전하는 브래들리가 손실되는 이유의 53%는 [적] 전차의 포에 의한 것이었다."

보고서 부록에 있는 자료가 보여 주듯이 '컴퓨터 모델은 동전 던지기보다도 부정확하다'고 적었다. 그러나 육군은 탄약을 브래들리 외부에 적재하여 사망자를 줄이는 문제보다 피격 후에도 전투를 계속 수행할 수 있도록 브래들리를 개량하기 위해 컴퓨터 모델을 이용했다. 이 상황은 기존 개념을 합리화하기 위해 어떻게 컴퓨터 모델을 사용할 수 있는가를 잘 보여 주었다.

두 보고서의 유독가스에 의한 사상자와 관련된 마지막 이견은 불에 기름을 부은 격이었고 이로 인해 나는 다시 세인의 주목을 받게 되었다. 나는 발화 시험을 하는 동안 브래들리 안에 병력이 남아 있을 수 없다는 것과 발화에 의해 생긴 불덩어리에서 나오는 우윳빛 가스에서 살아남을 수 없다는 결론을 내렸다. 이 외에도 유해가스를 배출하는 것이 두 가지가 더 있었다.

브래들리의 할론 자동소화기는 연료에 의한 화재를 진압하는 데는 매우 효과적이었지만, 추진제 자체에 산소를 함유하고 있는 탄약에 의한 화재에는 아무 효과가 없었다. 비록 할론 가스는 치명적인 유독가스는 아니지만 불규칙한 심장박동을 초래할 수 있고 이것을 계속 들이마시면 착각을 일으키거나 분별력을 잃을 수 있었다.[9] 한 의학 보고서에 의하면 이것은 빈속에 독한 술을 마시는 것과 같은 효과가 있다.

할론은 화학적 반응으로 산소를 차단하여 불을 끈다. 나는 할론 가스와 불이 반응할 때 발생하는 유독가스를 수 분간 들이 마시면 죽음에 이른다는 오래된 보고서들을 찾아냈다.[10]

---

9) Maj. E. W. Van Stee, USAF, *A Review of the Toxicology of Halogenated Fire Extinguishing Agents*(Aerospace Medical Research Laboratory, Wright Patterson Air Force Base, November 1974).

10) *Evaluation of Toxic Hazards in M-113 Armored Personnel Carriers Resulting from Extinguishing Gasoline Fires Using Automated Halon 1301 Extinguisher*, Dec. 69 − Oct. 71 (Edgewood Arsenal, Md.: U.S. Army Environmental Hygiene Agency, 23 March 1972), 8.

또한 탄약이 타면서 치명적일 수 있는 유해가스를 분출한다. 나는 이 모든 요소들을 근거로 피격 후 브래들리 내부는 유독가스로 꽉 차기 때문에 그 안에 있는 사람이 계속 전투를 수행하기란 불가능하다고 기록했다. 만일 아직 살아서 움직일 수 있다면 방독면이 있든 없든 밖으로 뛰쳐나올 수밖에 없다고 생각했다.

육군은 강력하게 부인했지만 내가 말한 것을 반박할 자료는 없었다. 내 주장에 대응하기 위해 육군의 연구·개발 총책임자인 루이스 와그너 중장은 육군 의무감에게 메모를 보냈다. 와그너는 "우리는 당신의 도움이 필요합니다. 우선 브래들리 안의 연기와 할론의 유독성을 강력하고 확실하게 반박할 수 있도록 과거의 소견을 다시 진술해주면 큰 도움이 될 것입니다."라고 했다.[11]

와그너는 브래들리 안의 가스들은 사실 그렇게 나쁘지 않다는 보고서를 원했다. 와그너의 메모는 펜타곤과 언론에서는 '아우슈비치 메모'로 통했다. 이 메모가 언론에 노출되자 육군은 아주 난처한 상황에 처했다.[12] 의무감은 내 주장을 반박할 수 없었고, 그래서 육군은 봄에 있을 2단계 브래들리 시험과 연계하여 일련의 광범위한 유독가스 측정 시험을 실시하는 데 합의했다. 이 시험이 내 말이 전적으로 옳았다는 것을 밝혀 줄 것이다.

1985년 12월 둘째 주에 육군과 나는 보고서 작성을 끝냈고 의회에 제출할 준비를 마쳤다. 우리는 서로 달랐고 두 보고서에는 그것이 고스란히 나타나 있었다. 만약 나의 시험 결과 해석이 옳다면 브래들리 사업은 심각한 문제에 봉착하게 될 수 있었다. 비장한 긴장감이 돌았다. 몇몇 관련자는

---

11) Lt. Gen. Louis C. Wagner, USA, Deputy Chief of Staff for Research, Development, and Acquisition, Department of the Army, *Vulnerability Testing of the Bradley Fighting Vehicle System (BFVS)*, memorandum for the Surgeon General of the Army, 8 January 1986.

12) Fred Kaplan, "The War Business," *Regardie's*, September 1986, 128.

물론 수십억 달러의 예산과 수천 명의 목숨이 달려 있었다.

나의 상사이자 차관보 직무대행인 찰리 와트가 두 보고서를 모두 받았다. 와트는 아직도 대행 딱지를 떼지 못한 상태였다. 그 직책에서 18개월을 근무했지만 개발시험국장이 되기 위한 펜타곤의 정치적 지지를 얻지 못하고 있었다. 와트의 상사가 예전에 노스롭 중역이었던 도널드 힉스 국방부 차관이었다.

와트는 육군 보고서를 와인버거 장관을 통해 의회에 제출하기로 했다. 내 보고서는 책상 서랍에 넣어 두었다. 육군 보고서는 12월 17일 아침에 의회에 전달할 예정이었다.

와트는 12월 16일 저녁에 나에게 전화를 했다. 힉스가 내일 아침 7시 30분에 그의 사무실에서 나를 만나고 싶어 한다고 했다. 무슨 문제가 있는 것이 분명했다.

내가 힉스를 방문할 때 와트도 동행했다. 힉스는 매우 화가 나 있었다. 그는 전날 데니 스미스 의원으로부터 전화를 받았는데 그는 내가 작성한 보고서를 요구했다는 것이었다. 힉스는 내가 데니 스미스 의원에게 말한 것 아니냐고 다그쳤다.

나는 그에게 스미스 의원은 물론 그의 참모들에게도 말한 적이 없다고 했다. 힉스는 스미스가 내 보고서를 어떻게 알게 되었는지를 알고 싶어 했다. 나는 그에게 아마 내 보고서를 모르는 사람이 없을 것이라고 했다. 육군과 국방장관실 참모들 모두 나에게 두 번씩 비평을 해주었기 때문에 최소한 100부 이상의 복사본이 있었다. 더욱이 회계감사원의 베벌리 브린은 거의 매일 내 사무실에 들러 사본을 요구했다. 의회가 감사원에 브래들리 실사격 시험을 조사하는 임무를 부여했다. 존스 장군과 나는 브린에게 보고서가 완료되면 감사원에도 한 부 보내겠다고 했다. 만약 브린이 내 보고서를 알고 있다면 의회도 알 수밖에 없었다(감사원은 의회의 조사 수단이다). 나는 감사원과 관련된 규정을 철저히 준수했고 내가 감사원 관리들과 만날 때는 존스 장군이 항상 배석했었다.

내 보고서가 사방에 돌아다니고 있다는 말에 힉스 박사는 놀랐다. 화가 덜 풀린 힉스는 나에게 앞으로 절대 그 어떤 것에 대해서도 독자적인 보고서를 작성하지 말라고 했다. 그때부터 내가 할 수 있는 일이란 시험을 지켜보는 것뿐이었고 그것에 대해 기록을 할 수도 없었다. 내가 막 그의 방을 나오려 할 때 그는 "내가 이 시간 이후 의회로부터 자네에 관한 전화를 받게 된다면 자네는 해고야."라고 덧붙였다.

이 말이 나를 열받게 만들었다. 나는 뒤돌아 다시 그의 사무실로 들어갔다. 우리는 얼굴을 맞대고 격론을 벌였다. 나는 내가 의도적으로 제도 밖으로 나갔다는 그의 말에 화가 났다. 나는 철저히 감시를 당하고 있어서 제도 밖으로 나가고 싶어도 방법이 없었다. 의회, 감사원, 언론, 국방장관실과 육군의 고위 관리들, 그리고 방위 산업에 관련된 모든 사람들이 브래들리에 대한 육군과 나의 논쟁을 하나도 빠짐없이 지켜보고 있었다. 논쟁이 너무 커지고 지저분해져서 나를 미행하는 것을 못하게 하고 싶어도 그렇게 할 수도 없었다. 우리가 서로 고함을 치고 있을 때 힉스의 비서가 끼어들었다. 힉스가 다른 약속으로 방을 나갈 때까지 우리는 서로 노려보았다.

사무실 사람들은 힉스가 나를 왜 불렀는지 궁금해하고 있었다. 나는 우리가 작성하는 보고서가 너무 많은 문제를 일으키기 때문에 시험 결과에 대한 보고서를 더 이상 작성하지 말라는 지시까지 포함해서 힉스가 한 말을 그대로 전달했다.[13] 그리고 해고 위협에 대해서도 이야기했다. 사람들은 믿을 수 없다는 듯 고개를 저었다.

나와 힉스가 한바탕했다는 이야기는 펜타곤에 순식간에 퍼졌다. 복도에서 만나는 사람마다 그 이야기를 듣고 싶어 했다. 그 소식은 의회까지 전

---

13) Col. James G. Burton, USAF, memorandum for the record, 22 December 1985.

달되었다.

아침 10시쯤 와트가 내 사무실로 와서 따라 나오라고 했고 우리는 차에 올랐다. 차에 타면서 와트는 의회로 간다고 했다. 하원 군사위원회 소위원회에서 나를 만나고 싶어 한다는 것이었다. 나는 깜짝 놀랐다.

육군 보고서는 이날 아침에 이미 의회에 도착해 있었다. 사무엘 스트래튼 의원의 조달 및 군 방사능 체계 소위원회(이하에서는 조달 소위원회)가 육군 보고서와 시험 결과에 대해 나에게 질문을 하고 싶다고 했다. "이것은 청문회가 아니라 단순한 회의다." 적어도 와트는 그렇게 말했다. 청문회장으로 들어가는 나에게는 이것이 공식적인 청문회처럼 느껴졌다. 의원들은 증인석에 있는 육군의 와그너 장군을 몰아붙이고 있었다.

의원들은 전반적으로는 육군에게, 구체적으로는 와그너에게 화가 나 있었다. 와그너는 의회에 결과보고서를 제출하기 6일 전인 12월 11일에 기자회견을 열어 일부 시험 결과를 언론에 공개했다. 게다가 그는 몇몇 시험 발사비디오까지 방송에 내보냈다. 그 비디오는 Today Show에서 방영되었다. 물론 와그너가 언론과 방송에 제공한 정보는 매우 선택적이었고 브래들리가 시험을 문제없이 통과했다는 육군의 주장을 뒷받침했다. 이것은 전형적인 '모든 것이 훌륭하다'라는 대국민 홍보였다.

나는 와그너 장군 옆에 앉아 있었다. 소위원회 위원들은 와그너에게 11일에 있었던 기자회견에 대해 질문을 퍼부었다. 위원들이 나를 알아보고는 화제를 바꾸어 나에게 육군 보고서에 대해 묻기 시작했다. 내가 대답할 겨를도 없이 하원 군사위원회 직원인 안토니 바티스타가 청문회실로 뛰어 들어왔다. 그는 문서 하나를 공중에 흔들면서 "내가 진짜 보고서를 입수했다!"라고 소리쳤다.

그는 내 보고서를 가지고 있었다. 나는 지금까지도 그가 그것을 어떻게 구했는지 잘 모르겠다. 바티스타는 의사당에서 가장 발이 넓은 직원으로 펜타곤 각계각층의 사람들과 관계를 유지하고 있었다. 듣자 하니 내가 의

사당에 도착하기 전에 스트래튼 의원은 와그너에게 내 보고서에 대해 물어보았고, 와그너는 "아닙니다. 그런 것이 있다는 것은 들어 본 적도 없습니다. 보고서는 육군 것 하나뿐입니다."라고 대답했다.[14]

청문회장은 아수라장이 되었다. 바티스타는 곧바로 내 보고서를 읽기 시작했고 육군 보고서와 다른 점들을 강조했다.

그런 후 바티스타는 나에게 "버튼 대령, 당신은 오늘 아침 힉스 박사를 만났습니까?"라고 물었다.

나는 심장이 터지는 줄 알았다. 나는 "예"라고 대답했다.

"힉스 박사가 협박한 적이 있습니까?"

"그 질문에 대해서는 대답하지 않겠습니다."

나는 치부를 드러내서 좋을 것이 없다고 생각했다. 힉스의 위협에 대해 나는 크게 개의치 않았다. 그런 일은 펜타곤에서 수 없이 일어난다.

바티스타는 손으로 마이크를 가리고 위원들과 이야기를 했다. 그들은 내 생각을 존중하여 그 얘기는 그만하기로 했지만 나는 그래도 불안했다. 회의가 계속되면서 나에게 질문이 쏟아졌고 나는 제대로 대답하지 못했다. 나는 정신적으로나 감정적으로나 이런 상황에 준비되어 있지 않아서 마치 넋이 나간 것 같았고 꿈처럼 느껴졌다. 내 능력을 발휘하는 것은 고사하고 정신을 차리기도 힘들었다.

이러한 상태는 위원회 회의 후에 와그너와 내가 데니 스미스와 멜 레빈 의원을 만나러 갔을 때까지 계속되었다. 그들은 그 협박에 대해 너무 알고 싶어 했지만 나는 끝내 말하지 않았다. 또다시 나는 육군과 내 보고서의 차이점들을 제대로 설명하지 못하고 말았다.

나는 이날 내가 한 행동과 다른 한편으로는 위원들에게 실망했다. 위원들은 내 보고서가 그들에게 제출되지 않은 사실에 대해 내가 펄펄 뛰면서

---

14) Kaplan, "The War Business," 127.

육군을 몰아세워 주기를 기대하고 있었다. 그런데 나는 그렇게 하지 않았다. 대신에 육군의 보고서에는 브래들리에 대한 객관적인 판단을 하는 데 필요한 기초 자료가 충분히 들어 있다는 점을 열심히 설명했다. 다시 말해서 잘 살펴보면 문제가 있다는 것을 발견할 수 있다는 것을 간접적으로 표현했을 뿐이었다. 하지만 위원들은 부록에 있는 데이터를 분석해볼 생각은 안하고 내가 해 주기만을 바랐지만 나는 그때 준비가 되어 있지 않았었다.

보이드가 그날 밤에 전화를 하여 그날 의회에서 있었던 일을 가지고 나를 힘들게 만들었다. 심신이 지쳐있던 나는 몹시 못마땅했다. 내가 보이드를 알고 지낸지 11년 만에 처음으로 내가 먼저 전화를 끊어버렸다. 나는 잠을 청하기 위해 혼자서 술을 마셨고, 그런 일이 자주 생기면서 낸시가 걱정을 하기 시작했다. 식사 때 가끔 한 잔씩 하던 와인이 병으로 바뀌었다.

의회는 내가 보고서를 작성했다는 것을 확실히 알게 되었고 언론도 곧 알게 될 터였다. 바로 그 다음 날, '신의 단죄'가 육군을 공격했다. 뉴욕 타임지의 '육군을 위한 진정한 시험'이라는 사설에서 있는 그대로의 시험 결과를 언급했다.[15] 타임지 사설에서 내 이름이 다시 한 번 거론되었다.

며칠 후인 12월 20일 아침에 워싱턴 포스트의 프레드 하이아트가 힉스 박사에게 공개질문을 했다. 버튼 대령이 개별 보고서를 쓴 것이 사실인가? 그 보고서를 배포하면 해고하겠다고 협박했는가? 버튼 대령은 육군 보고서에 동의하도록 압력을 받는가? 버튼 대령은 다시 알래스카로 전속을 가는가?[16]

나는 국방장관실 공보 장교인 잔 보단이를 도와 워싱턴 포스트의 질문에

15) Lead editorial. "Another Test of Truth for the Army," *The New York Times*, 18 December 1985.

16) Directorate for Defense Information, Defense News Branch, answer to query from Fred Hiatt, *The Washington Post*, 20 December 1985. 답변서는 켄 홀랜더 육군 대령과 리처드 토마스(Richard Thomas)가 준비를 했고, 같은 날에 공보참모인 잔 보단이(Jan Bodanyi)가 워싱턴 포스트에 전달했다.

대한 답변서를 준비했다. 여기서 내가 개별적인 보고서를 작성했다는 것을 인정했고 협박에 대한 질문은 교묘히 처리했다. 나는 또다시 그 문제에 연루될 마음도 없었고 국민들에게 펜타곤의 치부를 드러내고 싶지도 않았다. 국민들에게 펜타곤에서 일어나는 이러한 협박이 다반사라고 한다면 믿지 못할 것이다.

그런데 놀랍게도 내가 독자적인 보고서를 작성했다는 것과 협박이 있었다는 것 모두를 부인한 서면 답변이 그날 오후에 워싱턴 포스트에 전달되었다(힉스의 군사보좌관인 켄 홀랜더 육군대령이 작성하고 부재중이었던 힉스 박사와 전화통화를 한 다음). 이 답변에는 세 문장이 포함되어 있었다. (1) 버튼 대령은 그가 관찰한 것에 대해 개략적인 초안을 작성했을 뿐이다. (2) 힉스 박사는 그 문제로 버튼 대령을 협박하지 않았다. (3) 버튼 대령은 알래스카로 가지 않는다.[17]

힉스 박사는 퇴직 후 국방 컨설팅 회사를 차리고 1년이 지난 1987년 2월 15일에 있었던 CBS의 추적 60분과의 인터뷰에서 사실 자기가 협박을 했던 것 같다고 시인했다.

> 몰리 세이퍼 : 버튼에게 '의회에서 자네 보고서에 대해 한 번만 더 전화를 하면 해고야!'라고 했습니까?
> 힉스 : 아, 그게 불행하게도 내가 그렇게 이야기한 것 같습니다.

하이아트가 공개질의를 한 그날, 보스턴 글로브의 프레드 카플란은 내 보고서에 대해 긴 기사를 썼다. 그는 내 보고서는 존재하지 않는다는 육군 대변인과 국방장관실 관리의 말을 인용했다. 그러면서 존재하지 않는 나의 보고서로부터 발췌한 여러 자료와 육군의 공식 입장의 차이점을 지적

---

17) 같은 글.

했다.[18]

12월 26일, 워싱턴 포스트는 옐로우 버드의 1면을 장식할 기사를 게재했다.[19] 프레드 하이아트는 마침내 힉스 박사가 존재하지 않는다고 했던 보고서 사본을 손에 넣었다.

며칠 후 월스트리트 저널의 팀 캐링턴이 내 보고서의 존재를 밝혀 펜타곤을 질타했다.[20] 캐링턴은 "다른 보고서는 지금도 없고 과거에도 없었다. … 다만 몇 달 전에 버튼 대령이 작성한 초기 메모는 있다."라고 한 육군 관리의 말을 인용했는데 그 관리는 아직도 내 보고서의 존재를 부정했다.

캐링턴은 내 보고서뿐만 아니라 "육군의 보고서가 불완전하고 용납하기 어렵다는 것이 밝혀지면서 이 보고서를 쓰기 시작했다."라는 커버 레터까지 인용했다. 또한 현재 스트래튼 의원이 펜타곤에 내 보고서를 요청했다는 것까지 보도했다. 캐링턴은 스트래튼 의원이 그 보고서를 입수할 수 있을는지는 모르겠다고 했다.

의회는 보고서를 내놓으라고 펜타곤에 압력을 가하고 있었지만 펜타곤의 기본방침은 변함없이 '버튼의 보고서는 없다'였다. 와인버거의 참모회의에서 힉스는 내가 작성한 것이 없다는 입장을 고수했다. 그래서 와인버거는 의회에 그렇게 답변했다. 와인버거는 펜타곤의 노예였다.

존 크링스 운용시험국장이 와인버거의 시험 총책임자였다. 그는 의회가 1983년에 신설한 자리에 앉아 있었다(이 자리는 군사개혁위원회가 나를 두 번이나 지명했던 바로 그 자리였다). 크링스는 개혁법에 따라 와인버거의 참모회의에 매일 참석했다.

---

18) Fred Kaplan, "Troop Vehicle at Risk, Data Say," *Boston Globe*, 20 December 1985, 23.

19) Fred Hiatt, "Critics of Bradley Fighting Vehicle Keep the Army on Defensive," *The Washington Post*, 26 December 1985, 9.

20) Tim Carrington, "Pentagon Gives In-House Critic Cold Shoulder for Questioning Tests Done on Bradley Vehicle," *The Wall Street Journal*, 31 December 1985, 28.

크링스는 나의 '존재하지 않는' 보고서를 가지고 있었기 때문에 힉스가 국방장관을 속이고 있다는 것을 알고 있었다. 그는 와인버거를 독대하고 '존재하지 않는 버튼 보고서' 사본을 그에게 전달했다. 크링스는 독대 후 곧바로 나에게 와인버거의 반응을 말해 주었다.

"이것은 분명히 보고서로 보이고, 심지어 육군 것보다 두껍군요." 그런 후 와인버거는 처음부터 끝까지 읽기 시작했다.

와인버거는 힉스의 거짓말에 엄청 화가 났다. 그는 힉스에게 이 보고서를 스트래튼 의원에게 직접 전달하라고 지시했다. 힉스는 찰리 와트와 함께 의회로 갔다. 나는 초대받지 못했다.

힉스는 스트래튼 의원에게 내 보고서를 제출하기 전에 첫 페이지를 수정했다. 나한테 알리거나 허락도 받지 않고 보고서 맨 앞에 '이 보고서는 국방장관이 의회에 제출할 공식 보고서로 작성되었다'는 내용을 모두 삭제했다. 그리고 단지 내 윗사람들이 육군 보고서의 타당성을 가늠하는 기준으로 활용하기 위한 '대략적인 관찰 초고'로 준비되었을 뿐이라는 군의 기본 방침을 뒷받침하는 문장을 삽입했다. 그 내용 수정에 참여했던 비서 중 한 명이 나에게 그 사실을 알려 주어야 될 것 같다고 생각하고 수정된 보고서가 의회로 보내진 후 나에게 그 사본을 보여주었다.

1986년 1월 10일, 프래드 카플란은 보스턴 글로브에 힉스가 스트래튼 의원에게 내 보고서 사본을 전달했다는 기사를 실었다[21](막강한 조달 소위원회의 회장인 스트래튼은 전반적으로는 육군을, 구체적으로는 브래들리 후원자로 널리 알려져 있었다. 그의 소위원회가 생산 기금을 통제했다). 또한 카플란은 감사원의 계속되는 요구에도 불구하고 스트래튼과 펜타곤은 내 보고서를 감사원에 제출하는 것을 거부했다고 보도했다.

---

21) Fred Kaplan, "Pentagon Withholds Data on Troop Vehicle Trouble," *Boston Globe*, 10 January 1986, 1.

피터 제닝스가 ABC 저녁 뉴스에서 나의 존재하지 않는 보고서에 대한 논쟁을 보도하고 있을 때 나는 노스캐롤라이나의 누이 집에서 주말을 보내고 있었다. 데니스 트로우트가 존재하지 않는 내 보고서를 읽고 있는 장면을 보면서 나는 식구들에게 "또 시작이군."이라고 했다.[22]

당연히 이 모든 논란은 의회 청문회로 이어졌다. 하원 군사위원회의 연구·개발 소위원회가 1986년 1월 28일에 청문회를 열기로 했다. 소위원회는 나를 국방장관실 증인으로 채택했다. 육군은 맥스 터먼 육군참모차장을 대표로 참석시켰다. 물론 그는 장군 및 대령단을 이끌고 참석하겠지만 내 상관들은 아무도 같이 가기를 원치 않았다. 나는 혼자 참석하라는 지시를 받았다. 그것은 나에게 다행이었다. 여태까지 그래 왔는데 갑자기 바꿀 이유도 없었다.

피에르가 내 생각을 정리하는 것을 도왔고 성명서 작성에 공을 들였다. 청문회에서 발표할 내용들은 미리 국방부 보안성의 검토를 받아야 했다.

청문회 며칠 전, 힉스가 나에게 자기와 와트에 대한 증언을 토의하기 위해 자기 사무실로 와달라고 했다. 이것이 서로 고함을 지른 작년 12월 이후 첫 만남이었다. 나는 똑같은 경험을 다시 하고 싶진 않았다.

그는 내 진술서를 들고 있었다. "나는 이 부분이 마음에 안 들어. 바꿨으면 좋겠는데."라고 했다.

나는 "내가 실수한 것이 있다면 기꺼이 수정하겠습니다. 내가 틀린 것이 있다면 수정하겠습니다."라고 대답했다.

"아! 자네가 말한 게 다 옳아. 다만 말투가 마음에 안 들어. 자네의 형용사들이 마음에 안 드니 수정하게."

나는 거절했다. 그러자 그는 어쩔 수 없다는 몸짓을 하면서 그만 가보라고 했다. 우리는 그 후로 다시는 만난 적이 없었다.

---

22) ABC-TV, *ABC World News Tonight*, transcript, 10 January 1986, 1.

1월 27일 저녁 5시, 육군이 공격을 해왔다. 내가 막 퇴근 준비를 하고 있
는데 국방장관실의 공보장교가 브래들리에 대한 나의 모든 논평은 비밀로
분류되어 대중 앞에서 발표해서는 안 된다는 육군의 결정을 나에게 알려
주었다.[23] 나는 아찔했다. 나는 증언할 모든 진술들의 출처로 비밀이 아닌
문서들만 사용해왔기 때문에 그것이 사실이 아니라는 것을 잘 알고 있었
다. 또한 비밀이 아닌 문서들은 모두 육군 문서들이었다(육군이 비밀이라고
주장한 진술의 대표적인 예가 4페이지의 문장이었다. "브래들리의 사상자를 현저하
게 줄일 수 있다." 물론 육군은 그렇게 할 수 있지만 내가 그 내용을 말하는 것 자체
를 원치 않았다).

존스 장군이 내 사무실로 찾아와 육군 장군들은 내가 청문회에서 진술할
내용을 그들과 협의했으면 한다고 했다. 나는 피곤했고 인내심도 한계에
도달했다. "컨디션도 안 좋고 장군들과 이야기하는 것도 진저리납니다. 집
에나 가렵니다."

존스는 깜짝 놀라 뒤로 물러서면서 "음, 내일 뭘 할 계획인가? 청문회에
서 무슨 이야기를 할 셈인가?"라고 말했다.

정말 정떨어지는 목소리로 "나도 내가 내일 무슨 일을 할지 모르겠습니
다. 아마 청문회에 안 갈지도 모릅니다. 의회에 전화해 못 가겠다고 할지
도 모릅니다. 정말 모르겠고 너무 피곤해서 아무런 생각도 못하겠습니다."
라고 했다. 나는 자리에서 일어나 퇴근을 했다.

낸시와 늦은 저녁을 먹으면서 와인도 너무 많이 마신 상태에서 보이드와
전화로 오늘 있었던 일들을 얘기하다 지쳐서 침대에 쓰러졌다. 낸시가 내
건강을 걱정하기 시작했다.

---

23) Col. James G. Burton, USAF, statement prepared for a hearing of the Research and
Development Subcommittee, House Committee on the Armed Services, 28 January
1986. 내가 준비한 진술은 수정을 거쳐 국방부 보안검열을 통과했고 1986년 1월 27일 대외공
개가 승인되었다.

다음 날 아침, 나는 육군 연락장교인 레이먼드 카프만 육군 중령에게 전화를 걸어 오후에는 청문회에 참석할 예정이라고 말했다.

"참모차장에게 전해주시오. 만일 내가 준비한 진술들을 비밀로 분류한 결정을 번복하지 않으면 나는 오후 1시에 있을 위원회에서 '어제 내 자료를 육군이 검열했으며, 비밀 자료라 청문회에서 발표할 수 없다고 했다. 나는 내 자료가 비밀이 아니라는 것을 입증할 수 있다. 또한 나는 이 회의실 안에 있는 어떤 육군 장군들은 브래들리를 지지하는 자신들의 목적을 달성하는 데 도움이 된다는 이유로 비밀 정보를 언론에 공개했다는 것도 증명할 준비가 되어 있다.'고 말하겠소. 이것이 내가 오늘 TV 카메라 앞에서 증언할 내용이오."

나는 카프만이 심호흡하는 소리를 들을 수 있었다. 그는 "내가 다시 전화를 하겠습니다."라고 했다.

청문회가 시작되기 1시간 전쯤 내가 원래 준비한 진술을 원본 그대로 그리고 아무 제한 없이 공개해도 좋다는 공식적인 허락을 받았다.[24] 오후 1시, 나는 의회 사람들과 언론, TV 카메라, 그리고 의원들로 가득 찬 청문회장으로 걸어 들어갔다. 나는 긴장되어 죽는 줄 알았다.

---

24) 같은 글. 수정을 하지 않은 원본의 공개는 1986년 1월 28일 승인되었다.

11. 폭로

나는 1986년 1월 28일 있었던 비극을 생생하게 기억한다. 육군이 오후에 있을 증언을 검열했다는 내용을 준비하고 있던 오전 10시쯤 우주 왕복선 사고 소식이 전해졌다. 챌린저호에 타고 있던 우주인들을 생각하면 내가 겪고 있는 일들은 하찮게 보였다. 그리고 이 사고가 인간의 생명이 얼마나 귀중한가를 또다시 일깨워주었다. 나는 처음으로 그리고 공개적으로 우주 왕복선이 아닌 브래들리에 탑승할 수많은 젊은이들의 목숨에 대한 문제를 제기하려던 참이었다.

이날 워싱턴 언론에는 왕복선 참사 기사가 주를 이루었지만 육군이 생각했던 것보다는 많은 언론들이 브래들리 청문회를 기사로 다루었다. 이 청문회는 앞으로 2년간 지속될 격렬한 논쟁의 서막에 불과했다. 육군이 이것만큼은 끝까지 피했으면 했던 바로 그런 논쟁이었다.

연구·개발 소위원회는 브래들리에 대한 권한이 없었기 때문에 청문회는 전반적으로는 시험, 구체적으로는 나의 합동실사격시험프로그램에 대한 청문회로 알려졌다. 멜빈 프라이스 의장은 얼마나 많은 무기들이 적절한 시험도 없이 획득체계를 통과하는지를 토의하기 위한 예로서 브래들리가 사용되었을 뿐이라는 매우 긴 개회사를 했다. 그는 "나는 먼저 오늘 이 자리가 브래들리의 시험 결과를 평가하거나 그것의 운명을 결정하는 청문회가 아니라는 것을 강조하고 싶습니다."라고 했다.[1] 그러나 그것이 청문회였다는 것은 세 살짜리 어린 아이도 알 수 있었다.

프라이스의 연구·개발 소위원회는 브래들리 사업에 매우 중요했다. 소위원회는 나의 실사격 시험 프로그램을 청문회 주제로 삼음으로써 브래들리에 접근할 수 있는 기회를 가질 수 있었다. 스트래튼의 조달 소위원회가 브래들리에 대한 권한을 가지고 있었고, 조달 소위원회는 연구·개발 소위원회보다 육군에 훨씬 호의적이었다. 스트래튼이 관할하는 방위산업체들은 서로 단단하게 결속되어 있었다.

하원 군사위원회의 바티스타가 첫 번째 증인으로 증언을 했다.[2] 그는 부적절한 시험에도 불구하고 획득과정을 문제없이 통과한 의문투성이의 많은 사업 목록을 제시했다. 매버릭 미사일이 다시 한 번 여러 가지 혐오스러운 사례 중 하나로 거론되었다. 바티스타는 다른 체계들을 적당히 다룬 후 마침내 브래들리를 언급했다.

바티스타는 브래들리의 역사와 지난 17년간의 개발과정에서 그것의 용도가 어떻게 그렇게 여러 번 바뀌었는지를 추적했다. 그는 브래들리의 용도가 무엇이며 전투에서 어떻게 운용될 것인가라는 근본적인 문제를 제기했다. 브래들리가 모든 대전차 무기에 정말 취약하다면 M-1 전차와 함께 적의 기갑부대와 싸우는 것이 가능한가? 육군은 이 핵심을 찌르는 질문에 답을 하려했지만 쉬운 문제가 아니었다.

스트래튼 의원이 바티스타 증언 도중에 청문회장으로 들어와 항의를 했

---

1) Representative Melvin Price, Chairman, Research and Development Subcommittee, opening remarks at hearing, *Department of Defense Test Procedures*, Research and Development Subcommittee of the House Committee on the Armed Services, 99th Cong., 2d sess., 28 January 1986, 1.

2) Anthony Battista, testimony at hearing, *Defense Test Procedures*, 2–27.

다. 그는 바티스타의 말을 가로막고 그의 브래들리 비판을 공격했다. 스트래튼은 브래들리가 본인의 조달 소위원회 관할이며 다음 달에 청문회를 개최할 계획이기 때문에 이 청문회에서 바티스타가 브래들리를 논하는 것은 적절하지 않다고 지적했다.

바티스타와 스트래튼은 언론이 좋아하는 바로 그런 격한 논쟁을 벌였다. 카메라 플래시가 사방에서 터졌다(언론은 정말 이 장면을 크게 다루었다. 2월 23일 국방 뉴스의 '스트래튼의 브래들리 영역 싸움' 같은 기사가 대표적이었고 사진까지 실렸다). 스트래튼은 바티스타가 그에게 반론을 제기하는 도중에 갑자기 뛰쳐나갔다. 나는 내가 스트래튼 청문회에도 출석하리라는 것을 직감했다. 바티스타와 스트래튼의 논쟁으로 상황은 더욱 적대적일 것임이 확실했다.

바티스타 다음이 나였다. 이번만큼은 맞설 준비가 되어 있었다. 나는 합동실사격시험프로그램 전체에 대해 설명을 했고 브래들리는 그 중의 일부임을 밝혔다. 물론 모든 사람들이 듣고 싶어 했던 부분이 바로 브래들리였다.

브래들리 시험에 대한 나의 진술은 간단명료했다. 시험목적은 미군 장비의 사상자를 줄이는 것이었다. 나는 시험 결과와 그것의 정확한 의미를 다룬 아래와 같은 브리핑 차트를 제시했다.

○ 병력탑승공간에 있는 탄약이 불필요한 사상자의 주된 원인이었다.
  – 탄약에 명중하면 브래들리의 사상자는 2~3배로 증가했다. 그것은 소련의 BMP나 미군의 M-113도 마찬가지였다.
○ 브래들리가 피격되면 병력탑승공간에 있는 연료와 소화기의 연기 때문에 브래들리 안에 사람이 머무를 수 없었다.
  – 명중 후 브래들리 내부의 공기는 한마디로 견딜 수가 없었다. 브래들리 사상자를 현저히 줄일 수 있다. 탄약과 연료, 소화기를 병력탑승공간이 아닌 다른 곳으로 옮기면 희생자를 상당히 줄일 수 있다.

○ 탄약에 명중되면 브래들리와 소련의 BMP의 희생자는 거의 비슷하다. 탄약이 명중될 가능성은 브래들리가 BMP보다 세 배나 높았다. 그래서 브래들리의 희생자가 더 많다고 예상할 수 있다.[3]

가장 중요한 브래들리 시험 결과와 설명이 드디어 공개되었다. 나는 육군으로 마이크를 넘기기 전에 전적으로 나의 개인적인 생각임을 꼭 말하라는 상사의 지시를 따라야 했다. 내 설명은 몇 사람을 놀라게 만들었다. 서두 발언의 마지막 주제는 앞으로 실사격 시험을 어떻게 해야 할지에 대해 1단계 시험을 통해 얻은 교훈이었다. 나는 시험에서 독립적인 현장 관찰의 필요성, 모든 자료에 대한 무제한 접근 권한, 마지막으로 '결과에 대한 해당 군의 평가와 병행하여 별도의 독자적인 평가가 매우 중요하다'고 지적했다. 다른 말로 독자적인 보고서는 각 군을 정직하게 만드는 데 필요하다는 것이었다. 내 상사들은 내가 마지막에 언급한 내용들은 순전히 나의 개인적 생각이라는 것을 소위원회에 확실히 언급하라고 지시를 했다.[4]

지난 몇 개월 동안 그들의 행동이 잘 보여주었듯이 그들은 독자적인 보고서의 존재를 믿지 않았다. 소위원회는 이 폭로에 상당한 충격을 받았다. 긴 토의와 새로운 질문들이 뒤를 이었다. 내 개인적인 생각이라는 것을 반드시 말하라는 상사들의 지시는 오히려 펜타곤 고위 관리들이 내 시험 결과에 대해 반대한다는 인상을 주었다.

예상하지 못했던 전혀 새로운 주제가 거론되었다. 내 생각에 이 주제는 알릴 필요가 있었다. 과거부터 다른 시각에 대한 과민반응이 펜타곤 정치를 지배했는데 힉스 박사의 재임기간에는 특히 더 그랬다.

힉스 박사는 청문회 직후 뉴욕 타임지와의 인터뷰에서 의회가 내 보고서

3) Col. James G. Burton, USAF, Testimony at hearing, Defense Test Procedures, 28 January 1986, 60.
4) 앞의 책, 61.

에 지나치게 많은 관심을 보이는 것을 공공연히 비난했다. 그는 '이 상황을 어떻게 부르던 정말 난장판'이라고 했다.[5]

힉스는 그 이후 사이언스 매거진과의 인터뷰에서 펜타곤의 노선을 공개적으로 지지하는 학자들에게만 연구 기금을 지급하곤 했다는 것을 거리낌 없이 인정했다. 그는 상원 인준 청문회에서도 "나는 국방부 자금이 국방부의 목적을 큰 소리로 찬양하는 사람에게로만 간다면 특별히 어디로 가는지 별로 관심이 없었다."라고 했다. 사이언스 매거진은 정말 펜타곤에 동조하는 사람들만 기금을 지원받을 수 있다는 말이냐고 물었다. 그는 "두 말하면 잔소리"라고 대답했다. "자유는 어느 쪽에나 있다. 자신들이 입을 굳게 다무는 것도 그들의 자유다 ··· 나 역시 그런 사람들에게 기금을 안 줄 자유가 있다." 그리고 그는 "충성스럽지 않은 사람 하나 때문에 고전을 면치 못하고 있다."라고 덧붙였다.[6]

나는 이런 부류의 사고방식을 정말 혐오했다. 내 생각에 극히 복잡한 문제에 대해 오로지 단 하나의 해석 혹은 단 하나의 시각을 갖는다는 것은 매우 위험했다. 그러나 그것이 바로 펜타곤 리더십의 정책이었다. 만약 의회가 이 정책을 계속 용인한다면 이것 역시 문제다.

내가 진술을 끝내자 터먼 육군참모차장이 증언을 시작했다. 터먼 장군은 빈틈없고 영리한 사람이었다. 그는 금세 소위원회 위원들 대부분이 나를 지지하고 있다는 분위기를 감지했다. 그가 진술을 하는 동안 그는 나에게 경의를 표하고 정중하려고 무던히 노력했다. 그는 내 진술에 이의를 제기하지 않았고, 시험 결과를 통해 브래들리가 취약하다는 것을 확인할 수 있었다는 점에 동의했다.

그러나 터먼은 위원들에게 육군이 브래들리용으로 개발한 교리와 전술

---

5) Bill Keller, "Working Profile: Don Hicks, Pentagon's New Yes-and-No Man on Weapons," *The New York Times*, 18 February 1986, B8.

6) R. J. S., "Hicks Attacks SDI Critics," *Science Magazine* 232 (April 1986): 444.

이 그 문제를 해결할 수 있다고 했다. 그의 전략은 일단 브래들리가 취약하다는 것을 받아들이되 그 취약점을 보완하는 방법으로 브래들리를 운용할 수 있다고 의원들을 설득하는 것이었다. 이를 위해 터먼은 자신의 말에 신빙성을 부여해 줄 도움이 필요했다. 다음은 그의 진술에서 발췌한 내용이다.

> 저는 육군참모차장으로 전문가 몇 사람과 같이 참석했습니다. 그 중 한 명이 제 오른쪽에 있는 연구·개발·획득 참모부장인 루이스 와그너 중장으로, 그는 이 소위원회에 자주 방문하고 수훈십자훈장을 받았습니다. 제 왼쪽에는 아시다시피 홀링스워스 장군의 아들인 버바 소장으로 그 역시 아주 뛰어난 장군입니다. 버바 장군은 현재 조지아 베닝 요새의 보병센터 센터장으로 복무하고 있습니다.
>
> 제 오른쪽, 의원님들이 보시기에 왼쪽은 에드 리랜드 준장으로 현재 국립훈련센터의 센터장으로 복무하고 있으며 그곳은 그보다 더 실제 같을 수 없는 모의전투의 버팀목이며 캘리포니아 사막의 어윈 요새에 있습니다.
>
> 제 왼쪽, 의원님들의 오른쪽에 있는 장교는 독일에서 2년을 근무하고 막 귀국한 훌륭한 젊은이입니다. 그는 밥 포레이 대령으로 명예훈장을 받은 바 있고 M-113 대대와 M-1 전차와 브래들리 전투장갑차 여단을 지휘한 경험이 있습니다.
>
> 비록 이 증언대에는 없지만 제 뒤에 세 명의 훌륭한 전사들이 앉아 있습니다. 현재 브래들리 장갑차 중대를 지휘하고 있는 드로우치 대위, 브래들리 사수 선임 헤르만 중사, 브래들리 조종수 화이트 일병입니다.[7]

이 증인들 뒤에는 터먼 장군이 말을 할 때마다 옳다고 고개를 끄덕이는 전문가, 참모 장교, 보좌관 등 온통 육군 제복으로 꽉 차 있었다.

터먼 장군이 시험 결과에 대한 육군의 입장을 발표했다. 그는 육군 입장에서 가장 중요한 결과들의 목록을 나열한 브리핑 차트를 스크린에 비추었

---

7) Gen. Max Thurman, USA, Vice Chief of Staff, Department of the Army, testimony at hearing, Defense Test Procedures, 28 January 1986, 79.

다(나는 대괄호 안에 내 의견을 추가했다).

시험 결과

- 자동소화체계는 연료에 의한 화재를 진화하는 데 효과적이다[육군은 세 번 중 두 번은 화재가 발생하지 않았을 때도 소화기가 작동했다는 점에 대해서는 언급하지 않았다].
- 높은 압력과 온도가 장갑차와 탑승자에 대해 미치는 영향은 미미하다[압력은 고막을 파열시킬 정도로 높았다. 육군은 고막파열을 부상으로 보지 않았지만 나는 부상으로 보았다].
- 장갑 관통과 장갑이 부서지는 것을 막으면 장갑차 손상과 사상자가 준다[장갑 파편은 장갑차 자체 철판의 쇳조각이고 이 쇳조각이 차량 안에서 이리저리 튄다. 그동안 문제가 발생하면 또 다른 최신 무기를 도입하는 것으로 문제를 해결하려 했던 관행을 그대로 답습하여 새로운 고성능 장갑 개념을 최초로 소개했지만 나중에 이 신개념의 장갑도 관통을 막을 수 없다는 것이 입증되었다].
- 예비 탄약의 포장재 때문에 장갑 파편은 탄약에 별 영향을 미치지 않는다[크기가 작고 속도가 낮은 파편은 탄약을 터뜨리지 않는다. 그러나 크고 속도가 높은 파편은 탄약을 터뜨린다].
- 2차 화재는 거의 없다.
- 생존성은 증가시킬 수 있다[나에게는 "브래들리의 사상자를 현저히 줄일 수 있다."라는 말이 보안에 저촉된다고 하지 못하게 하고서 육군은 그렇게 말했다].[8]

육군이 의회에 제출한 보고서에는 "포탄이 장갑차에 적재된 탄약의 폭약과 추진제를 직접 타격하면 탑승자들에게 가장 심각한 위험을 초래한다."라는 문장이 들어 있었음에도 육군은 그것이 소위원회에서 언급할 만

---

8) 앞의 책, 87.

큼 중요하지 않다고 판단한 것 같았다.[9] 해당 문장은 터먼의 '시험 결과'에 포함되지 않았다. 대신 육군은 그것보다 덜 중요한 소견들에 대해서는 장황하게 설명했고, 그 중 어떤 것들은 결과를 완전히 왜곡하기도 했다.

예를 들어 육군이 진술한 대로라면 소화기는 연료에 의해 발생한 화재를 잘 진화했다. 그러나 오작동이 많았다. 작동해야 할 때에는 항상 작동했지만 작동하지 않았어야 할 때도 두 번이나 작동하여 탑승원들을 장갑차 밖으로 뛰쳐나가게 했다. 물론 육군은 소화기 자체의 할론 가스, 그리고 할론 가스와 불이 반응하여 생긴 더 유독한 가스에 대해서도 언급하지 않았다(할론 가스와 불이 반응하여 불화수소가스를 만드는데 이 가스는 호흡기 계통에 치명상을 입히고 때로는 사망에 이르게 만든다).

위의 브리핑 차트는 육군과 나의 시각차를 보여주었다. 나는 병력탑승공간에 적재한 탄약에 의해 많은 불필요한 사상자가 발생한다는 가장 중요한 시험 결과를 지적했다. 반면 육군의 차트는 이 시험 결과를 무시하는 경향이 있었다.

육군은 소위원회를 상대로 전투에서 희생자를 줄이기 위해 어떻게 브래들리를 운용할 것인가를 설명하려고 몇 시간 동안 노력했지만 설득적이지는 않았다. 소위원회 위원들은 화를 내기 시작했다. 찰스 베넷 하원의원은 쉽게 말해서 전투 중 브래들리를 우군 전차 앞, 옆, 혹은 뒤 중 어디에 두겠다는 말이냐고 물었다. 육군은 이 질문에 대해서도 단순명료하게 답변하지 못했다. 마침내 소위원회는 육군에게 그 질문에 대한 서면답변을 준비해 차후에 보고서에 첨부하라고 했다. 에드윈 버바 2세 소장이 제출한 두 페이지짜리 브래들리 전장 교리는 그 질문에 답을 제시하지 못했다.

---

9) U.S.Army, *Bradley Survivability Enhancement Program*, *Phase I Result*, January 1986, 11. 머리말에 카스퍼 와인버거 장관이 서명한 이 보고서는 1986년 3월 14일 의회에 제출되었다. 나는 1월 초에 이미 이 보고서 사본을 입수했고(육군 수뇌부들에게도 알려지지 않았던), 청문회 서두 발언을 준비하는 데 이용했다. 나는 이 보고서가 비밀이 아니었기 때문에 이용했다. 그러나 육군이 1985년 12월 17일 의회에 보낸 보고서는 '비밀'이었다.

청문회를 통해 브래들리의 물리적 취약성과 탑승 인원에 가해지는 위험이 무엇인지 드러났다. 더욱 흥미로운 사실은 브래들리의 취약성을 줄이고 사상자를 낮추기 위해 전투에서 브래들리를 어떻게 운용할지에 대해서도 확실한 해답을 내놓지 못했다는 것이었다. 관련 교리, 전술 혹은 기동을 설명하려고 하면 할수록 더 많은 질문이 쏟아졌고 오히려 더 혼동을 주었다.

육군이 가장 두려워했던 것이 점점 모습을 드러내기 시작했다. DIVAD와 관련된 부적절한 행위로 인한 소란이 채 가라앉지도 않은 상태였다. 시험을 통해 이 장비가 작동하지 않는다는 것을 확인한 와인버거가 DIVAD를 취소한 여파가 아직 육군에 영향을 미치고 있었다. 브래들리에 대한 국민들의 논쟁은 DIVAD 때와 비슷했다. 두 가지 핵심 사업을 취소하게 되면 육군 수뇌부는 상당한 타격을 받게 될 것이다.

1986년 2월 4일, '검증되지 않은 무기의 무용론'이라는 제목의 뉴욕 타임지 사설은 육군이 무기를 똑바로 시험하지 않아서 해당 장비를 사용하는 사람들을 위험에 빠뜨리고 있다고 질책했다. 즉, "육군이 브래들리 전투장갑차를 시험하기로 했음에도 불구하고, 그런 비난을 면하기 어려울 것 같다."[10] 타임지는 육군에게 브래들리 병력탑승공간에서 연료와 탄약을 제거하라는 나의 조언을 수용하라고 했다.

뉴욕 타임지만 그런 것이 아니었다. 청문회 이후 모든 언론이 같은 주제를 다루었다. 옐로우 버드에도 청문회 기사뿐이었다. 먹구름이 몰려오고 있었고, 브래들리는 아주 난처한 처지에 놓일 수 있었다.

육군은 브래들리에 탑승하는 인원들의 안전에 대한 우려가 높아지는 것을 진정시키기 위해 조치를 취해야 했다. 2월 초, 존 위컴 육군참모총장은

---

10) Lead editorial, "The Folly of Untested Weapons," *The New York Times*, 4 February 1986.

의회와 언론에 브래들리의 장갑을 두껍게 하겠다고 발표했다.[11] 어떤 부분은 장갑을 두껍게 하고, 나머지 부분들은 최근 탄도연구소에서 개발한 새로운 '반응장갑'을 적용하겠다고 했다. 그리고 육군은 이 새로운 장갑이 브래들리의 문제점들을 해결할 것이며 탑승자들이 안전할 것이라는 인상을 주기 위해 상당한 공을 들였다.

당시에 신형 장갑은 극비 사항이었지만 병력의 안전에 대한 국민들의 관심이 고조되고 있다고 판단한 육군은 대국민 공개를 결정했다. 이것은 안보를 지키기 위해서라기보다는 정치적 필요성에 의해 마음대로 정보를 비밀 혹은 일반 문서로 분류할 수 있다는 것을 보여 준 또 다른 사례였다.

신형 장갑은 반응장갑reactive armor이라고 불리었다. 두 철판을 앞뒤로 덧대고 그 사이에 폭약을 채워 대략 1세제곱피트 크기의 철로 만든 상자 안에 넣는다. 브래들리 바깥쪽에 이 상자들을 나란히 붙인다. 이론적으로는 적의 포탄이 이 폭약을 터뜨리면 서로 덧댄 철판은 각기 반대쪽으로 날아가므로 적 포탄의 운동 에너지를 감소시키고 관통하는 것을 막는 원리였다.

폭발은 브래들리 몸체에 상당한 반작용력reaction force을 가하는데 그래서 이름이 반응장갑이었다. 이스라엘은 1982년 전쟁에서 이 원리를 전차에 성공적으로 적용했다. 이스라엘 전차의 두꺼운 장갑은 강력한 반작용력을 견딜 수 있지만, 브래들리의 상대적으로 얇은 알루미늄 장갑은 그 반작용력을 견딜 수 없었다.

포탄 구경이 클수록 관통을 막기 위해 더 많은 폭약이 필요한데 이는 더 큰 반작용력을 의미했다. 적의 포탄이 장갑을 뚫고 들어오는 것을 막기 위한 충분한 폭약과 그것에 의한 반작용력이 병력탑승공간 쪽으로 향하는 것

---

11) Walter Andrews, "New Type of Armor to Protect Bradley," *The Washington Times*, 11 February 1986, 8.

사이에 완전한 균형을 이루어야 했다.

육군은 의회와 국민들에게 반응장갑을 도입하면 브래들리에 탑승하는 인원들이 안전할 것이라는 인상을 주었을지 모르지만 나는 진실을 알고 있었다. 브래들리의 장갑은 오로지 소구경 화기의 관통을 막을 수 있는 반작용력만을 견딜 수 있을 정도였다. 탄도연구소의 장갑은 중, 대구경 대전차 화기를 견딜 수 없었다. 그리고 대전차 미사일 혹은 전차에서 발사한 탄알이라면 탄도연구소의 반응장갑이 없는 틈새로 관통할 수도 있었다. 결론적으로 병력탑승공간에 적재될 탄약과 연료와 관련된 문제는 해결된 것이 아니었다. 나는 진실을 밝히고 높은 지위에 있는 사람들이 완전한 정보를 바탕으로 의사결정을 할 수 있도록 또다시 육군과 끝이 보이지 않는 전쟁에 돌입했다.

1년 뒤인 1987년 봄, 소련 전차와 BMP를 상대로 브래들리와 M-1 전차의 실전과 같은 운용 시험을 처음으로 실시했다. 전체 교전 중 탄도연구소의 신형 장갑이 방어할 수 있는 소구경 화기의 교전은 전체의 6%에 불과했다. 이 교전 중 브래들리에는 병력이 탑승하지 않았다. 이는 탄도연구소가 오로지 교전의 6% 정도만 방어할 수 있는 신형 장갑을 개발했다는 것을 의미했기 때문에 궁극적인 해결책이라고 할 수 없었다. 또한 이 시험은 브래들리가 중, 대구경 화기에 피격당했을 때 아주 많은 사상자가 발생한다는 것을 보여 주었다. 시험에서는 캐넌포나 미사일 대신 레이저 빔으로 공격을 했다. 결과는 육군이 예상했던 것과 정반대였다. 또한 그 결과들은 중, 대구경 포탄의 영향을 줄이기 위해 병력탑승공간과 연료, 탄약을 분리해야 한다는 나의 주장을 뒷받침했다[12](이들 시험 결과는 걸프전에서 브래들리

12) Mark Gebicke, Associate Director, National Security and International Affairs Division, General Accounting Office, testimony at Hearing, *Department of Defense Reports Required by Fiscal Year 1988 Authorization Act on Live Fire Testing of Bradley Fighting Vehicle*, before the Procurement and Military Nuclear Systems Subcommittee of the House Committee on the Armed Services, 100th Cong., 1st sess., 17 December

가 피격당했을 때 일어났던 것과 정말 비슷했다). 육군이 국민들에게 신형 장갑을 발표한 바로 그 날, 나는 탄도연구소에서 3월에 시작하기로 되어 있는 2단계 시험에 대해 논의하기 위해 게리 홀로웨이를 만났다.

2단계 시험의 목적은 가장 효과적으로 사상자를 줄일 수 있는 설계를 찾아내는 것이었다. 간단히 말해 1, 2단계 시험 이면에 깔려 있는 의도는 두 가지였다. 1단계에서는 사상자가 발생하는 주된 원인을 밝혀내는 것이었고, 2단계에서는 사상자를 줄이기 위한 가장 훌륭한 해법을 찾아내는 것이었다. 그러나 홀로웨이와의 회의 후 나는 탄도연구소가 오로지 반응장갑을 좋게 보이기 위해 2단계 시험 계획을 짜고 있는 것 같아 정말 걱정스러웠다.

홀로웨이가 준비한 조준점, 입사각, 공격무기의 구경 등은 모두 신형 장갑의 성공적인 데뷔를 위한 것이었다. 반응장갑은 탄알의 입사각에 매우 민감했다. 어떤 입사각은 반응장갑이 작동할 수 있는 최적 조건을 만들어주지만 그 외의 각도에서는 아무리 소구경 화기라 하더라도 반응장갑이 작동하지 않는다.

홀로웨이는 정작 연료와 탄약을 병력탑승공간에서 분리하는 것에 대한 시험은 염두에도 없었다. 나로서는 그것을 용납할 수 없었다. 우리는 야전에서 실제 전투를 할 군인들의 생명을 구할 수 있는 모든 합리적인 해결방법을 검토해야 할 의무가 있었다. 가장 명백한 해결방법을 무시한다는 것은 곧 육군이 군인들의 생명을 전혀 소중하지 않게 여기고 있다는 것과 다를 것이 없었다. 나는 이 점에 대해서만큼은 아주 강경했다.

탄도연구소가 신형 장갑을 개발했고 그 신기술이 모든 문제를 해결할 수 있다는 것을 증명하고 싶어 하는 것은 어쩌면 당연했다. 그러한 증명을 통해 육군 내에서 탄도연구소의 위상은 올라가고 계속 예산을 배정받을 수

1987, 61.

있기 때문이었다.

나는 자기 주장의 타당성을 증명 또는 반박할 시험을 그들 스스로에게 맡기는 것 역시 옳지 않다고 생각했다. 그렇게 된다면 결국 탄도연구소 자신이 작성한 답안지를 자기가 채점하는 꼴이 되며, 채점결과는 A+일 것이 뻔했다. 드디어 육군과 나 사이에 마지막이면서 가장 차이가 컸던 싸움의 장이 마련되었다. 지금까지 육군과 해왔던 논쟁, 충돌, 불화, 비도덕적인 계략은 앞으로 벌어질 일에 비하면 아무 것도 아니었다.

워싱턴으로 돌아오자마자 나는 2단계 시험 실시 방향에 대한 내 생각을 기록한 메모를 작성했다.[13] 메모를 작성하자마자 복사본이 순식간에 육군에 전달되었고, 이것이 육군 수뇌부를 자극한 것이 확실했다. 다음 날인 2월 11일, 왈트 홀리스 육군성 차관이 내 상관인 존스 장군에게 메시지를 보내왔다. 육군 수뇌부는 홀로웨이가 준비한 계획(내가 반대한 그 계획)을 승인하지 않을 것이라고 했다. 더 나아가 육군은 내가 요구한대로 2단계 시험에 병력탑승공간으로부터 연료와 탄약을 제거한 브래들리를 포함시킬 것을 분명히 했다.[14] 다음 청문회가 며칠 남지 않았기 때문에 나는 육군이 의회 앞에서 이 문제에 대해 충돌을 피할 길을 택한 것이라고 짐작했다.

그 다음 날, 홀리스는 브래들리 사업관리자인 윌리엄 쿠머 대령과 홀로웨이를 보내 내가 원하는 시험이 무엇인지 세부적인 설계변경 사항들을 확인했다. 쿠머와 홀로웨이는 유쾌한 표정이 아니었다. 쿠머는 브래들리 사업관리자가 되기 전부터 반응장갑을 강력하게 주장해 왔었다. 그는 브래들리를 이용해 신무기를 군에 도입할 수 있는 가능성을 발견했고 어떤 방해도 원치 않았다.

13) Col. James G. Burton, USAF, "Trip Report – Bradley Phase II Test Plan Meeting," memorandum for the record, 10 February 1986.

14) Walter W. Hollis, Deputy Under Secretary of the Army (Operations Research), "Bradley Live Fire Phase II," memorandum for Brig. Gen. Donald W. Jones, 11 February 1986.

나는 변경사항을 설명했고 쿠머와 홀로웨이에게 최소한 1대 이상의 브래들리 시제품에 반영되어야 할 설계 목록을 작성해 주었다.[15] 피에르 스프레이와 나는 사상자를 줄일 수 있는 설계를 제시하려고 최선을 다했다. 나는 이 모델을 '사상자 최소화 차량'이라고 불렀지만 육군은 좀 더 멋있는 이름을 붙였다. 생산라인에서 출고되는 모든 브래들리의 한쪽 면에 브래들리 전투장갑차Bradley Fighting Vehicle라는 의미의 'BFV'라는 글씨가 인쇄되었다. 생산업체인 FMC 엔지니어들이 나에게 BFV는 '버튼의 우라질 장갑차Burton's f***ing Vehicle'를 뜻한다고 했다. 그것이 비공식적인 명칭이 되었다.

기본 사양으로 피격당했을 때 바깥쪽으로 폭발하는 탄약고에 캐넌포탄을 보관하고, 토우 미사일은 장갑차 외부에 보관하며(소구경 화기로부터 보호하기 위해 얇은 철판으로 덮어), 연료통은 장갑차 뒤쪽의 바깥으로 옮기고(FMC가 이스라엘에 수출하기 위해 만드는 M-113와 똑같이), 병력탑승공간 벽면 전체에 (단단한 플라스틱인) 케블라를 부착하도록 했다. 우리는 1단계 시험에서 관통한 포탄 자체보다 장갑 파편이라고 부르는 쇳조각이 3배나 많은 사상자를 낸다는 것을 확인했다. 그리고 시험을 통해 케블라를 부착하면 쇳조각이 거의 날아다니지 않는다는 것을 확인했다.

모든 탄약을 병력탑승공간 밖으로 **빼냈지만**, 미닫이문을 열면 쉽게 접근할 수 있었다. 이 설계는 M-1과 M-1A1에는 기본이었다. 내가 지휘의 고하를 막론하고 모든 육군 관리들에게 전차에는 이 설계가 기본인데 왜 브래들리(그 어떤 전차보다 많은 탄약을 싣는)에는 반영된 적이 없는지 그 이유를 물어보면 그들은 멍하게 쳐다보다 횡설수설했다.

---

15) Col. James G. Burton, USAF, "Minimum Casualty Baseline Vehicle Configuration," memo-random for Gary Holloway, Test Director for Bradley Live-Fire Tests, Ballistic Research Laboratory, and Col. Bill Coomer, Bradley Program Manager, 12 February 1986.

연료통만 밖으로 빼내면 골치 아픈 자동소화기도 필요 없었다. 소화기가 없어지면 할론, 그리고 할론과 불이 반응하여 만들어지는 유독가스도 사라진다.

　쿠머는 대략 6주면 시제품을 준비할 수 있다고 했다. 나는 이미 애버딘에 있는 전문가 친구들과 이 설계를 검토했다. 그들은 시제품을 만드는 데에는 4주가 걸린다고 했기 때문에 쿠머의 판단이 크게 빗나간 것은 아님을 알았다.

　쿠머, 홀로웨이와 나는 2단계 시험에서 탄도연구소의 반응장갑을 먼저 시험하는 것에 동의했다. 그 시험이 끝나면 사상자 최소화 차량을 준비하여 시험하기로 했다. 나는 반응장갑과 사상자 최소화 차량 시험이 모두 끝나 그 결과를 비교하기 전까지는 의회에 보고서를 보내서는 안 된다고 주장했다. 그러나 나중에 이 문제가 주요 쟁점이 되었다.

　1986년 2월 18일, 터먼 장군이 국방장관실에 2단계 시험 계획을 제출했다. 그러나 이 계획은 1주 전과는 상당히 달랐다. 그는 계획서에서 육군은 2단계 시험에 사상자 최소화 차량을 분명히 포함시킬 것이며, 내가 원하는 것과 똑같은 장갑차를 만들 수 있도록 내가 사업관리자와 함께 작업할 수 있게 해달라고 요청했다. 다시 말해 4~6주 후에 준비된다는 말 대신 지금부터 나와 함께 준비하겠다고 하여 또다시 지연전술 카드를 꺼내 들었다.

　터먼 장군의 계획서가 18일에 도착한 것은 전혀 우연이 아니었다. 이날은 우리의 두 번째 청문회가 열리는 날이었고, 이번 청문회는 스트래튼 의원의 조달 소위원회 소관이었다. 더욱 수용적인 새로운 계획을 이날 아침에 전달함으로써 터먼은 오후에 있을 청문회에서 할 수 없이 받아들였다는 비판을 피할 수 있었다. 나는 또 혼자 증언을 하러 갔고 터먼은 육군의 전문가 군단과 함께 나타났다.

　이번 청문회는 첫 번째 청문회보다 좀 더 논쟁적이었다. 스트래튼은 강력한 육군과 브래들리의 옹호자였고, 내가 물의를 일으킨 것에 대해 매우 불쾌하게 생각하고 있었다. 스트래튼의 지역구에 있는 육군의 워터블리트 무기 공장은 그의 성향과 관련이 없다고 믿고 싶었다.

나는 이 청문회를 통해 육군이 이미 2단계 시험에 사상자 최소화 차량을 포함시키는 데 합의를 했다는 것을 의회와 국민들에게 알렸다.[16] 국민들에게 알림으로써 육군이 한 약속을 꼭 지키게 만들겠다는 것이 나의 계산이었다. 나의 과거 경험을 비추어보면 육군은 약속한 시험을 안 하려고 온갖 수단을 다 동원할 것이기 때문에 나는 청문회를 이용해 육군이 한 약속에 말뚝을 박을 생각이었다. 나중에 실제로 육군은 사상자 최소화 차량에 대한 시험을 안 하려고 온갖 방법을 강구했기 때문에 그렇게 조치를 취해놓기를 정말 잘했다. 의회는 브래들리 생산라인을 폐쇄하겠다고 위협하여 마침내 사상자 최소화 차량의 시험을 의무화했다.

스트래튼은 서두 발언에서 나에게 육군과 나의 중요한 차이가 무엇인지를 설명하라고 했다. 다음의 발췌문에서 알 수 있듯이 내 소견은 당시의 상황을 꽤 잘 정리했다.

> 육군과 나는 병력탑승공간에 적재된 탄약이 탑승자와 장갑차에 가장 치명적인 위험이라는 것에 동의한다. 그러나 나는 한 발 더 나아가 이번 봄에 실시되는 2단계 시험 결과가 설계 변경의 길잡이 역할을 해야 한다고 주장한다. 나는 내부에 있는 탄약이 폭발하면 사상자가 2~3배 증가한다는 것을 강조한다.
>
> 장갑 파편은 확실히 사상자를 내는 주요 원인이다. 10발의 실사격에서 장갑 파편이 장갑을 관통한 적의 포탄보다 3배 이상의 사상자를 발생시켰다. 육군은 사상자를 발생시키는 요인으로 파편의 중요성을 경시하고 있지만 2단계 시험에서 이 파편이 장갑차 안에서 이리저리 튀는 것을 막아주는 케블라를 시험할 계획을 마련

---

16) Col. James G. Burton, USAF, opening remarks at hearing, *The Army's Bradley Fighting Vehicle*, before the Procurement and Military Nuclear Systems Subcommittee of the House Committee on the Armed Services, 99th Cong., 2d sess., 18 February 1986, 63.

하고 있다.

우리는 자동소화장치가 연료에 의한 화재를 진압하는 데 효과적이지만 탄약에 의한 화재에는 아무런 효과가 없다는 것에 동의한다. 자동소화장치의 오작동율이 높다. 작동해야 할 때는 100% 작동했지만, 작동하지 않아야 할 때도 2번이나 작동했다.

우리는 결과를 해석하는 데 차이가 있다. 모든 증거가 내부의 오염된 공기 때문에 탑승자가 밖으로 빠져나올 수밖에 없다는 것을 보여주고 있다. 그리고 탑승자가 빠져나온 후 장갑차가 전투를 계속할 수 있는지 못하는지와는 상관없이 내부의 오염된 공기가 더 많은 사상자를 발생시킬 가능성을 심각하게 고려해야 한다.

나는 이 결과로부터 탑승자들이 빠져나오지 않아도 되도록 어떤 대책을 세워야 한다는 결론을 내렸다. 육군은 내부 공기를 문제로 보지는 않았지만 2단계 시험에서 과연 내부 공기가 견딜만한가를 알아보는 것에는 동의했다.

피격당했을 때 발생하는 사상자 숫자는 브래들리 보병장갑차와 소련의 BMP가 비슷하다는 데 동의한다. 육군은 해당 주제에 대한 논의를 여기서 중단하지만, 더 중요한 문제는 브래들리가 BMP보다 내부에 훨씬 많은 무장을 적재하기 때문에 BMP보다 2~3배 많은 사상자를 낼 수 있다는 것이다. 또한 이 문제가 두 번째 의견 차이와 연결된다.

만약 사상자가 2~3배 많은 것이 중요하다면 2단계에서 가급적 많은 사상자를 줄일 수 있는 모델을 시험해야 한다. 이것이 바로 지난 가을에 있었던 1단계 시험으로부터 도출된 결과를 활용하는 것이다.

2단계 시험에 대한 육군의 최초 제안은 오로지 한 가지 목표를 염두에 둔 계획이었다. 즉, 병력탑승공간으로부터 연료와 탄약을 제거하는 것은 고려하지 않고 주로 반응장갑, 그리고 장갑을 두껍게 만드는 것을 염두에 두었다.

내 입장은 육군의 계획이 나쁘다는 것이 아니며, 반응장갑도 반드시 시험을 해봐야 한다. 그러나 사상자를 줄일 수 있는 방법을 알고 있다면 그것도 동시에 시험해야 한다는 것이며, 사상자를 줄일 수 있는 방법 중 하나가 바로 병력탑승공간으로부터 위험한 물건들을 제거하고 차량 외부에 적재하는 것이다. 나는 이것을 사상자 최소화 개념이라고 했다. 나는 육군에게 어떤 설계가 옳다고 말하려고 하는 것이 아니라 사상자 최소화 개념과 다른 것들을 비교해보기 전까지는 아무도 모른다는 것을 말하고 있을 뿐이다.

나는 이 주제에 대한 나의 생각을 기술했고 육군은 그것들을 검토하고 있다. 그들은 내 생각에 원칙적으로 동의를 했고, 2단계에서 그들이 처음에 염두에 두었던 것들과 함께 사상자 최소화 개념을 시험할 것이다.

또한 나는 사상자 최소화 개념에 대한 시험이 완료되고 그 결과와 다른 모델들의 결과를 비교해보기 전까지는 의회에 보고하지 않으며 생산 결정도 내리지 말 것을 요구했다. 우리는 아직까지 2단계 시험의 세부사항을 협의하고 있는 중이다.[17]

육군과 나의 가장 큰 의견 차이가 바로 사상자라는 점을 독자들에게 명확히 하고 싶다. 나에게는 사람이 먼저이고 장갑차와 그것의 운명은 그 다음 문제였다. 나는 과거에도 그랬고 앞으로도 그 점을 끝까지 강조할 것이다.

의회는 내 손을 들어 주었고, 사상자 최소화 개념에 대한 시험이 완료되고 육군이 선호하는 반응장갑차와 비교하기 전까지는 의회에 보고하지도 말고 생산 결정을 내릴 수도 없음을 재확인해 주었다. 힉스 박사도 처음으로 그렇게 하겠다고 했다. 2월 24일, 힉스는 터먼 장군에게 의회에 보고서를 보내기 전에 사상자 최소화 장갑차에 대한 2단계 시험을 끝내라고 했다.[18] 육군의 압력을 받은 힉스는 나중에 자신의 지시를 모르는 척했다.

육군은 시간을 질질 끌었다. 2월 12일에 쿠머는 5월 1일까지 시험할 장갑차를 준비할 수 있다고 했었다. 2단계 결과 보고서는 6월 1일까지 의회에 제출하기로 되어 있었지만 필요하다면 늦출 수 있었다. 그런데 육군은 3월 둘째 주까지 FMC에 시험할 장갑차를 준비하라는 지시를 내리지도 않았다. 게임은 이미 시작되었다.

---

17) 앞의 글, 61-63.

18) Donald A. Hicks, Under Secretary of Defense for Research & Engineering, "Bradley Phase Ⅱ Outline Test Plan," memorandum for Vice Chief of Staff, Army, 24 February 1986.

12. 메모 전쟁

육군은 사상자 최소화 차량 시험을 늦추기 위해 수단 방법을 가리지 않았다. 여기에는 장갑차 설계도를 FMC에 내려 보내지 않는 것도 포함되었다. FMC 워싱턴 지부장인 프레드 위디커스가 개인적으로 나에게 연락해 설계도를 얻어 겨우 제작을 시작할 수 있었을 정도였다. 내가 프레드에게 설계도 사본을 준 후 FMC 관리가 내게 캘리포니아의 산호세에 있는 브래들리 공장을 방문해 부리나케 제작한 실물크기의 목재 모형을 점검해달라고 요청했다. 그들은 내가 요구한 설계 변경을 제대로 이해하고 있는지 확인하고 싶어 했다. FMC는 육군과 친했기 때문에 나는 지금까지 2년 동안 브래들리를 놓고 싸우면서 FMC와 거의 접촉을 하지 않았었다. 1986년 3월, 그곳에 방문했을 땐 FMC 기술자들이 사상자 최소화 차량을 '버튼의 우라질 장갑차'라고 부르고 있었다.

공장을 한 바퀴 돌면서 주차장에 정렬되어 있는 M-113 보병장갑차의 모델이 두 가지라는 것을 알았다. 브래들리가 M-113을 대체하기로 되어 있었지만 M-113는 아직 생산되고 있었다. 한 모델은 연료통이 차량 바깥쪽에 달려 있었고, 다른 모델은 병력탑승공간 안에 있었다. 나는 FMC 산호세 공장을 책임지고 있는 렉스 반에게 왜 두 모델이 다르냐고 물었다. 나는 그 이유를 알고 있었지만 그의 입에서 직접 듣고 싶었다. 그는 "외부연료통 모델은 이스라엘 수출용이고, 내부연료통 모델은 내수용이다."라고 했다.

이스라엘은 경험을 통해 M-113가 적의 포탄을 맞으면 불구덩이가 된다는 것을 알았다. 이스라엘은 연료에 의한 화재가 병력이 탑승하고 있는 내부에서가 아니라 외부에서 발생하기를 원했다. 내가 연료통을 외부에 장착하자고 한 것은 이스라엘의 경험에서 힌트를 얻은 것이었다. 1973년 중동전쟁에서 이스라엘 군은 화재로 인한 사상자로부터 값비싼 교훈을 얻었다. 미 육군이 장갑차 내부에 있는 연료통을 탑승자의 의자로만 생각한다면 육군은 그들의 생사에 전혀 관심이 없는 것이 확실했다.

내가 렉스 반에게 미군이 사용하는 장갑차를 왜 이스라엘 모델처럼 만들지 않느냐고 묻자, 그는 아주 틀에 박힌 편리한 답변을 했다. "나는 그저 육군이 해달라는 대로 할 뿐이다." 우리는 이날 이러한 문제들에 대해 많은 토론을 했다.

FMC와 육군은 그들의 반응장갑차 시험을 추진하고 의회에 단독으로 보고서를 제출해도 좋다는 국방장관실(즉 힉스 박사)과 나의 동의를 얻기 위해 갖은 방법을 총동원하기 시작했다. FMC는 내가 요구한 디자인 설계를 반영하기 위해서는 많은 시간이 소요되고 어떻게 연구를 해야 하는지에 대해 장황하게 설명했지만 설득력이 없었다.

육군은 그 연구를 완료하고 사상자 최소화 차량 시험을 완료하는 데 꼬박 1년이 더 필요하다고 주장했다. 그 이후나 되어야 의회에 두 번째 보고서를 제출할 수 있다고 했다. 육군의 계략은 분명했다.

육군은 시간을 질질 끌다보면 브래들리의 설계변경에 대한 관심이 수그러들 것이라고 생각했을 것이다. FMC와 육군이 원하는 변경은 생산자 입장에서 상대적으로 돈이 적게 들고 단순했다. 그러나 나는 탑승자와 연료, 탄약을 서로 분리하지 않는다면 탑승자들이 안전할 수 없다고 보았다.

FMC 기술자들은 탄도연구소의 반응장갑을 추가하는 것은 생산 라인을 조금만 조정하면 된다고 했다. 그들이 할 일이라곤 몇몇 곳에 반응장갑만 부착하는 것이었다. 반면, 내가 요구한 것을 모두 반영하려면 상당한 설계 변경을 해야 했고, 이것은 공장의 생산라인에 상당한 혼란을 초래할 것이 분명했다.

사람들은 브래들리에 탑승하는 병력의 목숨이 계약업체 생산라인의 원활한 흐름보다 더 중요하다고 생각할 것이다. 그러나 불행하게도 이번에는 그렇지 않았다. 사람들은 이 일련의 사건을 통해 방위산업의 실제 우선순위가 무엇인지 알게 될 것이다.

이때 거의 2년을 차관보 직무대행으로 근무하던 찰스 와트가 퇴직을 했다. 힉스 박사가 와트의 후임으로 요셉 나바로 박사를 발탁했고 그는 곧바로 국장 자리에 앉았다. 나바로는 워싱턴에 있는 컨설팅 업체에서 근무했었다. 그의 직업은 분석가였지만 시각은 '모형제작자'였다. 더욱 중요한 것은 그가 팀 플레이어라는 것이었고, 힉스는 팀 플레이어를 좋아했다.

육군은 사상자 최소화 차량을 만들어 시험을 하는 데 또 1년이 걸린다는 것과 탄도연구소 장갑차에 대한 시험을 먼저 진행하고 의회에 별도의 보고서를 제출해야 한다고 나바로와 힉스를 설득하기 시작했다. 육군이 의도적으로 방해를 하고 있다고 내가 강력하게 주장했음에도 불구하고 나바로와 힉스는 육군의 압력에 굴복했다. 그들은 결국 2단계 시험을 두 단계로 분리하고 결과보고서도 따로 따로 제출하는 것에 동의했다. 나는 이제 '버튼의 우라질 장갑차'는 결코 시험장에 모습을 드러내지 못할 것이라고 생각했다.

1986년 4월 1일, 나바로 박사는 육군에게 다가오는 2단계 시험에서 무작위 사격 방식을 사용하도록 지시했다.[1] 1단계 시험에서 장갑차 내부에

---

1) Joseph A. Navarro, Deputy Under Secretary of Defense (Test and Evaluation), "Bradley

적재된 탄약을 맞추지 않으려고 인위적으로 목표지점을 정했다는 것 때문에 상당한 비난을 받았다. 나는 실제 전투 자료에 근거한 무작위 목표지점 선정만이 시험 결과의 왜곡을 피할 수 있다고 주장해 왔다. 기특하게도 나바로는 자기 이름으로 그렇게 하라는 지시를 하달했다. 당연히 육군은 그를 무시했고 탄도연구소가 지정한 지점에 발사를 했다.

4월 3일, 나는 공군으로부터 일주일 안에 오하이오에 있는 라이트 패터슨 기지로 전속을 가든지 전역을 하던지 양자택일을 하라는 통보를 받았다. 이 사실은 곧바로 의회와 언론에 새어 나갔다. 의회의 항의가 빗발쳤다. 4월 9일에는 상·하원의원들의 항의서신이 또다시 펜타곤에 쇄도했다.

힉스 박사를 괴롭힌 사우스캐롤라이나의 존 스프래트 하원의원의 편지가 대표적인 예이다.

> 우리가 2주 전에 브루킹스 연구소 포럼에 같이 참석했을 때 당신이 제임스 버튼 대령은 합동실사격시험프로그램에 대해 완전하고 무제한의 권한을 갖고 있다고 했다. 그렇게 말해놓고 어제 브래들리 전투장갑차 시험이 끝나기도 전에 버튼 대령이 다른 자리로 옮긴다는 말을 듣고 매우 실망했다. … 만일 그가 열정과 헌신 때문에 전속을 가야 한다면, 국방부는 위험한 선례를 남기게 될 것이다. 엄격한 시험을 주장하는 다른 모든 장교들은 버튼 대령의 최후를 기억할 것이며, 그 열정은 분명 식게 될 것이다.[2]

하원 군사위원회 의장 레스 아스핀과 소수당 원로인 윌리엄 디킨슨이 함께 서명한 편지와 군사개혁위원회 공동의장 4명이 함께 서명한 편지가 전

Phase II Outline Test Plan," Memorandum for Deputy Under Secretary of the Army (Operations Research), 1 April 1986.

2) John M. Spratt, Jr., Member of Congress, letter to the Honorable Donald A. Hicks, Under Secretary of Defense for Research and Engineering, 9 April 1986.

달되었다. 심지어 하원 연구·개발 소위원회는 모든 의원이 서명한 편지를 보냈다(이번에도 카스바움 의원이 빠진 것이 오히려 이상했다).[3]

나의 의회 지지자뿐만 아니라 반대파들도 와인버거 장관실로 편지를 보냈다. 스트래튼 의원마저도 와인버거 장관에게 브래들리 시험이 끝날 때까지 나를 그 자리에 유임시킬 것을 요청했다. 그는 편지에서 비록 버튼이 성가신 존재인 것은 사실이지만, 오히려 버튼을 전속 보내게 된다면 의회에 브래들리 반대파를 양산하게 되어 브래들리 사업을 취소할 수 있는 세력을 규합하게 될 수 있다고 했다. "내가 장담하건데 만일 버튼을 전속 보낸다면 브래들리 사업과 영영 작별하게 될 것입니다."[4]

FMC 관리들도 똑같은 생각을 했고, 그들 역시 와인버거가 그 인사명령을 취소하도록 로비를 했다.

나는 신문을 읽고서야 그 편지들에 대해서 알게 되었다. 그 신문들은 내 전출 이야기로 가득했다. 디펜스 뉴스는 여러 편지를 인용하여 힉스가 그 배후에 있었다고 주장했다. "힉스 사무실이 브래들리 '사상자 최소화 개념' 설계를 도운 버튼을 다른 곳으로 보내도록 공군을 설득했다."[5]

내 상관들은 내가 이 편지들과 그에 대한 답장을 보지 못하게 했다. 한참 후에 알게 되었지만 그 답장들은 사실이 아니었고, 왜 내가 보지 못하도록 했는지 짐작할 수 있었다.

3) Les Aspin, Chairman, and William L. Dickinson, Ranking Minority Member, House Armed Services Committee, letter to the honorable Caspar Weinberg, SecDef., 9 April 1986; David Pryor, U.S. Senate; Chuck Grassley, U.S. senate; Denny Smith, Member of Congress ; and Mel Levine, Member of Congress, letter to the honorable Caspar Weinberg, SecDef. 9 April 1986; Mel Price, Charles Bennett, Beverly B. Byron, Frank McCloskey, et al., letter to the Honorable Caspar Weinberg, SecDef, 9 April 1986.

4) Samuel S. Stratton, Chairman, Subcommittee on Procurement and Military Nuclear System, Committee on the Armed Services, House of Representatives, letter to the Honorable Caspar Weinberg, SecDef, 10 April 1986.

5) Tom Donnelly, "Pentagon, Hill Clash on Fate of Bradley Live-Fire Test Advocate," Defense News, 14 April 1986, 3.

FMC 워싱턴 지부장인 프래드 위디커스가 내가 어떻게 스트레스를 견디고 있는지 보려고 내 사무실을 방문했다. 공군 예비역 대령인 프래드는 개인적으로 나와는 오랜 친구 사이였기 때문에 자신이 몸담고 있는 회사에 대한 충성심과 나의 우정 사이에서 중립을 지키는 데 상당한 어려움을 겪고 있었다. 그는 나에 대한 모든 편지를 언급했고 내가 단 하나도 봐서는 안 된다는 지시를 받았다고 하자 깜짝 놀랐다. 그는 모든 편지의 사본을 사무실에 보관해 두었는데, 하나도 빠뜨리지 않고 복사해서 나에게 건네주었다. 나는 FMC가 그렇게 놀라운 정보망을 갖고 있다는 것에 놀랄 수밖에 없었다. 대략 18명의 상·하원의원이 나를 대신해 쓴 것들을 포함하여 현재 내 스크랩북에 있는 이 편지 복사본들은 모두 브래들리의 생산업체인 FMC로부터 얻은 것이었다. 정말 놀라운 세상이었다.

전속을 갈 것인지 아니면 전역을 할 것인지를 결정해야 하는 마감시한이 4월 10일이었다. 바로 그날, 나의 상관인 도널드 존스 장군과 공군본부 인사참모부장인 로버트 옥스 소장이 하원 군사위원회의 호출을 받았다. 그곳에서 그들은 나의 명령을 취소하라는 압력을 받았지만, 그들은 꿋꿋하게 버티었고 내가 전속을 가야 한다고 고집했다. 군사위원회 위원들의 요청으로 옥스 장군은 마감시한을 1주일 연장하여 4월 17일로 미뤘다.[6] 위원들은 그 기간에 무엇인가 할 수 있기를 희망했다.

옥스와 존스, 그리고 군사위원회 위원들의 회합이 정말 중요했던 것은 아무 일도 없었다는 것이었다. 옥스와 존스는 만약 내가 오하이오로 가는 것을 수락한다면, 시험이 내 전속일 이후까지 계속되더라도 탄도연구소의 반응장갑차에 대한 2단계 시험이 끝날 때까지 현직에 남아있을 수 있다는 이야기를 하지 않았다. 더욱이 그들은 사상자 최소화 차량에 대한 시험이

---

6) Department of Defense, Office of the Inspector General, Special Inquiries, report of investigation, Case No. S860000068, 15 December 1986, 8.

시작되면 내가 전속을 갔더라도 워싱턴으로 복귀할 수 있다고 공군이 동의한 사실에 대해서도 위원들에게 말하지 않았다. 4월 10일 이전에는 이러한 절충이 존재하지 않았기 때문에 옥스와 존스는 이것을 자세히 설명할 수 없었다. 그러나 와인버거 장관이 의회에 보낸 편지에는 이러한 사항에 대해 이미 공군과 협의를 마친 상황이고, 4월 7일에 나바로 박사가 나에게 설명을 했다는 식으로 언급되어 있었다.[7] 사건이 점점 흥미진진해지면서 허위진술과 뻔뻔한 거짓말이 난무했다.

4월 10일은 애버딘에서 탄도연구소의 반응장갑을 부착한 브래들리를 대상으로 2단계 시험 발사를 하는 것만으로도 중요한 날이었지만 지금까지와는 다른 폭발이 일어난 날이기도 했다. 탄도연구소의 반응장갑은 날아온 포탄을 막지 못했다. 포탄은 반응장갑과 브래들리 몸체를 관통하여 조준점 바로 뒤에 일부러 비치한 두 개의 5갤론짜리 물통에 명중했다.

이 시험에 사용된 브래들리는 산호세 공장에서 막 나온 신형 모델이었다. FMC가 탄도연구소에 시험용 장갑차를 인도했을 때, 두 개의 5갤론짜리 물통은 병력탑승공간의 후방 왼쪽에 적재되어 있었다. 시험 시작 전날

---

7) Caspar Weinberger, SecDef., letter to the Honorable Denny Smith, House of Representatives, 16 April 1986. 1주일 전에 나를 대신해 와인버거에게 편지를 보낸 모든 상·하원의원들에게 같은 편지가 배송되었다. 이 편지의 첫 번째 문단에는 다음과 같이 기록되어 있다. "나는 브래들리 실무장 시험 2-1단계(탄도연구소의 반응장갑차)는 6월에 끝날 것이라고 봅니다. 그러나 만약 지연된다면 공군은 버튼 대령이 시험이 끝나고 의회에 보고서를 제출할 때까지 현직에서 근무하게 할 것입니다. 이 점에 대해서 버튼 대령에게도 1986년 4월 7일에 알려 주었습니다."
이 문단은 부분적으로는 옳다. 1986년 4월 7일, 나바로 박사가 나에게 그렇게 조정해 보겠다고 말했다. 그는 결코 그가 공군과 합의를 했다는 사실을 나에게 알려주지 않았다.
사상자 최소화 차량 시험을 언급한 세 번째 문단은 다음과 같다. "… 비록 사상자 최소화 차량 시험이 시작될 때면 버튼 대령은 다른 곳에서 근무하고 있겠지만 공군은 시험 기간 중 필요하다면 언제라도 그를 활용할 것입니다." 와인버거가 의회에 답장을 보낸 다음 날인 1986년 4월 17일에 전역하겠다는 공식 문서에 서명하기 전에 이러한 조정에 대해서 나는 들어 본 적이 없다. 존스 장군은 국방부 감찰감실에서 있었던 선서 후 증언에서 이 사실을 나에게 알린 적이 없었다는 것에 동의했다. 앞의 글, 13.

밤에 탄도연구소는 기술자들에게 물통을 10일의 조준점 바로 뒤로 옮겨놓으라고 지시했다. 이 물통을 놓아둔 자리에는 원래 캐넌포탄이 있어야 할 곳이었다.

캐넌포탄에 불이 붙고 폭발하는 대신 물이 사방으로 튀었다. 결과적으로 화재나 폭발이 발생하지 않았기 때문에 사상자는 없다고 기록되었다. 당혹스러운 시험 결과를 감추기 위한 정말 뻔뻔스러운 행동이었다.

다음 날 아침에 장갑차를 점검하는 것이 안전해졌을 때 나는 산산조각 난 물통을 살펴보기 위해 애버딘으로 갔다. 그리고 거기에 있는 동안 2단계 시험을 위해 탄도연구소가 지정한 모든 조준점을 재점검했는데 그 과정에서 나는 물통을 맞춘 것이 사고나 우연이 아니라는 것을 알아냈다. 계획되어 있던 34발의 사격 중 8발은 이 물통을 겨냥하고 있었다. 이렇게 한 곳에 집중적으로 시험 발사를 해야 할 이유는 하나도 없었다.

나는 주말에 나의 가장 유명한 메모를 쓰기 시작했다. 과거의 모든 전쟁에서 도출된 전투자료를 이용해, 나는 날아온 포탄이 원래 물통이 있었던 지점과 옮겨진 지점에 명중할 확률을 각각 계산하여 비교해 보았다. 그림 1과 2가 보여주듯이 큰 차이가 없었다. 이는 물통을 옮긴다고 해서 브래들리의 취약성이 변하지 않는다는 것을 의미했지만, 시험 사격의 거의 25%인 8발이 물통을 목표로 했기 때문에 시험 결과는 분명히 달라졌다. 분명히 이것은 탄도연구소의 반응장갑이 날아 온 탄알을 막지 못했을 경우를 대비하여 시험 결과에 영향을 미치려는 시도였고 반응장갑은 막지 못했다.

1986년 4월 15일, 나는 '물통 메모Water Can Memo' 사본 21부를 육군에 보냈고, 국방장관실 참모에게도 빠짐없이 보냈다.

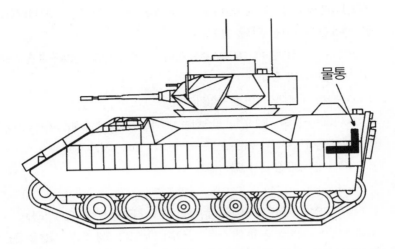

물통

그림 1 : 스케치는 탄도연구소가 탄약통을 물통으로 바꾸기 전의 물통의 위치를 보여주고 있다. 전투 피격 분포도(hit distribution)에 따르면 전체 사격 중 0.7%만이 이 물통을 맞춘다. 출처 : 탄도연구소

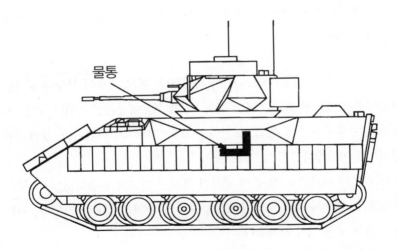

물통

그림 2 : 스케치는 브래들리 전투장갑차 내부의 물통 위치를 보여준다. 전투피격 분포에 의하면 사격 중 1.3%가 이 물통에 맞는데 시험 발사 중 25%가 이 지점을 조준했다. 물통의 위치를 바꾼다고 전투 취약성이 감소되는 것은 아니지만 시험 결과에는 상당한 영향을 미쳤다. 출처 : 탄도연구소

계획된 34발의 시험 사격 중 8발이 옮겨진 지점을 조준하고 있다. … 포탄이 장갑을 관통하면 탄약 대신 물통을 명중하게 된다.

　탄도연구소는 1984년부터 사상자 수를 줄이기 위해 아래의 사항들을 포함해 일관된 자세를 유지해 왔다.

a. 1984년에는 마네킹의 옷에 물 축이기

b. 1985년에는 시험을 위해 9명이 탑승하는 M-2 대신 5명이 탑승하는 M-3 선정

c. 1단계 시험에서 무작위 조준 대신 탄도연구소가 원하는 지점 지정

d. 2단계에서는 실무장 대신 물통 비치

　이러한 결정에 참여했던 사람들 중 어느 누구도 책임지고 있지 않다. 오히려 시험에 참여했던 사람들 중 한 명은 두 계급이나 진급했다. 3월 16일에 물통을 옮긴 것은 사상자 관련 결과를 좋게 만들기 위해 시험을 수정하는 것이 일상화되었다는 것을 여실히 보여주고 있다. 이러한 행동들에 대해 그 어느 누구에게도 책임을 묻지 않았다는 것은 육군이 그것을 묵인하는 것으로 비쳐질 수밖에 없다. 만약 육군이 묵인해 왔다면 앞으로도 브래들리 시험을 계속 그렇게 할 것이라고 쉽게 예상할 수 있다.[8]

　이 메모는 불에 기름을 부은 것이 분명했다. 메모 내용이 상당히 심각한 고발이었기 때문에 육군이 몹시 화를 낼 것이란 예상은 적중했다. 나는 육군의 성실성에 도전을 했고, 도전에는 응전이 따르기 마련이다. 공개적인 전쟁으로 이어졌다.

　잉크가 채 마르기도 전에 이 메모가 펜타곤 밖으로 유출되었다. 육군은 격노했다. 내 상관들은 깜짝 놀랐다. 모두가 닥쳐올 일을 짐작했다. 사람들은 숨을 곳을 찾기 시작했다.

　다음 날 아침인 4월 16일, 찰스 베넷 하원의원이 11시에 기자회견을 요

---

8)　Col. James G. Burton, USAF, "Bradley Phase II Tests," memorandum for Dr. Joseph Navarro, Deputy Under Secretary of Defense (Test and Evaluation), 15 April 1986.

청했다. 10시쯤에 어떤 육군 소장이 나를 자기 사무실로 오라고 했다. 그는 막 도착한 나에게 자기와 함께 베넷 의원에게 전화를 걸어 기자회견을 취소하도록 설득하자고 했다. 나는 거절했다.

아무튼 그 장군은 전화를 걸었지만 베넷 의원과 직접 통화를 할 수는 없었다. 대신 그는 베넷 의원의 보좌관에게 기자회견을 취소해 달라고 간청해 보았지만 실패했다. 그 장군은 "베넷 의원에게 우리가 물통으로 교체할 생각은 없었다는 것과 육군이 속인 것이 아니라 말을 못했을 뿐이었다고 전하세요."라고 했다.

내가 방에서 스피커로 통화 내용을 듣고 있다는 것을 모르는 그 보좌관은 그 장군을 한 방에 초토화시켰다. "오! 아무튼 장군님, 우리는 버튼으로부터 버튼 메모를 받지 않았습니다. 육군 고급 장교가 그것을 우리에게 주더군요." 장군은 이 말에 충격을 받아 의자에 풀썩 주저앉았다.

베넷 의원은 기자회견을 열었고, 물통 메모 사본을 배포했다.[9] 그는 내가 고발한 혐의를 의회 차원에서 공식적으로 조사할 것을 요구했다. 하원 군사위원회 의장인 레스 아스핀이 그의 요청을 받아들여 4명으로 구성된 조사팀을 지명했다.

언론에게는 그야말로 대박이었다. 베넷 의원의 기자회견은 전에 육군과 내가 벌였던 모든 논쟁과 연결되었다. 펜타곤은 새로운 내용과 함께 기억하기 싫은 지나간 과거 이야기를 다시 읽어야 했다.

존 위컴 육군참모총장은 공식 성명을 발표했다. "나는 미합중국 육군이 의도적으로 거짓말을 했다는 표현에 대해 심히 유감스럽다. … 육군의 정직함이 의심받는다는 것은 있을 수 없는 일이며 그대로 묵과할 수 없는 일이다. … 생명과 조국의 자유를 걸고 맹세컨대 우리는 거짓말을 한 적이

---

9) Charles Mohr, "Tests of Bradley Armored Vehicle Criticized, *The New York Times*, 18 April 1986, A20.

없다."[10] 그리고 모든 반론, 의심이 해소될 때까지 브래들리 2단계 시험을 무기한 연기한다고 발표했다.

육군 대변인 크레이그 맥냅 중령은 탄약상자들을 물통으로 대체한 것을 정당화하기 위한 언론전을 펼치기 시작했다. 그는 보스턴 글로브, 워싱턴 포스트, 뉴욕 타임지와의 인터뷰에서, 그리고 기회가 있을 때마다 누구에게나 전투에서 대부분의 사격은 브래들리 중앙 부근으로 집중된다고 주장했다. 그러므로 탄약상자 대신 물통을 그곳에 놓음으로써 브래들리의 취약성이 감소될 것이라는 주장이었다. 그러나 보스턴 글로브와의 인터뷰에서 자기는 사실 전투자료를 직접 조사해보지는 않았다고 했다.[11] 그가 그 자료를 조사했더라면 자신이 틀렸다는 것을 확인할 수 있었을 것이다.

전투에서 물통의 위치에 따라 명중할 확률을 보여주기 위해 물통 메모에 앞의 그림 1, 2를 첨부했다. 역사적 사실에 의하면 물통이 어디에 있든지 명중될 확률은 대략 1%에 불과한데, 시험 사격의 약 25%를 브래들리 중앙을 겨냥했다. 실제 전투에서 사격이 무게중심에 집중된 적이 없었기 때문에 육군의 주장은 근거가 없었다. 또한 모든 사격이 무게중심에 집중될 것이라고 가정하여 컴퓨터 모델을 수정하는 것도 마찬가지였다.

육군의 고위 관리들은 물론이고 맥냅 중령과 부대변인 필립 소시 소령은 조준점이 브래들리의 중앙 주위로 몰리지 않는다는 나의 주장은 '무지의 소치'라고 거듭 주장했다.[12] 육군 전문가들은 자기들이 틀렸다는 사실이 드러나면 했던 말을 그대로 주워 담아야 할 것이다.

기자회견 다음 날인 1986년 4월 17일은 내가 전역을 할지 아니면 전속을 갈지를 결정해야 하는 최종 기한이었다. 나는 이날 오후 3시 30분에 펜

---

10) Fred Kaplan, "Army Manipulated Test, Momo Shows," *Boston Globe*, 17 April 1986, 1.

11) 앞의 기사.

12) Myra MacPherson, "The Man Who Made War on a Weapon," *The Washington Post*, 8 May 1986, C1.

타콘 4층에 있는 공군본부 인사참모부 사무실로 가서 6월 30일에 전역하 겠다는 문서에 서명을 했다. 나는 "내가 원했던 것이라곤 브래들리 시험이 끝나는 것을 보는 것이었다. 이제 내가 더 이상 브래들리 시험에 참여할 수 없게 된 마당에 군에 남아 있을 이유가 없다. 내 일은 끝났다."라고 서 류에 뚜렷하게 적었다.

내가 전역서류에 서명을 한지 20분쯤 뒤에 존스 장군이 공군본부 인사 참모부로 급하게 뛰어 들어왔다. 나는 그때 책상에 앉아 산더미 같은 전역 서류를 작성하고 있었다. 존스는 내게로 다가와 편지 사본을 내밀면서 읽 어보라고 했다. 그 편지는 와인버거 국방장관이 그 전날 의회에 보낸 것 중에 하나였다. 이 편지에는 내가 오하이오로 전속 가는 것을 받아들인다 면 탄도연구소의 반응장갑 시험이 끝날 때까지 워싱턴에 머물 것이며 브래 들리 2단계 시험을 모니터할 수 있게 편의를 봐주겠다는 내용이 담겨 있었 다. 그리고 계속해서 와인버거는 나의 사상자 최소화 차량의 시험 준비가 완료되면 나를 워싱턴으로 다시 부르겠다고 했다.

내 상관들 중에 이러한 절충이 있었던 것을 말해 준 사람은 존스 장군이 처음이었다.[13] 나는 존스 장군에게 화가 치밀었고, 굳이 그를 마주하고 있 을 필요도 없었지만 뭔가 한 마디는 해야 했다.

"장군님! 한 발 늦으셨습니다. 저는 이미 전역을 했습니다. 이걸 지금 보 여주시는 이유가 뭡니까? 내가 전역서류에 서명하기 전에 보여주시지 그 러셨습니까?"

그는 뒤로 물러서면서 나지막한 소리로 와인버거가 그런 절충을 했는지 자신도 확실히 몰랐다고 했다. 와인버거가 어제 서명한 편지였기 때문에

---

13) DoD, Office of the Inspector General, Special Inquiries, Report of Investigation, Case no. S860000068, 15 December 1986, 13. 존스는 나중에 의회 조사단과 국방부 감찰실에서 선서 후 증언에서 내가 전역문서에 서명하기 전까지는 이 절충안이 있었다는 것을 나에게 알 리지 않았았다는 것을 시인했다.

그 변명은 앞뒤가 맞지 않았다. 이것은 전역을 할지 아니면 전속을 갈지를 결정하는 데 영향을 미칠 수 있는 중요한 정보를 주지 않은 고의적인 행동이었다. 존스는 나에게 이 정보를 주지 않으면 어떤 일이 발생할 것인지를 정확히 알고 있었다. 덕분에 나는 전역 결정을 쉽게 내릴 수 있었고 육군이 원했던 것도 바로 그 것이었다.

나는 긴 고민 끝에 그 결정에 도달한 것이기에 지금 와서 결정을 번복할 생각은 추호도 없었다. 더구나 나는 어느 누구의 약속도 믿지 않았다.

나는 전역하고 몇 주 뒤에 있었던 사관학교 동기생 모임에서 로버트 옥스 장군과 저녁을 같이 했다. 로버트와 나는 개인적으로 친구였지만 4월에 있었던 일에 대해서는 서로 이야기하지 않기로 했었다. 우리는 철저히 규칙에 따라 각자 할 일을 했기 때문에 서로를 비난할 이유가 없었다.

식사를 하면서 로버트는 내가 전역문서에 서명하기 전까지 와인버거와 의회 사이의 절충을 나에게 알려주지 않았다는 사실을 듣고 충격적이었다고 했다. 로버트는 개인적으로 존스 장군과 그 절충에 대한 협상을 진행했었다. 그는 내가 전역하기 전에 그 사실을 알고 있었고 그 모든 것을 고려했을 것이라고 생각했었다. 그는 "그 협상과정에서 당사자인 자네를 배제했다면 그 협상을 한 목적이 뭐지?"라고 했다.

나는 "내가 상대했던 사람들이 어떤 사람들인지 이제 알게 될 거야."라고 대답했다.

6월 26일, 와인버거의 운용시험국장인 크링스가 전화를 하여 내가 미래를 고민하고 있을 때 전속에 대한 정보를 얼마나 알고 있었는가와 관해 힉스 박사와 충돌했던 일을 얘기해 주었다. 크링스는 힉스 박사가 와인버거와 고위직 사람들에게 내가 전역을 결정하기 전에 공군이 그 절충안을 나에게 설명했다고 했다. 나는 힉스가 혼자서 지어낸 말인지 아니면 존스와 나바로가 지시를 한 것인지는 모르겠다. 누군가는 거짓말을 하고 있지만 나는 이미 그런 거짓말에 익숙해서 더 이상 혼란스럽지 않았다.

내가 전역서류에 서명을 한 다음 날인 4월 18일에 육군은 나바로 박사와 나에게 어떻게 조준점을 선정했으며 물통을 향해 왜 그렇게 많은 사격을 했는지에 대해 브리핑을 했다. 이 회의는 육군이 조준점을 선정하는 방법을 수립하면서 범한 수학적 실수를 드러냈기 때문에 중요한 회의였다. 이 회의로 인해 실수가 아니라 계획된 책략이었다는 것이 들통나게 되었다.

월트 홀리스, 대화록을 작성하기 위해 동행한 그의 군사보좌관 맥커른 대령, 쿠머, 게리 홀로웨이, 세 명의 육군 장군, 그리고 레이먼드 폴라드 등 중요한 사람들 대부분이 브리핑에 참석했다. 폴라드는 홀로웨이를 도와서 전체 시험을 진행하고 조준점 지정 계획을 수립한 분석가였다.

맥커른 대령은 회의록을 작성했다.[14] 이때부터 육군은 나와 가졌던 모든 회의 내용을 메모했다. 물론 나 역시 메모를 했다. 낸시는 이것을 일컬어 '거대한 메모 전쟁' 이라고 했다. 그녀는 "여보, 뭘 하려고 그래요? 육군이 항복할 때까지 계속 메모를 쓸 거예요?"라고 물었다. 기본적으로 내가 하려고 하는 것이 그것이었고, 내 무기는 펜밖에 없었기 때문이다.

여기에 모인 육군 관리들은 모두 나에게 불만이 아주 많았지만 화를 참고 예의를 차리려고 노력했다. 회의실에는 긴장이 감돌았다. 홀로웨이가 불쑥 물통의 위치를 바꾸어 시험결과를 조작하거나 영향을 줄 의도는 없었다고 말했다. 나는 그런 말을 들으려고 온 것이 아니었다. 우리들이 모인 목적은 홀로웨이가 어떻게 조준점을 정했는지를 정확히 알기 위해서였다.

조준점 지정에 중요한 역할을 한 폴라드가 그 방법을 설명했다. 그가 시험과 관련된 각각의 무기에 대해 수집한 자료는 조준 오류aiming errors와 탄도 분산 오류ballistic dispersion errors를 포함한 평상시 정확도 자료였다. 이 자

---

14) Lt. Col. Chaunchy McKearn, USA, Military Assistant to Deputy Under Secretary of the Army (Operation Research), "Meeting with Dr. Navarro Concerning Random Aim Points for the BFV Live Fire Tests," memorandum for the record, 18 April 1986.

료들로부터 그는 1 표준편차 이변량 정규분포 원one-sigma bivariate normal distribution ellipse을 계산했다.

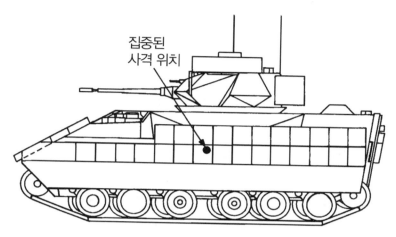

집중된
사격 위치

그림 3 : 무게중심에 잘못된 원을 겹쳐놓은 것을 보여주는 브래들리 스케치. 전체 시험은 모든 사격이 이 원 안에 집중되도록 계획되었다. 육군은 전투에서 대부분의 사격이 이 원 안에 집중되기 때문에 시험을 그렇게 설계한 것에 문제가 전혀 없다고 주장했다. 출처 : 탄도연구소

그는 그런 후 그림 3(폴라드가 이날 브리핑한 실제 차트)처럼 그 원을 브래들리 측면도의 무게중심에 올려놓았다. 폴라드는 "실제 전투에서 대부분의 사격은 이 원 안에 집중된다."라고 주장했다. 나는 그에게 '대부분'이 어느 정도냐고 물었고, 내가 생각하기에는 68%인 것을 그는 '62%'라고 대답했다. 그는 나중에 물통 메모 전체를 공식적으로 조사하는 조사단에게는 68%로 브리핑했다.

홀로웨이는 그러고 나서 원 안의 특정 지점을 조준점으로 지정했다. 대부분의 탄착점은 이 원 안에 형성된다고 믿고, 그는 원 안에 있는 탄약통 2개를 다른 곳으로 옮기고 그 자리에 브래들리 뒤쪽 밑에 있던 물통 2개를 놓으라고 지시했다. 원 안에는 옮겨진 탄약통 2개만 있었던 것은 아니었다. 원래 원 안에는 탄약통이 18개 있었는데 그 중 가운데에 있는 2개만 옮

겼다. 왜 그랬을까? 나는 그 답을 나중에 알게 되었다.

나는 직관적으로 무엇인가 잘못되었다는 것을 느꼈다. 내가 조사한 전투 자료에 의하면 탄착점이 무게중심 주위로 집중되지 않았다. 육군과 나바로는 나에게 탄착점이 무게중심 주위로 집중하는 것에 동의하느냐고 물었다. 나는 그 원과 실제 전투자료를 비교했을 때 서로 일치한다면 동의한다고 대답했다.[15] 육군은 결코 이 비교를 하지 않았지만 나는 했고 육군이 엄청난 실수를 저질렀다는 것을 발견했다.

나는 그 주말에 피에르 스프레이에게 전화를 걸어 폴라드가 한 브리핑 얘기를 했다. 피에르의 전공분야가 통계였기 때문에 그는 곧바로 육군의 실수를 알아차렸다. "짐, 68%는 이원분포가 아닌 1차원 정규분포의 확률이네." 그는 통계학 책을 꺼내어 폴라드의 원에 포함될 확률은 68%가 아니라 39%라는 것을 알려 주었다. 결국 육군은 대부분의 탄착점이 원 안에 형성된다고 언론과 의회에 거리낌 없이 말했는데 사실은 그 반대로 대부분의 탄착점은 원 밖에 형성되었다. 이 새로운 사실은 노다지였다.

나는 전적으로 피에르를 믿었지만 그렇다고 결코 한 가지 정보에만 의존하지는 않았다. 메모 전쟁은 격렬했기 때문에 조그만 실수도 용납되지 않았다. 나는 월요일 아침에 국방연구소IDA의 로웰 톰메슨 박사에게 전화를 했다. 수학자인 그의 임무는 분석 연구를 하는 것이었다. 그는 나를 위해 복잡한 숫자 계산은 물론 자료 수집, 문헌 연구 등과 같이 발로 뛰는 일을 열심히 해 주었다.

나는 그에게 이원 정규분포에서 1 표준편차 내에 있을 확률을 계산해 달라고 했고, 그는 39%라고 했다. 드디어 나는 육군이 무슨 실수를 했는지 정확히 알게 되었다. 나는 톰메슨 박사에게 우리가 수집했던 전투자료를 조사하여 폴라드가 사용한 원 안에 탄착점이 형성되는 사격 발수를 세어

---

15) 앞의 글, 2.

보라고 했다. 답은 29%였다.

육군은 모든 사람들에게 대부분의 탄착점이 그 원 안에 형성되기 때문에 모든 시험 발사를 그 원을 향하게 만드는 것이 합당하다고 이야기했다. 그러나 이론적으로는 39%만이 그 원 안에 떨어지고, 실제 전투에서는 29% 밖에 안 되었다. 육군이 틀렸을 뿐만 아니라 비슷하지도 않았다. 탄약통을 물통으로 대체한 것이 실수였던 것으로 드러났다.

4월 28일에 하원 군사위원회 조사단이 펜타곤 컨퍼런스 룸에 꾸려졌고 내가 보기에는 심문 비슷한 것이 시작되었다. 나는 3일 내내 계속 이 조사단 앞에 섰다. 우리들은 1983년 말까지 거슬러 올라가 육군과 나 사이에 있었던 모든 논쟁과 불일치를 재검토했는데 모든 것을 기록하라던 보이드의 충고가 빛을 발했다. 그 조사단에 계속 서류가 쌓이면서 전반적으로 나의 시각이 옳다는 것이 밝혀졌다. 폴 베다드는 디펜스 위크에 다음과 같이 썼다.

> 소식통들은 조사단이 버튼을 인터뷰하는 동안 그는 지금까지 공개되지 않았던 브래들리 사업 관련 육군의 억지 시험을 기록한 몇 가지 서류를 제시했다고 전했다. 조사단은 서류가 너무 많아 그것들을 분석하기 위해 하루를 휴회해야 했다. 원래 최근의 시험이 왜 변경되었고 버튼에게 전속을 가거나 아니면 전역하라고 말한 이유를 알아보기 위해 꾸려진 조사단이었지만 서류들을 살펴본 직후 다방면에 대한 '전면적인 조사'를 실시하기로 결정했다.[16]

[나는 나중에 조사관인 조세프 시린시오네로부터 조사단은 위원장에게 버튼의 주장이 논리적으로 허점이 없다고 보고했다는 말을 들었다. 나의 주장은 입증된 반면 육군은 그 반대였다.]

조사단은 하원 소속의 직원인 시린시오네, 노라 슬레트킨, 칼 바이어,

---

16) Paul Bedard, "Bradley Faces Renewed Scrutiny," *Defense Week*, 28 April 1986, 2.

윌리엄 플레시먼으로 구성되었다. 조사 전까지는 그들 중 아는 사람이 한 명도 없었지만 피에르의 분석으로는 네 명 중 세 명이 육군의 강력한 서포터였다. 그래서 우리는 그들이 육군에게 유리한 보고서를 쓸 것이라고 예상했다.

내가 제일 처음 조사단에 갔을 때 나는 홀로웨이와 폴라드 다음에 조사를 받았다. 그들이 조사실에서 나온 후 내가 들어갔는데, 아마 폴라드였겠지만 누군가가 칠판에 강의를 했었다는 것을 알 수 있었다. 칠판에는 몇 가지 표준분포를 나타내는 종 모양의 곡선과 그 아래 1 표준편차 선이 그려져 있었고, 68%라는 숫자가 적혀 있었다. 나는 직감적으로 육군이 범죄를 저지른 현장을 목격했고 그것을 어떻게 이용할지를 알고 있었다. 폴라드가 방금 조사단원들에게 조준점을 선정하는 데 사용한 방법을 설명했던 것이 분명했다.

나는 조사단원과 보낸 사흘 동안 육군이 실수를 했다는 말을 한 마디도 하지 않았다. 대신 5월 2일에 기록을 위한 메모를 작성했고, 거기에서 육군의 실수를 지적했다.

> 육군은 사격수가 훈련을 받을 때 겨냥하는 곳이 무게 중심이기 때문에 전투에서 대부분의 사격은 무게 중심 주위를 향해 이루어진다고 공개적으로 선언을 했다. 이 가정을 확인하기 위해 우리는 폴라드가 계획한 유탄발사기 RPG-7 탄착점과 실제 전투자료를 비교했다. 제일 먼저 발견한 사실은 이원분포에서 1표준편차 내에 있을 확률은 폴라드가 말한 것처럼 68%가 아니라 39%밖에 안 되었다. 그리고 실제 전투자료는 29%만이 그 원 안에 명중했다는 것을 보여 준다. 따라서 2단계 시험을 폴라드의 주장대로 실시한다면 실제 전투 자료가 보여주는 것보다 많은 사격이 원을 조준하는 결과를 낳는다.[17]

---

17) Col. James G. Burton, USAF, "Bradley Phase II Shot Selection Scheme," memorandum for the record, 2 May 1986.

5월 5일 월요일, 나는 톰메슨 박사에게 조사단에 출석하여 내 메모를 제출하라고 했다. 나는 그를 시켜 조사원들에게 내 메모를 뒷받침하는 전투 자료를 모두 보여주고 육군이 범한 실수를 설명해달라고 했다. 조사원들은 추가적인 정보출처를 갖게 되었고 전적으로 나에게 의지하지 않아도 되었다.

의회 조사단원들은 뒤집어졌다. 육군이 이미 조사단원들에게 무게중심을 향해 여러 발을 쏘더라도 통계적으로 문제가 없다고 보고했고, 조사단원 대부분이 육군의 접근 방법이 합리적이라고 생각했다. 그리고 그들은 육군을 지지하는 것이 편했다. 그런데 나의 메모와 톰메슨의 발표로 육군의 주장뿐만 아니라 그 신뢰성마저 무너졌다.

육군을 지지했던 조사원들은 당황했다. 노라 슬레트킨은 곧바로 폴라드에게 전화를 걸었다. 그녀는 내 메모를 폴라드에게 읽어주었고, 해명을 요구했지만 아무 대답이 없었다.[18] 육군은 실수를 범했고, 그것을 토대로 삼아 전체 시험을 설계했었다.

의회 조사단의 최종 보고서는 나의 주장을 거의 다 받아들였다. 조사단은 다른 것들과 함께 물통으로 대체한 수학적 혹은 역사적 근거가 없다고 결론을 내렸다. "물통이 어디 있더라도 그것에 집중적으로 사격을 가해서는 안 되었다."[19]

또한 조사원들은 물통으로 대체하기로 한 결정이 FMC 본부에서 탄도연구소 대표부와 FMC 중역들과의 회의 때 이루어졌다고 발표했다. 그 결정은 홀로웨이와 폴라드가 설정한 조준점을 검토한 이후에 이루어졌다. 의회

---

18) 그녀가 폴라드에게 전화를 했을 때 나는 공교롭게 폴라드와 같이 있었다. 그의 옆에 있었기 때문에 대화를 들을 수밖에 없었다. 그는 슬레트킨과의 통화 때문에 온 몸을 떨고 있었다.

19) Nora Slatkin, Joseph Cirincione, Carl Bayer, and William Fleshman, staff member of House Armed Services Committee, "House Armed Services Committee Inquiry into the Bradley Live Fire Test Program," report to the Committee on Armed Services, House of Representatives, May 1986, vi.

진상 조사의 최종 보고서에는 다음과 같이 적혀 있다. "1986년 3월 10일자 FMC 사내 메모에 25㎜ 탄약을 '조준점(포탑 중심선)에 놓고' 실제 탄약 대신 이곳에 물과 같은 비활성 물질을 적재하는 것이 바람직하다."[20]

나는 조사단이 육군의 실수를 얼버무릴 것으로 예상했었지만 그들은 그렇게 하지 않았다. 보스턴 글로브의 프레드 카플란은 조사단이 스트래튼 조달 소위원회에 조사 소견을 보고하자 위원들 대부분은 깜짝 놀랐다는 기사를 썼다. 그들 모두는 정말 다른 답변을 기대하고 있었다. 조사원들이 내 주장을 뒷받침하는 소견을 하나씩 차례로 보고하자 스트래튼은 고개를 못 들었고 괴로워했다.[21]

5월 중순, 나바로 박사는 자기 사무실로 나를 불러 너무 많은 메모가 너무 많은 사람들에게 문제를 일으키고 있으니 메모 쓰는 것을 중단하라고 지시했다. 6개월 전에는 힉스 박사가 더 이상 독자적인 보고서 혹은 시험 결과를 작성하지 말라고 했었는데 이제는 기록을 위한 메모조차도 쓸 수가 없었다.

1주일 후 나바로 박사는 나에게 육군 회의에 같이 가자고 했다. 그는 나에게 기록을 위해 평상시 내 스타일대로 육군을 공격하는 메모를 작성하라고 했다. 나바로 박사는 그 메모를 자신이 작성한 것처럼 서명했다. 그는 내가 작성한 다른 메모들처럼 이 메모도 펜타곤에 돌아다니기를 원했다. 나는 그를 위해 논쟁적인 메모를 작성했고, 그 이후 그가 메모를 쓰지 말라고 했던 지시를 무시하기로 했다. 긴 '메모 전쟁'이 계속되었다.

의회의 진상조사 직전에 또 다른 권위 있는 기구가 육군과 나의 차이점을 조사하기 위해 모였다. 초봄에 육군은 로스 알라모스 국립연구소의 저명한 과학자들로 구성되고 페리 스터트 박사가 의장인 기구에 실사격 시험

---

20) 같은 글, 5.

21) Fred Kaplan, "War Business," *Regardie's* September 1986, 242.

을 위한 가장 좋은 방법을 추천해 달라고 요청했었다. 한 마디로 내가 주장했던 것처럼 조준점을 무작위로 선택하는 방법 아니면 탄도연구소가 주장하는 것처럼 특정 지점을 지정하는 방법 중 어떤 것이 좋은지 말해달라는 것이었다. 나는 내 주장을 설명하기 위해 하루를 그 사람들과 보냈다. 탄도연구소는 그들의 논리를 설명했다. 그 기구의 첫 번째 보고서는 4월 21일에 발표되었는데 논쟁의 한복판에 놓이게 되었다.[22]

스터트 박사는 보고서에서 만약 육군이 신뢰를 회복하고 편견 없는 객관적 시험을 원한다면 내가 주장한 대로 무작위 방법을 써야 한다고 했다. 그러면서 일종의 물 타기로 일부 사격은 특정지점을 지정하는 것도 필요하지만 원칙적으로 특정지점을 지정하는 것은 편차가 있을 수밖에 없다고 했다.

누가 보더라도 그 보고서는 육군이 기대했던 대답이 아니었다. 육군은 문제를 해결하기 위해 이번에는 전미 과학아카데미의 과학자들을 초청했다.[23] 그 위원들은 5월 5, 6일에 모여 탄도연구소의 컴퓨터 모델을 초기화하는 데 사용할 구체적인 자료를 수집하기 위해 그들이 선호하는 인위적 조준점 지정 방법 브리핑을 들었다. 그 컴퓨터 모델은 각종 차량의 취약성을 측정하는 데 사용된다.

나는 브리핑에서 컴퓨터 모델을 검증하기 위해서는 10만 발을 발사해보아야 하는데 그것은 너무 비용이 많이 든다고 했다. 그래서 나는 실제 전투 자료로부터 무작위로 선택한 조준점들에 20~25발을 발사해 보면 통계

---

22) Dr. Perry Studt, Statistics and Operations Research Group of Los Alamos National Laboratories, "Statistical Aspects of Live Fire Tests." A copy was transmitted to author under memorandum of 21 April 1986 from Hunter Woodall, Jr., Army Staff.

23) Walter W. Hollis, Deputy Under Secretary of the Academy (Operations Research), letter to Martin Goland, Southwest Research Institute, San Antonio, Tex., 9 April 1986. 홀리스가 육군의 조준점 선정 방법을 검토하기 위해 초청한 패널의 위원장은 골랜드였다. 이 편지는 골랜드에게 반드시 나를 불러 설명을 들을 것을 권했다.

적으로 유의미한 1, 2, 3, 4차 사상자 발생 원인을 파악할 수 있다는 것을 설명했다(피에르 스프레이가 먼저 나에게 증명해 준 사실이었다).

육군은 아카데미의 결과 보고서를 철석같이 믿고 있었다. 6월 5일, 육군성 차관 암브로스와 힉스 박사가 스트래튼 의원에게 보내는 편지에 공동서명을 했다. 그들은 2단계 시험이 재개되면 조준점은 전미 과학아카데미에서 나온 취약성 전문가 집단이 선정할 것이라고 발표했다.[24]

6월 12일, 전미 과학아카데미는 자신들이 사용할 방법에 대한 보고서 초안을 발표했다. 과학아카데미는 탄도연구소의 생각을 받아들였고 내 것은 거부했다. 그래서 나는 다시 펜을 들었고 그 초안을 맹렬하게 비판했는데, 아카데미가 제안한 '비과학적인 조준점 선정'에 반대했다.

당신들의 초안은 목적상 네 가지 문제를 내포하고 있다.

1. 실사격의 주목적은 사상자를 줄이는 것임을 망각했다. 해당 초안은 은연 중 컴퓨터 초기화를 주목적으로 하고 있다.
2. 사상자가 발생하는 주요 원인을 발견하기 위한 절차를 강구하는 데 실패했다.
3. 주요 사상자 발생 원인을 줄이기 위한 개선 소요를 발굴할 필요성이 있다는 것마저 언급하지 않았다.
4. 사실 개선을 통해 사상자를 일정 수준으로 낮출 수 있다는 것을 확인할 필요성 인식에 실패했다(즉, 개선이 사상자를 일정 수준 이하로 유지하는가를 시험해 볼 필요성). … 나는 보고서에서 '사상자'라는 단어조차 찾아 볼 수가 없었다. … 당신들은 컴퓨터 소프트웨어를 설계하는 사람들의 시각을 가지고 있다. 다시 말해서 장갑차 손상, 취약성 평가, 지속적인 소프트웨어 변수 조정에만 관심이 있다. 이

---

24) Donald A. Hicks, Under Secretary of Defense for Research and Engineering, and James R. Ambrose, Under Secretary of the Army, letter to the Honorable Samuel S. Stratton, Chairman, Subcommittee on Procurement and Military Nuclear Systems, Committee on the Armed Services, House of Representatives, 5 June 1986.

러한 시각은 장갑차에 탑승하는 병력은 뒷전이고 장갑차와 컴퓨터 소프트웨어에만 관심을 두고 있다. …

만일 당신들이 탄도연구소의 컴퓨터 소프트웨어를 사용할 것을 추천할 생각이라면 그 소프트웨어들이 검증이 된 것인지 안 된 것인지를 점검해보는 아주 기본적이면서 과학적인 객관성이 요구된다. 그것들이 검증된 것이라고 믿는다면 당신들은 그 근거 혹은 관련 사실을 제공할 의무가 있다. 당신들의 초안에서는 소프트웨어의 정확도도 언급되어 있지 않다. 그런데 당신들은 무슨 근거로 그런 소프트웨어를 추천하고 있는가?[25]

내가 작성한 글에는 더 많은 내용이 포함되어 있었다. 전미 과학아카데미는 그것에 충격을 받았다. 나는 사본을 패널 전원에게 보냈고, 그들에게 공식적으로 보고서 초안을 철회하고 재작성할 것을 요구했다. 이 과학자들은 돌직구 같은 비평에 익숙하지 않았지만 내가 이 문제에 영향을 미칠 수 있는 시간도 얼마 남지 않았기 때문에 나는 변죽만 울리느라 시간을 낭비하고 싶지 않았다.

나바로 박사는 곧바로 패널의 의장인 마틴 골랜드에게 편지를 보내서 내의견은 국방부의 공식적인 의견이 아닌 개인의 생각이기 때문에 무시하라고 했다. 그러나 아카데미는 내가 말한 것을 무시할 수가 없었다. 그들은 의견을 조율하여 보고서를 다시 썼다.

육군에게는 매우 불행한 일이었지만 전미 과학아카데미 패널은 결정을 번복하고 내가 요청했던 대로 무작위 추출 방법을 채택했다. 사실 내가 전역하고 몇 달 뒤 재개된 2단계 시험의 모든 사격은 무작위 추출 방법을 적

---

25) Col. James G. Burton, USAF, letter to Martin Goland, Chairman, Panel on Vulnerability Analysis, Board of Army Science and Technology, National Research Council [National Academy of Sciences], 12 June 1986.

용하여 실시되었고, 사상자 최소화 차량도 마찬가지였다.[26]

'메모 전쟁'의 끝이 보였다. 나의 전역일인 6월 30일이 다가옴에 따라 보이드는 나에게 마지막 메모를 작성하라고 했다. 내가 육군의 조준 원이 수학적으로 잘못되었다고 하자, 월트 홀리스의 군사보좌관인 맥커른이 나를 반박하는 메모를 작성했다. 이 메모는 노골적인 거짓말로 가득 차 있었기 때문에 나는 그것을 무시했다. 나는 대꾸할 필요도 없다고 생각했지만, 보이드는 반박 메모를 쓰라고 독촉했다. "짐, 자네는 지금까지 모든 점에서 육군을 앞질렀네. 육군은 의회에 맥커른의 메모를 뿌리고 있고, 몇몇 의원은 그것을 믿고 있네. 마지막까지 긴장을 늦추어서는 안 되네."

내가 전역하는 바로 그날, 나는 친구, 동료들을(윗사람은 없었다)과 점심을 먹고 전역 증명서를 받기 위해 낸시와 함께 펜타곤으로 들어갔다. 그동안 엄청난 긴장과 스트레스를 받아 왔던 아내가 문제에 대처할 힘을 얻기 위해 전문 상담사, 친구, 목사를 자주 찾았다는 것을 나는 나중에야 알게 되었다. 그녀는 나도 힘들다는 것을 알고 있었기 때문에 나에게는 한마디도 하지 않았다.

낸시는 반목이나 싸움을 싫어하는 상냥하고 사랑스러운 사람이었지만 펜타곤에서 나의 일상은 반목과 싸움의 연속이었다. 20년 동안 교회 성가대장이었던 재능 있는 음악가인 그녀는 평생을 화합을 위해 살아왔다. 내가 그 인생에 불협화음을 가져다주었다. 그녀는 섬세했기 때문에 더욱 어려웠을텐데 한 마디 불평도 없었고 그만 하자는 얘기도 하지 않았다. 지금까지 그녀는 나에게 용기를 북돋아 주었고 천사 같은 미소를 보내 주었다. 내가 지치고 낙심하고 내일을 무사히 보낼 수 없을 것 같은 두려움에

---

26) James O'Bryon, Director, Joint Live Fire Test Program, Testimony at hearing, *Department of Defense Reports Required by Fiscal Year 1988 Authorization Act on Live Fire Testing of Bradley Fighting Vehicle*, before the Procurement and Military Nuclear Systems Subcommittee, of the House Committee on the Armed Services, 100th Cong., 1st sess., 17 December 1987, 9.

떨 때 그녀는 나의 안식처였다. 이제 이 모든 것이 끝났다.

점심 모임 후 나는 책상에 앉아 기록을 남기기 위한 마지막 메모를 작성했다.

맥커른은 홀리스에게 보내는 메모에 이렇게 적었다. "육군은 나바로 박사에게 브리핑할 때도 그랬고 지금까지도 대부분의 조준점이 무게중심 주위로 몰려야 한다고 주장한 적이 없다."[27] 물론 맥커른은 틀렸다. 의회 보고서 8페이지에 다음과 같이 분명히 기록되어 있다. "육군의 참고인들은 전투에서 대부분의 탄착점(68%)이 무게중심 주위에 형성된다고 진술했다." 나는 마지막 메모에서 그 외의 실수와 논리적 오류와 통계 오류를 지적했다.[28]

내가 메모를 쓰는 동안 낸시는 조용히 앉아 있었다. 오후 5시, 나는 그녀와 함께 마지막 메모를 돌렸다. 우리는 함께 브러드비히 육군 대령이 메모를 전달했던 21개 사무실에 들렀다. 그리고 나서 우리는 10대 때 했던 것처럼 손을 잡고 건물에서 빠져나왔다. 주님이 낸시를 데리고 가시기 전까지 4년 동안 우리는 정말 꿈 같은 시간을 함께 보냈다.

---

27) Lt. Col. Chaunchy F. McKearn, USA, "Review of Col. Burton's MFR on Bradley Phase Ⅱ Shot Selection Methodology Dated 2 May 1986," memorandum for Walt Hollis, James Ambrose, Gen. Max Thurman, et al., 13 May 1986.

28) Col. James G. Burton, USAF, "Bradley Phase Ⅱ Shot Selection Scheme," memorandum for the record, 30 June 1986. '메모 전쟁'에서의 이 마지막 메모가 레이먼드 폴라드로 하여금 1986년 7월 5일에 월트 홀리스에게 편지를 쓰게 만들었는데, 그 안에는 자신이 수학적으로 실수를 했다는 것을 인정하는 내용이 담겨 있었다. 자신의 실수를 인정한 그에 대한 나의 존경심은 몇 배 증가했다.

사례연구 : 해군의 좌초

앞서 언급한 조달절차의 폐해는 1980년대 중반 이전에 발생한 것들이었고 주로 육군과 공군이 관련되어 있었다. 내가 1986년에 전역하고 대략 1년 정도 지났을 때, 펜타곤은 국방부 부장관을 지낸 데이비드 패커드의 이름을 딴 패커드위원회가 권고한 일련의 조달 개혁을 단행했다. 전면적인 개혁은 내가 앞에서 언급한 문제들을 제거하기 위한 것이었다. 그러나 지금부터 다룰 이야기는 아직도 그 폐해가 사라지지 않았다는 것과 주로 절차와 과정에 초점을 맞춘 개혁으로는 펜타곤을 바꾸지 못한다는 것을 다루고 있다.

1991년 1월 7일, 리처드 체니 국방부 장관은 해군의 최우선 순위 항공 사업인 A-12 사업을 취소한다고 발표했다. 체니의 발표는 펜타곤, 해군, 의회, 그리고 방위산업체에 엄청난 충격을 주었다. 해군 역사상 가장 비싼 570억 달러짜리 항공 사업을 취소한 이유에 대해 체니는 다음과 같이 말했다. "의회에 더 많은 예산과 계약업체에 대한 구제 금융을 요청하지 않는 한 이 사업을 계속할 수가 없다. 그러나 나는 의회에 그것들을 요청하지 않기로 했다. 어느 누구 하나 이 사업을 계속하려면 어느 정도의 비용이 든다고 얘기해 주는 사람도 없다. … 우리가 납세자들의 세금을 현명하게 사용할 수 없다면 세금을 사용해서는 안 된다."[1]

역대 국방부 장관들이 자주 써먹었던 이 말은 논리적이고 설득력 있어 보이지만 아마 다른 이유가 더 있었을 것이다. 나는 체니의 이 극단적 행동의 진짜 이유는 해군과 장관실 참모들이 사업 초기부터 A-12의 가격, 제작 일정, 성능에 대해 고의적으로 거짓 정보를 주어 올바른 판단을 하지 못하게 만들었다는 것을 그가 알게 되었기 때문이라고 생각했다. 그로 인해 그는 의회에 있는 옛 동료들에게 본의 아닌 거짓말을 할 수밖에 없었다. 그러한 사실이 그와 그리고 언론을 포함한 모든 사람들에게 확실해졌을 때 그는 조치를 취했다. 체니가 극단적인 조치를 취할 수밖에 없었던 상황을 좀 더 자세히 알아보는 것은 의미가 있다. 관련된 사람들의 행동은 지휘 고하를 막론하고 수치스럽고 범죄라고 해도 과언이 아니지만 대부분의 대형 방위사업에서는 항상 일어나는 일이었다. 그러나 체니는 이번만큼은 1980년대의 전임 장관들이 당연하게 여겼던, 이 말도 안 되는 상황을 묵과하지 않기로 했다.

A-12는 수많은 논란 속에서 탄생했기 때문에 수많은 논란 속에서 사라지는 것 또한 피할 수 없는 운명이었다. A-12 사업 초기인 1983년 1월 12일에 폴 태이어는 카스퍼 와인버거의 국방부 부장관으로 취임했고 펜타곤 서열 2위였다. 해군 전투 조종사였던 태이어는 방위산업체인 LVT사의 임원으로 근무하다 펜타곤으로 자리를 옮겼다. 그는 불같은 성격의 소유자였고 펜타곤의 무기 구매 사업 담당을 마음에 두고 있었다. 2차 세계 대전 당시 그는 일본의 제로機 5대를 포함하여 적기 여섯 대를 격추시킨 전쟁 영웅이었다.[2] 그는 지금까지도 2차 세계대전에서 조종했던 콜세어 전투기 복제품부터 가장 최신 제트 전투기까지 모든 비행기를 조종하는 것

---

1) Molly Moore, "Stealth Jet for Navy Is Cancelled," *The Washington Post*, 8 January 1991, A1.

2) Peter Elkind, "The Double Life of Paul Thayer," *Texas Monthly*, September 1984, 146.

을 즐기고 있었다. 태이어는 항공 산업을 속속들이 알고 있었다. 그는 항공기를 개발하고 제작하여 완제품을 조종해 본 몇 안 되는 사람 중 한 명이었다.

태이어는 해군 항공의 미래와 관련해 처음부터 존 리만 해군성 장관과 의견이 달랐다. 펜타곤 주변에서 태이어는 리만의 적수가 못 된다는 것을 알 만한 사람은 다 알았다. 이 두 사람은 고집이 세고 해군에게 가장 바람직한 것에 대해 서로 다른 생각을 가지고 있었다. 그들의 충돌이 펜타곤의 화젯거리가 되었다.

리만은 젊고 건방지며 성격이 급하고 거리낌이 없었다. 많은 사람들이 그를 '건방진 애송이'로 보았지만 근래 들어 가장 효과적인 해군성 장관이었다는 평가를 받게 된다. 효과적이라는 말의 의미는 그가 그의 의제를 대부분의 펜타곤 리더들보다 잘 해결했다는 것이지, 그의 의제가 적절했다거나 해결방법이 모든 사람들의 동의를 얻을 수 있었다는 것을 의미하지는 않는다. 그는 재빠르게 펜타곤의 게임 규칙을 터득했고 훌륭한 선수가 되었다.

태이어가 부임하고 몇 달 후 리만이 와인버거 장관에게 향후 5년간 필요한 해군 예산안을 보고했다. 해군의 구형 항공기인 A-6 전투폭격기, F-14를 개조하기 위한 자금이 예산에 포함되어 있었다. 리만은 신 장비를 보강하여 두 항공기의 수명을 연장시키려 했다. 태이어는 해군이 A-6의 성능을 개량하기보다는 그것을 대체할 신형 항공기를 개발하기를 원했다. 그는 공군이 비밀리에 개발하고 있는 스텔스 기술에 기반을 둔 신형 항공기를 원했다. 당연히 리만은 반대했고 그들의 논쟁은 상당히 고조되었다.[3] 충돌이 잦아지자 태이어는 "우리 두 사람이 다 있기에는 건물이 너무 좁다."라고 했다. 그것은 옳은 판단이었다.

---

3) Tom Breen, "A Chat with John Lehman," *Inside the Navy*, 18 November 1991, 5.

리만 해군성 장관은 태이어 국방부 부장관을 거치지 않고 와인버거에게 보고를 했다. 와인버거는 리만에게 스텔스 기술이 해군에 적합한지를 조사할 저명한 외부 전문가들로 구성된 위원회를 구성하는 권한을 주었다. 펜타곤의 권모술수에 능한 리만은 자신과 생각을 같이 하는 사람들로 위원회를 구성했다.

리만이 구성한 위원회의 위원장은 공군성 장관을 지낸 NASA 부국장 한스 마크 박사가 맡았다. 그는 스텔스 기술의 강력한 지지자였고, 공군의 B-2 폭격기 사업을 시작하는 데 결정적 역할을 했다. 그럼에도 불구하고 위원회는 공군이 스텔스 기술의 타당성을 보여주기 전까지는 태이어가 원했던 스텔스 전투폭격기를 추진해서는 안 된다고 결론을 내렸다. 당시에 스텔스 기술은 아직 초보 단계였고 그것은 리만이 원했던 답이었다. 위원회의 태이어 지지자인 솔 러브와 빅터 코헨이 소수 의견서를 쓰기 전까지 폴 태이어는 끼어들 여지가 없었다.

한편 증권거래위원회가 내부거래 위반 가능성을 두고 1982년 봄부터 비밀리에 태이어를 조사하고 있었다. 증권거래위원회는 태이어가 부장관에 취임한지 두 달이 되었을 때 그에게 소환장을 발부했고 조사가 확대되면서 그는 몇 달 동안 세 번이나 조사를 받아야 했다. 1983년 12월 20일, 증권거래위원회 조사관들이 태이어를 부당 내부거래 혐의로 고발하고 사기, 공무집행방해, 증권거래위원회에서의 거짓 선서 혐의로 법무부에 송치했다.[4]

이름이 밝혀지지 않은 정보원이 이 사실을 언론에 흘렸고 관련 기사가 12월 29일자 주요 신문에 실렸다.[5] 태이어는 취임한 지 꼭 1년이 되는

4) Elkind, "Double Life of Paul Thayer," 252.

5) Kenneth B. Noble, "U.S. Steps Against Thayer Seen," The New York Times, 29 December 1983, D1.

1984년 1월 12일부로 사직서를 제출했다.[6] 리만은 2월부터 폴 태이어를 감옥에 보낸 사람이 바로 자기라고 동네방네 떠들고 다녔다. 나는 그 말이 단지 '풍문'이라고 생각했지만 태이어-리먼 논쟁과 함께 전해지고 있다.

A-6를 대체할 것인가에 대한 논쟁은 태이어가 떠나기 전까지 끝나지 않았다. 사업 분석·평가 국장이자 톰 크리스티의 상사이면서 TAC 항공반 반장인 데이비드 추가 리만의 계획을 계속 반대했다. 추는 F-18을 추가로 구매하는 것이 더 경제적일 것이라고 주장했고, F-18은 이미 생산 중에 있었다. 리만은 과거나 지금이나 F-18을 선호하지 않았다.[7] 태이어의 후임자인 윌 태프트 부장관이 절충안을 제시했다. 그는 해군은 리만이 원하는 대로 구형 A-6를 개량하고 동시에 태이어가 원했던 대로 신형 스텔스 항공기를 개발하라고 지시했다. 태프트는 신형 항공기 A-12를 늦어도 1994년까지는 실전배치 해야 한다고 지시했다.[8] 어떤 면에서는 리만의 승리였지만 동시에 패배이기도 했다.

해군은 즉각 신규 사업을 진행할 팀을 구성했다. 신형 항공기는 막 등장한 스텔스 기술을 기반으로 했기 때문에 A-12 사업은 곧바로 '비밀 세계'로 들어갔고 이로써 특별한 사람들만 접근할 수 있는 기밀로 분류되었다. 지난 수십 년간 펜타곤에서 특별 접근 혹은 비밀 사업이 문제가 된 적은 거의 없었다. 그 사업들은 펜타곤이나 의회 의원들마저도 접근할 수가 없었으며, 심지어 그런 사업이 있는지조차도 잘 몰랐다. 비밀 사업의 논리는 해당 기술이 너무 민감해서 비밀이나 일급비밀의 보안 등급으로는 적으로부터 적절히 보호할 수 없다는 것이었다. 비밀 사업에 대한 접근은 기존

6) Elkind, "Double Life of Paul Thayer," 253.

7) Breen, "Chat with John Lehman," 5.

8) Chester Paul Beach, Jr., Principal Deputy General Counsel for the Navy, "A-12 Administrative Inquiry," memorandum for the Secretary of the Navy, 28 November 1990.

의 펜타곤 관리들이 가지고 있는 보안등급과는 별도로 극소수에게만 허용되었다. 그러나 진짜 이유는 적이 아니라 우리 국민들이 무슨 사업이 진행되고 있는지 모르게 하는 것이었다. 비밀 사업의 속어인 그린 도어 뒤에서 어떤 일이 벌어지고 있는가를 아는 사람이 적을수록 범죄자들에게는 더 유리했다.

1984년 11월, 노드롭/그루먼 항공사와 맥도널 항공사/제너럴 다이내믹스가 신형 항공기의 기본개념preliminary concepts을 개발할 계약자로 선정되었다. 그들은 시제기 개발권을 따내기 위한 경쟁에 참여할 수 있는 또 다른 계약을 1986년 6월에 체결했다. 동시에 로렌스 엘버펠트 해군 대령이 사업관리자로 임명되었다.[9]

엘버펠트는 서류상으로는 그 업무에 적임자였다. 그러나 그의 자격은 겉만 번지르르했던 것으로 판명되었다. 그는 해군사관학교를 졸업하고 해군대학원에서 항공공학석사 학위를 받고 매사추세츠 공과대학에서 또 하나의 석사 학위를 받았다. 조종사인 그는 A-4와 A-7을 조종했다. 그는 무기체계 획득사업을 알고 있었다. 한때 엘버펠트는 A-12 계약업체 중의 하나인 세인트루이스에 있는 맥도널 더글라스 공장에서 해군 연락반 반장을 지내기도 했다.

패커드위원회의 개혁에 따라 엘버펠트는 사업관리자로서 백지 위임을 받았고 핵심 참모들도 직접 선발할 수 있었다. 그는 최소한 A-12가 생산되어 최초 비행을 할 때까지 절대적 권한을 보장받았다. 그의 사업은 처음부터 끝까지 충분한 자금을 지원받았고, 우선순위가 가장 높은 사업이었으며 국방장관실이나 의회가 세세한 부분을 통제하지도 않았다.[10] 한마디로 A-12는 그의 작품이었다. 그에게 필요한 모든 예산과 지원이 제공되었고

---

9) 앞의 글, 2.
10) 같은 글, 34.

아무도 간섭하지 않았다. 그런데도 그는 겨우 버티고 있었다.

맥도널 항공사/제너럴 다이내믹스가 시제기 개발자로 선정되었다. 경쟁은 모두 서류만으로 이루어졌다. 시제기가 제작되지도 않았고 제작에 필요한 기자재도 전혀 만들어지지 않았다. 모형으로 풍동 시험을 한 것을 제외하면 경쟁은 모두 서면 분석과 서류상의 약속뿐이었다. 나는 전투기 마피아들이 공동으로 작업을 한 1971–1974의 경량전투기 경쟁과 비교해보지 않을 수 없다. 과거의 두 경쟁사는 각각 두 대의 시제기를 제작하여 공중전을 실시했는데, A–12 경쟁자들은 연구논문만 만들었다.

맥도널 항공사/제너럴 다이내믹스가 1988년 1월 13일에 생산 계약을 따냈다. 47억 8천만 달러 고정가격 계약이었으며 1990년 6월에 첫 비행을 해야 했다. 승자인 맥도널 항공사/제너럴 다이내믹스와 패자인 노스롭/그루먼의 가장 큰 차이는 바로 가격이었다. 승자가 제시한 가격이 패자보다 11억 달러가 낮았다.[11] 당시 많은 내부 관계자들은 승자가 '바잉 인buying in'을 염두에 두었을 것이라고 생각했다. 바잉 인이란 계약자가 실제 가격은 이 입찰가격보다 훨씬 높을 것이라는 것을 잘 알고 있지만 실제 가격이 계약가격을 초과하면 항상 펜타곤이 업체를 구해주었다는 관례에 의지하는 것을 의미했다. 체니가 3년 후 A–12 사업을 취소했을 때 비용 초과가 10억 달러를 훌쩍 넘었던 것으로 평가되었다.

체니 장관은 1990년 4월 26일 국회에서 A–12 사업은 정상적으로 진행되고 있고, 문제의 조짐도 없으며 사업을 계속하겠다고 증언했다. 이 증언은 그의 참모들이 막 끝낸 3개월간의 철저한 연구를 근거로 이루어졌다. 그로부터 5주 후 해군이 구매 결정을 내리고 계약업체에 초도생산을 위해

---

11) H. Lawrence Garrett Ⅲ, Secretary of the Navy, testimony at joint hearing, *The Navy's A–12 Aircraft Program*, before the Procurement and Military Nuclear Systems Subcommittee, Research and Development Subcommittee, and Investigations Subcommittee of the House Committee on the Armed Services, 101st Cong., 2nd sess., 10 December 1990, 76.

11억 9천 8백만 달러를 입금한 다음 날인 6월 1일, 계약업체는 사업비가 최소 10억 달러 이상 초과하여 자체적으로 흡수할 수 없는 액수이며 인도 기간도 최소한 18개월 이상 늦춰질 것이고 계약서에 명기한 성능도 충족시키지 못할 것이라고 발표했다.[12]

이 메가톤급 뉴스로 '비밀 사업'이 햇빛 아래로 나오게 되었다. 역시 햇빛이 가장 좋은 살균제라는 것이 확인되었다.

그 후 몇 달간 하원의 두 위원회, 국방부 감찰감실, 해군 행정위의 공식적인 조사를 통해 해군과 국방부 고위 관리들은 A-12 사업에 심각한 문제가 있다는 것을 알고 있었고, 관련 정보를 무시하거나 감추어 온 것으로 밝혀졌다. 공식적인 조사를 하게 만든 사람은 플로리다 공화당원이자 하원 군사위원회 위원인 앤드류 아일랜드였다. 대부분의 공식적인 조사와 뒤이은 수많은 의회 청문회는 아일랜드 의원이 요구한 것이었다.

아일랜드 의원의 보좌관이며 그의 개혁 동료들이 '닥터 이빨'이라고 부른 골수 개혁파인 찰리 머피는 펜타곤 내부에 많은 정보원이 있었다. 한번 물면 놓지 않는 아일랜드와 머피가 무슨 일이 벌어지고 있는지를 확인하고 기존 체제에 죄인들의 책임을 묻도록 압력을 행사하기 위한 싸움을 벌일 때 그의 정보원들은 정말 귀중한 자산이 되었다. 그 전까지 전혀 통제를 받지 않던 기존 체제는 죄인들을 진급시키고 심지어 성과급까지 지급했지만 문제가 있다는 것을 알리려고 했던 사람들은 오히려 처벌하는 방법을 통해 기존 체제를 유지해 왔다.

하원 군사위원회 조사관은 계약이 체결된 1988년 1월부터 체니가 의회에서 사업은 정상궤도에 있다고 증언했던 1990년 4월 26일 사이에 해군과 국방장관실 사람들이 제기한 90번의 경고 위험 신호를 확인했다. 높은 지

---

12) Beach, "A-12 Administrative Inquiry," 1-30.

위에 있는 사람들이 모든 경고를 무시하거나 묵살했다.[13]

니콜라스 마블로레스 의원은 한 청문회에서 "A-12 사업이 잘못된 방향으로 가게 된 가장 중요한 원인은 묵살 행위였다. 여러 사람들이 비용이 치솟고 스케줄이 뒤처지고 있다고 경고했을 때 비용과 인도 시기 문제를 점검했어야 했다. 그러나 위험 신호는 직근 감독자들에 의해 묵살되었다."[14]

일반직 13등급(중령급)으로 해군항공체계사령부에서 비용 분석을 담당하던 데보라 디안젤로는 생산계약이 체결되고 6개월 뒤인 1988년 6월에 A-12의 비용분석가로 임명되었다. 유능한 디안젤로는 해군에 근무한 이래 매년 뛰어난 업적 평가를 받아왔다. 그러나 사업관리자인 엘버펠트는 그녀를 "매우 예민하고 신경질적이며 소심하다. 디안젤로는 그 어떠한 대치 상황도 좋아하지 않았다."라고 했다.[15]

엘버펠트의 평가가 '옳았다면' 지난 2년 동안 디안젤로의 행동은 엄청난 용기를 보여준 것이었다. 그녀는 사업팀에 합류하자마자 계약업체가 보내준 자료를 한번 보고는 곧바로 A-12 사업이 해군 예산을 바닥나게 만들 것이라고 판단했다. 그 다음 해부터 1년 반 동안 그녀는 엘버펠트에게 비용이 통제 불가할 정도로 증가했고 일정 또한 지연되고 있다는 보고를 계속했다. 그러나 그는 그녀를 무시했다. 디안젤로는 1989년 2월부터 그녀의 상사들에게 엘버펠트와 그의 재무참모들이 점점 커지는 비용문제에 주

---

13) "A-12 위험 경고 연표," 하원 군사위원회 조사관이 작성하고 모든 위원들에게 배포된 비공식 자료. 계약이 체결된 1988년 1월부터 체니가 의회에서 사업은 정상궤도에 있다고 증언했던 1990년 4월 26일 사이에 있었던 A-12 관련 중요 사건이 탁상달력 형태로 정리된 일자 미상의 자료: "A-12는 1994년에 작전을 할 수 있게 될 것이다."

14) Congressman Nicholas Marvoules, Chairman, Subcommittee on Investigations, House Committee on the Armed Services, opening remarks(18 April 1991) at subcommittee hearing, "A-12 Acquisition," 102nd Cong., 1st sess., 9 and 18 April and 18, 23, and 24 July 1991. 122.

15) Capt. Lawrence Elberfeld, USN, testimony at hearing, A-12 Acquisition, 178.

의를 기울이지 않는다고 불평을 했다.[16]

엘버펠트는 해군의 지휘계통을 거쳐 정기적으로 국방장관실에 예상 원가에 대한 공식 보고서를 제출하도록 되어 있었는데 디안젤로가 그 보고서를 작성했다. 그녀는 항상 가장 가능성이 없는 낮은 비용과 높은 비용을 제시했고, 그녀의 전문가적 판단으로 예상 비용은 그 중간이었다. 엘버펠트는 아홉 번 중 일곱 번은 그녀가 보고한 수치 중에서 가장 가능성이 없는 낙관적인 수치를 상부에 보고했다. 나머지 두 번은 그녀가 보고한 수치에도 만족할 수 없어 자신이 생각하는 비용을 제시했는데, 그것은 디안젤로의 가장 가능성이 없는 낙관적인 수치보다 더 낮았다.[17]

의회가 엘버펠트에게 그렇게 낮은 비용을 예상한 이유를 묻자 그는 특별한 근거는 없다고 대답했다. 다만 그는 넌지시 두 계약자들이 A-12 사업 손실을 증권거래소에 보고하지 않았다는 사실을 포함하여 '계량화할 수 없는 변수와 기타 파악하기 어려운 것들' 때문이었다고 했다.

엘더펠트는 조사 소위원회에서 다음과 같이 진술했다. "나는 기업은 자신이 수행하고 있는 사업의 진척상황에 대해 정직하고 공정하게 보고할 책임이 있다는 것을 고려했다. … 기업 대표는 그 책임이 막중하다. 그리고 그들은 상황을 호도하는 보고서를 만들지 않을 것이다."[18] 다시 말해서 계약자들이 증권거래소에 손실보고를 하지 않았기 때문에 디안젤로의 평가는 틀렸을 수밖에 없었다는 것이었다. 엘버펠트는 사람들이 이 말을 믿을 것이라고 생각했다. 그의 비용 평가는 정치적 고려에 기초했다고 생각할 수밖에 없었던 근거가 있었다.

---

16) Chris D. Aldridge, Professional Staff Member, House Committee on the Armed Services, testimony at hearing, *A-12 Acquisition*, 129-130. 알드리지는 디안젤로를 대신해서 마지못해 증언을 했다. 알드리지의 증언은 디안젤로와의 광범위한 인터뷰를 토대로 이루어졌다.

17) Elberfeld, testimony at hearing, *A-12 Acquisition*, 150.

18) 같은 글, 188.

엘버펠트가 보고한 공식 비용과 진척도 평가는 생산업체에게 지불되는 돈의 흐름을 좌우했기 때문에 정말 중요했다. 만약 엘버펠트의 평가가 옳았다면 돈은 생산업체로 갔을 것이다. 그러나 디안젤로의 평가가 옳다면 계약대로 진행되지 않았다는 간단한 이유로 생산업체는 정기적으로 받았던 진행자금을 받아서는 안 되었다(누가 옳았는지 짐작해보라. 체니가 1991년 1월에 사업을 취소했을 때 생산업체는 13억 5천만 달러라는 과도한 진행자금을 받은 상태였다.[19] 이 장에서 나중에 자세히 언급하겠지만 펜타곤이 과도하게 지급한 자금을 회수하기 위해 취한 어정쩡한 노력도 그 자체가 스캔들이었다).

비용 문제는 1989년 늦은 여름부터 가을 사이에 급속히 나빠졌다. 엘더펠트에게 보고한 디안젤로의 문서가 이것을 극명하게 보여주었다. 디안젤로와는 별도로 두 번째 비용분석가가 등장하여 철저히 분석을 했지만 디안젤로와 똑같은 결론을 내렸다.

매년 가을, 국방장관실 참모들은 다음 해 1월에 의회에 제출할 정부 예산 중 국방 예산 부분을 준비하기 위해 매우 체계적인 예산심의를 한다. 이 심의의 한 절차로서 국방장관실의 여러 부서에서 예산안을 마련하여 공개토론을 거친다. 국방부 감사실의 비용분석가인 토머스 헤이퍼가 A-12 사업의 접근 권한을 받았다. 헤이퍼는 8월에 디안젤로를 만났을 때 A-12 사업에 문제가 있다는 말을 들었었다. 생산업체의 공장을 방문하고 엘버펠트와의 1:1 면담을 통해 그는 비용이 5억 달러 정도 초과했으며 일정은 2년 이상 지연되었다는 결론을 내렸다.[20]

헤이퍼는 개발이 완료될 때까지는 진행자금이 필요 없기 때문에 1990-

19) Congressman John Conyers, Chairman, Legislation and National Security Subcommittee, House Committee on Government Operations, opening remarks at subcommittee hearing, *Deferment Actions Associated with the A-12 Aircraft*, 102nd Cong., 1st sess., 11 April and 24 July 1991, 1.

20) Beach, "A-12 Administrative Inquiry," 21-22.

91 회계연도 예산에서 수십억 달러를 삭감해야 한다고 주장했다. 가을 예산심의 과정에서 헤이퍼는 관련 자료를 만들어 A-12 사업에 접근할 수 있는 국방장관실과 해군본부 사람들에게 회람시켰다.[21] 해군은 곧바로 비상이 걸렸다. 국방장관실에서 이 사업에 문제가 있다는 것을 처음 알게 되었다.

그러나 공군본부 수뇌부들은 A-12 사업에 문제가 있다는 것을 국방장관실보다 먼저 알고 있었다.[22] 1989년 가을에 같은 생산업체의 공장에서 진행되고 있던 공군 사업을 감독하는 인원들은 헤이퍼가 예측했듯이 A-12 사업이 2년 정도 지연되고 있다는 것을 지휘계통에 보고했다. 헤이퍼가 국방장관실에서 문제를 제기하고 있던 때인 11월에 공군 획득차관보는 A-12 사업이 2년 정도 지연되고 있다는 보고를 받았다.[23] 타군에게 해로운 정보를 선택적으로 흘려 반사 이익을 얻곤 했는데 왜 이런 정보가 공군본부에서 국방부로 새어 나가지 않았는지 정말 이해되지 않았다.

동시에 엘버펠트와 A-12 사업자는 재빠르게 헤이퍼가 틀렸다고 해군 지휘계통을 설득했다. 로렌스 가렛 해군성 장관은 엘버펠트가 준비한 주장에 근거해서 국방장관실 감사실의 션 오키프에게 항의서한을 보냈다.[24] 가렛은 헤이퍼의 분석이 다른 모든 사람들과 너무 다르다는 이유를 내세워 그의 제안서를 예산심의에서 제외시킬 것을 요구했다. 체니의 '조달의 대가'인 존 베티 획득 담당 차관도 비슷한 편지를 보냈다. 양쪽의 반대에 직면한 션 오키프는 '아무도 우리에게 동의하지 않는다'는 이유로 헤이퍼의 제

21) 같은 글, 22.

22) Gen. Merrill McPeak, Chief of Staff, U.S. Air Force, letter to Congressman Andrew Ireland, 9 July 1991.

23) 같은 글.

24) Garrett, testimony at joint hearing, *Navy's A-12 Aircraft Program*, 79.

안서를 철회했다.[25] 분란을 일으킨 대가로 헤이퍼는 연간 업적 평가에서 낮은 점수를 받았고 결국 항공기가 아닌 미사일 분야로 배치되었다.[26]

1989년 가을, 두 명의 비용분석가가 각각 독자적으로 문제를 제기했지만 둘 다 무시되었다. 그 두 사람과 똑같은 평가를 한 세 번째 비용분석가의 메시지는 심지어 무시된 것도 아니고 묵살되었다.

1989년 말, 그린 도어 뒤에 문제가 있다는 것을 탐지한 사람들이 늘어났다. 엘버펠트 본인도 이제는 최초 비행이 1990년 6월에서 9월로 약 3개월 정도 지연될 가능성이 있다는 것을 인지하기 시작했다. 그 후 몇 달 동안 그 사실이 점점 확실해졌지만 그는 아무도 눈치 채지 못하게 만들었다.

예를 들어 그는 첫 비행이 6개월 정도 늦춰질 가능성은 50:50이지만 계획된 작전 가능 시기 혹은 기타 중요한 이정표에는 영향을 미치지 않을 것이라고 했다. 사업관리자들은 모든 것이 제대로 돌아가지 않을 때나 되어서야 특정 브리핑이나 보고서를 언급하면서 "봐라, 내가 그때 모두에게 경고하지 않았느냐!"라고 한다.

헤이퍼 사건 직후인 12월 중순에 체니 장관은 그의 부하들에게 최근 개발 중이거나 생산되고 있는 주요 항공기 사업들을 철저히 조사해 보라고 지시했다.[27] 냉전은 끝났고 국방 예산 감소는 불가피했다. 상당히 고가의 항공기 사업들이 동시에 진행 중이었다. 체니는 수천억 달러에 달하는 그 사업들의 비용이 정말 합당한 것인지 철저히 분석하기를 원했다. 특히 그

---

25) Beach, "A-12 Administrative Inquiry," 22.

26) Congressman Andrew Ireland, letter to Derek Vander Schaaf, Department of Defense Deputy Inspector General, 27 February 1991. 아일랜드는 A-12 분란을 일으킨 헤이퍼와 디안젤로에게 불이익을 준 것을 불평했다.

27) Richard Cheney, Secretary of Defense, "Major Aircraft Review," memorandum for Deputy Secretary of Defense, 19 December 1989. 체니는 부하들에게 공군의 B-2, C-17, 고성능 전술기, 그리고 해군의 A-12 사업을 돌아오는 봄에 검토할 수 있도록 준비하라고 지시했다.

는 공군의 B-2 폭격기, C-17 수송기, 고성능 전술기, 해군의 A-12를 철저히 조사하기를 원했다. 흥미롭게도 4개 사업 중 3개가 '스텔스'와 '비밀' 사업이었다.

획득 담당 차관인 존 베티에게 '주요 항공기 재검토' 업무가 주어졌다. 체니는 그 작업이 봄에 있을 정기국회 보고시기에 맞춰 완료되기를 원했다. 베티는 네 가지 사업을 파헤치기 위해 여러 팀을 조직했다.

1990년 1월, 국방장관실 비용분석가들이 재검토에 필요한 자료를 수집하기 위해 생산업체의 공장을 방문했다. 그 방문자 중에 댄 비치 해군 중령이 있었다.[28] 방문자들은 기계 돌아가는 소리와 항공기 부품을 조립하느라 분주한 공장을 예상했었다. A-12 사업은 1990년 6월에 첫 비행을 하도록 되어 있었다. 엘더펠트가 말한 것처럼 사업이 3~6개월 지연된다 하더라도 공장에는 기계류와 조립 중인 날개나 착륙 바퀴와 같은 A-12의 각종 부품들이 있어야 했다.

방문자들은 공장 바닥이 텅 비어있는 것을 보고 충격을 받았다. 한 분석가는 공장 바닥이 "농구장처럼 보였으며 그 위에 백색 표시 말고는 아무것도 없었다."라고 했다. 백색 표시는 그곳에 기자재들이 있어야 할 자리였다. 무엇인가 잘못된 것이 분명했다.

비치 중령은 그날 예리한 질문을 퍼부었다. 그는 그날 방문자 중 가장 비판적이었다. 분석가들이 떠날 채비를 하고 있을 때 생산업체는 분석가들이 작성한 노트를 모두 압수했고 보안성 검토를 마친 후 돌려주겠다고 했다. 비치 중령만 제외하고 모든 사람들이 자료를 돌려받았다. 그의 노트는 이상하게 '분실' 되었다. 비치의 노트가 분실되었다고 한 후 생산업체는 비

---

28) 댄 비치와 해군 감찰 차감 체스터 폴 비치를 혼동할 수 있다. 폴 비치의 A-12 진상조사보고서는 기대할 수 있는 가장 완벽하고 공정한 문서였다. 그것은 의회 청문회를 포함해 수많은 조사의 원천 문서가 되었다. 비치 보고서로 알려진 이 보고서는 그것을 읽지 않은 누군가가 비치 대신 결론과 조언을 썼지만 훌륭했고 관련 자료가 많다(펀치 자국이 너무 많았다). 그렇다 하더라도 보고서의 주요 내용은 A-12 사업을 추적하는 데 정말 귀중한 자료이다.

치 중령에게 그의 노트는 비밀이 아니라고 말했다. 비치의 노트에 대한 (익명의 제보자의) 기록에 의하면 그의 노트는 정부 문서보관소의 정부 문건에서 발견되었다.[29] 공장이 텅텅 비어있다는 말이 펜타곤에 금방 퍼졌다. 이 사건이 아일랜드 의원의 보좌관인 찰리 머피의 관심을 끌었고, 그는 좀 더 비판적인 시각으로 사업을 관찰하기 시작했다.

3월 14일에 있었던 두 번째 A-12 생산 공장 방문에는 체니, 베티, 그리고 수행단도 포함되어 있었다. 이번에는 맥도널 더글라스 공장 바닥이 여러 조립 단계에 있는 부품들로 가득 차 있었다. 모든 것이 정상적으로 보였고, 엘더펠트는 방문자들에게 그가 평상시에 했던 대로 '좋은 소식' 브리핑을 했다.[30] 체니는 A-12 사업이 정상 궤도에 있다는 확신을 얻고 공장을 출발했다. 나중에서야 해군은 체니가 본 항공기 부품들은 그의 방문을 대비해 급조한 것이었다고 실토했다. 모든 부품들은 고장 난 것이거나 수락검사를 통과하지 못한 것들이었다. 공장 근로자들은 모든 것이 정상적으로 진행되고 있는 것처럼 보이도록 공장을 꾸몄다. 로버트 코에닉은 공장이 있는 지역의 신문인 세인트루이스 포스트 디스패치에 "맥도널 더글라스사는 바람직하지 않은 사실을 감추기 위해 A-12의 포템킨 빌리지[31]를 세웠다."라고 썼다.[32]

---

29) Charlie Murphy, aide to Congressman Andrew Ireland, "'Lost' CAIG Document," memorandum for the record, 12 September 1991. 아일랜드 의원(1991년 9월 17일)과 국방장관실 감찰실장 수잔 크라폴드(Susan J. Crawford, 1991년 12월 20일)는 편지를 주고받았다. 아일랜드는 비치 중령의 노트는 여러 조사와 연관되어 있는데 검토해야 할 시기에 편리하게도 발견되지 않는 것이 유감이라고 했다. 크라폴드는 그에게 아직도 찾고 있다고 했다.

30) Beach, "A-12 Administrative Inquiry," 24.

31) 현실을 감추고 가공으로 연출된 도시. 1787년 러시아 여제인 예카테리나 2세가 크림반도를 시찰한다는 소식을 듣고, 연인이자 총독이었던 그레고리 포템킨이 낙후된 크림반도의 상황을 감추고 여제의 환심을 얻기 위해 겉만 화려한 가짜 마을을 조성했다. 역자 주.

32) Robert L. Koenig, "Navy: McDonell Faked A-12 Display," *St. Louis Post-Dispatch*, 25 July 1991, 1.

존 베티 조사팀은 생산 공장 방문과 수 개월 동안의 자료 검토를 마치고 3월 말에 체니에게 브리핑할 준비를 했다. 베티는 3월 26일에 자기 수하에 있는 비용분석팀장인 게리 크리슬에게 사업을 살펴보라고 지시했다. 크리슬이 A-12 사업을 본 것은 이때가 처음이었다. 그는 이 사업에 대해 아무것도 몰랐고 접근 권한도 없었다. 그 날 늦게 접근이 허락되어 비용자료를 보기 시작했다. 그는 24시간 만에 분석을 끝냈고 사업은 10억 달러가 초과되었다는 결론을 내렸다.[33] 그는 겁을 먹고 임금님 옷이 보이는데도 보이지 않는다고 할 사람이 아니었다.

크리슬의 분석은 A-12 비밀 사업에 충격을 주었다. 그는 접근 권한이 부여된 지 하루 만에, 그리고 체니에게 브리핑하기 하루 전에 베티에게 그 결과를 보고했다.

다음 날, 베티와 체니의 첫 회의에서 베티의 부하 중 한 명이 비용이 수억 달러 정도 초과할 가능성도 있다는 것을 슬쩍 내비쳤다. 아무도 흥분하지 않았고 아무도 그 문제를 강조하지도 않았다. 크리슬의 분석은 해군과 국방장관실 사람들이 그렇게 오랫동안 들어왔던 이야기와 달라도 너무 달랐고 국방부 장관 면전에서 크리슬의 말에 즉시 반박할 사람은 아무도 없었다.[34] 그 후 수 주 동안 해군본부는 크리슬의 폭탄선언에 대응하기 위해 수많은 회의를 소집했다.

3월 29일, 크리슬이 그의 분석 결과를 엘버펠트와 그의 부하들에게 브리핑했다. 크리슬은 특별히 엘버펠트의 비용분석가인 데보라 디안젤로를 참석시켜 줄 것을 요청했다. 엘버펠트가 그녀의 브리핑 참석을 허락할 리가 없었다. 그녀는 옆방에 혼자 앉아 있으라는 지시를 받아 브리핑에 참석할 수 없었다. 엘버펠트는 그녀가 충돌을 좋아하지 않는 소심하고 예민한 성

---

33) Beach, "A-12 Administrative Inquiry," 24.
34) 앞의 글, 25.

격이기 때문에 회의에 참석시키지 않았다고 주장했다. 그러나 의회 직원들의 증언에 의하면 엘버펠트는 디안젤로가 그녀의 심경을 털어놓는 것이 두려워 회의참석을 금지시켰다고 했다.[35]

비치 보고서에 의하면 엘버펠트는 크리슬의 주장을 주목할 수밖에 없었다.[36] 그 후 몇 달 동안 크리슬은 대부분의 해군 고위직에게 브리핑을 했다. 베티가 브리핑을 받은 다음 날, 베티는 제너럴 다이내믹스의 최고경영자와 맥도널 더글라스 회장을 불렀다. 두 사람은 사업이 정상궤도에 있고 재정 문제도 없다고 주장했다. 제너럴 다이내믹스의 최고경영자는 베티에게 사업비용이 초과되지 않았다는 새빨간 거짓말을 했다.[37] 베티는 그 말을 받아들였고 어떻게 크리슬 보고서가 나올 수 있었는가에 대해 더 이상 캐묻지 않았다. 한 마디로 베티는 크리슬을 아무 것도 모르는 '신출내기'로 치부해 버렸다. 베티는 크리슬이 겨우 며칠 전에 사업에 접근할 수 있는 권한을 부여받았기 때문에 그가 틀렸을 것이라고 했다. 이것 때문에 베티는 6개월 후에 작성된 감찰감의 최종 보고서에서 혹독한 비판을 받았다.

첫 회의 이후에 베티의 조사 팀은 체니와 회의를 몇 번 더 가졌다. 앞에서도 언급했지만 10억 달러 비용 초과 문제에 대해 체니는 자세히 알지 못했다. 사실 체니는 '비용 초과 가능성' 혹은 말도 안 되는 소리 등과 같이 지나가는 말 이상을 들어본 적이 없었다. 비용 초과 상황의 진상을 규명하려는 진지한 노력이 부족했다. 데이비드 추의 비용분석가들은 과거의 문제를 추적해야 했지만 그렇게 하지 않았다. 그들은 여느 때와 다름없이 엘버펠트가 작성한 비용 평가를 그대로 받아 들였다. 추의 분석가들은 머리를

---

35) Capt. Lawrence Elberfeld, USN, and Congressman Andrew Ireland, dialogue during hearing, *A-12 Acquisition*, 180.

36) Beach, "A-12 Administrative Inquiry," 25.

37) 같은 글, 26.

맞대고 게리 크리슬의 10억 달러 비용초과도 옳을 수 있지만 엘버펠트의 평가도 달성이 가능하다는 문서를 만들었다.[38]

베티는 크리슬의 분석에 큰 비중을 두지 않았다. 그는 모든 것이 통제 하에 있다는 항공분야에 있는 동료들의 말을 믿었다. 베티는 4월 17일에 체니에게 10억 달러 비용초과 가능성을 언급한 메모를 보냈지만 그리 심각하게 생각하지 않았다.[39]

결국 체니는 사업이 정상궤도에 있다는 말을 철석같이 믿었다. 그는 4월 26일에 있었던 하원 군사위원회에서 그렇게 증언을 했다. 하원 군사위원회는 그때까지도 비용과 일정 문제에 대한 소문을 듣지 못했기 때문에 체니의 증언을 아무 의심 없이 받아들였다. 나중에 체니의 증언에 대해 위원장이었던 레스 아스핀은 "그 증언에서 A-12 사업에 심각한 문제가 있다는 것을 발견할 수 있는 단서는 아무것도 없었다."라고 했다.[40] 그러나 A-12 사업에는 분명히 문제가 있었다. 국방부와 해군본부의 고위 간부들은 알고 있었지만 그들은 체니가 의회에 거짓 보고를 하게 만들었다.

체니가 의회에 증언을 한 지 일주일이 지났을 때부터 문제가 불거지기 시작했다. 1990년 5월 4일, 맥도널 더글라스와 제너럴 다이내믹스 대표들이 엘버펠트를 만나 "사실은 사업 비용이 10억 달러 초과했고, 업체에서 그만한 비용을 흡수할 능력이 없으며, 일정도 18개월 이상 늦춰질 것이고, 성능 또한 계약서에는 못 미칠 것"이라고 했다.[41]

믿을 수 없지만 엘버펠트는 그 말을 듣고 깜짝 놀랐고, 의회와 해군 행

---

38) 같은 글.

39) 같은 글, 27.

40) Congressman Les Aspin, opening statement at joint hearing, *Navy's A-12 Aircraft Program*, 1.

41) Beach, "A-12 Administrative Inquiry," 17.

정조사위원회에서도 그렇게 말했다.[42] 그의 비용분석가가 1년 내내 비용이 10억 달러 이상 초과할 것이라 얘기했고, 헤이퍼가 7개월 전에, 심지어 게리 크리슬이 한 달 전에 문제를 제기했었다. 그런데 엘버펠트는 놀랐다.

생산업체들은 엘버펠트에게 경제적 도움을 청하면서 생산 계약 수정, 초기 생산품의 가격 재설정 등 한 마디로 긴급 원조를 요청했다. 그들은 10억 달러를 혼자 감당할 생각이 없었다. 업체 임원들은 국방장관실의 존 베티를 방문할 계획이었고, 필요하다면 국방부 부장관도 방문하여 이 반가운 소식을 공유할 계획이었다.

엘버펠트도 충격에 빠질 수밖에 없었다. 이러한 사실이 해군이나 국방부 상부에 전달되면 아수라장이 될 게 뻔했다. 그는 지금까지 사업은 제대로 진행되고 있으며 아무 문제가 없다고 윗사람들을 안심시키는 데 많은 시간을 소비했었다. 그런데 생산업체들이 이 모든 것을 수포로 만들려 하고 있고, 엘버펠트의 신용도와 경력까지 망치려하고 있었다. 이제 피해를 최소화하는 것이 급선무였고, 고위 간부들이 생산업체로부터 소식을 듣게 만드는 것보다 직접 보고하는 것이 최선이었다.

엘버펠트는 나쁜 소식을 가지고 지휘계통을 밟기 시작했다. 업체들과 회의가 끝나자마자 곧바로 직속상관인 존 칼버트 제독과 해군성 장관실 비서인 로버트 톰슨에게 그 사실을 알리며 업체 메시지의 심각성을 설명했다.[43] 정말 지저분한 게임이 시작되었다.

원래의 계약대로 일이 진척되었더라면 초도생산을 위한 계약은 5월 말에 이루어지고 최초 비행은 그 다음 달인 6월에 실시되어야 했다. 해군이 초도생산 자금을 집행하기 위해서는 해군 차관보 제리 칸과 국방장관실의 베티 혹은 그의 대리인 도널드 요키의 승인이 필요했다. 생산계약의 체결

42) 앞의 글, 17-20. & Elberfeld, opening remarks at hearing, *A-12 Acquisition*, 136.

43) Beach, "A-12 Administrative Inquiry," 18.

은 중요한 이정표였고, 그 의미는 보통 앞으로 어떠한 어려움이 있더라도 사업의 지속을 보증하는 것이었다. 이론적으로 해군과 국방장관실의 고위 간부들이 A-12 사업의 상태를 알았더라면 그들은 그 계약서에 절대 서명을 하지 않았을 것이다. 그래서 속임수가 필요했다.

엘버펠트는 칸 차관보에게 할 브리핑을 준비했다. 그 브리핑에서 모든 사실을 털어놓을 생각이었다. 그는 이미 칸의 부하인 톰슨에게 그 사실을 알렸기 때문에 칸과 가렛 해군성 장관이 알고 있을 것이라고 생각했다.[44]

칸과의 회의는 5월 21일로 계획되었다. 엘버펠트의 해군 보스인 리처드 겐츠 중장과 존 칼버트 소장은 칸과의 회의에서 사실대로 보고하는 것보다 첫 번째 생산 계약을 체결할 수 있도록 칸의 승인에 초점을 맞추기로 했다. 그들은 그 사실이 알려지면 칸에게 결재를 못 받을 수도 있기 때문에 엘버펠트에게 5월 4일에 계약업체들이 언급한 정보에 대해서는 입도 벙긋하지 말라고 지시를 했다.[45] 다시 말해서 칸이 사업의 상황과 건전성 문제를 몰라야 10억 달러짜리 생산 계약을 승인하게 될 터였다. 엘버펠트는 지시를 따랐다.

엘버펠트는 나중에 의회에서 그가 왜 5월 21일 회의에서 사태의 심각성을 알리지 않고 칸을 속인 이유가 무엇이냐는 질문에 다음과 같이 답했다. "소장들로부터 여섯 번, 중장들로부터 세 번이나 [칸에게 말하지 말라는] 이야기를 들었고, 나는 그들의 결정과 판단을 따랐다. 나는 장교이고 지휘계통의 명령을 존중하도록 훈련을 받아 왔고, 당시 상황에 대해 충분히 보고한 후에 내 상관들의 뜻을 따랐다."[46] 업계에서는 이것을 '뉘른베르크 변

---

44) 앞의 글, 20. 톰슨은 세 가지 이유로 사실을 알리지 않았다. 첫째, 그는 비서실 수준에서 경보를 발령해야 할 정도로 중요한 것이 아니라고 생각했다. 둘째, 해군 현역들을 '배반'하여 그들과의 관계를 위험에 빠뜨리고 싶지 않았다. 셋째, 그는 장관에게 보고하는 일은 앨버펠트 대령과 그의 상관들이 해야 할 일이라고 생각했다.

45) 같은 글.

46) Elberfeld, testimony at hearing, *A-12 Acquisition*, 173.

명'이라고 한다.

칸은 그 자리에서 문서에 서명을 했다. 5월 21일 회의에 참석했던 사람들(칸, 엘버펠트, 칼버트, 그리고 톰슨) 모두 그 회의에서 10억 달러 비용초과 문제는 거론되지 않았다고 주장했지만 그 방에 있었던 사람들은 모두 그 사실을 알고 있었다.

칸이 결재를 했다는 것은 초도생산을 할 수 없는 업체에게 정부가 10억 달러의 생산 자금을 주어야 한다는 것을 의미했다. 5월 31일에 엘버펠트와 그의 패거리들이 베티의 대리인 도널드 요키에게 브리핑을 하고 그의 서명도 받았다. 물론 업체의 자백에 대해서는 언급하지 않았다. 최소한 이 날만큼은 모든 문제가 해결된 것처럼 보였다.

그러나 그 다음 날 맥도널 더글라스와 제너럴 다이내믹스의 임원들이 칸의 집무실을 방문하여 5월 4일에 엘버펠트에게 했던 얘기를 그대로 했다. 비용은 한도를 10억 달러 초과했으며 그것을 업체들이 감당할 수 없다는 것이었다. 그들은 손실을 충당할 수 있도록 계약을 수정하기를 원했다. 첫 비행도 1991년 3월 이전에는 불가능하고, 모든 생산 일정과 1994년으로 되어 있는 작전배치 시기도 지연될 수밖에 없다고 했다. 마지막으로 비행기 무게가 계속 증가한 것이 주원인으로 작용하여 성능도 계약했던 것보다 떨어질 수밖에 없다고 했다. 업체들은 전체 사업을 전면 재검토해 달라고 하면서 한 마디로 해군만이 자기들을 구해줄 수 있다고 했다.[47] 나는 칸이 어떻게 반응했는지 모르지만 그는 곧바로 업체 대표들과 만났던 사실을 가렛 해군성 장관과 국방장관실의 베티에게 보고했다. 그런 다음 체니에게 보고했다. 그 말이 펜타곤 밖으로 새어나갔고 언론은 대박을 터뜨렸다.

베티는 생산업체들의 이야기를 듣고 놀랐다고 주장했다. 월 스트리트 저널은 베티가 '생산업체들이 문제를 자백했다는 것에 깜짝 놀랐고, 국방부

---

47) Beach, "A-12 Administrative Inquiry," 20.

장관이 지시했던 주요 항공기 사업 재검토 때 그러한 사실들이 밝혀지지 못한 이유를 물었다'고 썼다.[48] 물론 문제는 그 이후에 불거졌지만 베티는 어떤 조치도 취하지 않았었다.

게리 칸은 비밀 사업 치고 문제가 없었던 적이 없었기 때문에, 업체들의 발언에 놀라지 않았을는지도 모른다. 그러나 그는 업체 대표들이 6월 1일에 자신의 사무실을 방문하여 말해 주기 전까지는 A-12 계약자들의 상황에 대해서는 특별히 아는 것이 없었다고 계속 주장했다.[49] 그 주장 역시 거짓말처럼 들렸다.

첫째, 칸은 게리 크리슬의 분석 결과를 3월 28일에 들었기 때문에 그는 문제를 알고 있었다. 당시 크리슬의 분석은 펜타곤에서 가장 떠들썩한 화제거리였다. 둘째, 비록 그는 주요 항공기 재검토가 진행 중이었던 3월 12일에 차관보에 취임했지만 A-12 계약업체 중의 하나인 제너럴 다이내믹스의 부회장이었다.[50] 정부와 계약한 사업의 비용이 10억 달러나 초과했는데 부회장이 그것을 몰랐다는 것은 설득력이 없었다.

아무튼 비밀이 폭로되었고 조사와 고발이 시작되었다. 아일랜드 의원이 아니었더라면 이 조사는 대충 얼버무려졌을 것이다. 6월 15일에 아일랜드 의원은 체니의 감찰 차감인 데릭 샤프를 의원실로 불렀다. 샤프는 지저분한 상황을 끝까지 파헤치는 사람으로 유명했다.

아일랜드는 A-12 사업을 철저히 조사할 것을 당부했다. 어떻게 이런 일

---

48) Rick Wartzman and David J. Jefferson, "Delays in A-12 Seen Leading to Write-Offs," *The Wall Street Journal*, 11 June 1990, A4.

49) Gerald A. Cann, Assistant Secretary of the Navy for Research, Development, and Acquisition, letter to Congressman Andrew Ireland, 20 march 1991.

50) Gerald A. Cann, letter to Congressman Andrew Ireland, 15 April 1991. 칸은 1988년 1월 4일(A-12 계약이 체결되기 1주일 전)부터 해군 차관보로 취임하는 1990년 3월 12일(게리 크리슬이 10억 달리 비용 초과 문제를 거론하기 2주 전)까지 제너럴 다이내믹스에서 근무했다.

이 발생할 수 있으며, 누구에게 책임이 있는가? 아일랜드는 그 다음 해에 누군가는 책임을 져야 한다고 강력히 주장했다. '제도'를 탓할 시기가 이미 지났는데도, 그런 일이 벌어지면 제도를 탓하다가 끝나는 것이 보통이었다.

아일랜드의 요구로 펜타곤과 의회에서 조사가 시작되었다. 그 후 몇 달 동안 국방장관실의 수장 크로포드 감찰감은 A-12 사업 혹은 은폐에 어떤 방식으로든지 관련되었던 국방장관실 사람들의 행동과 처신을 조사했다.

한편 가렛 해군성 장관은 해군감찰차감 체스터를 해군 행정조사위원장에 임명했다. 하원의 군사위원회·정부운영위원회가 조사 청문회를 개최했다.

늦가을에 크로포드와 비치의 조사보고서가 공개되었다. 두 보고서에는 상하를 막론하여 사업에 관여했고, 심각한 문제가 있다는 것과 시간이 지날수록 그 문제가 더 커지고 있다는 것을 알았지만 업체들이 긴급구제를 요청하기 전까지 아무 일도 하지 않았던 사람들의 이름이 모두 적혀 있었다. 일단 조사가 시작되자 지저분한 것이 모두 드러났지만 때는 이미 너무 늦었다.

A-12 상황을 알고 있었던 사람들은 문제의 원인을 방치한 책임이 있었다. 그들이 당연히 해야 할 일이었지만 그들은 문제의 징조를 의도적으로 무시했고 어떤 경우에는 그 징조를 감추어 다른 사람들이 아무 것도 못하게 만들었다.

비치는 이것을 '문화적 문제'라고 불렀다. 그는 보고서에서 "관리들이 그러한 반응을 보이도록 만든 요인들이 해군에만 있다고 볼 수는 없다. 경험이 말해주고 있다. 이런 고질적인 문화적 문제를 해결할 방법을 발견하지 못한다면 이 보고서에서 밝힌 문제가 앞으로도 똑같이 혹은 비슷한 형태로 계속 반복될 것이다."라고 했다.[51]

---

51) Beach, "A-12 Administrative Inquiry," 35.

핵심 가담자들의 사고방식이 문제였다. 크로포드 감찰감은 존 베티 차관을 아주 강하게 비판했다. 그녀의 눈에 베티는 특히 1990년 봄에 있었던 주요 항공기 재검토 때에 불거졌던 비용초과와 관련된 불길한 징조를 샅샅이 파헤칠 의지가 없었던 것으로 비쳐졌다. 그녀는 12월 10일의 의회 청문회에서 다음과 같이 증언했다. "나는 최소한 처음부터 좀 더 적극적인 조치가 취해져 국방부 장관에게 비용초과 문제의 심각성을 일깨워주었어야 했다고 생각한다."[52] 크로포드가 증언을 하고 난 몇 주 뒤에 베티는 차관직을 사임했다. A-12 사업 실패가 공식적인 이유는 아니었지만 나는 그것이 사임 결심에 중요한 요소였을 것이라고 보았다.

비치는 엘버펠트, 칼버트, 그리고 겐츠도 똑같이 비판했다. 엘버펠트는 1년 동안 업체의 성과에 대한 비관적인 정보를 낙관적인 진행보고서로 바꾸어 정기적으로 지휘계통에 보고했다. 엘버펠트가 마침내 실제 상황을 고위 간부들에게 보고한 이유는 오로지 업체 대표들이 모든 사람에게 말할 계획이라고 했기 때문이었고, 칼버트와 겐츠는 생산 계약이 체결될 때까지 사실을 은폐했다.

비치 보고서 여파로 가렛 해군성 장관은 앨버펠트 대령을 사업관리자에서 해임하고 징계를 했다. 또한 가렛은 칼버트 제독을 징계하고 다른 자리로 보냈다. 겐츠 제독은 전역 제의를 받았고, 그는 그렇게 했다.[53]

가렛의 조치가 솜방망이 처벌에 불과했다는 것은 두 말하면 잔소리이다. 엘버펠트를 징계했지만 해군은 곧바로 그를 장군으로 진급시켰다. 게다가 해군은 사업관리자를 훌륭히 수행했다는 이유로 그에게 2천 달러의 보너스까지 주었다. A-12 실패가 발표된 직후에 해군이 그에게 취한 조치라고

---

52) Susan J. Crawford, Inspector General, Department of Defense, testimony at joint hearing, *Navy's A-12 Aircraft Program*, 89.

53) Garrett, opening remarks at joint hearing, *Navy's A-12 Aircraft Program*, 56.

는 겨우 보너스를 반납하라는 것이었고, 그는 그렇게 했다.[54]

해군은 엘버펠트를 '처벌'하면서 동시에 엘버펠트의 비용분석가로 점점 커지는 비용 초과에 대해 변함없고 정확한 보고서를 작성한 데보라 디안젤로에게도 '보상'을 했다. 디안젤로는 해군 군무원 GS-5(병장급)에서 GS-13(중령급)로 승진하는 동안 매년 '뛰어나다'는 성과 평가를 받아왔다. 1990년 8월에 A-12 추문이 불거지면서 그녀는 한 단계 낮은 평가를 받았는데 이것은 해군 인사체계에서 아주 치명적인 것이었다. 그녀는 개인적으로 해군에서는 더 이상 진급할 수 없다는 말을 듣고 다른 정부 기관으로 자리를 옮겼다.[55] 어떤 것이 보상이고 어떤 것이 처벌인지 도무지 모르겠다!

비치 보고서가 완성되고 일주일 뒤에 체니 장관은 해군에게 1991년 1월 4일까지 사업이 정상적으로 진행되지 못하고 심각한 관리 문제가 있음에도 A-12를 취소하면 안 되는 이유를 대보라고 했다.[56] 베티의 차관보였고 현재는 차관 대행인 요키와 해군의 제리 칸은 제너럴 다이내믹스와 맥도널 더글라스 임원들을 만났다. 그들은 체니에게 사업을 완료하려면 비용이 얼마나 더 들어갈지 모르겠다고 보고했다. 3일 뒤인 1991년 1월 7일에 체니는 A-12 사업을 취소했고 관련 업체들을 구제하지 않겠다고 발표했다. 그가 이 말을 하자 부하들은 말도 안 되는 조치를 취하느라 정신이 없었다.

비치 보고서는 진행자금이 13억 5천만 달러나 초과 지급되었다는 것을 확인했다. 펜타곤은 1991년 2월 5일에 계약업체들에게 편지를 보내어 13억 5천만 달러를 반납하라고 했다. 그런데 그 편지에는 자금 반납이 힘들면 미래의 불특정 시기까지 유예해 달라는 요청을 할 수 있다고 적혀 있

---

54) Derek J. Vander Schaaf, Deputy Inspector General, Department of Defense, letter to Congressman Andrew Ireland, 10 December 1991.

55) Congressman Lawrence J. Hopkins, testimony at hearing, *A-12 Acquisition*, 133.

56) Office of Assistant Secretary of Defense for Public Affairs, "DoD Postpones Collecting Payment For A-12 Contract," news release, 6 February 1991.

었다. 당연히 업체들은 이 제안을 받아들였고 공식적으로 유예를 요청했다. 그 유예 요청은 즉시 승인되었다. 세 문서(해군의 자금 반납 편지, 업체의 유예 요청 편지, 역사상 가장 큰 액수의 유예 승인 편지)가 우연치고는 너무 이상하게도 모두 같은 날인 1991년 2월 5일에 작성되었다.[57]

동시에 펜타곤은 업체들이 A-12와 관계없는 다른 계약의 진행자금인 7억 7천만 달러를 미리 받을 수 있도록 주선했다.[58] 비록 두 가지 조치가 엄밀하게 긴급구제는 아니었지만 거의 비슷한 효과를 냈다. 의회는 흥분했다. 하원 정부운영위원회는 체니의 조달 국장인 엘리너 스펙터를 소환하여 이 특별조치를 납득할 수 있게 설명해보라고 했다.

스펙터의 대답은 간단했다. 그녀는 펜타곤의 도움이 없으면 업체들이 파산할 것 같아 두 가지 조치를 승인했다고 했다. 의회가 그렇게 결론을 내리게 만든 업체들의 재무상태 보고서를 제출하라고 압력을 가하자 그녀는 재무정보라고 주장하며 제출하기를 거부했다.[59] 의회의 끈질긴 조사로 그녀의 '분석'은 맥도널 더글라스가 제공한 자료를 형식적으로 검토했던 것으로 밝혀졌다.

맥도널 더글라스의 재무 담당 수석 부사장 허버트 라네스와 제너럴 다이내믹스의 계약·기술분석 이사인 도널드 퍼트넘은 같은 증언에서 자금 유예가 있든 없던 회사는 파산을 신청할 계획은 없었다고 했다.[60]

---

57) Frank C. Conahan, Assistant Comptroller General, General Accounting Office, prepared statement at hearing, *Deferment Actions Associated with A-12*, 24 July 1991, 153.

58) Congressman John Conyers, Jr., opening remarks at hearing, *Deferment Actions Associated with A-12*, 145-146.

59) Eleanor Spector, Director of Defense Procurement, opening statement at hearing, *Deferment Actions Associated with A-12*, 51.

60) Herbert Lanese, Senior Vice President for Finance, McDonnell Douglas, and Donald Putnam, Corporate Director of Contracts and Technical Analysis, GD Corporation, testimony at hearing, *Deferment Actions Associated with A-12*, 11 April 1991, 122.

전체적으로 정말 악취가 진동했다. 반납유예를 파고들수록 냄새는 더욱 강해졌다. 사실 A-12 사건을 파헤칠수록 냄새는 강해졌는데 이 사건의 처벌과 보상을 보면 특히 더 그랬다.

스펙터는 두 업체에 아주 관대한 처분을 내리고 나서 뛰어난 계약 전문가라는 이유로 2만 달러의 상여금을 받았다.[61] 군 항공기 재검토를 할 때 베티를 보좌했던 공으로 프랭크 켄달과 켄 힌맨도 각각 1만 달러의 상여금을 받았다. A-12에 대해 체니에게 거짓 보고를 했고 국방부를 엄청 혼란스럽게 만들었던 바로 그 검토의 공로로 말이다. 켄달과 힌맨의 상관들은 그들이 재검토를 위해 엄청난 기여를 했기 때문에 상여금을 주었다고 했다.[62] 펜타곤은 정말 이상한 처벌과 보상체계를 운용하고 있었다.

체니가 A-12 사업을 취소하자 해군은 그것을 대신할 AX 항공기 사업에 착수했다. 엘버펠트의 수석 엔지니어였던 제프리 쿡 대령이 AX 사업관리자로 승진했다. 쿡은 A-12의 일정 지연과 비용 초과를 일으켰던 바로 그 엔지니어링 부분을 담당했었다. 비록 그가 A-12의 무게 증가를 통제하진 못했지만 해군은 분명히 그가 AX 사업을 완전하게 처리할 수 있을 것으로 판단했다.

A-12 사업에 깊이 관여했던 또 한 명의 대령이 약간 다른 종류의 보상을 받았다. 칼 맥컬러프 대령은 세인트루이스의 맥도널 공장에 상주하는 3백 명으로 구성된 해군 파견대 대장이었다. 그의 직무는 매일 업체를 밀착 감시하고 해군에 진척상황과 문제를 보고하는 것이었다. 업체는 맥컬러프의 감시로부터 여러 가지 문제들을 1년 이상 감출 수 있었다. 네 명의

125.

61) David O. Cook, Director of Administration, Office of the Secretary of Defense, "1990 Senior Executive Service Presidential Awards," memorandum for Chairman, Joint Chief of Staff et al., 11 January 1991.

62) 같은 글.

해군 하급 민간인 직원은 완료되지 않은 일을 승인했기 때문에 징계를 받았다. 업체가 1990년 6월에 비용 초과를 인정한 지 한 달 뒤에 맥컬러프는 전역을 하고 맥도널에 입사했다(모든 것이 합법적이었다).[63]

아일랜드 의원은 비치 보고서가 발간된 바로 그 시기에 엘버펠트가 장군으로 진급했다는 것을 알고 화가 치밀었다. 아일랜드는 이 진급이 사람들에게 잘못된 신호를 보낼 것이라고 생각했다. 의회와 국방부가 최근 해군 역사에서 가장 당혹스러운 부분을 바닥까지 파헤치고 있는 와중에 해군은 이 문제에 가장 큰 책임이 있는 사람을 장군으로 진급시켰다. 아일랜드는 납득이 가지 않았고 곧바로 진급을 번복하는 운동을 벌였다. 그는 부시 대통령, 케일 부통령, 체니 국방장관, 가렛 해군성 장관에게 엘버펠트를 진급자 명단에서 삭제할 것을 요구했다.[64]

해군을 따르는 모든 사람과 가렛 장관은 엘버펠트를 진급시킨 것에는 전혀 문제가 없다고 버텼다. 그의 논리는 기본적으로 엘버펠트 혼자에게만 A-12 실패의 책임이 있었던 것은 아니고, 나머지 획득 커뮤니티(다른 사업 관리자)에 종사하고 있는 사람들의 사기를 불필요하게 떨어뜨리고 싶지 않으며 지금까지의 뛰어난 경력에 비해 그의 사소한 무분별함은 작은 흠에 불과하다는 것이었다.[65]

아일랜드는 뇌물을 떠올렸다. 그는 가렛, 엘버펠트, 제리 칸, 비치, 수잔 크로포드, 데릭 반더 샤프, 겐즈와 칼버트 제독 등 관련된 모든 사람에게

---

63) Adam Goodman, "A-12 Chief Got Job Quickly," *St. Louis Post-Dispatch*, 12 January 1991, 1.

64) Congressman Andrew Ireland, letter to President George Bush, 10 December 1990; letter to Vice President Dan Quayle, 9 July 1991; letter to Richard Cheney, Secretary of Defense, 10 January 1991; and a series of letter to H. Lawrence Garret III, Secretary of the Navy, beginning 18 January 1991 and continuing through the spring of 1991.

65) H. Lawrence Garret III, Secretary of the Navy, letter to Congressman Andrew Ireland, 5 February 1991.

도대체 무슨 일이 벌어지고 있는지를 점검하고 또 점검하기 위해 편지를 계속 보냈다. 그는 펜타곤으로부터 한 번에 15통의 편지를 받은 적도 있었다. 그는 솔직히 그가 받은 답장, 특히 업체들이 직접 고백하기 전까지는 문제가 있었는지 몰랐다는 가렛과 칸의 주장을 믿지 않았다. 그는 엘버펠트와 가렛, 그리고 칸의 모든 회의와 그 회의에서 토의되었던 주제들을 자세히 기록한 자료를 요청하여 받았다. 이 답장들을 자세히 분석해 본 결과 새로운 것은 없었고 단지 해군의 정무직 공무원인 칸과 가렛이 모든 것을 털어놓지 않았다는 인상만 남겼다.

가렛은 의회에서 다음과 같이 말했다. "나는 [업체들의] 실토에 정말 놀랐다."[66]

아일랜드는 월 스트리트 저널과의 인터뷰에서 그 말의 신빙성에 의문을 제기했다. "그 말이 그가 얼마나 알고 있는지에 대한 정확한 답변이 아니다. … 아무도 그에게 말을 해주지 않았다는 그의 입장은 … 책임감이 없어도 너무 없다."[67]

가렛 해군성 장관은 1991년 봄 내내 계속되었던 불화에도 불구하고 엘버펠트를 진급시킨 결정을 고수했다. 1991년 7월 말에 데보라 디안젤로가 의회에서 선서 후 증언을 했다. 그녀는 앞서 있었던 비용 평가, 그리고 엘버펠트의 비용분석가로서 전 기간에 걸쳐 그에게 보고한 경고 메시지와 관련된 엘버펠트의 진술을 반박했다. 그녀의 증언으로 니콜라스 마브로울스 하원 조사 소위원회 위원장은 "누군가는 거짓말을 하고 있다."라고 했다.[68]

디안젤로가 증언하기 며칠 전에 엘버펠트는 전역을 결심했다. 그는 가렛

---

66) Andy Paztor, "Navy Head Reversing Himself, Concedes He Got Early Word on A-12 Cost Overrun," *The Wall Street Journal*, 9 April 1991, A24.

67) 같은 글.

68) "Navy Cost Analyst Warned A-12 Program Manager of Cost Overruns," *Aviation Week and Space Technology*, 29 July 1991, 24.

장관에게 장군 진급자 명단에서 자기의 이름을 삭제해 달라고 했다.[69] 엘버펠트는 디안젤로가 자신의 증언을 반박할 것과 아일랜드 의원과 그의 불독 같은 보좌관인 찰리 머피가 끝까지 추적하리라는 것을 알았을 것이다. 네이비 타임스와의 인터뷰에서 엘버펠트는 '의회는 내가 A-12 난국에 대한 책임을 제대로 지지 않았다고 보고 있기 때문에' 전역을 한다고 했다.[70]

A-12 문제는 엘버펠트가 전역한 것으로 마무리되지 않았다. 아직도 조사가 진행 중에 있다. 몇 사람은 고의적으로 의회에 정보를 보내지 않은 혐의를 받고 있다. 그러나 A-12에 대한 관심은 금방 식을 것이다. 아무 것도 얻은 것 없이 30억 달러라는 납세자들의 돈이 낭비되었다. 아일랜드 의원의 끈질긴 노력이 없었더라면 전체 사건은 조용히 묻혔을 것이다.

펜타곤에서 행해지는 무기 구입 사업은 도덕적·정신적으로, 그리고 지휘 고하를 막론하고 부패할 대로 부패했다. 전 과정은 지지자들이 주무르고 견제와 균형은 거의, 아니 하나도 없다. 이러한 사업 방식을 선호하는 힘 있는 많은 사람들은 이러한 방식이 바뀌는 것을 원치 않는다.

앞 장들에서 나는 육군은 물론 내가 몸담고 있는 공군의 정무직 공무원과 군 지도자들의 행동과 처신을 강력하게 비판했다. 나는 이 같은 이야기들에 개인적으로 관여되어 있었다. 나의 요점은 A-12 이야기를 포함해서 어느 군을 막론하고 모든 사업에서 고약한 냄새가 난다는 것이다. 더 슬픈 사실은 그것에 아무도 개의치 않는다는 것이다.

---

69) David S. Steigman, "Elberfeld Resigns; Blistering Hearings Held on A-12," *The Navy Times*, 29 July 1991, A12. 엘버펠트가 전역을 신청했고 장군 진급자 명단에서 자신의 이름을 삭제해달라고 한 소식은 1991년 9월 30일에 가렛 장관이 앤드류 아일랜드 의원에게 보낸 편지에서 확인됨.

70) Steigman, "Elberfeld Resigns," 24.

에필로그

1부 : 걸프전 이전 (1991년 1월)

이 책에서 언급한 사건들은 미군 역사의 일부분으로 1970년대 말부터 1980년대 중반까지의 펜타곤과 개혁운동의 역사이다. 이 시기는 아주 독특했다. 나는 펜타곤을 지배하는 복잡한 정치를 배우려고 노력했다. 비록 일부 독자들은 특정 사건을 사실이 아니라고 생각할 수도 있겠지만 이 모든 것은 틀림없는 사실이다.

내가 1986년에 전역할 당시 브래들리 사업은 총체적인 혼돈 상태였다. 실사격 2단계 시험은 중단된 상태였고, 전미 과학아카데미는 시험을 어떻게 진행해야 할지를 결정하기 위해 다시 모였고, 의회에는 브래들리에 비판적인 사람들이 빠르게 늘고 있었으며, 육군과 나의 철학적·기술적 의견 차이가 좁혀지지 않은 상태였다.

그러한 논란들 때문에 하원에서는 그해 여름에 브래들리 사업 취소를 위해 거국적인 운동을 벌이고 있었다. 이 운동을 주도했던 사람은 브래들리 공장이 있는 캘리포니아의 멜 레빈 하원의원이었는데, 그의 입장에서 보면 매우 용감한 행동이었다. 육군과 FMC는 재빨리 힘을 모았다. 그들은 의회를 향해 만일 브래들리 사업이 취소된다면 지역구에 얼마나 많은 일자리가 없어질지를 생각해보라고 했다.

그들의 전략은 성공했다. 그들은 브래들리의 우수성 때문이 아니라 순전히 일자리 덕분에 223 대 178로 레빈의 제안을 무효화시키는 데 성공했다.[1] 그러나 변화는 일어났고, 의회는 브래들리 사업과 펜타곤의 시험 방식을 개선할 것을 요구했다. 이러한 모든 변화와 개혁은 내가 전역한 1986년 6월부터 1987년 12월 사이에 일어났다. 동시에 모든 철학적·기술적 논쟁은 주로 내가 원했던 방향으로 결정되었다.

이 18개월 동안 10가지 중요한 사건이 일어났다.

1. 브래들리 2단계 시험은 개념이 다른 두 가지 모델을 대상으로 실시되었다. 하나는 반응장갑차이고, 다른 하나는 육군이 원해서가 아니고 의회가 압력을 행사해 연료와 무장을 장갑차 외부로 옮긴 사상자 최소화 장갑차였다. 의회는 브래들리 생산 라인을 폐쇄하겠다고 위협하면서 이 두 가지 시험을 반드시 실시하고 그 결과를 1987년 12월까지 보고할 것을 의무화했다.[2]

2. 2단계의 조준점은 내가 주장했던 무작위 추출 방법을 이용해 전미 과

---

[1] 나는 1986년 8월 11일의 C-SPAN 방송을 통해 이 논쟁과 투표를 보았다. 브래들리 사업을 취소하자는 주장은 주로 전투에서의 취약성 때문이었는데, 반대 논리는 전국에 흩어져 있는 공장의 일자리를 지켜야 한다는 것이었다.

[2] 1987 회계년도 국방수권법에서 탄도연구소가 설계한 장갑차와 사상자 최소화 장갑차에 대한 시험을 요구했다. 육군에게 확실하게 메시지를 전달하기 위해 플로리다의 찰스 베넷 하원의원은 시험이 완료되어 결과를 보고할 때까지 브래들리 생산을 제한하는 1988 회계연도 국방수권법 수정안을 제출했고, 상·하원이 승인했다. 생산 기금은 육군이 보고서를 제출하지 않으면 1987년 12월까지 제공되지 않도록 했다. 베넷이 제출한 수정안의 토론에 대해서는 U.S. Congress, House of Representatives, 100th Cong. 1st sess., 1987. 참고

학아카데미가 선정했다.[3]

3. 모든 2단계 시험은 실제 무장과 연료를 주입한 '실무장' 장갑차를 대상으로 실시되었다. 시험은 더 이상 텅 빈 혹은 연료통을 물로 채운 장갑차를 대상으로 하지 않았다.[4]

4. 2단계 시험에서 탄도연구소는 배제되었다. 육군의 시험·평가 센터가 2단계 시험을 했고, 탄도연구소는 옵서버 자격으로 강등되었다.

5. 2단계 시험 결과를 토대로 실제 브래들리 설계가 상당히 바뀌었다. 탄도연구소의 반응장갑과 사상자 최소화 요소들이 모두 반영되었다. 신형 브래들리는 1988년 5월부터 출고되기 시작했다.[5]

2단계 시험을 통해 사상자 최소화 설계의 무장 관련 사상자는 탄도연구소가 설계한 반응장갑의 절반밖에 안 된다는 것을 확인할 수 있었다. 나는 실제 전투에서는 무장 관련 사상자가 시험에서보다 더 많이 발생할 것이라고 생각한다.[6] 유독가스에 대한 나의 우려는 현실로 나타났다. 유독가스(알루미늄이 타면서 발생하는 가스, 자동소화기의 할론 가스와 부산물, 화재 혹은 탄약 화재)가 단일 원인으로는 가장 많은 사상자를 발생시키는 것으로 밝혀졌

---

3) James O'Bryon, assistant deputy director, Defense Research and Engineering (Live-Fire Testing), statement at hearing, *Department of Defense Reports Required by Fiscal Year 1988 Authorization Act on Live-Fire Testing of the Bradley Fighting Vehicle*, before the Procurement and Military Nuclear Systems Subcommittee, Committee of the Armed Services, House of Representative, 100th Cong. 1st sess., 17 December 1987, 9.

4) 같은 글.

5) Lt. Gen. Donald S. Pihl, USA, testimony at hearing, *Defense Reports Required*, 148.

6) Col. James G. Burton, USAF (Ret.), *Defense Reports Required*, 73,99, 같은 페이지의 오브라이언 증언에서 재확인. 오브라이언: "우리가 증명한 것은 토우 미사일을 [브래들리] 외부에 적재하면 우리는 승무원들의 치명적인 부상을 줄일 수 있다는 것이다."
마크 게비크(Mark Gebicke)는 감사원 증언에서 25mm 탄약실이 제 기능을 발휘했고, 브래들리 설계에 반영하는 것은 좋은 아이디어라고 했다. 또한 그는 조금만 더 작업을 하면 토우 미사일을 브래들리 외부에 적재하는 것도 설계에 반영할 수 있다고 했다.
연료와 실탄을 외부에 적재하면 엄청난 인명을 구할 수 있다는 경험적 증거는 넘쳐났지만 육군은 이 기능을 반영하기 위해 재설계라는 번거로운 작업을 꺼려했다.

다.[7] 컴퓨터 모델은 아직까지도 유독가스에 의한 사상자를 설명조차 못하고 있다. 이 같은 조사결과를 바탕으로 병력탑승공간으로부터 연료와 탄약을 밖으로 옮기는 것이 타당했지만 육군은 받아들이지 않았다. 대신 육군은 일부 탄약을 병력탑승공간 밖으로 옮겼고 나머지는 위치를 조정했다. 아무것도 안 한 것보다는 다행이지만 충분하지는 않았다. 모든 위험한 물건들로부터 병력을 분리시켜야 했는데 1987년 12월이 되면서 의회는 이 문제에 지쳐서 더 이상 추궁하지 않았다.

1987년 봄의 운용 시험 결과는 적의 사격이 브래들리의 무게 중심 주변으로 몰리지 않고 사방으로 흩어진다는 것을 보여주었다. 대략 30%는 브래들리를 맞추지도 못했다. 육군 시험국장은 육군이 1986년에 신봉했던 '무게 중심 조준' 이론이 틀렸다는 것을 확인했으며, 이러한 사실을 나에게 알려주려고 1987년 12월 17일에 있었던 시험 결과에 대한 의회 청문회장에서 나를 열심히 찾았다.

6. 육군의 M-1, M-1A1의 주력 전차들도 브래들리와 똑같은 실사격 시험을 거쳤다. 48발의 사격 모두 '실무장'이었고, 조준점도 인위적으로 정하지 않은 무작위 방식을 따랐다.[8] 육군은 실사격 시험이 필요 없다고 다시 한 번 주장했다. 육군은 탄도연구소가 수년간 부르짖었던 생각과 절차에 따라 M-1 부품, 빈 장갑차, 장갑판에 대해 이미 3천회의 시험을 했다. 브래들리 투쟁 때와 마찬가지로 육군은 "이미 모든 것을 알고 있다."고 했

---

7) 결론은 1987년 12월 17일 청문회를 위해 조달 및 군사 방사능 체계 소위원회에 제출된 육군의 시험 결과 보고서 중 비밀이 아닌 부분에 포함되어 있다. Toni Cappacio, "Soldiers in Bradley Face Toxic Gas Risk" *Defense Week*, 21 December 1987.에 인용된 부분 참고. 제임스 오브라이언 국방 연구·엔지니어링(실제 사격 시험) 부국장보는 "Model Adequacy in Test and Evaluation," *Army Research, Development and Acquisition Bulletin*, November–December 1990, 31.에서 이 사실을 재진술했다. 그는 브래들리 시험에서 유독가스가 단일 원인으로는 가장 많은 사상자를 발생시킴에도 불구하고 취약성 컴퓨터 모델은 유독가스에 의한 사상자를 완전히 무시했다고 지적했다.

8) 1991년 1월, 오브라이언과의 대화.

다. 그러나 육군은 브래들리와 같은 전철을 밟지 않고 실사격 시험을 진행했다. 또다시 상당히 놀라운 시험 결과가 나왔다. 전혀 예상하지 못한 결과가 나왔고 또다시 컴퓨터 모델의 예측은 비참할 정도로 빗나갔다. 컴퓨터 모델은 실제 손상을 입은 핵심 부품들의 절반도 예측하지 못했다. 시험국장은 나에게 "아직 컴퓨터 모델에 좀 더 작업이 필요하다."고 실토했다.[9] 전차의 주요 설계 변경은 이 시험 결과를 토대로 이루어졌다.

7. 몇몇 소련 장갑차량들도 일련의 실사격 시험을 거쳤다. 나는 보안상의 이유로 그 결과와 이 장갑차를 어떻게 구했는지는 말할 수 없다.

8. 의회는 새로운 무기체계들의 생산 결정을 내리려면 일련의 실사격 시험을 통과해야 한다는 법안을 통과시켰다.[10] 이는 개혁운동의 가장 중요한 사건 중에 하나로 개혁가들이 자부심을 갖고 말할 수 있는 주요 업적이었다.

9. 합동실사격시험프로그램의 첫 번째 팀장이었던 내 자리는 공무원으로 편제가 바뀌었고, 진행 중인 모든 실사격 시험을 감독할 소수의 직원들도 충원되었다(내가 전역한 직후 과거 나의 상관이었던 나바로 박사는 집으로 전화를 해서 그 자리에 지원할 의사가 없냐고 물었다. 비록 나는 고위 간부들이 내가 펜타곤으로 복귀하는 것을 결코 용납하지 않을 것임을 잘 알고 있었지만, 나는 그들을 잠깐이나마 긴장시키려고 지원서와 이력서를 제출했다. 지원자들을 살펴 본 나바로 박사는 다른 사람을 선발했다. 그는 애버딘에서 근무하던 육군 관리인 제임스 오브라이언을 고용했다. 오브라이언은 브래들리 2단계 시험이 재개되었을 때 그것을 잘 감독했고 1987년 12월에 의회에 결과 보고도 잘 했다).

---

9) 같은 글. 그리고 오브라이언의 "Model Adequacy," 31 참고.

10) National Defense Authorization Act for Fiscal Year 1986, Public Law 99-145, 99 Stat. 583에서 모든 궤도 차량, 전차, 보병 장갑 차량은 실사격 시험을 실시할 것을 요구했다. National Defense Authorization Act for Fiscal Year 1987, Public Law 99-661, 100 Stat. 3816은 모든 무기체계로 확대했다.

10. 의회 조사팀은 나의 전역을 둘러싼 사건들이 극히 비정상적이고 충격적이었다고 보고했다. 조사팀은 국방부 감찰감이 공식적으로 조사할 것을 권고했다. 내가 전역한 후 감찰감은 나를 다른 곳으로 보내려던 세 번의 시도는 정상적인 인사 조치였고, 내가 육군 혹은 브래들리 시험 프로그램을 비난한 것과는 무관하다는 결론을 내렸다.

나는 1987년 12월 17일에 또다시 샘 스트래튼 의원의 조달 소위원회 증언대에 섰다. 스트래튼은 나를 개인 자격으로 초청했다.

그날 육군은 오래 지체된 2단계 실사격 시험 결과를 제출했다. 이 시험 결과를 바탕으로 육군은 기존의 구형 브래들리 2,000대를 개량하는 것은 물론 대폭 수정한 신형 브래들리를 생산한다고 발표했다. 생존성이 향상된 총 4,582대의 브래들리가 실사격 시험 프로그램의 결과로 탄생했다.[11]

2년 동안 정말 많이 달라졌다. 이 청문회에서 증언을 한 육군 대표단, 국방장관실, 감사원, 의원들 모두 사상자와 사상자 축소 기술을 강조했다. 자료는 충분했고 모두가 볼 수 있게 공개되었다. 육군의 생각이 바뀐 것 같았고 그 공로를 나에게 돌렸다. 그 변화가 정말이었는지 아니면 단순히 보이기 위한 것이었는지 나는 잘 모르겠다. 육군은 지켜보고 있는 사람들에게 그저 시늉만 했을지도 모른다. 이날 행해진 가장 대표적인 진술은 도널드 필 육군 중장의 모두발언이었다. "우리는 실사격과 1:1 결투로부터 많은 것을 배웠고, 그 공로는 우리를 그 방향으로 몰아붙인 짐 버튼 공군 예비역 대령에게 돌려야 한다."[12]

만약 우리가 '목숨을 건 싸움'을 하지 않았더라면 육군은 결코 브래들리 시험을 하지 않았을 것이고, 설계 변경도 하지 않았을 것이며, 취약성 시

---

11) Pihl, testimony at hearing, *defense Reports Required*, 165.

12) 같은 글, 31-32.

험을 하는 방법도 바꾸지 않았을 것이다.

육군이 브래들리 설계를 변경해서 현저히 사상자를 줄였지만, 토우 미사일을 병력탑승공간 밖으로 옮기고 적재탄약이 폭발할 때 힘을 밖으로 분출되도록 했더라면 더 많은 생명을 구할 수 있었다. 2단계 시험을 통해 이를 뒷받침해 줄 증거는 충분했지만 사람의 목숨을 보호하기 위한 특별한 과정을 추가하기보다는 생산업체의 공정을 방해하지 않는 쪽을 선택했다. 나는 이날의 스트래튼 청문회에서 이 문제를 강력하게 주장했지만 소용이 없었다. 의회는 육군이 중대한 설계 변경을 했다는 말에 만족했고(나도 마찬가지였다) 육군을 더 이상 몰아붙이지 않았다. 1990년 가을에 병력 안전 문제가 다시 불거진 것은 정말 불행한 일이었다.

걸프만에 전쟁이 임박했을 때 플로리다의 찰스 베넷 의원(2차 세계대전 당시 보병)은 미카엘 스톤 육군성 장관에게 사우디아라비아에 전개된 615대의 브래들리는 전혀 개량이 안 된 것이라는 불만을 토로했다. 이에 대해 스톤 장관은 12월 5일에 723대의 개량형 브래들리를 즉시 배치할 것이라고 발표했다[13](이 개량형 브래들리에는 탄도연구소의 반응장갑이 적용되지 않았다. 반응장갑은 기술적 문제를 드러낸 것 같았고 생산된 적도 없었다. 브래들리의 취약성 문제를 어떻게 해결할지에 대한 장밋빛 약속은 모두 허풍에 불과했던 것으로 판명되었다). 스트래튼 청문회의 육군 대표단이 보인 사상자에 대한 관심은 말뿐이었지만 그것 덕분에 브래들리 사업은 청문회를 무사히 통과했다.

마지막으로 브래들리 개량과 시험 방법의 변경이 개혁운동이 시들해지던 때에 이루어졌다는 것은 아이러니였다. 실사격 시험 관련 개혁은 개혁운동의 가장 큰 성공 중의 하나였다.

---

13) Sarah A. Christy, "Beefed Up Bradley Sent to the Gulf," *Defense Week*, 7 January 1991, 1.

개혁운동이 국민들의 관심을 끈 시기는 1979년 10월에 제임스 펠로우스가 월간 애틀랜틱에 "근육 위주의 초강대국"을 기고한 때였다. 1987년 10월 11일에 워싱턴 컬럼니스트이면서 기득권층 옹호자인 프레드 리드는 워싱턴 포스트지의 사설에 기사를 실었다.[14] 리드는 전반적으로는 개혁운동을, 구체적으로는 피에르 스프레이, 디나 라솔, 빌 린드를 비난했다. 의회의 군사개혁위원회가 그 세 사람을 보호하려고 했지만 소용이 없었다. 지휘관들에게 부하들의 안전은 관심밖이었다. 핵심 개혁가들은 개혁이 한물갔다고 생각했다. 개혁이 필요하다는 사실은 변하지 않았지만 개혁의 불씨는 꺼졌다. 변화의 바람은 잠잠했다.

개혁운동의 첫 중심은 펜타곤의 TAC 항공반이었다. 8년 후에 TAC 항공반이 사라지면서 개혁운동의 중심은 의회로 옮겨갔다. 의회로 그 중심이 옮겨가면서 개혁운동이 사라지기 시작한 것은 전혀 우연이 아니었다. 정치와 명성이 헌신을 대체했고 형식이 실제를 대신했다. 핵심 개혁가들은 서서히 흩어졌고 다른 일을 했다.

피에르 스프레이는 메릴랜드의 직접 만든 스튜디오에서 음악을 녹음하느라 바빴다. 존 보이드는 전역 후 플로리다로 이사를 했다. 디나 라솔은 가족을 부양하기 위해 캘리포니아로 이사를 했다. 봅 딜거는 오하이오에서 농사를 지었다. 톰 앙리는 두 번째 전역을 했다. 나는 버지니아의 작은 동네로 이사를 했고 재혼을 했으며 주로 지방 정부의 관리들과 정치가들을 못살게 굴면서 지냈다. 척 스피니와 어니 피츠제럴드는 아직 펜타곤에 머물면서 문제를 일으켰지만 더 이상 과거 같지는 않았다. 시간은 계속 흐른다.

8년 동안 우리는 펜타곤을 뿌리채 흔들어댔고 벌벌 떨게 만들었다. 이

---

14) Fred Reed, "Let's Reform the Military Reformers," *The Washington Post*, Outlook Section, 11 October 1987, H1.

시기에 의회는 많은 개혁 법안을 통과시켰는데 그것들은 무기 시험과 관련된 것이 대부분이었다. 그러나 안타깝게도 이것들은 일시적인 개혁이었다. 잠시라도 한 눈을 팔면 펜타곤은 금방 과거 버릇으로 되돌아갔다. A-12 실패에서 보여 준 해군의 행위가 그 첫 번째 증거다. 심지어 시험까지 무대에서 다시 사라졌다. 실사격 시험이 더 이상 필요 없다고 주장하는 펜타곤의 획득 집행부는 모든 관련 법안을 폐지하려는 운동을 벌였다. 뻔했지만 폐지 문제를 검토할 펜타곤 팀은 방위산업체가 지휘했다.

세상의 모든 법을 동원하더라도 그 법만 가지고는 펜타곤을 개혁할 수 없다. 의회가 성실, 인격, 정직을 법제화할 수 없다. 그럼에도 불구하고 펜타곤이 선을 위해 부패를 척결하려면 수뇌부들은 이러한 자질을 반드시 갖추어야 한다. 기존 체제를 바꾸는 유일한 방법은 이러한 자질을 갖춘 사람들을 발굴하여 자신들의 행동에 책임을 지게 하는 것이다. 자유롭고 의심 많고 캐묻기 좋아하는 언론이 의회와 함께 지저분한 게임을 최소화할 수 있다. 그러나 결국 개혁의 관건은 군대를 운영하는 사람들의 자질과 그들이 펜타곤의 노예가 되느냐 안 되느냐에 달려 있다(부록 A. 개혁을 위한 조언 참고).

2부 : 걸프전 이후 (1992년 9월)

걸프전이 끝나자마자 펜타곤의 오래된 정치적 관행이 다시 시작되었다. 국방부의 각종 팀들이 전쟁 교훈을 기록하기 위해 구성되었다. 어떤 일이 있었으며, 어떤 무기체계와 아이디어가 작동을 했고 어떤 장비들이 작동하지 않았는가? 이러한 활동들은 자료를 조작하고 서로가 승리의 주역임을 증명하려고 했기 때문에 곧바로 각 군 사이의 '누가 더 잘하나?' 경쟁으로 변질되었다. 거의 동시에 냉전이 끝나면서 군대는 국방 예산이 증가하기보다는 줄어들 것이라는 전망에 직면하게 되었다. 승리에 가장 큰 기여를 했다고 주장할 수 있는 군은 다가올 예산 감축에서 상대적으로 자유로울 수 있기 때문에 과장이 심해졌다.

전쟁 직후 메릴 맥픽 공군참모총장은 "나는 개인적으로 항공력에 의한 야전군의 패배는 역사적으로 이번이 처음이라고 생각한다."라고 했다.[15] 육군은 이에 뒤지지 않으려고 의회에 제출할 공식 보고서에 지상 전력이 전쟁을 승리로 이끌었으며 공군 단독으로는 적을 물리칠 수 없다고 기록했다. "로마 군대가 했던 것처럼 젊은 병사들은 결국 진흙탕에서 싸워야 한다."[16]

'스텔스의 가치'라는 제목의 공군 브리핑 자료가 의회에 돌아다녔다. 이 자료는 전쟁 중 2대의 공중급유기와 8대의 F-117 스텔스 전투기가 일반 전투기와 전폭기 75대에 맞먹는 일을 할 수 있다고 주장했다.[17] 스텔스 항공기는 이라크 레이더에 잡히지 않는다고 주장하면서 도널드 라이스 공군성 장관은 대당 가격이 10억불에 가까운 B-2 스텔스 폭격기에 더 많은 자금이 배정되기를 원했다. 스텔스 전투기는 보이지 않으며 지원 전력이 많이 필요하지 않다는 공군의 주장은 엄청난 과장이었음이 드러났다.[18]

육군은 신속하게 언론을 통해 공군의 주장처럼 초기 공중 타격시 스텔스 전투기 혼자서 들키지 않고 이라크 방공망을 통과할 수 없었다고 했다. 오히려 F-117은 육군 헬기가 만들어 준 이라크 방공망 사각지대를 이

---

15) Barton Gellman, "U.S. Bombs Missed 70% of Time," *The Washington Post*, 16 March 1991, A1.

16) Barton Gellman, "Disputes Delay Gulf War History," *The Washington Post*, 28 January 1991, A14.

17) Barton Gellman, "Air Force Released Misleading Chart to 'Sell' Stealth," *Aerospace Daily*, 13 November 1991, 237.

18) 공군은 F-117 스텔스 전투기의 이름을 잘못 붙였다. 'F'는 전투기를 의미하는데 117의 임무는 지상 표적을 공격하는 것이지 적 전투기와 공대공 전투를 치르는 것이 아니다. 그래서 'A-117'라고 불러야 한다.

용해 비행을 했다.[19] 이 육군의 진술과 영국 구축함 엑시터Exeter, 글로스터 Glouster, 카디프cardiff가 전장과 기지를 왕래하는 스텔스 전투기를 40마일까지는 정상적으로 탐지하고 추적했다는 영국의 발표가 겹쳐지면서 공군의 신뢰도는 큰 타격을 입었다.[20]

위의 예는 군에 약이 되기보다 오히려 독이 될 수 있는 과장된 주장 중 두 가지만 언급한 것이다. 이 같은 종류의 주장들은 각 군에서 시작되었다. 과장과 허풍이 걷히고 정리되어 국민들이 전쟁의 실제 상황을 알게 될 때까지는 많은 시간이 걸렸다. 나는 일반 국민들이 볼 수 있는 제한된 정보에 기초해 몇 가지 관찰결과를 제시한다. 이 관찰결과에는 앞에서 언급한 주제들도 일부 포함되어 있다.

맥픽 장군이 공군 단독으로 전쟁에서 승리했다고 주장한 것은 지나쳤다. 연합 항공력으로 사정없이 때려 부순 것이 이라크군의 붕괴로 이어지는 여건을 조성했다고 하는 것이 좀 더 정확한 표현이었다. 나는 이것이 좀 더 방어하기 쉬운 주장이라고 생각한다.

연합 항공력이 전반적으로는 이라크, 구체적으로는 이라크군에 엄청난 폭탄을 퍼부었다는 것에는 이견이 없다. 아주 짧은 기간에 미 공군은 약 6만 회 출격을 하여 8만 4천 톤의 폭탄을 투하했다.[21] 이것은 역사상 가장 집중적인 대량 폭격이었다. 그러나 폭탄피해평가 자료가 별로 없기 때문에 그 폭격 효과에 대한 자세하고 객관적인 분석은 영원히 이루어지지 않을 수도 있다. 표적을 타격하는 유도 무기의 영상과 사진은 산더미처럼 많지만 피해 정도와 관련된 구체적인 증거는 거의 없다.

사람들은 바그다드와 이라크 북부의 표적에 대한 전략 폭격의 가치에 대

---

19) 같은 글.

20) Michael White, "Stealth Defense Pierced," *The Guardian*, 25 March 1991, 1.

21) Air Force Chief of Staff Senior Statesmen Briefing to retired Air Force generals, 19 March, 1991.

해 끊임없이 토론할 것이다. 그 폭격으로 전쟁이 금방 끝났다고 주장하는
이들도 있고, 그것과 전쟁 기간과는 아무 관계가 없다고 주장하는 사람들
도 있다. 나는 독자들의 판단에 맡기겠다.

다만 대량 공중 공격이 이라크 야전군의 패배에 직접적으로 기여했다는
것에는 의문의 여지가 없다. 공중 공격으로 수천 명의 이라크군이 죽거나
다쳤고, 수천 대의 전차, 포, 보병장갑차, 트럭, 기타 차량이 파괴되었다.
그러나 적 병력과 장비가 작전지역을 빠져나가는 것을 막는 차단 작전은
실패로 드러났다. 쿠웨이트에서 바그다드로 가는 '죽음의 고속도로'와 같
은 섬뜩한 장면을 만들어낸 대량 공중 공격에도 불구하고 7개 엘리트 공화
국 수비대 사단 중 4½개 사단이 장비와 같이 이라크로 철수했다.[22] 이 부
대들이 사담 후세인의 권력 기반이 되었고 결국 전쟁 직후에 있었던 시아
파와 쿠르드족의 반란을 진압했다.

전쟁 전에 공군은 쿠웨이트와 바그다드를 연결하는 44개의 철로와 고속
도로의 교량을 확인했다. 성공적인 차단 작전을 실시하여 적 지상군을 고
립시키고 쿠웨이트에서 빠져나가는 것을 막기 위해 철로와 교량 같은 전통
적인 주요 길목을 파괴해야 했다. 그것들을 파괴하려고 엄청난 노력을 했
지만 사격중지 명령이 떨어졌을 때는 그중 40개 교량만이 '사용불가'로 분
류되었다.[23] 슈와츠코프 장군은 43일간의 항공전 중 대략 2주 정도 지났을
때인 1991년 1월 30일에 가졌던 기자회견에서 연합 항공력은 33개의 교
량에 790회 출격을 했다고 말했다.[24] 항공전이 끝났을 때 그 교량들을 폭
파하기 위해 몇 회의 출격이 있었는지에 대해서는 말이 없었다. 이런 말을

---

22) Brian Duffy, Peter Cary, Bruce Auster, and Joseph L. Galloway, "A Desert Storm
     Accounting," U.S. News & World Report, 16 March 1992, 35.

23) Air Force Senior Statesmen briefing.

24) Rick Atkinson and Barton Gellman, "Schwarzkopf Sees No Evidence Iraqis Are Close
     to Collapse," The Washington Post, 31 January 1991, A21. 한 개의 교량을 폭파하기 위해
     평균 24회 출격, 역자 주.

하는 이유는 레이저 무기의 정확도에 대한 맥픽의 말처럼 소위 '스마트 무기'는 표적을 90% 이상 명중시킨다는 주장이 사실이 아닐 수도 있다는 것을 말하기 위해서이다.[25] 텔레비전 저녁 뉴스에서 레이저 유도폭탄이 명중하는 장면을 계속해서 보여주었지만 파괴된 교량 숫자는 발표되지 않았고 모든 교량이 파괴되지도 않았다.

차단의 목표는 기본적으로 보급품이나 보충 병력이 특정 지역에 도착하는 것과 그 지역으로부터 탈출하는 것을 방해함으로써 적의 병력을 특정 지역에 고립시키는 것이다. 그러나 적 병력을 고립시킨 것은 항공력이 차단 임무를 잘 수행해서였다기보다는 사담 후세인이 야전 부대에게 현 위치를 고수하라고 한 덕분이었다.

전후 공군 매거진과의 인터뷰에서 찰스 호너 공군 중장은 그 점을 인정했다. 걸프전에서 공군 구성군 사령관이었던 그는 다음과 같이 말했다. "우리는 공화국 수비대가 일찌감치 탈출하는 것을 원치 않았다. 우리는 그들이 옴짝달싹하지 못하기를 원했고 그래야 [그곳에서] 그들을 격파할 수 있었다. 놀랍게도 그들이 은혜를 베풀었다. … 슈와츠코프 장군은 그들이 도주하여 바그다드로 돌아가는 것을 걱정했다. 다행스럽게도 그들은 우리들을 위해 친절하게 모여 있었다."[26]

그들이 '친절하게 모여' 있었기 때문에 공화국 수비대와 이라크 병력은 공중으로부터 엄청난 폭격을 받았다. 지상전이 시작되었을 때 항공력은 사담 후세인의 전차와 포의 절반, 장갑차의 $\frac{3}{8}$ 정도를 파괴한 상태였다.[27] 대부분의 공군 리더들에게는 유감스럽게도 그들이 싫어하는 개혁가들의 창

---

25) Gellman, "U.S. Bombs Missed 70%," A1.

26) Richard Mackenzie, "A Conversation with Chuck Horner," *Air Force Magazine*, June 1991, 60.

27) Air Force Senior Statesmen briefing.

조물인 흑돼지 A-10이 대부분을 파괴했다고 해도 과언이 아니다.[28]

A-10은 특별히 육군을 직접적으로 지원하기 위해 설계된 공군의 첫 번째이면서 유일한 전투기였다. 개혁가 피에르 스프레이가 A-10의 설계자이며 핵심 동력이었다. 1980년대를 통틀어 공군의 수뇌부들은 이 저렴하고 단순하며 저속이고 못생긴 개혁운동의 상징을 제거하기 위해 수단과 방법을 가리지 않았다. 걸프전 직전까지 많은 A-10들이 너무 빨리 폐기장에 보내졌다.

전쟁이 가까워지면서 슈와츠코프는 A-10을 걸프만에 보내야 한다고 주장했다.[29] 그는 전차전을 예상했고 A-10은 '가장 훌륭한 전차 킬러'였다. 공군 구성군 사령관이었던 호너 장군은 반대했지만 리처드 체니 국방부 장관이 슈와츠코프의 손을 들어주었다.[30]

그리하여 1990년 12월 말, 144대의 A-10 부대를 걸프만에 보냈고 사우디아라비아의 파드국제공항에 둥지를 틀었다. 그들은 즉시 자신들을 '파드 대대'라고 불렀다.

A-10은 전쟁에서 가장 성공적인 무기체계로 판명되었다. 그들은 전체 전투기의 15%에 불과했지만 에어포스 타임지에 의하면 전체 출격횟수의 ⅓을 담당했고 확인된 적의 폭격 피해의 절반 이상을 A-10이 해냈다.[31] 다

---

28) A-10과 함께 불멸의 폭격기인 B-52가 많은 역할을 했다. B-52는 30년 전 베트남에서와 마찬가지로 강력한 효과를 낸 카펫 폭격을 실시했다. 공군 폭격함대의 자랑거리이면서 번쩍거리는 신예기인 B-1이 왜 전쟁에 참가하지 않았냐는 질문을 받을 때마다 공군은 다른 지역에서 전환 배치할 수 없었다는 궁색한 변명을 했다. 나는 B-1의 성능이 도마 위에 오를지도 모른다는 두려움 때문에 투입하지 않은 것이 진짜 이유라고 의심했다.

29) John J. Fialka, "A-10 'Warthog,' A Gulf Hero, Would Fly to Scrap Heap if Air Force Brass Has Its Way," *The Wall Street Journal*, 29 March 1991, 12.

30) Jack Anderson, "The Hero That Almost Missed the War," *The Washington Post*, 5 March 1991, C9.

31) Joby Warrick, "Air Force Gives Itself an A-Plus on War Role," *Air Force Times*, 13 May 1991, 25.

시 말해서 공군이 원하지도 않았던 A-10이 적에게 나머지 전투기 모두를 합친 것보다 더 많은 피해를 주었다.[32]

적대행위가 시작되자마자 A-10은 인상적인 전투성과를 올리기 시작했고, 호너 장군은 전투참모에게 "내가 지금까지 A-10에 대해 했던 나쁜 말은 모두 취소한다. A-10이 너무 사랑스럽다. 그들이 우리 체면을 살렸어."[33]라고 했다. 에어 포스 타임지 기사와 호너 장군의 말은 정확히 일치했다.

그러나 전쟁이 끝나자 공군은 A-10 바보 만들기를 다시 시작했다. 에어 포스 메거진과의 인터뷰에서 호너는 A-10에 대해 전쟁 전처럼 비판을 재개했다. 그는 "A-10은 속도가 느리기 때문에 사격에 취약하다…. 지상 사격을 많이 받은 A-10을 다수 보유하고 있다."라고 했다. 그는 계속해서 A-10을 같은 임무를 수행할 수 있는 F-16으로 교체할 시간이 되었다고 했다.

---

32) A-10부대가 파괴한 것으로 확인된 적의 표적들

전차	987	벙커	72
포	926	대공포	50
보병장갑차	501	지휘소	28
트럭	1,106	스커드 미사일	51
지휘용 차량	249	FROG 미사일	11
군사 구조물	112	지대공 미사일	9
레이더	96	연료통	8
헬리콥터(격추)	2	(지상의) 전투기	10

대부분의 개혁가들은 A-10, F-16 조종사들이 전차를 쫓는데 사용한 무기가 주로 매버릭 대전차 미사일이었다는 것을 알고 놀랐다. 개혁가들은 1970년대 말과 1980년 초에 매버릭에 아주 비판적이었다. 공군은 대부분의 전차가 매버릭에 의해 파괴되었다고 보고했다. 총 5,013발의 매버릭을 발사했다(발당 144,000달러). 이에 비해 위의 표에서 보는 바와 같이 파괴된 전차 수를 보면 많은 매버릭이 빗나갔거나 무의식적으로 덜 단단한 표적을 향해 발사되었다. 30mm 포는 광범위한 표적에 대단히 치명적인 무기로 판명되었다. 거의 백만 발이 발사되었고(발당 23달러) 위의 파괴목록에 있는 것들의 대부분을 파괴했다. 출처: Fahd Squad Operation Desert Storm Combat Recap.

33) Battle Staff Directive No.7, "CENTAF Battle Staff Meeting," 20 January 1991/0500L. 호너는 A-10 부대에 "파드 대대! 훌륭했어."라고 했다.

A-10이 적의 지상사격을 많이 받았던 것은 사실이었다. 그들은 적의 방공망에도 굴하지 않고 저공비행을 하면서 지상군에게 필요한 지원을 제공했다. A-10은 피격되더라도 귀환할 수 있도록 만들었기 때문에 저고도에서 폭탄을 투하하고 기총을 발사할 수 있는 유일한 항공기였다.[34] 반면 F-16은 상대적으로 지상사격에 취약했다. 그래서 F-16은 1만 피트 이상의 높은 고도에서, 그리고 적과 우군이 서로 근접해 있거나 서로 섞여 있을 때 적과 우군을 구분할 수 없을 정도로 빠르게 지나가면서 무장을 투하해야 했다. F-16은 지상 표적을 기대 이상으로 잘 공격했지만 A-10에 비하면 새발에 피였다.

전쟁 전에 호너 장군은 A-10을 비웃었고, 전쟁 중에는 칭찬을 했으며, 전쟁 후에는 다시 비웃었다. A-10에 대한 호너의 생각은 공군 장성들 대부분의 정서를 반영했다. 즉 평시에는 형편없는 항공기였고 전시에는 대단한 항공기였다.

이라크군을 뒷문으로 몰아내다

걸프전에 대한 나의 마지막 논평은 지상전역에 관한 것이다. 나는 3장에서 어떻게 육군이 1980년대 초반에 엄청난 고통이 따르는 내부 토론을 거쳐 전쟁철학에 중대한 변화를 일으켰는지에 대해 이야기를 했다. 전력비율, 화력, 소모, 정면 대결을 강조했던 베트남 시절 리더들의 개념이 1982년에

---

34) A-10 부대는 매일 사우디아라비아의 모기지인 파드 공항에서 가까운 전방 운영기지로 이동했다. 그곳에서 A-10은 모기지로 귀환하기 전에 하루에 수차례 출격을 했다. 대략 8,624회의 출격을 하는 동안 겨우 6대만 격추되었다. 그 중에 두 대는 착륙하면서 사고가 발생했고 사망한 두 명의 조종사 중 한 명이 이때 사망했다. 이 6대 외에 4대가 심한 손상을 입었지만 수리 후 비행을 재개했다. 호너의 비판은 근거가 없었던 것으로 보였다. 출처: Fahd Squad Operation Desert Storm Combat Recap Briefing.

개혁가 존 보이드가 채택한 기동, 기만으로 대부분 바뀌었다. 내가 대부분이라고 한 이유는 육군이 모두 제대로 하지는 않았기 때문이었다.

육군은 신교리를 '공지 전투Air Land Battle'라 불렀고, 네 가지 주요 구성요소는 종심, 주도권, 민첩성, 동조이다. 만일 공지 전투 설계자들이 수용하려는 개념을 제대로 이해했더라면 '공지 작전Air Land Operations'이라고 했어야 했다. 전투에 집착하는 것은 베트남의 화력과 소모전 개념의 잔재였다. 소모전은 항상 적과 결정적인 전투를 벌이기 위해 질주하는 것이 기본 개념이었다. 1982년에 채택된 기동전 사상은 전투를 하지 않고 적을 굴복시킨다는 동양 사상에 뿌리를 두고 있다. 공지 전투의 '전투'라는 단어는 육군이 베트남 접근법을 완전히 버리지 않았음을 의미했다.

신교리가 처음 발간되었을 때 보이드는 육군이 대부분의 화력과 소모전 개념을 버린 것을 공개적으로 칭찬했다. 그는 작전 종심, 하급 부대의 주도권, 신속히 움직이는 무장 병력 고유의 민첩성 등 신교리의 처음 세 가지 구성요소에 대해서는 환영했지만 동조는 다른 세 가지와 논리적으로 모순된다고 생각했기 때문에 이것이 포함된 것에 대해서는 비판적이었다.

보이드는 기회가 있을 때마다 "시계만 동조시켜야지 사람을 그렇게 해서는 안 된다."라고 했다. 그는 만일 사람이 그들의 행동을 동조해야 한다면 그들의 주도권과 민첩성은 희생되고 신속하게 적 후방으로 깊숙이 침투하여 퇴로를 차단하고 후방에서 접근하는 능력이 저하된다고 역설했다. 보이드는 "동조된 부대들은 가장 느린 부대에 맞춰 이동할 수밖에 없기 때문에 전체 병력의 주도권과 민첩성은 희생될 수밖에 없다."라고 했다. 그의 비판은 소귀에 경 읽기였다. 걸프전의 지상전을 보면 육군은 그 비판을 경청했어야만 했다.

걸프전의 지상전 계획은 매우 훌륭했다.[35] 지상전은 패튼 장군이 했던 말

---

35) Reuter News Service가 제공한 1991년 2월 27일에 있었던 노먼 슈와츠코프의 기자회견 속

대로 '앞에서 정신없게 만들고 뒤에서 걷어차는' 방법을 본떴다. 지상전이 다가옴에 따라 대부분의 연합군은 쿠웨이트의 남부 국경과 맞닿아 있는 사우디아라비아에 집결했다. 동시에 소규모의 해병부대는 세계 언론이 다 보고 있는 가운데 쿠웨이트 동부 해안에서 상륙 작전 연습을 했다. 이 모든 행동은 이라크군의 관심을 남부와 동부로 돌리기 위한 것이었다.

2월 24일 이른 아침, 쿠웨이트 남부 국경에 집결해 있던 연합군이 이라크군을 공격했다. 이 병력은 주로 미 해병이었지만 사우디아라비아, 이집트, 카타르, 쿠웨이트군도 포함되어 있었다. 공격이 개시되기 며칠 전에 해병대 뒤에 숨어 있던 대규모 연합군 기갑 부대가 서쪽으로 200마일을 질주했고 그때까지도 연합군 전선 후방이었다. 지상전 둘째 날, 기갑부대는 그곳에서 상대적으로 방어가 허술한 지역을 돌파하여 서부 사막을 통과한 후 북으로 진격하여 남쪽에서 공격해 오는 미 해병대를 격퇴하기 위해 집결한 이라크군을 뒤쪽에서 포위할 계획이었다. 사실은 신속하게 이동한 기갑부대가 주공이었고 교묘하게 적을 속여 이라크군 후방으로 침투하여 이라크군의 퇴로를 차단할 계획이었다.

이라크의 정예부대인 공화국 수비대 7개 사단은 연합군의 주공격이 어느 쪽인가를 확인하기 위하여 쿠웨이트-사우디 국경 북쪽에서 대기하고 있었다.[36] 해병대가 쿠웨이트 국경을 넘어 물밀듯 쳐들어오자 남쪽으로 향했던 공화국 수비대는 연합군 전선에서 서쪽으로 이동하는 기갑부대를 알아차리지 못했거나 무시했다.

그러나 가솔린 엔진과 공룡의 피가 흐르는 기갑부대 지휘관 한 명 때문

기록, *The Washington Post*, 28 February 1991, A35-A36. 이것은 슈와츠코프가 걸프전 계획과 처음 3일간 지상전이 어떻게 전개될 것인가를 설명한 유명한 기자회견이었다.

36) Lt. Col. Peter S. Kindsvatter, USA, "VII Corps in the Gulf War," *Military Review*, February 1992, 18. 육군의 School of Advanced Military Studies를 졸업한 제다이 기사인 Kindsvatter는 전쟁 중 프레더릭 프랭크스 장군의 공식적인 역사가였다.

에 뛰어난 계획이 예정대로 실행되지 못했다.

서쪽의 연합군은 미 육군 2개 군단과 영국과 프랑스 각각 1개 사단으로 구성되었다. 2개 군단은 각각 게리 루크, 프레더릭 프랭크스 중장이 지휘했고, 루크 중장 군단이 가장 서쪽에 있었으며, 그들의 임무는 이라크 병력을 포위하여 북쪽으로 탈출하는 길을 차단하는 것이었다. 루크는 가장 먼 길을 가야 했지만 적의 저항은 가장 적었다. 7군단 사령관인 프랭크스는 특별히 공화국 수비대를 격파하는 임무를 부여받았다.[37]

슈왈츠코프 장군은 1990년 11월 14일에 그의 지상전 계획을 휘하 장군들과 제독들에게 처음 발표하던 자리에서 프랭크스의 목표를 명확하게 제시했다. 그는 이라크군의 중심이라고 생각했던 공화국 수비대의 격멸이 중요하다고 강조했다. "우리는 공격도 아니고, 피해를 주는 것도 아니고, 포위하는 것도 아닌 격멸destroy이 필요합니다. 나는 여러분들이 공화국 수비대를 격멸할 것을 기대하오. 공화국 수비대의 격멸은 그들이 더 이상 효과적인 전투력이 아니라는 것을 의미합니다. 나는 그들이 군사 조직으로 존재하지 않기를 바랍니다."[38]

그는 그 날 지휘관들, 특별히 프랭크스에게 공화국 수비대의 격멸이 핵심 군사 목표임을 한 점의 의혹도 남지 않게 분명히 했다. 슈왈츠코프는 전쟁이 끝난 날인 1991년 2월 28일까지도 공화국 수비대 격멸이 주요 목표임을 계속 강조했다.

프랭크스의 기갑 부대는 대부분 M1 계열의 최신형인 M-1A1 전차와 브래들리 전투장갑차를 운영하고 있었다. M-1, M1A1은 모두 과거 육군 전차와 전 세계 국가들이 채택하고 있는 디젤 엔진이 아니라 항공기 엔진과 비슷한 가스터빈 엔진을 사용했다. 가스터빈 엔진은 M-1, M1A1이 엄청

---

37) Duffy et al., "Desert Storm Accounting," 36. 프랭크스 장군과의 인터뷰.

38) Gen. H. Norman Schwarzkopf, USA(Ret.), *It Doesn't Take a Hero* (New York: Linda Grey Bantam Books, 1992), 380.

난 속도로 달릴 수 있게 만들었다. 문제는 가스터빈 엔진이 디젤 엔진보다 연비가 매우 낮다는 것이었다. M1A1 전차는 7마일당 1갤런이 아니고 1마일당 7갤런을 소비했다. 가스터빈 엔진은 전체 운행 시간의 70%를 차지하는 공회전을 할 때도 운행할 때와 거의 비슷한 연료를 소모했다.[39] 결과적으로 전차는 연료 주입을 위해 대략 세 시간에 한 번씩 정지해야 했다. 가스 터빈 엔진의 M1A1 전차와 함께 다니는 디젤 엔진의 브래들리는 연료 문제가 없었다. 일부 전차들이 두 시간에 한 번씩 연료주입을 위해 정지할 때 브래들리의 연료통에는 절반 내지는 $\frac{3}{4}$ 정도의 연료가 남아 있었다.[40]

터빈 엔진은 연소를 위해 많은 양의 깨끗한 공기가 필요하기 때문에 전차 승무원들은 세 시간에 한 번씩 전차를 멈추고 공기 필터를 갈아야만 했다. 그들은 사막에서 자주 발생하는 모래 폭풍 속에서 공기 필터가 15분마다 막혀 그때마다 정지해야 했다.[41]

해병대가 2월 24일에 쿠웨이트 국경을 넘자마자 슈와츠코프는 전체 이라크 군대가 남아서 싸우기보다는 이라크로 도망할 공산이 크다고 확신했다. 해병대는 예상보다 훨씬 큰 성과를 거두었다. 해병대의 당초 목표는 루크와 프랭크스가 이라크군을 뒤에서 포위할 때까지 그들을 묶어두는 것이었다. 해병대가 1980년대에 채택한 기동 개념을 시행하면서 여기저기서 양동작전을 펼쳤고, 여러 방면에서 돌파했으며, 개활지를 거쳐 돌진했고,

---

39) Bruce Ingersol and Patrick Oster, "M-1," *Chicago Sun-Times*, 26 April 1981. 10여 년 전에 육군 관리들은 1마일 당 4갤런인 M-1의 연비를 걱정했었다. 그러나 연비 문제가 해결되기는커녕 악화되었다. U.S. General Accounting Office, *Operation Desert Storm: Early Performed Assessment of Bradley and Abrams* [M-1 and M-1A1 tanks], Report B-247224, 10 January 1992에서 M-1A1이 걸프전에서 1마일 당 7갤런을 소모했다고 발표했다.

40) General Accounting Office, *Operation Desert Storm*, 18.

41) 같은 글, 29.

최소 저항 지역을 찾았으며, 물 흐르듯 이라크 병사들 앞으로 미끄러져 나아갔다. 그들은 신속하게 남부 전선을 엉망진창으로 만들었다. 많은 수의 이라크 병사들이 항복했고 그보다 많은 인원은 패주하여 북쪽으로 달아났다.

이런 결과가 한편으로는 좋았고 다른 한편으로는 나빴다. 시간이 가장 중요했다. 합참의장인 콜린 파월 장군은 이미 방송에 출연하여 미국 국민들에게 우리 군대가 이라크군의 선봉을 차단하고 기세를 꺾고 있다고 했다. 이라크가 자랑하는 공화국 수비대를 포함하여 대부분의 이라크군이 이라크로 빠져나갈 것을 염려한 슈와츠코프는 루크와 프랭크스에게 원래 계획보다 15시간 일찍 작전을 개시하라고 명령을 내렸다.[42] 프랭크스는 그 시간을 적의 전선 후방에 거대한 연료 저장소를 마련하는 데 사용할 계획이었다.[43] 그래야 그의 목마른 터빈 엔진 전차가 연료보급을 받기 위해 연료 트럭을 기다리지 않아도 되기 때문이었다.

원래 25일 오전에 계획되어 있던 루크와 프랭크스의 작전은 이라크군이 탈출하기 전에 포위하기 위하여 24일 오후에 시작되었다. 그러나 그들은 제대로 하지 못했다. 그 이후 89시간 동안의 기갑전은 모든 사람들이 예상했던 것보다 훨씬 빠른 속도로 진행되었고 프랭크스가 처리하기에 벅찰 정도로 빨랐다.

전쟁은 시작하자마자 끝났다. 1991년 2월 28일 08시에 사격 중지 명령이 떨어졌는데 이는 해병대가 쿠웨이트를 향해 공격을 개시한 지 겨우 100시간만이었다.[44] 이것은 역사적으로 가장 신속하고 결정적인 승리였고 최소한 그렇게 보였다. 2월 27일 저녁에 슈와츠코프는 유명하고 황홀한

---

42) Kindsvatter, "Ⅶ Corps in Gulf War," 22. 슈와츠코프도 2월 27일에 있었던 기자회견에서 확인했다.

43) Duffy et al., "Desert Storm Accounting," 35.

44) Kindsvatter, "Ⅶ Corps in Gulf War," 37.

기자회견을 가졌고 그 회견에서 그의 부하들이 수행했던 눈부신 계획을 설명했다. 그는 모든 것이 계획보다 훨씬 잘 진행되고 있고, 이라크군은 우리 병력에 의해 포위되었다고 했다.

> 슈와츠코프 : 현재까지 우리는 29개 사단을 격멸 내지는 작전이 불가능하게 만들었다. 나는 격멸이라는 말이 모든 사람을 철저히 죽인다는 인상을 주기 때문에 그렇게 말하는 것을 싫어하고 그것이 우리가 하고 있는 것도 아니다. 그러나 우리는 이라크의 29개 사단 이상을 완전히 무력화시켰고, 탈출구는 폐쇄되었다. 빠져나갈 길은 없다. 적은 바로 그 장소에서 우리와 싸우고 있다.
> 리포터 : 탈출구는 닫혔다고 했습니다. 지상군이 바스라로 가는 길을 막고 있습니까? [바스라와 바그다드 사이의 고속도로가 공화국 수비대에게는 주요 탈출구였다.]
> 슈와츠코프 : 아니오.
> 리포터 : 그 길로 이라크군이 탈출할 방법은 없습니까?
> 슈와츠코프 : 아니오. 출구가 봉쇄되었기 때문입니다.[45]

꼬박 1년이 지난 뒤에서야 출구가 닫치지 않았었다는 것과 모든 것이 슈와츠코프가 기자회견에서 말한 대로 되지 않았었다는 것, 그리고 실질적으로 대부분의 공화국 수비대가 장비와 함께 탈출했었다는 것을 알게 되었다.[46] 탈출한 공화국 수비대는 '궁전 호위병'이 되었고 사담 후세인이 권좌를 유지하는 데 필요한 강력한 수단을 제공했다.

아미 타임스의 톰 도넬리는 1992년 2월 24일에 폭탄을 터뜨렸다. 도넬리는 걸프전이 단기전이었던 것은 사실이었지만 그보다 더 짧은 전쟁이 될

---

45) Reuter News Service, transcript of Schwarzkopf's 27 February 1991 press conference, A35-A36.

46) Duffy et al., "Desert Storm Accounting," 36.

수 있었고 그랬어야만 했다는 기사를 썼다. 슈와츠코프가 보기에 이라크군은 해병대가 공격을 개시하자마자 붕괴되기 시작했다. 그는 그의 야전 지휘관들이 적을 과감하게 추격하고 괴멸된 상태를 최대한 이용하리라고 기대했다. 그러나 그가 보기에 지휘관들 중 일부는 너무 신중했고 붕괴를 앞당길 훌륭한 기회들을 놓쳤다. 슈와츠코프는 특히 프랭크스 장군에게 화가 나서, 심지어 전투 이틀날에 그를 경질하겠다고 으름장을 놓기도 했었다.[47]

슈와츠코프는 지상전 둘째 날 아침에 프랭크스 군단이 밤사이 전진하지 않은 것을 보고 화가 치밀었다. 사실 프랭크스는 슈와츠코프가 잠자리에 든 이후에 한 발자국도 움직이지 않았다. 프랭크스는 적의 전선을 돌파했는데도 날이 밝을 때까지 진격을 멈추었다.

프랭크스는 날이 밝을 때까지 진군하지 않은 이유로 세 가지를 들었다. 첫째, 그들은 야간 돌파 작전을 연습해 보지 않았다(왜 그랬는지 의문이 든다). 둘째, 프랭크스는 그의 병력 중 일부가 다른 병력보다 너무 앞서 나가는 것이 두려웠고, 전체 병력이 대형을 유지하기를 원했다. 셋째, 그는 수천 톤의 연료를 운반하는 긴 연료 트럭 행렬이 혹시라도 등 뒤에 남아 있을 수도 있는 소수의 이라크 전차에 의해 파괴당하는 것이 두려웠다.

다음 날 적의 전선을 돌파한 후 프랭크스는 병력을 되돌려 잔당을 소탕하기 위해 남쪽으로 공격을 했다. 이것이 슈와츠코프를 더욱 화나게 했다. "제발, 남쪽으로 향하지 말고 동쪽으로 그들을 추격하란 말이야!" [그들이란 공화국 수비대였고, 프랭크스의 주목표였지만 아직까지 그들과 교전을 해 보지도 않았다.][48]

슈와츠코프가 프랭크스의 조치에 참을 수 없었던 것은 이번만이 아니었다. 슈와츠코프는 적대행위가 일어나기 전부터 공화국 수비대와의 임박한

---

47) Tom Donnelly, "Battles," *Army Times*, 24 February 1992, 8.

48) Schwarzkopf, *It Doesn't Take a Hero*, 463.

전투에 대한 프랭크스의 접근 방식이 걱정스러워 잔소리를 했다. 지상전이 시작되기 2주 전에 프랭크스가 제시한 전투 계획을 들은 슈와츠코프는 "나는 느리고 답답하고 둔한 정신이 싫소. 이번 전투는 신중한 공격이 아니오. 나는 프랭크스가 과감하게 공화국 수비대와 한판 붙기를 원하오. 적은 허수아비에 불과하오……. 과감하고 신속하게, 그리고 허를 찌르면서 추격하시오……. 존, 확실하게 말하는데 나는 기계적이고 신중한 작전을 원하지 않소."[49]라고 했다. 그러나 프랭크스는 전쟁 내내 슈와츠코프가 걱정했던 대로 움직였다.

프랭크스의 느린 진격 속도에 당황한 사람은 슈와츠코프만이 아니었다. 지상전 둘째 날, 화가 난 합참의장 콜린 파월 장군은 슈와츠코프 장군에게 "예쇼크 장군에게 전화를 해서 합참의장이 프랭크스의 7군단 때문에 폭발 직전이라고 전해 주시오. 왜 그들이 진격하지 않았는지 그리고 30일 내내 폭탄을 퍼부은 적을 왜 공격 못하고 있는지 알고 싶소. 그들은 이틀 이상 기동을 했는데 아직도 적과 조우조차 하지 않았소. 워싱턴에 있는 어느 누구도 7군단의 행동을 이해할 수 없을 겁니다. 물론 결과만을 가지고 판단해서는 안 된다는 것을 잘 알지만 우리는 지금 적과 싸워야만 합니다."[50] 슈와츠코프는 그의 전기에서 그날 저녁 점점 커지는 불만을 다음과 같이 적었다. "공화국 수비대를 격멸하기 전까지 우리의 임무는 절반만 달성된 것이었고, 우리 모두는 공화국 수비대를 격멸할 수 있는 기회가 아주 빠르게 사라지고 있다는 것을 느꼈다."[51]

훨씬 서쪽에 있던 루크의 병력이 엄청난 속도로 사막을 통과하고 있었기 때문에 프랭크스의 더딘 전진에 대한 슈와츠코프의 노여움과 당혹감은 더

---

49) 같은 책, 433.
50) 같은 책, 463.
51) 같은 책, 465.

욱 심해졌다. 배리 맥카프리 소장이 루크의 전위 부대인 제24기계화보병 사단을 지휘했는데, 슈와츠코프는 회고록에서 그를 '가장 공격적이고 성공적인 지상군 지휘관'이라고 했다.[52] 프랭크스의 느릿느릿한 전진 때문에 슈와츠코프는 맥카프리한테 속도를 늦추고 이틀 동안 전진 속도를 조절하라고 지시할 수밖에 없었다. 슈와츠코프는 "나는 마치 경주마와 당나귀가 끄는 마차를 모는 느낌이 들기 시작했다."라고 회상했다.[53]

전쟁 후 아미 타임스와 고향 신문과의 인터뷰에서 프랭크스는 너무 신중했다기보다는 복잡한 기동에서 그의 병력을 '동조' 시키기 위해 계속 속도를 조절할 수밖에 없었다고 자신의 행동을 변호했다. 프랭크스는 '그것은 타이밍과 동조의 문제'였다고 했다.[54]

나중에 한 인터뷰에서 프랭크스는 "우리의 지휘관들과 병사들은 3개 사단으로 공화국 수비대를 격파하기 위해 동조된 기동을 수행했다."라고 덧붙였다.[55]

프랭크스의 공식 기록담당관인 피터 킨스바터 중령도 병력을 '동조'해서 '3개 사단 전력'으로 공화국 수비대를 타격하기 위해 대형을 유지하는 병력의 '동조'에 집착했다고 했다. 킨스바터는 2월 26일 밤에 또다시 속도를 내라는 슈와츠코프의 전화를 받고 프랭크스가 참모들에게 내린 지시를 인용했다. "우리는 지금까지 우리가 해오던 대로 전투를 동조시키겠지만 속도를 내야 한다. 집에 가려면 공화국 수비대를 통과해야 한다."[56]

도넬리는 프랭크스의 동조를 자세하게 설명했다. "그의 부하들에게 내

---

52) 같은 책, 338쪽과 339쪽 사이에 있는 슈와츠코프와 맥카프리 사진 아래의 설명문.

53) 같은 책, 456.

54) Peter L. DeCoursey, "General Blames Threats on Heat of Conflict," *Reading(Pa.) Times*, 1 March 1992, 3.

55) 같은 글.

56) Kindsvatter, "VII Corps in Gulf War," 32.

린 지시에서 프랭크스는 공격의 동조를 강조했고 그래서 그의 기갑 사단들은 밀집해야 했다…. 사단들은 순서와 위치를 조절하기 위해 엄청난 선회를 해야 했다. 각 사단들의 대형은 100킬로미터까지 펼쳐졌다.[57]

이 모든 동조의 압권으로 킨스바터, 브라이언 더피, 그리고 톰 도넬리 모두 종전 바로 전날 프랭크스의 군단은 연료가 심각하게 부족했다고 보고했다. 적이 후퇴하고 있는데도 연료 트럭이 올 때까지 버틸 수 있도록 옆 사단으로부터 비상 급유를 받기 위해 1개 사단 전체가 정지해야 했다. 프랭크스는 그의 고향 신문과의 인터뷰에서 이 점을 재확인했다. "연료가 문제였지만 우리는 해결했다. 셋째 날, 제1기갑 사단은 바싹 따라붙었지만 우리는 제3기갑사단으로부터 연료를 보충받고 그 후에야 보급 부대가 도착했다."[58]

공화국 수비대가 빠져나갈 수 있겠다는 슈와츠코프의 걱정은 그럴만한 이유가 있었다. 프랭크스는 이라크군의 탈출구를 차단하기 위해 이라크군 뒤에 있어본 적이 한 번도 없었다. 대신 그의 조심스럽게 동조된 '3개 사단의 펀치'는 글자 그대로 공화국 수비대를 작전지역에서 이라크로 내몰았다. 그가 수천 명의 이라크 병사들을 생포하고 엄청난 양의 장비를 파괴한 것은 사실이다. 그러나 그는 연료를 주입하고 동조하기에 너무 바빠 적을 추격하고 형성된 돌파구를 활용할 여유는 없었다. '동조된 군사력'으로 누군가를 강타하는 것은 1982년에 채택된 기동 교리였다기보다는 육군의 1976년 소모전 교리 같았다.

분명히 공화국 수비대의 탈출구를 봉쇄하지 못한 프랭크스 장군의 실패는 육군 신교리의 동조에 심하게 집착한 결과일 수 있다. 동조가 진군 속도를 늦춘다는 것은 의심의 여지가 없었다. 동조 때문에 게리 루크와 배

---

57) Donnelly, "Battles," 16.
58) DeCoursey, "General Blames Threats," 3.

리 맥카프리는 뒤에서 포위하여 북쪽 탈출구를 차단하는 것에 실패했다. 전쟁의 마지막 순간에 맥카프리는 서쪽에서 바스라를 점령하거나 바스라와 바그다드를 이어주는 고속도로를 차단하려고 했다. 사격중지가 2월 28일 08시에 발효되었을 때 맥카프리 사단은 바스라에서 서쪽으로 27마일 지점에 있는 양파 농장에 진을 치고 있었다.[59] 맥카프리 사단은 진출 한 계선인 빅토리 라인에서 다섯 시간 반 동안이나 정지하고 있었다. 동조가 맥카프리의 속도를 떨어뜨렸다. 결과적으로 북으로 향하는 문은 확실히 열려 있었다.

10년 전 존 보이드가 정확히 지적했다. 그는 동조는 어리석은 생각이며 육군 교리의 다른 세 가지 구성요소인 주도권, 민첩성, 종심에 결정적인 영향을 미쳐 작전 속도를 늦출 것이라고 했다. 이제 우리는 그의 주장을 뒷받침할 경험적 증거를 확인했다. 동조된 진군을 한 프랭크스는 쿠웨이트 전역에서 이라크군을 몰아낼 수 있었으나 이라크의 군사력이 약했기에 가능했다. 프랭크스가 정예 부대를 상대했다면 어떻게 행동했을지 궁금하다.

동조에는 반드시 짚어봐야 할 또 다른 측면이 하나 더 있다. 걸프전에서 아군의 희생자는 아주 적었지만 거의 25%는 우군 사격에 의해 발생했다. 이것은 미국 역사상 가장 높은 수치였다.[60] 전투 중 잃은 9대의 M-1A1 중 7대는 적의 사격이 아닌 우군 사격에 의한 것이었다.[61] 브래들리 전투장갑차는 더 많은 희생을 치렀다. 파괴된 20대의 브래들리 중 85%인 17대가 아군 사격에 의한 것이었다.

---

59) Joseph L. Galloway, "The Point of the Spear," *U.S. News & World Report*, 11 March 1991, 32.

60) Steve Vogel, "We Have Met The Enemy. And It Was Us." *The Washington Post*, 9 February 1991, F1.

61) General Accounting Office, *Operation Desert Storm*, 5.

프랭크스 부대는 우군에 의한 희생이 가장 많았다.[62] 모든 M-1A1 전차 손실과 브래들리 손실의 75%가 프랭크스 부대에서 발생했다.[63] 전쟁 중 가장 유동적인 전쟁 말미에 흔히 발생할 수 있는 우군 사이의 교전에 대한 두려움 때문에 프랭크스는 병력의 진군을 매우 조심스럽게 허락했다. 그는 탈출구를 차단하기 위한 마지막 광란의 질주에서 발생할 수 있는 우군 사이의 교전을 걱정했기 때문에 부하들에게 공식적인 사격중지보다 37분 먼저 사격중지 명령을 하달했다.

대형 유지와 그들에게 할당된 지역 안에서, 그리고 '진출 한계선' 뒤에서 동조를 유지하도록 훈련을 받은 기갑부대들은 자신들도 모르는 사이 혹은 의식적으로 대형을 이탈하는 실전의 혼란스럽고 유동적인 상황에 익숙하지 않았다. 만약 그들이 할당된 지역에 있지 않거나 진출 한계선을 넘은 다른 부대들과 맞닥뜨리면 그들은 자동적으로 그 부대를 적으로 간주하고 공격할 것이다. 우군 간 교전에 의한 많은 사상자 발생은 실질적으로는 무질서와 혼돈으로 특징지어지는 전투에서 질서정연하고 동조된 방식으로 작전을 하려 했던 결과였다. 만약 그 부대들이 엄청난 혼돈을 연습해보지 않은 상황에서 그 혼돈의 한 가운데로 던져진다면 그런 상황에 제대로 대처하기는 힘들 것이다.

불행하게도 동조는 육군의 사고에 더욱 깊숙이 뿌리내릴 가능성이 농후하다. 프랭크스 장군은 전쟁 직후 대장으로 진급하여 육군교육사령관이 되었다.[64] 프랭크스가 사령관으로 근무하는 동안 2차 세계대전 이전에 육군의 사고를 지배했던 선형 이론의 부활을 지켜보게 되지 않을까 심히 걱정된다. 동조는 교리의 영역을 넘어 도그마가 될지도 모른다. 2차 세계대전

---

62) Donnelly, "Battles," 18.

63) Kindsvatter, "VII Corps in Gulf War," 17. 이 정보는 General Accounting Office, *Operation Desert Storm*, 24와 관련이 있다.

64) Donnelly, "Battles," 16.

당시 가장 추앙받았던 조지 패튼 대장과 존 우드 소장은 누군가가 병력의 동조를 말할 때마다 무덤 속에서 탄식했을 것이 분명하다. 그들이 살아 있다면 둘 중 한 명은 아마 '동조'라는 단어를 만들어 낸 사람을 총살했을 것이다.

킨스바터는 프랭크스의 여러 부대들이 지도상에 그어진 '통제선'이라고 부른 진출 한계선에 도달하면 정지해야만 했다고 여러 번 이야기했다. 비록 부대들은 예상했던 것보다 빠르게 행군했지만 '군단 전체가 동조될 때까지 키위Kiwi 혹은 불릿bullet 통제선에서 정지' 등과 같은 지침에 따라 계속 지체되었다. 나는 이 작전방식과 2차 세계대전 중 가장 뛰어난 전차 지휘관이었던 우드 장군의 작전방식을 비교할 수밖에 없었다. 핸슨 발드윈은 그가 저술한 우드의 전기 『타이거 잭Tiger Jack』에 우드의 회고록을 인용했다.

> 나에게 사단이란 전선에서 상황을 직접 접하고 있는 지휘관이 상황에 따라 여러 가지 조합으로 운용해 볼 병력의 저수지다. **자세한 지시, 제한된 선 혹은 지역, 통제선, 제한된 목표 혹은 기타 제약 등이 파고들 여지가 없다**…. 돌파 후 극도로 유동적인 작전에서 우리의 위치를 확인하는 것은 상급부대가 해야 할 일이지만 가끔 우리를 못 찾기를 원했다. 자르 강을 건널 때 우드 장군은 사단을 신성불가침의 군단과 군 경계 밖으로 이끌었고, 나중에 '그런 경계선들은 나에게 아무 의미가 없다. 나는 가야 할 곳으로 갔다'고 했다.[65]

우드가 1944년 7월에 노르망디 돌파 후 프랑스 북부를 통과하여 독일군 전선 깊숙이 침투하고 있을 때 패튼과 우드는 우드의 측면을 보호하기 위해 전술 공군을 활용했다. 이와는 대조적으로 슈와츠코프는 맥카프리의 측면이 노출될까봐 프랭크스보다 너무 앞으로 나가지 못하게 했다. 우드에게

---

65) Hanson Baldwin, *Tiger Jack* (Fort Collins, Colo.: The Old Army Press, 1979), 156.

통제선은 단지 자신의 위치를 패튼에게 보고하는 참조점에 불과했다. 슈와 츠코프의 육군에게 수천 미터 떨어져 있는 통제선과 심지어 좌표는 동조를 유지하기 위한 '진출 한계선'이었다. 맥카프리와 프랭크스의 사단장들과는 달리 우드의 1944년 진군 속도는 자신의 상급 부대에 의해서가 아닌 오로지 적의 행동에 의해 좌우되었다. 결과적으로 우드의 제4기갑 사단은 걸프전에서 프랭크스나 루크의 사단들이 삼류의 이라크 지상군을 상대로 했던 것보다 뛰어난 독일군을 상대로 아브랑슈에서 모젤 강까지 더 먼 거리를 더 빠르게 돌파했다.[66]

타이거 잭은 오늘날의 동조 개념을 이해하기 힘들었을 것이다. 그가 프랭크스의 부하였다면 프랭크스는 아마 그를 경질했을 것이다.

마지막 혼란 그리고 책임 전가

원래 7개 사단 중 대략 4$\frac{1}{2}$개 사단의 공화국 수비대가 빠져나간 것으로 밝혀졌다. 육군은 잘못된 교리 때문이었다고 인정하기보다는 베트남에서 이미 써먹었던 레퍼토리인 대통령의 잘못이라고 변명을 했는데 슈와츠코프도 그 중 한 명이었다. 육군은 이미 써먹었던 대통령의 잘못이었다는 베트남 변명을 20여년만에 다시 꺼내었다.

혼란이 절정을 이루었던 전쟁의 마지막 이틀을 재검토해보자. 전쟁이 끝나기 전날인 2월 27일, 슈와츠코프는 그의 유명한 기자회견에서 그의 임무는 공화국 수비대를 격멸하는 것이었다고 했다. "주어진 임무를 완수하고 공화국 수비대가 과거에 자주 행했던 극악무도한 행위를 확실하게 못하

---

66) Maj. Richard J. Bestor, USA, et al., *Armor in Exploitation* (*The Fourth Armored Division Across France to the Moselle River*), research report, Committee 13, Officers Advanced Course, Armored School, Fort Knox, Ky., May 1949, 34.

게 만들려면, 프랭크스 부대가 계속 공격하여 공화국 수비대를 격멸하는 것이다."[67] 그것은 명확해 보였다.

같은 기자회견에서 그는 공화국 수비대는 빠져나갈 길도 없고 탈출할 방법도 없다고 했다. 이때부터 이야기가 헛갈리게 된다.

부시 대통령은 국내외에서 전쟁을 끝내라는 압력을 받기 시작했다. '죽음의 하이웨이' 위에 파괴된 이라크 장비들이 TV에 생생하게 보도되자 대량살육을 중단하라는 요구가 빗발쳤다. 기자회견에서 슈와츠코프가 제시한 장밋빛 그림은 공화국 수비대가 덫에 걸렸기 때문에 실제로 모든 측면에서 전쟁이 끝났다는 것을 암시했다. 기자회견이 끝나고 몇 시간 후 파월 장군이 슈와츠코프에게 전화를 걸어 그의 임무가 완수되었는지를 물었고 다음 날인 2월 28일 아침 8시를 기해 공세 작전을 중지하는 데 동의할 수 있냐고 물었다. 슈와츠코프는 처음에는 안 된다고 하면서 24시간만 더 달라고 하였다.[68] 그러나 파월이 계속 압력을 가하자 슈와츠코프는 결국 동의했다. 슈와츠코프는 자서전에서 사격중지에 동의할 때 파월에게 "우리 목표는 적군의 격멸이었고 모든 점에서 그 목표를 달성했다."라고 했다.[69]

돌이켜보면 그는 공화국 수비대가 아직 격멸되지 않았다는 것을 알고 있었으면서도 어떻게 파월에게 그렇게 말할 수 있었는지 도저히 이해가 되지 않았다. 그럼에도 불구하고 이라크 현지 시간으로 2월 28일 08:00부로 사격중지가 발효되었다.

수십 년 동안 군대는 현지 시간보다는 그리니치 표준시간을 이용해왔다. 사격중지는 그리니치 표준시간으로 05:00, 현지 시간으로 08:00에 발효될 계획이었다. 브라이언 더피와 U.S. 뉴스 앤 월드 리포트의 동료들에

67) Reuter News Service, transcript of Schwarzkopf's 27 Feb. 1991 press conference, A36.

68) Schwarzkopf, *It Doesn't Take a Hero*, 468–471.

69) 같은 책, 470.

따르면, 슈와츠코프의 고급 참모 중 한 명이 그리니치 표준 시간의 사용을 거부했다. 그 결과 많은 야전 부대에 사격중지 시간이 현지 시간 05:00로 잘못 전달되었다.[70] 실수였다는 것이 밝혀졌을 때는 이미 그 부대들이 작전을 중지한 상태였지만 다시 작전을 개시하여 3시간 후에 다시 중지를 했다. 육군은 전차 부대를 동조하는 것보다 그들의 시계를 동조하는 데 더 많은 시간을 투자했어야 했다.

슈와츠코프는 사격중지가 발효되고 몇 시간 후에 프랭크스 부대가 전날 지시받았던 대로 바스라로 향하는 공화국 수비대의 도주로를 끊지 않았다는 것을 알고 또다시 격노했다. 그는 사격중지에 동의하고 그 지시를 내렸고 그런 후 파월에게 그의 군사 목표는 이미 달성되었다고 했다. 그는 사격중지가 발효된 날 아침에 프랭크스가 바스라로 향하는 고속도로를 확보했다는 보고를 받았는데 실제로는 그렇지 않았기 때문에 화가 났다.[71]

슈와츠코프는 맥카프리가 바스라를 점령하지 못했거나 바스라에서 북으로 향하는 도로를 차단하지 못했다는 것을 알고 있었다. 이 모든 것은 도주로가 활짝 개방되어 있다는 것과 사격중지 몇 시간을 앞두고 많은 공화국 수비대가 장비와 함께 탈출했다는 것을 의미했다. 슈와츠코프는 허위보고를 받았다고 생각했다.[72] 프랭크스는 나중에 슈와츠코프가 허위보고를 받은 것이 아니고 단지 잘못된 정보를 받았다고 했다.[73] 어쨌든 슈와츠코프는 국민들과 역사에 설명해야 할 일이 많아졌다.

---

70) Duffy et al., "Desert Storm Accounting," 37. 슈와츠코프는 그의 자서전에서 백악관이 사격중지 시간을 혼동했다고 했다. 나는 더피와 동료들에게 어떤 말이 맞느냐고 묻자 그들은 자신들이 옳다고 했다. 둘 다 맞을지도 모르겠다.

71) Schwarzkopf, *It Doesn't Take a Hero*, 475.

72) 같은 책. 그리고 프랭크스는 DeCoursey, "General Blames Threats," 3에서 슈와츠코프가 잘못된 정보를 받았다고 주장했다. 프랭크스는 후퇴로를 차단하라는 지시를 받았지만 공화국 수비대와 700대의 전차가 탈출하기 전에 그곳에 도착하는 데 실패했다는 것을 인정했다.

73) DeCoursey, "General Blames Threats," 17.

전쟁이 끝나고 한 달 뒤인 3월 27일에 데이비드 프로스트가 TV에서 슈와츠코프를 인터뷰했다. 사격중지와 공화국 수비대의 탈출에 대해 한 달 동안 숙고한 후에 나온 슈와츠코프의 의견은 매우 흥미롭다.

"솔직히 나는 진군을 계속해야 한다고 했다. 우리는 적을 대파한 상태였고 그들에게 더 큰 피해를 줄 수 있었다. 우리는 탈출구를 완전히 봉쇄해서 섬멸전을 펼칠 수 있었다. 그런데 대통령이 일부 탈출로를 제공할 수 있는 일정 시간과 장소에서 작전을 중지해야 한다는 결정을 내렸고, 나는 이것이 그의 입장에서 매우 인도적이고 용감한 결정이었다고 생각한다……. 이것은 역사가들이 앞으로 영원히 검토해봐야 할 사안 중에 하나이다. '전쟁을 하루 더 하는 것이 좋지 않았을까? 반대로 이라크군을 확실하게 패배시킨 후인데, 왜 하필이면 그날 사격 중지를 했을까?'"[74]

이 모든 것이 나에게는 매우 혼란스러웠다. 첫째, 슈와츠코프는 자신의 임무는 공화국 수비대를 격멸하는 것이라고 했다. 동시에 그는 탈출구가 봉쇄되었기 때문에 격멸을 면치 못할 것이라고 했다. 그의 말대로 이미 '우리의 군사 목표'를 달성했기 때문에 그는 사격중지에 동의했고 상식적인 사람이라면 공화국 수비대가 격멸되었다고 생각했을 것이다. 그런데 그는 대통령이 탈출구를 열어 놓았다고 했다. 만약 슈와츠코프가 국민들에게 탈출구가 닫혔다고 얘기한 후에라도 그것이 열려 있었다는 것을 알았다면 공화국 수비대의 탈출을 충분히 알고 있었을 터인데 그는 왜 사격중지에 동의했을까? 정말 헷갈렸다.

나는 대통령이 너무 일찍 전쟁을 끝낸 것이 아니라 프랭크스가 너무 느리게 움직이는 것을 슈와츠코프가 허락했다는 결론을 내릴 수밖에 없다. 도대체 이때 미 공군은 어디에 있었나? 공군도 다소 책임은 있다. 공군은

---

74) 슈와츠코프의 TV 인터뷰 내용, WETA-TV, *Talking with David Frost*, 27 March 1991. New York: Journal Graphics Inc., 12.

완벽한 공중 제패를 이룬 상태였고 그들 주장대로라면 적이 움직이면 그것이 주야, 악천후를 불문하고 언제라도 공격할 수 있는 하이테크 센서 (JSTARs와 기타)와 무기를 갖고 있었다.

프랭크스의 신중한 접근과 동조된 3개 사단 전력으로 적을 짓밟아야 한다는 강박관념은 그의 혈관에 공룡의 피가 흐르고 있다는 것을 의미했다. 또한 슈와츠코프의 피에도 공룡의 피가 약간 흐르고 있다는 증거가 있었다. 데이비드 프로스트와 인터뷰를 하면서 슈와츠코프는 CNN이 포로가 된 미군 조종사의 사진을 방영한 것에 격분했다. "내가 CNN에서 그 사진을 보게 되어 매우 불쾌했다. 그 점을 분명히 하고 싶다. CNN이 제네바 협약을 위반한 적을 방조했다는 것에 화가 났다. 그리고 그것 또한 제네바 협약을 위반한 것인데 CNN은 그것을 전 세계에 방영했다."[75]

슈와츠코프의 말은 갈등의 심리적 측면을 제대로 이해하지 못했다는 것을 의미했다. 그는 화가 났다. 그 사진들을 본 사람들은 모두 똑같았다. TV에 방영된 조종사들의 행진 장면이 많은 미국 국민들을 화나게 만들어 오히려 사담 후세인에 대한 전의를 불태우게 만들었다. 그 사진들이 전 국민들에게 충격을 주어 전쟁을 지지하도록 만들었다. 조종사들은 자유롭게 수백 번 전투 출격하는 것보다 오히려 내키지 않는 TV 출연 한 번으로 전쟁에 더 큰 기여를 했다. 슈와츠코프는 갈등의 물리적 측면을 꽤 잘 알고 있었고 프랭크스보다도 훨씬 먼저 적의 붕괴를 목격했기 때문에 정신적 측면도 프랭크스보다는 좀 더 잘 이해했던 것 같았다. 그러나 그의 여러 베트남 선배들과 마찬가지로 나폴레옹이 물리적 측면보다 세 배 이상 중요하다고 했던 사기의 진정한 가치를 이해하지는 못했다.

개혁가 존 보이드는 10년 전부터 육군에게 기동전의 목표 중 하나는 물리적 측면은 물론 사기와 정신적 측면의 뒷문을 통해 적에 접근하는 것이

---

75) 같은 글, 8.

라고 충고를 했다. 사막의 폭풍 작전은 많은 육군 고위 지휘관들의 생각이 베트남 시대와 변한 것이 없다는 것과 정문 아니면 옆문으로 서로 발맞추어 들어가 말 그대로 적을 뒷문으로 몰아내는 것을 선호했음을 보여주었다. 슈와츠코프가 설명하는 전쟁 셋째 날을 보면 그러한 사고방식이 여지없이 나타난다. "중부사령부 육군 군단은 마치 거대한 압착기의 피스톤처럼 거침없이 동쪽으로 진군하고 있는 중이다."[76] 2차 세계대전의 패튼과 우드는 슈와츠코프와는 대조적으로 적을 뒷문으로 몰아내는 것이 아니라 적의 후방에 도착하기 위해 돌격, 돌파, 포위를 생각했다.

마지막으로 브래들리 전투장갑차를 언급할 차례이다. 육군은 걸프전에서 브래들리의 실적에 대해서는 상대적으로 말을 아꼈다. 브래들리에 대한 언급이라고는 '브래들리는 설계한 대로 작동했다'는 것이 전부였다. 감사원은 20대의 브래들리가 파괴되고 12대가 파손되었다고 했다.[77] 문제는 그것으로 수십 명이 사망하고 그보다 많은 인명이 부상을 당했다.

다행스러운 점은 그보다 더 나쁠 수도 있었다는 것이었다.

1984년부터 1987년 사이에 있었던 논쟁 덕분에 시작된 브래들리의 설계변경으로 많은 목숨을 건졌다. 국방부가 의회에 제출한 걸프전 결과에 대한 공식 보고서에서 이 점을 확실하게 지적했다. 또한 이 보고서는 1987년 12월 스트래튼의 조달 소위원회에서 했던 나의 모든 주장이 그대로 반영되었더라면 사상자는 더욱 줄었을 것이라는 점을 분명히 했다. 실제 전투에서 발생하는 대부분의 브래들리 사상자들은 대구경 포탄 때문이었고 이런 상황에서 사상자를 줄이는 가장 좋은 방법은 M-1 전차처럼 예비탄약을 외부에 저장하고 폭발할 때 그 힘을 외부로 방출하는 패널의 적용이었다. 그러나 육군은 이러한 설계 변경을 받아들이지 않았다.

---

76) Schwarzkopf, *It Doesn't Take a Hero*, 466.

77) General Accounting Office, *Operation Desert Storm*, 16.

걸프전에 대한 국방부의 최종 의회 보고서에는 다음과 같이 기록되어 있다. "장갑차량 승무원 사상자의 대부분은 충돌하는 힘으로 표적을 파괴하는 고속의 성형 화학에너지 대전차무기(대구경)에 의해 발생했다. 만일 M-1 전차와 브래들리 전투장갑차에 소화 장치, 폭발 시 그 힘을 외부로 방출하는 패널, 장갑의 견고화, 병력탑승공간에서 탄두나 파편이 튀지 않도록 하는 직물 부착 등과 안전 및 생존 장치가 없었더라면 사망자와 부상자는 더 많이 발생했을 것이다."[78]

M-1A1 전차의 외부 방출 패널로 많은 생명을 구했다는 것이 확인되었다. 내가 1987년 의회 증언에서 요구했던 것을 육군이 걸프전의 브래들리에 적용했더라면 더 많은 인명을 구할 수 있었을 것이다. 그러나 내가 원했던 만큼은 아니지만 그래도 조금이나마 설계를 변경한 것은 다행이었다. 브래들리 생산을 담당했던 피터 맥베이 육군 소장은 전쟁이 끝나고 두 달 후에 있었던 방어 취약성 전문가 콘퍼런스에서 "사막의 폭풍 작전에서 브래들리 실사격 시험 덕분에 우리의 예상보다 더 많은 인명을 구했다."라고 했다.[79]

더 이상 말이 필요 없었다.

---

78) DoD, *Conduct of the Persian Gulf War: Final Report to Congress*, pursuant to Title V of the Gulf Conflicts Supplemental Authorization and Personnel Benefits Act of 1991, Public Law 102-25, April 1992, M-4.

79) Maj. Gen. McVey, USA, presentation at Combat Vehicle Survivability Conference, Gaithersburg, Md., 15 April 1991, sponsored by American Defense Preparedness Association. 그 컨퍼런스에 참석했던 몇몇 사람이 이 말을 나에게 해주었고 그들 모두 익명을 원했다.

부록 A. 개혁을 위한 조언

　나는 국방부의 조달 절차에 아주 비판적이다. 충분한 근거가 있더라도 비판만 하고 더 나은 대안을 제시하지 못한다면 그저 불평에 불과할 뿐이라는 점을 알고 있었다. 피에르 스프레이는 나에게 '대안 없이는 할 수 있는 일이 없다'는 점을 계속 일깨워주었다. 건설적인 비판을 위해 나는 펜타곤이 무기를 개발하고 구매하는 절차를 어떻게 바꾸어야 할지 그 대안을 제시한다. 이 대안들은 조달과정에 견제와 균형을 강화하여 성실과 정직을 회복하는 것에 목표를 두었다.

　정부 안팎의 많은 사람들은 조달 절차, 조직 정비, 보고 기준 등을 바꾸면 조달 업무에 성실성이 회복될 것이라고 생각한다. 그것을 믿는 사람들은 '절차'가 잘못되었기 때문에 펜타곤 관리들이 수치스런 행동을 한다고 생각한다. 그 절차가 신무기의 예상 가격에 대해 사람들로 하여금 거짓말을 하게 만든다. 그 절차가 사람들로 하여금 크고 위험한 위협에 대응하기 위해 신무기가 필요하다는 거짓 정보를 만들게 한다. 그 절차가 사람들로 하여금 무기 사업에 나쁜 소식 혹은 안 좋은 정보를 감추게 만든다. 그 절차가 사람들로 하여금 분석과 시험 결과의 해석을 한쪽으로 치우치게 만든다. 다시 말해서 '절차가 나를 그렇게 만들었다'라고 주장하는데 나는 그러한 시각에 동의할 수 없다.

절차를 만들고 운영하는 것은 바로 사람이다. 사람들이 거짓말을 하고, 속이고, 훔친다면 어떤 규칙과 규정을 만들더라도 소용이 없을 것이다. 그리고 절차를 개정하더라도 악당들은 약간 불편함을 느낄 뿐이고, 그들이 저지른 일들이 약간 잘 보일 뿐이다. 물론 그들은 양지에서 활동하기보다는 어둠 속에서 몰래 돌아다니기를 좋아한다.

내가 이하에서 추천하는 대부분은 내 친구이자 동료 개혁가인 척 스피니의 아이디어들이다. 1990년 가을, 척은 정부의 부패와 비능률을 감시하는 기구의 간행물에 '국방의 파워게임'이라는 제목의 글을 먼저 발표했다. 나는 그때 그 권고안들을 지지했고, 척의 허락을 받아 다시 반복한다.

선서 후 증언

의회에서 증언하는 모든 국방부 관리들은 반드시 선서 후 증언을 해야 한다. 이것만으로 사람들이 의회에 거짓말하는 것을 원천적으로 막을 수는 없지만, 알면서 그리고 의도적으로 거짓 증언을 하는 사람들을 처벌하기는 쉬워진다. "증언은 모두 사실이고 오직 진실만을 말하겠다"는 군사위원회 앞에서의 선서는 이어질 청문회의 분위기를 조성하는 데 도움이 될 것이다. 최근 선서 후 증언은 아주 예외적인 경우에만 시행되고 있는데, 오히려 선서 후 증언이 제도화되어 예외적 경우에만 선서 없는 증언이 이루어져야 한다.

5개년 계획 공개

펜타곤은 매년 5개년 계획을 작성하지만 이 자료를 의회와 공유하지 않는다. 5개년 계획의 첫해 사업은 대통령의 연간 예산의 일부로 항상 의회에 제출된다. 이 1년을 제외한 나머지 4년의 계획에 대해 의회는 겨우 사업개요를 받아볼 뿐이다. 펜타곤은 이 사업개요를 이용해 의회를 호도하는 것으로 알려져 있다. 즉 펜타곤은 실제 예산 계획과는 다른 사업개요를 만들어 의회에 제출한다. 이러한 관행이 국방 분야의 미래 방향에 대한 펜타곤과 의회의 진정한 토론을 원천적으로 봉쇄한다. 의회는 군사력을 양성하고 장비 보충 관련 법적 권한을 가지고 있다. 나는 행정부에서 만든 가장 확실한 사업보고서인 국방부의 5개년 계획을 의회가 제대로 알 수 있어야 한다고 생각한다.

의회의 정보평가서

미국이 직면하고 있는 군사적 위협을 평가한 법안과 동일한 법적 구속력을 갖는 합동결의안을 의회에서 격년제로 만들 것을 제안한다. 그 평가는 반드시 상하원 외교위원회에서 담당해야 하며 행정부와의 연간 국방토론의 기초가 되어야 한다. 행정부가 너무 오랫동안 군사 위협 분석에 독점적 지위를 행사해 왔고 독점적 지위를 남용해 왔다.

펜타곤이 신무기에 수십억 달러를 소비하는 것을 정당화하기 위해 준비한 분석은 거의 항상 총체적으로 과장되었다. 우리는 1950년대에는 '폭격기 부족', 1960년대에는 '미사일 부족', 1970년대에는 '안전한 듯이 보이는 가운데 취약', 1980년대에는 '공산권 국가와의 국방비 지출 격차'가 문제라고 했는데 이 모든 것이 철저히 꾸며낸 것으로 판명되었다. 의회의 독자적인 군사 위협 분석은 분명히 펜타곤의 정보 커뮤니티를 방심하지 못하게 하여 상대적으로 솔직한 평가를 하게 만들 것이다.

'특별 취급' 사업의 제한

지난 10년 동안 '특별 취급' 혹은 '비밀' 사업이 우후죽순처럼 늘어났다. 앞에서 언급했듯이 이 사업의 취급을 엄격히 통제하는 이유는 적으로부터 비밀을 보호하기 위해서라기보다는 국방부 내에서 비판적 검토를 못하게 만들기 위해서였다. 지금까지 이 특별 취급이 지나치게 남용되었다. 펜타곤의 이러한 횡포를 막기 위한 조치를 취해야 한다. 사실 정말 특별 취급을 받아야 할 기술적 비밀은 아주 예외적인 경우 말고는 거의 없다.

나는 일정 수준 이상의 예산을 필요로 하는(예를 들어 1억 달러가 넘는) 사업의 특별 취급은 폐지되어야 한다고 생각한다. 그렇게 엄청난 돈을 소비하는 사업을 보호하기 위한 보안 등급은 비밀 혹은 1급 비밀이면 충분하다.

국방평가위원회 Defense Evaluation Board

이 책의 주요 주제는 견제 장치가 없는 주장이 펜타곤의 무기 획득 절차를 지배한다는 것이다. 주요 결정이 이루어지는 상부에 보고되는 사업의 현재 상태나 신무기 성능 관련 정보는 가장 좋아보이도록 다듬어진다. 이미 정해진 결론을 위해 모든 분석이 수행되고, 브리핑이 준비되며, 시험이 설계되고, 보고서가 작성된다. 좋은 소식은 부풀려지고 나쁜 소식은 감춰

진다. 명령계통의 꼭대기에 있는 사람들이 정확한 정보를 원한다면 그들은 명령계통 밖에 있는 정보원을 개발해야 한다. 그 사람들 대부분은 그런 일에는 소질이 없고 그 나머지 사람들은 관심이 없다. 그들은 자신들이 사실을 알게 되면 다른 사람들에게 환영받지 못할 결정을 해야 할지도 모른다고 생각할 수도 있다.

견제가 없는 주장에 대응하는 한 가지 방법은 제도적으로 조직에 '비판' 부서를 두는 것이다. 나는 공식적으로 반대되는 시각을 제시하는 이러한 조직을 강력히 지지한다. 나는 1980년에 로버트 헤르만 공군성 차관보를 설득하여 공군성 장관 직속의 비판 부서를 설치할 수 있었다(6장 참고). 헤르만이 규칙대로 해야 한다고 고집을 부렸기 때문에 그가 그 자리에 있는 동안 고위층에서 솔직하고 객관적인 토론이 이루어졌다. 나는 국방장관실에 그와 비슷한 조직을 만든다면 펜타곤에서도 객관성을 확보할 수 있다고 믿는다.

나는 견제 장치가 없다는 문제를 해결하기 위해 다음과 같이 권고한다. 독립된 규제 기구로 국방평가위원회를 설치한다. 연방준비위원회를 본떠 대통령이 지명하고 의회가 비준하는 의결권이 있는 다섯 명의 위원을 둔다. 위원들의 임기는 10년으로 한다. 위원은 펜타곤과 이해관계가 있는 어느 기업과도 관련이 있으면 안 된다. 직접적으로든 간접적으로든 국방산업과 관련된 고용, 컨설팅, 로비 관계가 있다면 절대 고용될 수 없다. 위원들은 퇴임 후에는 월급과 같은 액수의 연금을 받는다.

국방평가위원회는 100명 이내의 직원을 둘 수 있고 펜타곤 건물에 위치한다. 국방부 장관과 의회에 보고되는 정보의 질을 높이기 위해 위원회는 법적 절차에 따라 세 가지 기본적인 기능을 수행한다.

첫째, 위원회는 5개년 계획에 포함되어 있는 정보가 정확한 것인가를 확인한다. 장관과 의회에 제출하는 보고서는 합참이 그들의 전쟁 계획을 위해 예산이 충분한지를 평가하는 것은 물론 5개년 계획에 담겨있는 구조적 가정과 정책적 결정을 확인할 수 있게 해준다.

둘째, 위원회는 주요 무기체계의 개발과 생산 결정에 이용된 정보가 객관적인지, 의도적으로 누락된 정보는 없는지 검증한다. 위원회는 비용분석이 제대로 이루어졌는지를 검증한다(대부분의 비용 분석은 사업관리자 사무실에서 시작된다. 개발 부서가 모든 비용 자료의 주요 원천이다). 위원회는 비용분석의 불확실성과 사업의 타당성을 검증한다. 또한 위원회는 다음 단계로 넘어가는 분수령이 될 시험 결과가 정확하며 객관적 자료인지 검증한다. 무기체계를 생산하기 전에 위원회는 작전 부대에서 무작위로 차출한 군인이 실시한 실질적인 운용 시험에서 그 무기체계가 계약서 혹은 작전 요구 성능을 충족하는지 검증한다. **위원회가 운용 시험과 시험 결과를 인정하기 전에는 어떤 무기도 생산할 수 없다.** 위원회는 정부 부서와 민간 기업에게 선서 후 증언은 물론 정보 제출을 요구할 권한을 갖는다.

셋째, 위원회는 요청을 받으면 즉시 주요 국방 정책에 대해 국방부 장관과 의회에 독자적인 견해와 분석을 제공한다.

국방장관실 핵심참모가 그들의 일을 제대로만 한다면 국방평가위원회는 불필요하겠지만 안타깝게도 지난 10여 년간 그렇지 못해왔다. 나는 특별히 장관의 참모 중 가장 중요한 두 사람인 분석책임자와 시험책임자가 가장 큰 문제였다고 생각한다.

개혁가들의 주장에 따라 의회는 시험을 거치지 않거나 확인되지 않은 무기들이 지속적으로 실전에 배치되는 것을 막을 수 있다는 생각으로 시험책임자 자리를 신설했다. 불행하게도 지금까지 시험책임자에 임명된 사람들은 방산업체의 앞표상들이었고, 그들은 그 자리에서 해야 할 일을 제대로 수행하지 않거나 펜타곤의 관료조직에 완전히 물들어 무늬만 독립적이었다. 정말로 바뀐 것이 아무 것도 없었다. 무기체계에 대한 제대로 된 시험이 생략되었고, 그 결과 많은 무기체계들이 라인에 배치되었을 때 작동하지 않았다. 공군의 B-1 폭격기와 M-X 미사일은 단지 두 가지 사례에 불과하다.

데이비드 추는 11년 동안 국방부의 시험책임자로 근무했다. 그의 기본 임무는 내가 앞에서 설명한 국방평가위원회의 역할을 수행해야 했다. 그러나 지난 10여 년간 너무 여러 번 이러한 역할이 정치적 편의에 의해 생략되었다. 해군의 A-12 소동 중에 감찰감은 데이비드 추의 소위 독립 비용반이 그러지 말아야 했음에도 불구하고 해군에게 유리한 비용 평가를 한 것에 매우 비판적이었다. 그러나 A-12 사례는 예외적인 것이 아니라 일상적인 것이었다.

분석책임자는 팀 플레이어가 아니어야 한다. 오히려 '임금님은 벌거숭이' 라는 사실을 계속 이야기할 수 있는 사람이어야 한다. 수석 시험책임자였던 크링스가 디스커버 매거진과의 인터뷰에서 언급했듯이, 시험책임자는 실제 작동하는 진짜 무기를 구입하는 대신 '가끔은 허수아비를 구입해야 할 때도 있다' 라는 태도를 보여서는 안 된다. 바라건대 국방평가위원회는 철저하고 객관적인 평가와 토론에 필요한 공식적인 요구사항을 공표할 수 있어야 한다. 그렇게 해야 펜타곤을 변화시킬 수 있을 것이다.

부록 B. 존 보이드의 독서 목록

다음은 존 보이드의 승리와 패배에 대한 담론에 대해 그와 논의하기 원하는 가까운 친구들이 읽어야 했던 서적과 논문 목록이다. 승리와 패배에 대한 담론은 '그린북'으로 더 잘 알려져 있었다.

보이드는 그의 생각과 이론은 물론 이 목록에 있는 글들을 한밤중에 논의하는 것을 가장 좋아했다. 보이드의 훌륭한 사상을 탐구하기 위해서 그의 친구들은 이 책들과 논문들을 읽는 것은 물론 잠자는 시간도 줄여야 했다.

Adcock, F.E. *The Greek and Macedonian Art of War*. 1957.

Alger, John I. *The Quest for Victory*. 1982.

Asprey, Robert B. "Guerrilla Warfare." In *Encyclopedia Britannica* (EB). 1972.

Asprey, Robert B. "Tactics." In *EB*. 1972.

Asprey, Robert B. *War in the Shadow*. 2 vols. 1975.

Atkins, P.W. *The Second Law*. 1984.

Atkinson, Alexander. *Social Order and the General Theory of Strategy*. 1981.

Axelrod, Robert. *The Evolution of Cooperation*. 1984.

Balck, William. *The Development of Tactics*. 1922.

Bladwin, Hanson. *Tiger Jack*. 1979.

Barnett, Correlli. *Bonaparte*. 1978.

Barron, John. *KGB: The Secret Work of Soviet Agents*. 1974.

Bateson, Gregory. *Mind and Nature*. 1979.

Bayerlein, Fritz. "With the Panzers in Russia 1941 & 43." *Marine Corps Gazette*, December 1954.

BDM. "Generals Balck and Von Mellenthin on Tactics: Implications for Military Doctrine," 19 December 1980.

Beaufre, Andre. *An Introduction to Strategy*. 1965.

Beaufre, Andre. *Strategy of Action*. 1967.

Becker, Ernest. *The Structure of Evil*. 1968.

Beesley, Patrick. *Very Special Intelligence*. 1977.

Beesley, Patrick. *Room 40*. 1982.

Betts, Richard K. *Surprise Attack*. 1982.

Beveridge, W.I.B. *The Art of Scientific Investigation*. 1957.

Bloom, Allan. *The Closing of the American Mind*. 1987.

Blumentritt, G. *Experience Gained from the History of War on the Subject of Command Technique* (pamphlet). January 1947.

Blumentritt, G. *Operations in Darkness and Smoke*. 1952.

Bohm, David, and F. David Peat. *Science, Order and Creativity*. 1987.

Bretnor, Reginald. *Decisive Warfare*. 1969.

Briggs, John and F. David Peat. *Looking Glass Universe*. 1984.

Briggs, John and F. David Peat. *Turbulent Mirror*. 1989.

Bronowski, Jacob. *The Identity of Man*. 1971.

Bronowski, Jacob. *The Ascent of Man*. 1973.

Bronowski, Jacob. *A Sense of the Future*. 1977.

Bronowski, Jacob. *The Origins of Knowledge and Imagination*. 1978.

Brown, Anthony Cave. *Bodyguard of Lies*. 1975.

Brown, G. Spencer. *Laws of Form*. 1972.

Brownlow, Donald Grey. *Panzer Baron*. 1975.

Brzezinski, Zbigniew. *Game Plan*. 1986.

Callendar, H.L., and D.H.Andrews. "Heat, Entropy and Information," In *EB*. 1972.

Calvocoressi, Peter. *Top Secret Ultra*. 1980.

Campbell, Jeremy. *Grammatical Man*. 1982.

Capra, Fritjof. *The Tao of Physics*. 1976.

Card, Orson Scott. *Ender's Game*. 1985.

Careri, Giorgio. *Order and disorder in Matter*. 1984.

Carver, Michael. *The Apostles of Mobility*. 1979.

Chaliand, Gerard, editor. *Guerrilla Strategies*. 1982.

Chambers, James. *The Devil's Horsemen*. 1979.

Chandler, David G. *The Campaigns of Napoleon*. 1966.

Chandler, David G. *Atlas of Military Strategy*. 1980.

Cininatus. *Self-Destruction*. 1981.

Clausewitz, Carl von. *Principles of War*. 1812. Translated by Hans W. Gatske, 1942.

Clausewitz, Carl von. *On War*. 1832. Translated by M. Howard and P. Paret, 1976.

Clausewitz, Carl von. War, *Politics and Power*. Translated by Edward M. Collins, 1962.

Cline, Babara Lovett. *Men Who Made a New Physics*. 1965, 1987.

Cline, Ray S. Secrets, *Spies and Scholars*. 1976.

Clutterbuck, Richard. *Guerrilas and Terrorists*. 1977.

Cole, K.C. *Sympathetic Vibrations*. 1984.

Colin, Jean. *The Transformations of War*. 1912.

Conant, James Bryant. *Two Modes of Thought*. 1970.

Conway, James. "Mr. Secret Weapon." *Washington Post Magazine*, 15 May 1982.

Cooper, Matthew. *The German Army* 1933–1945. 1978.

Corbett, Julian S. *Some Principles of Maritime Strategy*. 1911.

Crease, Robert P., and Charles C. Mann. *The Second Creation*. 1986.

Cruickshank, Charles. *Deception in World War Ⅱ*. 1979.

Daniel, Donald C., and Katherine L. Herbig. *Strategic Military Deception*. 1982.

Davies, Paul. *The Cosmic Blueprint*. 1988.

Davies, W.J.K. *German Army Handbook 1932–1945*. 1973.

Dawkins, Richard. *The Selfish Gene*. 1976.

Dawkins, Richard. *The Blind Watchmaker*. 1986.

Debono, Edward. *New Think*. 1971.

Debono, Edward. *Lateral Thinking: Creativity Step by Step*. 1973.

Deichmann, D. Paul. *German Air Force Operations in Support of the Army*. 1962.

Des Pres, Terrence. *The Survivor*. 1976.

Despres, J., L. Dzirkals, and B. Whaley. *Timely Lessons from History: The Manchurian Model for Soviet Strategy*. (Rand Corporation document, date unknown.)

Doughty, R.A. *The Evolution of U.S. Army Tactical Doctrine, 1946–76*. Leavenworth Papers, No. 1. August 1979.

Downing, David. *The Devil's Virtuosos: German Generals at War 1940–45*. 1977.

Drexler, K. Eric. *Engines of Creation*. 1987.

Dupuy, R.E., and T.N. Dupuy. *Encyclopedia of Military History*. 1977.

Dupuy, T.N. *The Military Life of Genghis, Khan of Khans*. 1969.

Dupuy, T.N. *A Genius for War*. 1977.

Durant, Will, and Ariel Durant. *The Lessons of History*. 1968.

Dyson, Freeman. *Disturbing the Universe*. 1979.

Dzirkals, L.F. "Lightning War in Manchuria: Soviet Military Analysis of the 1945 Far East Campaign." July 1975.

Earle, Edward Mead, et al. *Makers of Modern Strategy*. 1943.

Ekeland, Ivar. *Mathematics and the Unexpected*. 1988.

English, John A. *A Perspective on Infantry*. 1981.

Fall, Barnard B. *Street Without Joy*. 1964.

Fall, Barnard B. *Last Reflections on a War*. 1967.

Falls, Cyril. *The Art of War from the Age of Napoleon to the Present Day.* 1961.

Farago, Ladislas. *The Game of the Foxes.* 1971.

Ferguson, Marilyn. *The Aquarian Conspiracy.* 1980.

Fitzgerald, Frances. *Fire in the Lake.* 1972.

Foster, David. *The Intelligent Universe.* 1975.

Foster, Richard N. *Innovation: The Attacker's Advantage.* 1986.

Freytag-Loringhoven, Hugo von. *The Power of Personality in War.1911.* Translated by Army War College, 1938.

Fromm, Erich. *The Crisis of Psychoanalysis.* 1971.

Fuller, J.F.C. *Grant and Lee.* 1932, 1957.

Fuller, J.F.C. *The Conduct of War 1789–1961.* 1961.

Gabriel, Richard A., and Reuven Gal. "The IDF Officer: Linchpin in Unit Cohesion." *Army,* January 1984.

Gabriel, Richard A. and Paul L. Savage. *Crisis in Command.* 1978.

Gamow, George. *Thirty Years That Shook Physics.* 1966.

Gardner, Howard. *The Quest for Mind.* 1974.

Gardner, Howard. *The Mind's New Science.* 1985.

Gardner, John W. *Morale.* 1978.

Gardner, Martin. "The Computer as Scientist." *Discover,* June 1983.

Georgescu-Roegen, Nicholas. *The Entropy Law and the Economic Process.* 1971.

German Army Regulation 100/200 "Army Command and Control System," August 1972.

German Army Regulation 100/100 "Command and Control in Battle," September 1973.

Gleick, James. "Exploring the Labyrinth of the Mind." *New York Times Magazine,* 21 August 1983.

Gleick, James. *Chaos.* 1987.

Godel, Kurt. "On Formally Undecidable Propositions of the Principia Mathematica and Related Systems." *In the Undecidable.* 1965:3–38.

Goleman, Daniel. *Vital Lies, Simple Truths*. 1985.

Goodenough, Simon, and Len Deighton. *Tactical Genius in Battle*. 1979.

Gribbin, John. *In Search of Schrodinger's Cat*. 1984.

Griffin, Gary B. "The Directed Telescope: A Traditional Element of Effective Command." Combat Studies Institute, 20 May 1985.

Griffith, Paddy. *Forward into Battle*. 1981.

Grigg, John. *1943 The Victory That Never Was*. 1980.

Guderian, Heinz. *Panzer Leader*. 1952.

Guevara, Che. *Guerrilla Warfare*. 1961.

Hall, Edward T. *Beyond Culture*. 1976.

Handel, Michael I. "The Yom Kippur War and the Inevitability of Surprise." *International Studies Quarterly*, September 1977.

Handel, Michael I. "Clausewitz in the Age of Technology." *Journal of Strategic Studies*, June/September 1986.

Hao Wang. "Metalogic." In *EB*. 1988.

Hawking, Stephen W. *A Brief History of Time*. 1988.

Heider, John. *The Tao of Leadership*. 1985.

Heilbroner, Robert L. *An Inquiry into the Human Prospect*. 1974.

Heilbroner, Robert L. *Marxism: For and Against*. 1980.

Heisenberg, Werner. *Physics and Philosophy*. 1962.

Heisenberg, Werner. *Across the Frontier*. 1974.

Herbert, Nick. *Quantum Reality*. 1987.

Herrington, Stuart A. *Silence Was a Weapon*. 1982.

Hodges, Andrew. *Alan Turing: The Enigma*. 1983.

Hoffer, Eric. *The True Believer*. 1951.

Holmes, W.J. *Double-Edged Secrets*. 1979.

Howard, Michael. *The Causes of Wars*. 1983.

Hoyle, Fred. *Encounter with the Future*. 1968.

Hoyle, Fred. *The New Face of Science*. 1971.

Hoyt, Edwin P. *Guerilla*. 1981.

Humble, Richard, *Hitler's Generals*. 1974.

Irving, david. *The Trail of the Fox*. 1977.

Isby, David C. "Modern Infantry Tactics, 1914–74." *Strategy and Tactics*, September/October 1974.

Johnson, George. *Machinery of the Mind*. 1986.

Jomini, Henride. *The Art of War. 1936*. Translated by G.H. Mendell and W.P. Craigbill, 1862.

Jomini, Henride. *Summary of the Art of War*. 1838. Edited by J.D.Hittle, 1947.

Jones, R.V. "Intelligence and Deception." Lecture, 29 November 1979.

Jones, Roger S. *Physics as Metaphor*. 1982.

Kahn, David. *The Codebreakers*. 1967.

Kahn David. *Hitler's Spies*. 1978.

Kaku, Michio, and Jennifer Trainer. *Beyond Einstein*. 1987.

Karnow, Stanley. "In Vietnam, the Enemy Was Right Beside Us." *Washington Star*, 22 March 1981.

Karnow, Stanley. *Vietnam: A History*. 1983.

Keegan, John. *The Face of Battle*. 1977.

Kemeny, John G. "Semantics in Logic." In *EB*. 1972.

Kennedy, Marilyn Moats. *Powerbase: How to Build It; How to Keep It*. 1984.

Kesslerring, Albert, et al. *Manual for Command and Combat Employment of Smaller Units*. 1952. (Based on German experiences in W.W. II).

Kitson, Frank. *Low Intensity Operations*. 1971.

Kline, Morris. *Mathematics: The Loss of Certainty*. 1980.

Kohn, Hans, and John N. Hazard. "Communism." In *EB*. 1972.

Kramer, Edna E. *The Nature and Growth of Modern Mathematics*. 1974.

Krepinevich, Andrew F., Jr. *The Army and Vietnam*. 1986.

Kuhn, Thomas S. *The Structure of Scientific Revolutions*. 1970.

Lamb, Harold. *Genghis Khan*. 1927.

Landauer, Carl. "Marxism." In *EB*. 1972.

Lanza, Conrad H. *Napoleon and Modern War, His Military Maxims*. 1943.

Laqueur, Walter. *Guerrilla*. 1977.

Laqueur, Walter. editor. *The Guerrilla Reader*. 1976.

Lawrence, T.E. *Seven Pillars of Wisdom*. 1935.

Layzer, David. "The Arrow of Time." *Scientific American*, December 1975.

LeBoeuf, Michael. *GMP* The Greatest Management Principle in the World*. 1985.

Leonard, George. *The Silent Pulse*. 1978.

Levinson, Harry. *The Exceptional Executive*. 1971.

Lewin, Ronald. *Ultra Goes to War*. 1978.

Liddell Hart, B.H. *A Science of Infantry Tactics Simplified*. 1926.

Liddell Hart, B.H. *The Future of Infantry*. 1933.

Liddell Hart, B.H. *The Ghost of Napoleon*. 1934.

Liddell Hart, B.H. *The German Generals Talk*. 1948.

Liddell Hart, B.H. *Strategy*. 1967.

Liddell Hart, B.H. *History of the Second World War*. 2 vols. 1970.

Lorenz, Konrad. *Behind the Mirror*. 1973. Translated by Ronald Taylor, 1977.

Lupfer, Timothy T. *The Dynamics of Doctrine: The Changes in German Tactical Doctrine During the First World War*. Leavenworth Papers, No. 4. July 1981.

Machiavelli, Niccolo. *The Prince*. 1516.

Machiavelli, Niccolo. *The Discourses*. 1519.

Macksey, Kenneth. *Panzer Division*. 1968.

Macksey, Kenneth. *Guderian: Creator of the Blitzkrieg*. 1976.

Maltz, Maxwell. *Psycho-Cybernetics*. 1971.

Mann, Charles C. "The Man with All the Answer." *The Atlantic*, January 1990.

Manstein, Erich von. *Lost Victories*. 1958.

Mao Tse-Tung. *On Guerrilla Warfare*. 1937. Translated by S.B. Griffith, 1961

Mao Tse-Tung. *Basic Tactics*. 1938. Translated by Stuart R. Schram, 1966.

Mao Tse-Tung. *Selected Military Writings*. 1963.

Mao Tse-Tung. *Four Essays on China and World Communism*. 1972.

Marchetti, Victor, and John Marks. *The CIA and the Cult of Intelligence*. 1974, 1980.

Marhsall, S.L.A. *Men Against Fire*. 1947.

Marhsall, S.L.A. *The Soldier's Load and the Mobility of a Nation*. 1950.

Martin, David C. *Wildness of Mirrors*. 1980.

Masterman, John C. *The Double-Cross System*. 1972.

Matloff, Maurice. "Strategy." In *EB*. 1972.

May, Rollo. *The Courage to Create*. 1975, 1976.

McAulifee, Kathleen. "Get Smart: Controlling Chaos." *Omni*, February 1990.

McWhiney, Grady, and Perry D. Jamieson. *Attack and Die*. 1982.

Mellenthin, F. W. von. *Panzer Battles*. 1956.

Mellenthin, F. W. von. *German Generals of World War II*. 1977.

Mellenthin, F. W. von. "Armored Warfare in World War II." Presentation at conference with Military Reformers, Washington, D.C., 10 May 1979.

Mendel, Arthur P., editor. *Essential Works of Marxism*. 1961.

Messenger, Charles. *The Blitzkrieg Story*. 1976.

Mikheyev, Dmitry. "A Model of Soviet Mentality." Presentation to Military Reformers, Washington, D.C., March 1985.

Miksche, F. O. *Blitzkrieg*. 1941.

Miksche, F. O. *Atomic Weapons and Armies*. 1955.

Miller, Russell. *The Commandos*. 1981.

Minsky, Marvin. *The Society of Mind*. 1986.

Montross, Lynn. *War Through the Ages*. 1960.

Morris, E., C. Johnson, C. Chant, and H. P. Wilmott. *Weapons and Warfare of the 20th Century*. 1976.

Musashi, Miyamoto. *The Book of Five Rings*. 1645. Translated by Victor Harris, 1974.

Musashi, Miyamoto. *The Book of Five Rings*. 1645. Translated by Nihon Services, 1982.

Nagel, Ernest, and James R. Newman. *Godel's Proof*. 1958.

National Defense University. *The Art and Practice of Military Strategy*. 1984.

Oman, C. W. C. *The Art of War in the Middle Ages*. 1885. Edited and revised by John H. Beeler, 1953.

ORD/CIA, *Deception Maxims: Fact and Folklore*. April 1980.

Ortega Gasset, Jose. *The Revolt of the Masses*. 1930. Anonymous translation, 1932.

Osboprne, Alex F. *Applied Imagination*. 1963.

Ouchi, William. *Theory Z*. 1981.

Pagels, Heinz R. *The Cosmic Code*. 1982.

Pagels, Heinz R. *Perfect Symmetry*. 1985.

Pagels, Heinz R. *The Dreams of Reason*. 1988.

Palmer Bruce, Jr. *The 25 Year War*. 1984.

Paret, Peter. *Clausewitz and the State*. 1976.

Pascal, Richard T., and Anthony G. Athos. *The Art of Japanese Management*. 1981.

Patrick, S.B. "Combined Arms Combat Operations in the 20th Century." *Strategy and Tactics*, September/October 1974.

Pauker, Guy J. "Insurgency." In *EB*. 1972.

Pearce, Joseph Chilton. *The Crack in the Cosmic Egg*. 1973.

Pearce, Joseph Chilton. *Exploring the Crack in the Cosmic Egg*. 1975.

Peter, Rozsa. *Playing with Infinity*. 1957.

Peters, Thomas J., and Robert H. Waterman, Jr. *In Search of Excellence*. 1982.

Phillips, T. R., editors. *Roots of Strategy*. 1940, 1985.

Piaget, Jean. *Structuralism*. 1971.

Pike, Douglas. *PAVN: Peoples Army of Vietnam*. 1986.

Pincher, Chapman. *Their Trade Is Treachery*. 1982.

Polanyi, Michael. *The Tacit Dimension*. 1966.

Polanyi, Michael. *Knowing and Being*. 1969.

Polkinghorne, J. C. *The Quantum World*. 1984.

Pomeroy, William J., editor. *Guerrilla Warfare and Marxism*. 1968.

Powers, Thomas. *The Man Who Kept the Secrets*. 1979.

Prigogine, Ilya, and Isabelle Stengers. *Order Out of Chaos*. 1984.

Pustay, John S. *Counterinsurgency Warfare*. 1965.

Rae, Alastair I. M. *Quantum Physics: Illusion or Reality*. 1986.

Reid, T. R. "Birth of a New Idea." *Washington Post Outlook*, 25 July 1982.

Rejai, M. *Mao Tse-Tung On Revolution and War*. 1976.

Restak, Richard M. *The Brain: The Last Frontier*. 1980.

Rifkin, Jeremy, with Ted Howard. *Entropy – A New World View*. 1980.

Rommel, Erwin. *Infantry Attacks*. 1937. Trans. by G. E. Kidde, 1944.

Rosen, Ismond. *Genesis*. 1974.

Ross, Steven. "Rethinking Thinking." *Modern Maturity*, February–March 1990.

Rothenberg, Gunther E. *The Art of Warfare in the Age of Napoleon*. 1978.

Rowan, Roy. *The Intuitive Manager*. 1986.

Rucker, Rudy. *Infinity and the Mind*. 1982.

Rucker, Rudy. *Mind Tools*. 1987.

Rushbrooke, George Stanley. "Statistical Mechanics." In *EB*. 1972.

Russell, Francis. *The Secret War*. 1981.

Satter, David. "Soviet Threat Is One of Ideas More Than Arms." *Wall Street Journal*, 23 May 1983.

Savkin, v. YE. *The Basic Principles of Operational Art and Tactics*. 1972. (A Soviet view.)

Sella, amnon. "Barbarossa: Surprise Attack and Communication." *Journal of Contemporary History*, 1978.

Senger und Etterlin, Frido von. *Neither Fear nor Hope*. 1963.

Shanker, S. G., editor. *Godel's Theorem in Focus*. 1988.

Shannon, Claude E. "Information Theory." In *EB*. 1972.

Sidey, Hugh. "Playing an Assassin Like a Fish." *Washington Star*, 14 June 1981.

Sidorenko, A. A. *The Offensive*. 1970. (A Soviet view.)

Singh, Baljitt, and Ko-Wang Mei. *Modern Guerrilla Warfare*. 1971.

Singh, Jagjit. *Great Ideas of Modern Mathematics: Their Nature and Use*. 1959.

Skinner, B. F. *Beyond Freedom and Dignity*. 1972.

Sprey, P. M. "Taped Conversation with General Hermann Balck." Battelle

Institute, 12 January and 13 April 1979.

Sprey, P. M. "Taped Conversation with Lt. General Heinz Gaedcke." Battelle Institute, 12 April 1979.

Stevenson, William. *A Man Called Intrepid*. 1976.

Stewart, Ian. *Does God Play Dice*. 1989.

Strausz-Hupe, R., W. R. Kintner, J. E. Dougherty, and A. J. Cottrell. *Protracted Conflict*. 1959, 1963.

Summers, Harry G., Jr. *On Strategy: The Vietnam War in Context*. 1981.

Sun Tzu. *The Art of War*. About 400 B.C. Trans. by S. B. Griffith, 1971.

Sun Tzu. *The Art of War*. About 500 B.C. Edited by James Clavell, 1983.

Sun Tzu. *The Art of War*. About 400 B.C. Trans. by Thomas Cleary, 1988.

Taber, Robert. *The War of the Flea*. 1965.

Tang Zi-Chang. *Principles of Conflict*. 1969. (Recompilation of Sun Zi's Art of War.)

Tao Hanzhang. *Sun Tzu's Art of War*. 1987.

Thayer, Charles W. *Guerilla*. 1961.

Thompson, R. W. *D-day*. 1968.

Thompson, William Irwin. *At the Edge of History*. 1972.

Thompson, William Irwin. *Evil and World Order*. 1976.

Thompson, William Irwin. *Darkness and Scattered Light*. 1978.

Toffler, Alvin. *Future Shock*. 1970.

U.S. Army *Field Manual 100-5* "Operations." July 1976.

U.S. Army *Field Manual 100-5* "Operations." 20 August 1982.

U.S. Army *Field Manual 100-5* "Operations." 5 May 1986.

U.S. Army. Pamphlet 20-233. "German Defense Tactics Against Russian Break-through," October 1951.

U.S. Army. Pamphlet 20-269. "Small Unit Actions During the German Campaign in Russia," July 1953.

Van Creveld, Martin. *Supplying War*. 1977.

Van Creveld, Martin. *Fighting Power: German Military Performance, 1914-1945*(report). December 1980.

Van Creveld, Martin. *Command*. 1982.

Vigor, P. H. *Soviet Blitzkrieg Theory*.1983. (A British view.)

Vo Nguyen Giap. *Peoples War Peoples Army*. 1962.

Vo Nguyen Giap. *How We Won the War*. 1976.

Waismann, Friedrich. *Introduction to Mathematical Thinking*. 1959.

Wallace, Mike. "Inside Yesterday: Target USA." *CBS News*, 21 August 1979.

Watts, Alan. *The Book*. 1972.

Watts, Alan. *Tao: The Watercourse Way*. 1975.

Wernick, Robert. *Blitzkrieg*. 1976.

Westinghouse. *I Am the Punishment of God*. (Westinghouse Integrated Logistic
  Support No. 5.)

West Point Department of Military Art and Engineering. *Jomini, Clausewitz
  and Schlieffen*. 1954.

West Point Department of Military Art and Engineering. *Summaries of
  Selected Military Campaigns*. 1956.

Whiting, Charles. *Patton*. 1970.

Wilczek, Frank, and Besty Devine. *Longing for the Harmonies*. 1988.

Wilson, Edward O. *On Human Nature*. 1978.

Wing, R. L. *The Art of Strategy*. 1988.

Winterbotham, F. W. *The Ultra Secret*. 1975.

Wintringham, Tom. *The Story of Weapons and Tactics*. 1943.

Wolf, Eric R. *Peasant Wars of the Twentieth Century*. 1969.

Wolf, Fred Alan. *Taking the Quantum Leap*. 1981.

Wylie, J. C. *Military Strategy*. 1967.

Wynne, G. C. *If Germany Attacks*. 1940.

Yukawa, Hideki. *Creativity and Intuition*. 1973.

Zukav, Gary. *The Dancing Wu Li Masters*. 1979.

The PENTAGON WARS
펜타곤 전쟁

발행일	2020년 6월 25일
지은이	제임스 버튼(James G. Burton)
옮긴이	강호석
펴낸이	이정수
책임 편집	최민서·신지항
펴낸곳	연경문화사
등록	1-995호
주소	서울시 강서구 양천로 551-24 한화비즈메트로 2차 807호
대표전화	02-332-3923
팩시밀리	02-332-3928
이메일	ykmedia@naver.com
값	15,000원
ISBN	978-89-8298-194-4 (93390)

이 도서의 국립중앙도서관 출판예정도서목록(CIP)은 서지정보유통지원시스템 홈페이지 (http://seoji.nl.go.kr)와 국가자료종합목록 구축시스템(http://kolis-net.nl.go.kr)에서 이용하실 수 있습니다. (CIP제어번호 : CIP2020023997)